丛书总主编　陈宜瑜
丛书副总主编　于贵瑞　何洪林

U0393503

中国生态系统定位观测与研究数据集

森林生态系统卷

四川贡嘎山站

（2007—2017）

常瑞英　杨　阳　王根绪　主编

中国农业出版社
北　京

中国生态系统定位观测与研究数据集

丛书指导委员会

顾　问　孙鸿烈　蒋有绪　李文华　孙九林

主　任　陈宜瑜

委　员　方精云　傅伯杰　周成虎　邵明安　于贵瑞　傅小峰　王瑞丹

　　　　王树志　孙　命　封志明　冯仁国　高吉喜　李　新　廖方宇

　　　　廖小罕　刘纪远　刘世荣　周清波

丛书编委会

主　编　陈宜瑜

副主编　于贵瑞　何洪林

编　委（按照拼音顺序排列）

白永飞　曹广民　曾凡江　常瑞英　陈德祥　陈　隽　陈　欣

戴尔阜　范泽鑫　方江平　郭胜利　郭学兵　何志斌　胡　波

黄　晖　黄振英　贾小旭　金国胜　李　华　李新虎　李新荣

李玉霖　李　哲　李中阳　林露湘　刘宏斌　潘贤章　秦伯强

沈彦俊　石　蕾　宋长春　苏　文　隋跃宇　孙　波　孙晓霞

谭支良　田长彦　王安志　王　兵　王传宽　王国梁　王克林

王　堃　王清奎　王希华　王友绍　吴冬秀　项文化　谢　平

谢宗强　辛晓平　徐　波　杨　萍　杨自辉　叶　清　于　丹

于秀波　占车生　张会民　张秋良　张硕新　赵　旭　周国逸

周　桔　朱安宁　朱　波　朱金兆

中国生态系统定位观测与研究数据集
森林生态系统卷·四川贡嘎山站

编 委 会

主　编　常瑞英　杨　阳　王根绪
编　委　冉　飞　李　伟　王可琴　孙守琴
　　　　刘　巧

　　进入 20 世纪 80 年代以来，生态系统对全球变化的反馈与响应、可持续发展成为生态系统生态学研究的热点，通过观测、分析、模拟生态系统的生态学过程，可为实现生态系统可持续发展提供管理与决策依据。长期监测数据的获取与开放共享已成为生态系统研究网络的长期性、基础性工作。

　　国际上，美国长期生态系统研究网络（US LTER）于 2004 年启动了 Eco Trends 项目，依托美国 LTER 站点积累的观测数据，发表了生态系统（跨站点）长期变化趋势及其对全球变化响应的科学研究报告。英国环境变化网络（UK ECN）于 2016 年在 *Ecological Indicators* 发表专辑，系统报道了英国 ECN 的 20 年长期联网监测数据推动了生态系统稳定性和恢复力研究，并发表和出版了系列的数据集和数据论文。长期生态监测数据的开放共享、出版和挖掘越来越重要。

　　在国内，国家生态系统观测研究网络（National Ecosystem Research Network of China，简称 CNERN）及中国生态系统研究网络（Chinese Ecosystem Research Network，简称 CERN）的各野外站在长期的科学观测研究中积累了丰富的科学数据，这些数据是生态系统生态学研究领域的重要资产，特别是 CNERN/CERN 长达 20 年的生态系统长期联网监测数据不仅反映了中国各类生态站水分、土壤、大气、生物要素的长期变化趋势，同时也能为生态系统过程和功能动态研究提供数据支撑，为生态学模型的验证和发展、遥感产品地面真实性检验提供数据支撑。通过集成分析这些数据，CNERN/CERN 内外的科研人员发表了很多重要科研成果，支撑了国家生态文明建设的重大需求。

近年来，数据出版已成为国内外数据发布和共享，实现"可发现、可访问、可理解、可重用"（即 FAIR）目标的重要手段和渠道。CNERN/CERN 继 2011 年出版"中国生态系统定位观测与研究数据集"丛书后再次出版新一期数据集丛书，旨在以出版方式提升数据质量、明确数据知识产权，推动融合专业理论或知识的更高层级的数据产品的开发挖掘，促进 CNERN/CERN 开放共享由数据服务向知识服务转变。

该丛书包括农田生态系统、草地与荒漠生态系统、森林生态系统以及湖泊湿地海湾生态系统共 4 卷、51 册以及森林生态系统图集 1 册，各册收集了野外台站的观测样地与观测设施信息，水分、土壤、大气和生物联网观测数据以及特色研究数据。本次数据出版工作必将促进 CNERN/CERN 数据的长期保存、开放共享，充分发挥生态长期监测数据的价值，支撑长期生态学以及生态系统生态学的科学研究工作，为国家生态文明建设提供支撑。

2021 年 7 月

科学数据是科学发现和知识创新的重要依据与基石。大数据时代，科技创新越来越依赖于科学数据综合分析。2018 年 3 月，国家颁布了《科学数据管理办法》，提出要进一步加强和规范科学数据管理，保障科学数据安全，提高开放共享水平，更好地为国家科技创新、经济社会发展提供支撑，标志着我国正式在国家层面加强和规范科学数据管理工作。

随着全球变化、区域可持续发展等生态问题的日趋严重以及物联网、大数据和云计算技术的发展，生态学进入"大科学、大数据时代"，生态数据开放共享已经成为推动生态学科发展创新的重要动力。

国家生态系统观测研究网络（National Ecosystem Research Network of China，简称 CNERN）是一个数据密集型的野外科技平台，各野外台站在长期的科学研究中，积累了丰富的科学数据。2011 年，CNERN 组织出版了"中国生态系统定位观测与研究数据集"丛书。该丛书共 4 卷、51 册，系统收集整理了 2008 年以前的各野外台站元数据、观测样地信息与水分、土壤、大气和生物监测数据以及相关研究成果的数据。该套丛书的出版，拓展了 CNERN 生态数据资源共享模式，为我国生态系统研究、资源环境的保护利用与治理以及农、林、牧、渔业相关生产活动提供了重要的数据支撑。

2009 以来，CNERN 又积累了 10 年的观测与研究数据，同时国家生态科学数据中心于 2019 年正式成立。中心以 CNERN 野外台站为基础，生态系统观测研究数据为核心，拓展部门台站、专项观测网络、科技计划项目、科研团队等数据来源渠道，推进生态科学数据开放共享、产品加工和分析应用。为了开发特色数据资源产品、整合与挖掘生态数据，国家生态科学数据中心立足国家野外生态观测台站长期监测数据，组织开展了新一版的观测与研究数据集的出版工作。

本次出版的数据集主要围绕"生态系统服务功能评估""生态系统过程与变化"等主题进行了指标筛选，规范了数据的质控、处理方法，并参考数据论文的体例进行编写，以详实地展现数据产生过程，拓展数据的应用范围。

该丛书包括农田生态系统、草地与荒漠生态系统、森林生态系统以及湖泊湿地海湾生态系统共4卷（51册）以及图集1本，各册收集了野外台站的观测样地与观测设施信息，水分、土壤、大气和生物联网观测数据以及特色研究数据。该套丛书的再一次出版，必将更好地发挥野外台站长期观测数据的价值，推动我国生态科学数据的开放共享和科研范式的转变，为国家生态文明建设提供支撑。

2021 年 8 月

前　言

　　四川贡嘎山森林生态系统国家野外科学观测研究站（简称贡嘎山站）依托于中国科学院、成都山地灾害与环境研究所，始建于 1987 年，于 1990 年被纳入中国生态系统研究网络的基本台站，2001 年 12 月被列为国家重点野外科学观测试验站（试点站），2006 年 8 月通过科技部评估，正式成为国家重点野外科学观测试验站。自建站以来，贡嘎山站以高山多层次自然生态系统及其与气候、高原环境以及人类活动的相互作用为主要内容，多学科综合研究高山生态系统结构、多样性、生态功能变化及环境、高原隆起、冰川消长对高山生态系统的作用，以及监测山地环境动态，预测区域环境演变趋势，为揭示西南山地生态系统对全球变化的响应与适应机制、探索青藏高原与全球气候变化的互馈关系、丰富和发展山地环境科学、合理利用西南山地资源、保护山地生态环境以及实现区域经济社会可持续发展规划等积累了大量可靠的观测研究数据。

　　为了使贡嘎山站的历史数据更加规范地实现资源化保存，更好地服务于科学研究及科技示范，在国家科技基础条件平台建设项目"生态系统网络的联网观测研究及数据共享系统建设"的支撑下，贡嘎山站依据该项目组编写的森林生态系统研究站《中国生态系统研究网络（CERN）数据全集的编写指南》，以整理、搜集和共享本站监测和研究数据的精华为宗旨，在对大量野外实测数据的统计汇编和精简编撰的基础上编制了此数据集。此数据集内容涵盖了我站主要数据资源目录、观测场地和样地信息、

2007—2017 年承担 CERN 监测任务的水分、土壤、生物、气象数据和部分长期试验及专题研究数据等。

　　本书第一章由王根绪、常瑞英撰写，第二章由杨阳汇编，第三章的生物数据由冉飞汇编、水分数据和土壤数据由李伟汇编、气象数据由杨阳汇编，第四章由孙守琴、刘巧、杨阳汇编。全书由王根绪、常瑞英指导和审核。虽然我们对数据进行了仔细的统计和核对，然而由于时间仓促以及历史和其他诸多主客观因素的制约，部分数据并不全面和准确，书中出现错误在所难免，敬请各位读者批评指正。

　　本数据集可供大专院校、科研院所和相关研究领域及对其有兴趣的广大科研工作者参考使用。如果在数据使用过程中存在疑问或需要共享其他时间步长及时间序列的数据，请与四川贡嘎山森林生态系统国家野外科学观测研究站联系或登录其网站（http：//ggf. cern. ac. cn）。

　　最后，在本数据集汇编完成之际，我们要特别感谢陈斌如、李同阳、刘明德、王可琴、曹洋等同志，是他们多年兢兢业业、恪尽职守，在十分困难的条件下完成了贡嘎山站观测体系的建设和不断完善，并因地制宜、创造性地构建了西南高山森林生态系统多种要素的观测系统，从而才有了本书得以汇集的数据。另外，我们要对长期以来指导和支持我站野外观测试验的专家学者表示崇高的敬意和由衷的感谢！同时我们也要对我站长期坚守在野外观测一线的刘发明、兰晓权、刘发蓉等同志表示衷心的谢意。正是他们长期以来无私地奉献和默默地耕耘，才为我们获得了大量宝贵的第一手资料，奠定了此数据集的基础。

本书编委会

2019 年 11 月

CONTENTS
目 录

第1章

台 站 介 绍

1.1 概述

　　四川贡嘎山森林生态系统国家野外科学观测研究站（简称贡嘎山站），始建于 1987 年，1990 年进入中国生态系统研究网络（CERN），2001 年底被国家科技部批准为国家重点野外科学观测试验站（试点站），2006 年 8 月通过科技部评估，正式成为国家重点野外科学观测试验站，2004 年进入全国大气本底观测站系统，并在 2009 年被纳入全球高山生态环境观测研究计划（GLORIA）的横断山区代表站。贡嘎山位于青藏高原东缘，主峰（29°36′N，101°53′E）海拔 7 556 m，而贡嘎山站位于其东坡的海螺沟内（四川省甘孜藏族自治州泸定县磨西镇），距成都以西 360 km 左右，距泸定县城约60 km，主要由磨西基地站（海拔 1 600 m）、亚高山森林生态系统观测站（海拔 3 000 m）和成都分析测试中心组成，是一个集山地水文、气候、冰川、森林生态和土壤等为一体的综合性试验研究基地，拥有较完善的海洋性冰川变化、山地垂直生态带谱变化和气候带谱变化的观测研究体系（图 1-1）。贡嘎山站的研究区域无论从山体高度和垂直高差，以及自然垂直带谱的完整性在我国均为独有，在世界上也堪称

图 1-1 贡嘎山站地理位置

独特。贡嘎山地区是高亚洲海洋性季风气候带的冰川—森林发育区，具有从干热河谷—农业区—阔叶林—针叶林—高山灌丛—高寒草甸—永冻荒漠带完整的垂直带谱，具有地学、生物学博物馆之称。贡嘎山地区自然地理和生态类型在青藏高原东缘具有代表性，属典型的垂直地带性生态环境类型。同时，区域内生态系统的自然性保存完好、山地环境要素多样、生物多样性丰富，是开展山地森林生态系统研究最理想的场地。

贡嘎山站现有固定人员 23 人，其中研究人员 19 人，技术人员 4 人。研究人员中有中国科学院"百人计划" 3 人，国家杰出青年基金获得者 1 人。贡嘎山站现有建筑用地 0.93 hm²，工作实验用房2 500 m²，生活用房 1 100 m²，观测试验林地约 26.7 hm²，可为国内外研究人员提供科研支持和后勤保障；建立了生物地球化学实验室、微生物实验室、植物生理实验室、水文实验室，拥有大量的先进实验仪器，具有进行山地环境学和森林生态研究与试验的基本观测和分析计算条件，其中区域大气本底监测实验室是我国现有 5 个大气本底观测站之一，能对大气温室气体及污染物进行连续动态测定，是我国开展青藏高原环境变化动态研究和海洋性冰川监测的主要基地。

1.2　研究方向

青藏高原东缘的横断山区是我国第二大森林分布区，也是全球生物多样性热点地区之一。该区域是我国西南地区极为重要的川滇和青藏高原生态屏障区的核心组成部分，也担负着长江上游绿色发展的关键生态保障功能。其中亚高山暗针叶林是青藏高原东缘山地森林植被的主体，是该区域分布最广、面积最大、生物量最高的地带性森林群系，是欧亚大陆暗针叶林分布区的西南界限，属于西南低纬度高海拔山地独具特色的植被类型。以亚高山暗针叶林为主要类型的山地森林生态系统分布区，是我国西南地区以涵养水源、水土保持和生物多样性保护为主的国家主体功能区的重要组成部分，也是国家生态建设的重点区域。在全球变化影响下，该区域不断加剧的山地灾害，叠加日趋加强的人类经济和社会发展扰动，西南高山及亚高山生态环境十分脆弱，现存森林植被的生态功能大多处于退化状态，亚高山针叶林生态系统的不稳定性较为突出，亚高山暗针叶林的退化成为我国生态安全面临的最严峻挑战之一。

在日益增强的全球变化和人类活动影响下，为了稳定维持并提升该区域极其重要的生态屏障功能，迫切需要解决以下两方面问题：①多圈层相互作用的高山及亚高山生态系统结构组成、格局与关键功能变化和重建机制；②高山及亚高山生态系统退化与恢复更新过程、机制与调控途径。为此，基于青藏高原东缘及横断山区亚高山森林生态系统的独特性与生态安全方面的重要性，中国科学院在1985—1987 年充分论证基础上，选择横断山最高峰的贡嘎山地区，部署了西南山区唯一的高山生态环境综合科学观测研究站——贡嘎山站。

1.2.1　总体定位与目标

贡嘎山站的基本定位：贡嘎山站是立足青藏高原东缘横断山区、以多层次的山地生态系统为主要研究对象的综合观测试验研究站。瞄准亚高山森林生态系统在青藏高原东部地区生态环境保护与区域可持续发展中的重要性，突出变化环境下亚高山森林生态系统的演变及生态功能稳定的综合研究。从山地环境与森林生态系统的整体出发，应用系统生态学、森林生态学和地球科学等有关学科的理论与方法，系统研究亚高山森林生态系统结构、功能及其演化过程，探索不同山地生态系统生产力形成与调控机制，揭示亚高山森林生态系统对环境条件变化的响应与适应规律及其山地环境效应；并通过重建功能稳定、结构合理以及生产力可持续发展的森林生态系统的试验与示范研究，为合理开发利用山地自然资源、保护和改善山地生态环境、促进山区可持续发展、构建青藏高原东缘生态屏障提供科学依据和技术体系。

近年来，伴随全球变化不断加强，山地生态系统对全球变化的敏感响应和适应研究在全球范围内展开，成为广泛关注的焦点。贡嘎山站也在 2008 年开始着眼于山地整体的生态系统变化及其对山区经济社会发展的支撑作用，为此，新时期贡嘎山站的定位有所拓展。

　　立足贡嘎山，面向青藏高原东缘（横断山区）生态安全和可持续发展、长江上游生态环境保护与建设，以高山陆地生态系统为重点，研究山地垂直气候带谱不同生态系统的结构、功能、动态规律以及高山冰冻圈要素变化和山地环境变化过程，揭示高山生态系统对变化环境的响应与适应机制、高山生态系统功能与生物多样性格局及其维持机制，为高山生态系统适应全球变化的调控和保育、维护区域生态安全、推进山区发展、保护长江上游环境提供科学决策依据。

1.2.2　主要研究任务

　　基于上述定位与目标，贡嘎山站的主要研究任务是以高山及亚高山多气候带谱自然生态系统为主要对象，监测山地环境动态，预测区域环境演变趋势，多学科综合研究高山及亚高山生态系统的结构、格局与功能变化；探索在青藏高原隆起背景下，西南山区气候变化与冰冻圈要素演变对高山及亚高山不同生态系统的作用，认识西南山区高山及亚高山生态系统的生产力与生物多样性形成与演变趋势与机制；系统辨析西南山区高山及亚高山生态系统对全球气候变化的响应与适应，研究应对全球变化的山地资源合理利用、山地生态环境保护与山区生态经济发展的技术与模式。为推动横断山区及长江上游生态屏障建设、促进西南山区可持续发展等提供重要科学支撑。为此，贡嘎山站设定的主要学科方向有以下四个方面：①亚高山森林生态系统对变化环境的响应与适应；②山地生态系统物质循环过程、垂直带谱分异规律及其形成机制；③山地环境演化与生态系统影响；④山地资源开发利用与保护。

　　围绕上述四个主要研究方向，贡嘎山站科研人员近年来主要开展的研究任务列于图1-2。围绕这些方向取得了多项创新进展，也开展了多项国际合作研究工作，获得了较大的学术影响。在山地自然资源开发利用与保护方向，围绕山地生态旅游资源开发利用与生态保护、山地特色生物资源开发利用与保护开展了一系列服务于地方经济发展的试验、示范与推广应用工作，取得了良好效果。

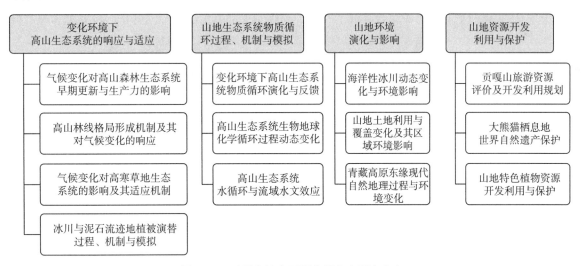

图1-2　贡嘎山站主要研究任务和研究方向

　　贡嘎山站观测试验内容包括：高山气候梯度观测，森林和冰川水文观测，海洋性冰川动态观测，亚高山暗针叶林生态要素监测，中国西南区域大气本底观测等。这几种观测大类又包含了各自的详细观测内容，总计达40余项，它们对于深入研究我国西南高山冰川森林生态系统的基本特征和演变趋势具有重要作用。

1.3　研究成果

　　贡嘎山站紧紧围绕亚高山生态系统、山地冰冻圈和森林水文、山地表层生物地球化学循环等研究方向，在变化环境下山地不同植被带生态系统的响应与适应、山地生态系统物质循环过程（还有机制与模型）、山地环境演化与影响以及山地资源开发利用与保护等领域取得了丰富成果和创新进展。贡嘎山站近年来，在森林生态、生态水文和山地环境演变等领域，先后承担了一批国家科技攻关项目，包括国家973计划课题、国家杰出青年基金、国家自然重点基金项目、国家支撑计划、中科院战略先导专项、中科院创新国际合作伙伴计划、中科院"百人计划"、中科院重点、重要创新方向项目等，合计118个项目，经费达到8 496.2万元。发表论文390余篇，其中SCI 188篇，CSCD 205篇，同时出版论文集和专著（含科普专著）13部，专利17项，获得省级科技进步一等奖7项，省级科技进步二等奖2项，省级科技进步三等奖1项。值得提出的是，"西藏高原生态安全研究"项目荣获2009年国家科技进步二等奖，"科学家带你去探险"系列丛书荣获2017年国家科技进步二等奖。代表性创新研究成果列举如下。

1.3.1　高山生态系统应对全球气候变化的响应机制与适应策略

　　高山带是全球气候变化影响最为剧烈的区域之一。根据贡嘎山3 000 m基站的多年气象观测资料，近30年的增温幅度远高于全球平均水平。因而，山地生态系统对全球变化的响应可能更为敏感，其应对全球气候变化的响应及适应研究是认识未来气候变化下陆地生态系统动态的重要途径。近几年，贡嘎山站依托我国西南广泛分布的亚高山森林生态系统，从森林植被的形态、生理生态、性别差异、群落动态和种群关系、土壤微生物生态和林下苔藓群落等多个方面较为系统地研究了亚高山森林生态系统应对全球变化的响应及适应机制；同时积极开展了高寒草地应对气候变化的响应研究。主要研究成果包括以下几方面。

1.3.1.1　气候变化下岷江冷杉的形态可塑性和生理生态响应机制

　　研究发现，增温处理对岷江冷杉的可塑性产生显著影响。采用不同海拔（2 850 m和3 500 m）交互移栽的方式模拟增温，研究岷江冷杉在增温下的适应性差异。不同处理的岷江冷杉幼苗在形态、生理及生化特征方面均存在显著的差异，这些差异既有由遗传因素引起的，也有由表型适应引起的。高海拔的岷江冷杉幼苗向低海拔移栽降低了叶肉细胞细胞壁的厚度、叶绿素含量、叶片氮含量、叶片

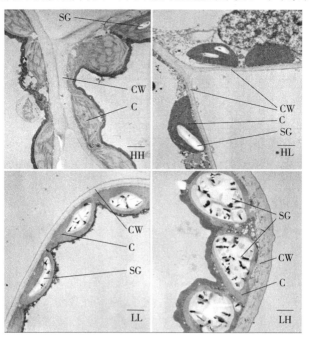

图1-3　交互移栽对岷江冷杉叶肉细胞超微结构的影响

注：LL和LH表示低海拔的冷杉幼苗分别移植到低海拔和高海拔的处理，HH和HL表示高海拔的冷杉幼苗分别移植到高海拔和低海拔的处理。SG、CW和C分别指淀粉颗粒、细胞壁和叶绿体。

（Ran et al.，2013）

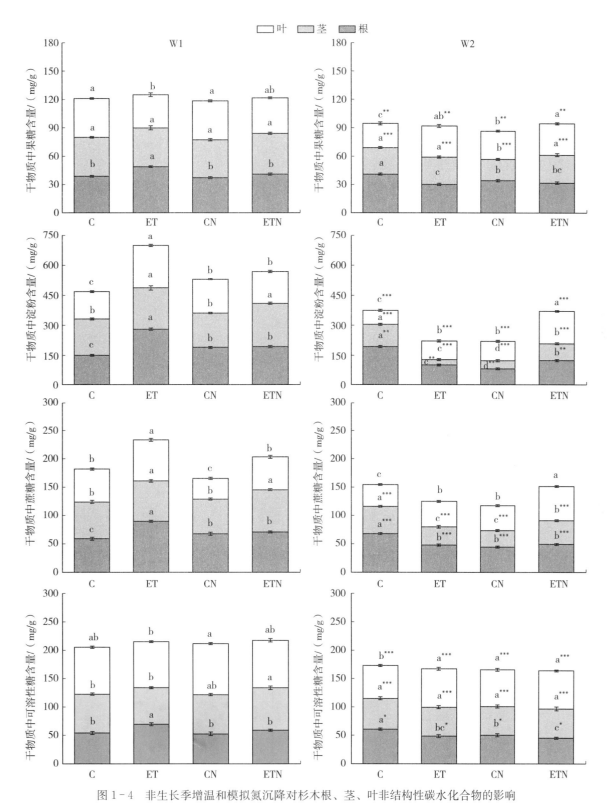

图 1-4　非生长季增温和模拟氮沉降对杉木根、茎、叶非结构性碳水化合物的影响

注：C、ET、CN 和 ETN 分别表示对照、增温、模拟氮沉降以及增温＋氮沉降处理。W1 和 W2 分别表示连续增温 2 个月和 4 个月的两种情形。不同小写字母表示同一种情形下同一组织中不同处理间存在显著差异（$P<0.05$），而星号表示同一处理和组织内不同情形下存在显著差异（* 表示 $0.01<P<0.05$，** 表示 $0.001<P\leqslant0.01$，*** 表示 $P\leqslant0.001$）。

（Yu et al.，2016）

丙二醛含量和水分利用效率，同时提高了叶片羧化效率和光合能力，促进岷江冷杉幼苗的生长和生物量积累（图 1-3）。结果显示未来气候变暖可能促进高海拔地区岷江冷杉幼苗的生长和生物量积累。

此外，在植物非生长季（2014-12—2015-3）研究了增温和氮沉降交互作用下杉木植株叶片形态、光合气体交换、碳氮元素和碳水化合物的积累和分配等。结果显示：杉木的生理生化响应随着冬季增温持续时间（2 个月和 4 个月）的不同而变化，持续 2 个月的冬季增温增加了杉木碳水化合物的含量，而持续 4 个月的冬季增温显著地减少了植物碳水化合物的储存，氮沉降则缓解了冬季增温对碳水化合物的减少作用（图 1-4）。

1.3.1.2 高山森林应对全球变化的雌雄差异

研究发现，高山柳树采取性别特异的生长防御策略来适应不同的养分条件。不同的生物量分配结果可能导致性别不同的防御能力以及生长-防御折中。高山柳植物生长（生物量积累量）与防御（缩合丹宁含量）呈明显的负相关，并且雌雄植株间存在较大差异，这种现象在茎生物量分配和缩合丹宁积累方面表现尤为明显。柳树雌株可能采取了更为激进的策略，过度透支现有的资源来同时满足生长和防御的需求。

此外，从繁殖投入、种群密度和传粉效率等方面对贡嘎山两个海拔梯度（2 000 m 和 2 600 m）上冬瓜杨和川滇柳的性别比例与繁殖投入进行研究（图 1-5）。结果显示：低海拔下冬瓜杨和川滇柳雌雄性

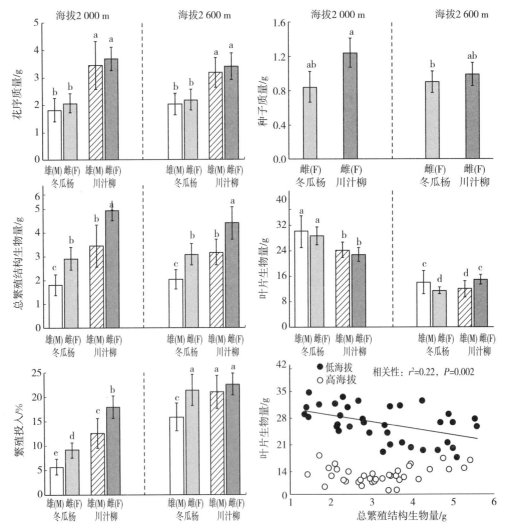

图 1-5　贡嘎山不同海拔冬瓜杨和川滇柳在形态、繁殖投入等方面的差异

注：不同字母表示雌雄间存在显著差异（$P<0.05$）。

比（F/M）接近 1∶1 平衡；而在高海拔区域出现性比失衡，即杨树偏雄，而柳树偏雌。枝条水平上，冬瓜杨和滇柳的总繁殖结构生物量在两个海拔上都为雌株高于雄株；相对繁殖投入在低海拔时雌株高于雄株，高海拔上冬瓜杨雌株高于雄株，而川滇柳由于叶片的补偿生长，导致雌雄间相对繁殖投入无显著差异。叶生物量与繁殖结构生物量在低海拔存在明显的权衡关系，而在高海拔则被打破，容易导致性比失衡。冬瓜杨雌株繁殖投入显著高于雄株，雌株对高海拔更敏感，因而高海拔时偏雄性。川滇柳的繁殖投入在海拔间无差异，加之传粉效率较高，推测容易产生花粉管竞争，从而偏雌性。

　　土壤氮素供给水平同样也影响了高山森林树种的雌雄比例和适应策略（图 1-6）。氮充足下性间竞争中的雌株表现出比雄株更高的总生物量。低氮胁迫显著抑制了各竞争模式中的雌雄个体的生物量积累。与氮充足相比，氮胁迫下雌株比雄株生物量的降低更显著。在所有竞争模式中，低氮下性内竞争的雌株显示了较低的茎、根生物量和总生物量，而性内竞争中的雄株显示了较高的根生物量和总生物量。

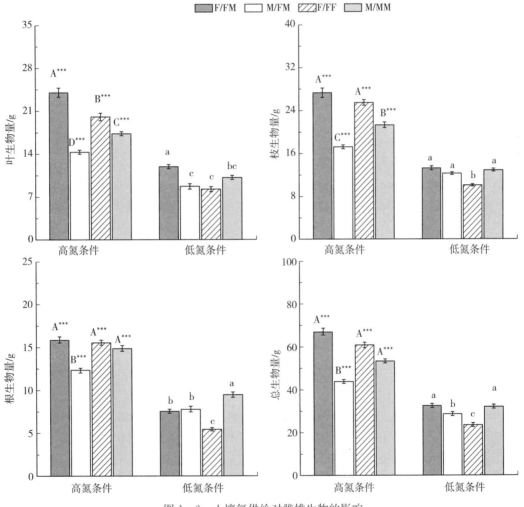

图 1-6　土壤氮供给对雌雄生物的影响
（生物量为单株干物重）

　　注：F/FM 和 M/FM 分别表示跨性别竞争处理下的雌性和雄性；F/FF 和 M/MM 分别表示同性别竞争处理下的雌性和雄性。不同大写字母表示高氮条件下不同性别存在差异，不同小写字母表示低氮条件下不同性别存在差异（P＜0.05）。*** 表示同一处理下高氮和低氮条件存在显著差异（P＜0.001）。

　　进一步利用施肥实验表明，在施加硝态氮的条件下，雌株比雄株有较高的生物量积累、光合速率、叶片氮含量和碳水化合物含量，而在施加铵态氮的条件下雄株比雌株有较高的光合速率、叶片氮含量、游离氨基酸含量和硝酸还原酶活性。这表明雌雄植株对不同形态氮素有不同的偏好性，即雄株对铵态氮有一定的偏好性，而雌株对硝态氮有强烈的偏好性。比较转录组学研究揭示这种雌雄间不同的响应差异，从而提供了阐释生理变化的分子调控方面的机理。

1.3.1.3　亚高山森林土壤及微生物群落对全球变化的响应机制

在两个海拔（3 000 m 与 3 500 m）上，土壤增温（开顶式增温方式，土壤 5 cm 处增温幅度为 0.9～1.0 ℃）对亚高山森林土壤有机物各组分的影响均表现出季节性差异（图 1-7）。在 3 500 m 海拔上，增温使土壤活性有机碳含量明显增加，惰性有机碳量显著降低。在 3 000 m 海拔上，土壤活性和惰性有机碳均没有明显的变化。亚高山岷江冷杉林土壤在连续四年的增温下，不同海拔有机物组分对增温的响应存在差异，高海拔响应更明显。相对于土壤活性有机碳而言，土壤惰性有机碳表现出更高的温度敏感性。土壤呼吸的温度敏感性在两个海拔间没有显著差异。

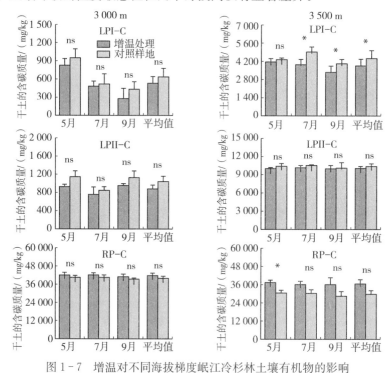

图 1-7　增温对不同海拔梯度岷江冷杉林土壤有机物的影响

注：图中 LPI-C 与 LPII-C 分别指由硫酸提取得到两类活性碳，RP-C 指惰性碳。* 表示 $P<0.05$，ns 表示 $P>0.05$。

此外，土壤增温增加了土壤微生物碳氮和总磷脂脂肪酸（T_{PLFAs}）的含量，而微生物活性增加加快了土壤活性有机库的分解。土壤增温改变了土壤微生物内部结构组成。3 500 m 海拔土壤增温明显地增加了磷脂脂肪酸总量、细菌数量、细菌与真菌之比和革兰氏阴性细菌的含量；3 000 m 海拔土壤增温明显增加了细菌与真菌之比、革兰氏阴性细菌数量、革兰氏阳性细菌与总磷脂脂肪酸量之比（图 1-8）。高海拔土壤活性有机库及土壤微生物受温度的影响程度大于低海拔土壤。研究为深入解析亚高山森林系统碳循环及土壤微生物在土壤碳形态转化中的作用机制提供了重要的理论基础。

1.3.1.4　亚高山森林生态系统林下苔藓植被对气候变化的响应和机制

调查发现贡嘎山共有地面苔藓类植物 30 科 64 属 165 种。其中苔类植物 42 种，藓类植物 123 种。常见的科包括青藓科（Brachytheciaceae），5 属 23 种；曲尾藓科（Dicranaceae），4 属 25 种；塔藓科（Hylocomiaceae），6 属 6 种；羽苔科（Plagiochilaceae），1 属 17 种。通过野外调查和实验室鉴定，首次明确了贡嘎山苔藓类植物分布状况。影响苔藓植物分布的因素是多样的，凋落物厚度、海拔、气温、相对湿度、降水、土壤温度和土壤湿度是影响苔藓物种组成的主要因素；海拔综合反映了所有环境因子（包括凋落物厚度、气温、相对湿度、降水、土壤温度和土壤湿度）的作用，其他因素如坡

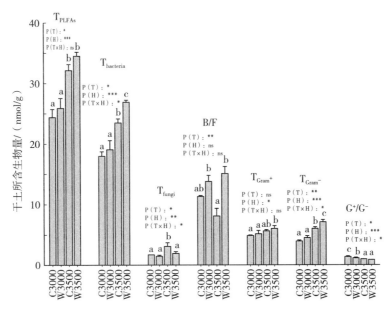

图 1-8 增温下两个海拔土壤微生物磷脂脂肪酸指示物参数

注：图中横坐标 C3000 和 C3500 分别表示海拔 3 000 m 和 3 500 m 的对照样地，而 W3000、W3500 分别表示海拔 3 000 m 和 3 500 m 的增温样地（土壤 5 cm 深度处的增温幅度为 0.9～1.0 ℃）。T_{PLFAs}、T_{fungi}、$T_{bacteria}$、T_{Gram^+} 和 T_{Gram^-} 分别表示用磷脂脂肪酸方法得到的总微生物量、总真菌生物量、总细菌生物量、总革兰氏阳性菌生物量和总革兰氏阴性菌生物量。B/F 和 G^+/G^- 分别表示细菌生物量/真菌生物量以及革兰氏阳性菌生物量/革兰氏阴性菌生物量。P（T）、P（H）和 P（T×H）分别表示双因素方差分析的增温作用、海拔效应和二者的交互作用。*** 表示 $P \leqslant 0.001$，** 表示 $0.001 < P < 0.01$，* 表示 $0.01 < P < 0.05$，ns 表示 $P > 0.05$。

向、土壤 Eh、土壤 pH 和坡度等对苔藓物种组成无显著影响。在海拔小于 3 300 m 时，苔藓物种数量随海拔呈单峰分布；海拔大于 3 300 m 时，地面苔藓种数随海拔递增；但从较大海拔范围看，苔藓物种数随海拔呈波浪形分布。

在群落总盖度水平，无论是暗针叶林还是高山灌丛带，升温-降水减少复合处理的影响均大于降水减少的单一处理，说明贡嘎山高山生态系统苔藓群落对升温的总体响应较对降水减少更敏感。个体水平上，不同物种对气候因子的敏感性存在差异。其中，赤茎藓对降水的敏感性大于对升温的敏感性；毛灯藓和东亚砂藓则对升温更加敏感。

探索了苔藓地被层对生态系统土壤碳循环过程的作用途径，结果显示，苔藓植物能够从群落和物种两个尺度上响应气候变化。群落水平上，升温将导致苔藓群落总盖度降低，氮沉降增加仅导致暗针叶林苔藓群落盖度降低，亚高山灌丛苔藓总盖度无显著影响（图 1-9）。暗针叶林苔藓植物对温度和

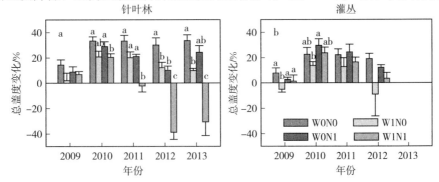

图 1-9 亚高山生态系统苔藓盖度对气候变化的响应

注：W0N0、W1N0、W0N1、W1N1 分别表示对照、增温、模拟氮沉降、增温+模拟氮沉降处理。不同字母表示同一年份各处理间存在显著差异（$P < 0.05$）。

氮沉降增加的敏感性大于亚高山灌丛。物种水平上，苔藓植物对气候变化的响应具有物种特异性，侧蒴类苔藓对氮沉降响应更加敏感，顶蒴类苔藓对增温响应更加敏感。地面苔藓植物能够通过向土壤释放有机碳和有效氮、促进凋落物分解等方式增加土壤有机碳的累积，并促进土壤溶解性有机碳、微生物碳含量以及地表和土壤 CO_2 排放速率的增加。去除苔藓后 TPLFAs、细菌和真菌标志物含量下降，苔藓植物的存在导致了微生物群落结构的改变。这一研究对于促进对亚高山生态系统碳循环过程的认识和区域碳平衡模型的改进具有重要意义。

1.3.1.5 高寒草地对气候变化的响应及机制

增温处理（两种增温情况，土壤表层 5 cm 深度 1.5 ℃增温幅度和 3.5 ℃增温幅度）使冻土活动层加厚，降低了高寒草甸物种多样性，改变其群落结构，使该群落不稳定而退化。5 年增温实验结果显示出与其他高纬度的高寒和苔原地带相似的结果，即物种多样性随着温度的增加而降低（图 1-10）。但是不同的是，青藏高原高寒草甸多样性降低主要是由于禾类草多样性的降低。

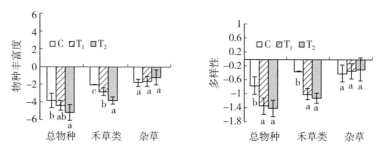

图 1-10　活动层温度增加对高寒沼泽草甸总物种、禾草类以及杂草的丰富度、
多样性（Shannon-Winner 指数）的影响（2006—2010 年）
注：C、T_1、T_2 分别表示对照、1.5 ℃增温、3.5 ℃增温。

增温增加了地上以及地下 5~20 cm 处地下生物量，对表层 0~5 cm 地下生物量没有影响。同时，增温增加了植被高度、群落覆盖度和凋落物量。其中，在较低幅度增温情况下，优势物种的覆盖度趋于降低，而伴生物种覆盖度增加，植被群落趋于退化（图 1-11）。在较高幅度增温情况下，由于短期内剧烈增温导致土壤快速融化和凝结水量增加，从而导致 20 cm 以上土壤水分含量显著增加，因此，喜湿环境的藏嵩草覆盖度增加、伴生种青藏苔草覆盖度降低（图 1-11）。但是，这种水分增加实际上是深部水分迁移获得，是一种水分的消耗，长期下去必将导致土壤水分亏损而难以为继。可见伴随温度升高，沼泽草甸优势物种藏嵩草可能在短期内是胜利者，因为其在增温下能利用土壤下层的资源，进而导致高寒植被更加趋同，群落结构单一。长期为之，由于地下资源的耗竭和群落结构的不稳定，高寒植被严重退化。

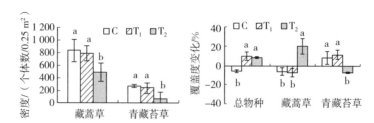

图 1-11　活动层温度增加对高寒沼泽草甸物种盖度和无性繁殖枝密度的影响
注：C、T_1、T_2 分别表示对照、1.5 ℃增温、3.5 ℃增温。

多年连续观测研究表明，增温对高寒草地呼吸排放的影响存在季节差异，增温对非生长季呼吸的增强程度远远高于生长季（图 1-12）。对高寒草甸生态系统，不同增温下非生长季生态系统呼吸分别增加 67.5% 和 142.1%；而生长季生态系统呼吸分别增加 60.7% 和 94.6%。对高寒沼泽草甸生态系统，增温对非生长季系统呼吸分别增加 87.6％和 122.4％，生长季呼吸分别增加 32.5％和 40.3％。因此，高寒草地生态系统呼吸随温度升高而较大幅度增强，以非生长季系统呼吸增加更为强烈，对年总呼吸排放增加的贡献率超过 50％。植被地上生物量与生态系统呼吸间存在显著的正相关关系，可解释 60％的生态系统呼吸变化；活动层土壤 0～40 cm 深度的融化天数也与生态系统呼吸关系密切。未来伴随活动层土壤温度升高，土壤呼吸碳排放将进一步加强。

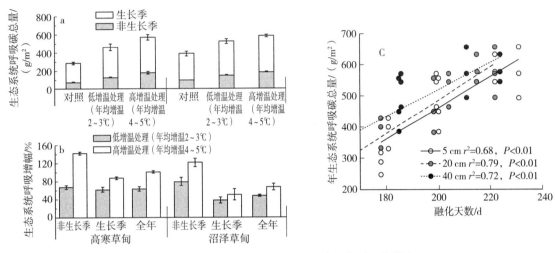

图 1-12　增温对典型高寒草地生态系统呼吸的影响

然而，利用 ^{13}C 同位素技术研究发现，在生长季前期增温措施促进了风火山高山草甸生态系统呼吸中土壤异养呼吸比例，但在生长季后期降低了其土壤异养呼吸排放贡献。整个生长季增温和对照的土壤呼吸比例差别不大（图 1-13）。青藏高原高寒草甸生态系统碳源汇分析表明，增温显著促进了典型高寒草甸生长季净碳吸收，整个观测期内，高寒草甸的净碳吸收大约为 123 g/（m²·年），增温下大约为 145 g/（m²·年）。非生长季高寒草甸的土壤异养呼吸碳排放大约为 59 g/（m²·年），增温下大约为 100 g/（m²·年）。风火山高寒草甸每年的碳汇能力大约为 64 g/（m²·年），增温下大约为 45 g/（m²·年）。因此，在全球变暖影响下，多年冻土区高寒草甸生态系统在一定条件下仍然维持较好的碳汇，但碳汇能力有所减弱。上述结果表明，多年冻土土壤有机碳库具有一定的稳定性。通过对比土壤 ^{137}Cs 活度的剖面分布发现，土壤 ^{137}Cs 在增温下总量没有发生变化而仅发生了下层迁移（图 1-13）。结果表明增温增强了冻扰作用（冻土地区最为重要的成土机制），促进了冻土土壤氮素的迁移与稳定。

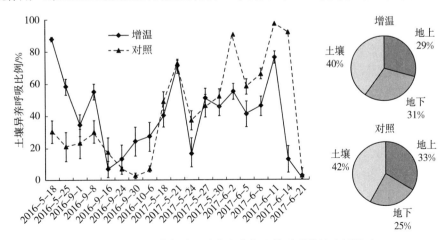

图 1-13　生长季内增温对高寒草甸土壤呼吸排放比例影响

以上研究表明，亚高山森林主要树种从蛋白质表达、解剖结构和生理生态指标等不同层次上均表现出对增温和氮沉降增加的响应和适应，但其响应存在海拔梯度上的差异，突出了长期影响（海拔梯度）和短期影响（人工模拟实验）交互作用下的耦合变化。同时研究揭示了全球变化下雌雄响应的差异，为应对全球变化的适应性管理提供了依据。此外，研究也突出了苔藓、土壤微生物对于亚高山森林碳循环过程的重要作用，对于深入认识全球变化下亚高山森林碳循环变化提供了重要依据和支撑。高山草地作为高山生态系统的重要组成，研究揭示了气候变化对其生产力、生物多样性和碳源汇强度和固碳机制的作用，为认识高山生态系统对气候变化的响应奠定了基础。

上述成果发表在 Forest Ecology and Management（2013），Journal of Vegetation Science（2013），PLoS one（2013），Trees-structure and function（2013），Agricultural and Forest Meteorology（2015），Soil Biology and Biochemistry（2015），Plant Cell and Environment（2015），Physiologia Plantarum（2015），Frontiers in Plant Science（2016），Tree Physiology（2017），Plant and Soil（2017），Journal of Geophysical Research：Biogeosciences（2017），Agricultural and Forest Meteorology（2017），Science of the Total Environment（2017）和 Atmospheric Environment（2017）等期刊上。

1.3.2　百年尺度高山林线变化规律及林线形成机理

人工模拟的全球变化控制实验，对于研究生态系统在较大空间范围及较长时间尺度上对全球变化的响应及适应规律存在较大不足。年轮学方法是揭示森林生态系统在百年尺度上气候变化影响的有效手段。一方面通过林线及贡嘎山针叶林带谱的年轮调查研究了近百年贡嘎山东坡亚高山针叶林的林线和针叶林带谱的动态变化规律，另一方面通过样带调查结合模型模拟方法进一步探讨了贡嘎山针叶林生产力在未来气候变化下的响应规律。此外，通过植物生理学方法研究了林线的形成机制。产生的主要创新成果包括以下几方面。

1.3.2.1　百年尺度贡嘎山针叶林林线变化规律及不同海拔针叶林径向生长对气候变化的响应

年轮学研究结果显示，近百年内贡嘎山东坡温度呈增加趋势，特别是近 30 年增温幅度较大，符合长期的气象观测结果。贡嘎山东坡亚高山针叶林主要建群种峨眉林的林线位置并未发生显著上移，但林线的峨眉冷杉种群密度显著增加。不同海拔峨眉冷杉年轮结果进一步表明，高海拔（3 100 m、3 300 m和3 600 m）峨眉冷杉径向生长在过去的 30 年间呈加速生长趋势；而低海拔（2 900 m 和 2 700 m）峨眉冷杉径向生长在过去30 年间存在下降趋势（图 1-14）。不同年龄阶段的峨眉冷杉径向生长没有显著差异。通过不同海拔峨眉冷杉径向生长与气候要素响应分析，发现生长季期间的温度与高海拔树木生长存在显著正相关关系，与低海拔树木生长存在显著负相关关系。滑动相关分析表明随着温度升高，生长季温度与不同海拔树木生长的相关关系逐渐增强。

1.3.2.2　贡嘎山峨眉冷杉林 NPP 海拔分异规律

模型模拟表明，随海拔梯度（海拔 2 800 m～3 700 m）增加，峨眉冷杉生态系统总初级生产力（GPP）和净初级生产力（NPP）都表现出降低的趋势，GPP 和 NPP 沿海拔梯度的变化幅度分别为每 100 m 下降的有机碳含量为 0.09 g/（$m^2 \cdot d$）和0.03 g/（$m^2 \cdot d$）。其变化趋势与温度的下降趋势相近，而随着海拔梯度增加，降水量则表现为先增加（2 800～3 500 m）后降低（3 500～3 700 m）的趋势。在海拔 3 000 m 处，GPP 和 NPP 都出现了一个峰值，表明该海拔高度，水热条件较适合峨眉冷杉的生长，其光合作用能力较海拔 2 800 m 和 3 100 m 都要强。结果表明在未来气候变暖情况下，温度增加可能会降低低海拔冷杉林的NPP，而增加高海拔冷杉林的NPP，因为温度增加会显著增加高海拔冷杉林的生物量和低海拔冷杉林的呼吸速率。

1.3.2.3　高山林线形成机制

随着海拔的增加，高山栎植株地上组织吲哚乙酸（IAA）浓度显著增加，而细胞分裂素（CTK）浓

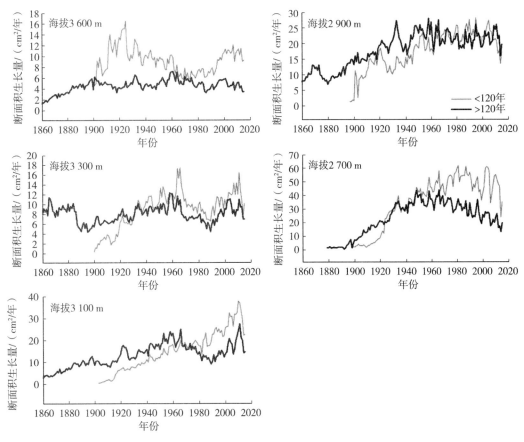

图 1-14　贡嘎山地区峨眉冷杉在不同海拔梯度和不同年龄时段径向生长变化

度和 CTK/IAA 比率的减少可能限制林线树木的高生长，但整株植物（包括地上、地下组织）CTK/IAA 的比率无显著变化。这表明 CTK/IAA 比率的海拔模式难以解释高海拔树木矮小和较高根冠比的生长特性。树桩 CTK 浓度和 CTK/IAA 比率与灌丛萌生能力呈显著正相关关系，而细根 CTK 浓度和 CTK/IAA 比率则呈负相关关系，表明在细根生物合成的 CTK 运送到树桩，诱发了侧芽的萌动。

　　以上结果表明，过去气候变暖对贡嘎山地区低海拔针叶林树木生长产生了抑制作用，而对高海拔针叶林树木生长具有促进作用，但并未显著提升其林线位置。因此，在未来气候进一步变暖情况下，贡嘎山地区亚高山针叶林带谱可能变窄，生产力重心上移，这与模型模拟气候变暖情境下的结论一致。研究结果为评估未来气候变化对我国西南亚高山针叶林的影响提供了重要的科学依据，同时提出森林根系的内源激素分泌及其分配可能是森林更新应对气候变化的适应性策略，从而为人工调控措施提供依据。

　　成果发表于 Trees（2014），Global and Planetary Change（2016），Forest Ecology and Management（2017），Journal of Mountain Science（2017）和生态学报（2014）等期刊上。

1.3.3　高山生态系统生物地球化学循环及其对气候变化的响应规律

　　随海拔梯度的变化，环境因子特别是气象因子相应发生显著变化，从而影响生态系统的生物地球化学过程，因此高山生态系统生物地球化学过程的海拔变化一定程度上可反映气候变化的长期影响及适应规律。高山生态系统中，亚高山森林是我国西南地区分布面积最大的地带性山地森林生态系统，系统辨析亚高山森林生物量、水、碳、氮及磷元素的海拔高程分布规律及其对气候变化的响应特征，有助于我们对山地生态系统生物地球化学循环的空间分布格局与形成机制的认识。利用贡嘎山巨大的海拔落差，借助海拔梯度上的涡度相关观测、样带调查等手段，系统研究了亚高山森林水、碳、氮、磷及重金属元素的海拔梯度变化规律，探讨了气候变化的影响，取得了以下成果。

1.3.3.1 山地森林生态系统蒸散发与水均衡模式的海拔梯度分布规律

针阔混交林蒸散发最大，针叶林最小（图 1 - 15）。树木蒸腾对总蒸散发的贡献率最高（46.8%～56%），其次为林冠截留（34.5%～45.8%）。在不同森林类型中，林冠截留对总蒸散发的贡献随海拔的升高而升高，而树木蒸腾对总蒸散发的贡献随海拔的升高而降低。三种森林类型中，土壤蒸发对总蒸散发的贡献相对较小（低于 10%）。

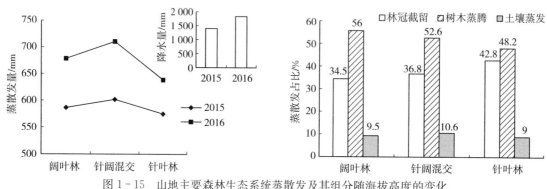

图 1 - 15　山地主要森林生态系统蒸散发及其组分随海拔高度的变化

不同森林类型其水循环分布模式在湿季存在较大差异（图 1 - 16）。冠层截留了大约 20% 的降水量，形成穿透雨和树干径流，之后穿透雨一部分由于土壤蒸发和植物蒸腾而返回大气中，剩下的部分在土壤中储存或下渗。总体而言，森林生态系统蒸散发对水循环的贡献随着海拔的升高而降低，每100 m 减少 1.38%；其中树木蒸腾对水循环的贡献也随着海拔的升高而降低，每 100 m 减少 0.8%。受树木蒸腾的空间分异影响，针叶林的入渗对水循环的贡献最大，阔叶林最小，但其海拔变化趋势不显著。

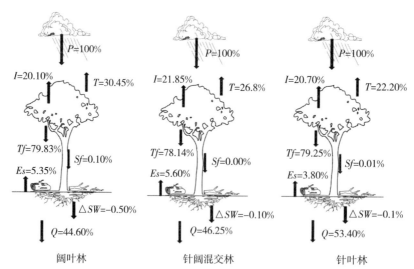

图 1 - 16　三种不同森林类型在湿季的水循环分布模式

注：P、I、T、Tf、Sf、Es、$\triangle SW$ 和 Q 分别指降雨、林冠截留、树木蒸腾、穿透雨、树干径流、土壤蒸发、土壤含水量变化量和下渗量。

1.3.3.2 亚高山森林植被和土壤碳、氮、磷等生源元素的海拔分布规律

冷杉林的现存地上和地下植被碳库具有显著的随海拔增高而递减趋势（图 1 - 17，左图）；随气温和降水量增加，植被碳库分配趋于向地上转移（图 1 - 17，右图）；不同于温带针叶林，亚高山针叶林树木不同组分碳浓度随生物量增加而增大；未来气候变化（气温升高和高海拔降水增加）将促进

海拔 3 800 m 以上碳库显著增加。

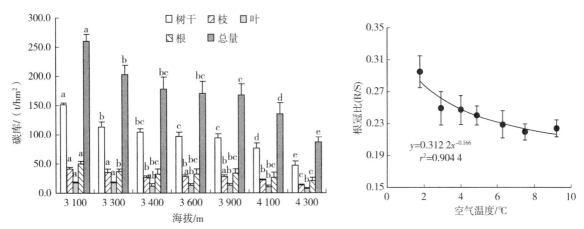

图 1-17　海拔梯度冷杉林植被碳库（左图）及根冠比（右图）
分布格局及其与气候的关系

注：不同字母表示同一组分碳库在不同海拔上存在显著差异。

（Wang et al.，2014）

　　亚高山森林土壤碳、氮储量同样随海拔增加呈增加趋势（图 1-18）。而且山地森林表层 20 cm 土壤碳、氮储量占表层 100 cm 总储量的比例（垂直分布比例）分别为 41.3% 和 35.9%，显著小于全球森林平均土壤碳、氮垂直分布比例（碳、氮分别为 50% 和 40%）（图 1-18，内图）。结果表明亚高山森林土壤碳、氮趋于深层分布，有利于土壤碳固定，从而降低未来气候变化对山地森林土壤碳的影响。

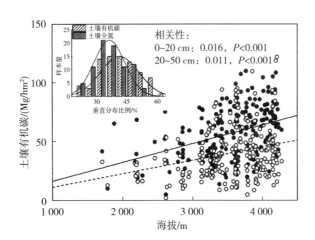

图 1-18　亚高山森林（冷杉属、松属和云杉属）土壤有机碳库随海拔变异规律及
土壤碳氮垂直分布比例（内图）

注：大图中空心圈和实心圈分别指 0～20 cm 和 20～50 cm 深度土壤；垂直分布比例指表层
20 cm 土壤有机碳或全氮储量占表层 100 cm 总储量的比例。

（Chang et al.，2015）

　　同样，对高山植被带谱上根际土基本理化性质、磷形态和微生物量磷等指标的分析发现，根际土中微生物量磷浓度沿海拔梯度带呈现单峰型（或称为抛物线型）的空间分布格局，即微生物量磷浓度在海拔 3 500 m 附近的针叶林带到达最高值，而在低海拔的阔叶林带和高海拔的灌草带处于较低值。微生物量磷的这种空间分布格局与土壤 pH、湿度、原生矿物磷和铝结合态无机磷具有显著的线性关系。

1.3.3.3 高山生态系统重金属元素海拔分布及赋存特征

包括贡嘎山在内的 25 个山地森林站点，较低的海拔区域（3 100～3 600 m）局地人为源汞排放是影响大气汞含量升高的主要原因，然而在较高的海拔区域（3 700～4 300 m），大气汞分布主要受其长距离传输的控制。凋落物汞的沉降是山地森林土壤汞的主要来源，高海拔"冷阱"（Cold-trapping）相关的降雨与温度通过控制凋落物的生物量间接影响土壤汞的累积。以往山地森林系统基于通量测定的研究结果均强调海拔升高的过程中，"冷阱"作用使得森林大气汞主要以湿沉降方式进入森林土壤系统，而本研究基于汞稳定同位素示踪的新技术手段否定了上述假说，提出了山地森林系统土壤汞积累是通过植被叶片吸收大气汞后随凋落物进入土壤的新观点（图 1-19）。

图 1-19　山地森林金属汞的吸附和分配机制

此外，重金属元素铅的累积在贡嘎山东坡表层土壤表现出随海拔增加呈现先增加后下降、在林线以上区域再度升高的趋势。铅同位素示踪发现，人类活动排放的铅在土壤表层中达到 50% 以上，而且其海拔分布特征与其浓度基本一致；在低海拔地区当地化石燃料的燃烧是土壤铅的主要来源，在林线附近的暗针叶林铅和其他重金属受人类活动影响较小，主要与当地母岩风化和地形因素有关，但是在林线以上地区，铅主要来自矿物开采及金属冶炼。

总之，亚高山森林水、碳、氮的海拔变化规律主要受温度梯度驱动，未来气候变化将会显著影响亚高山森林的水、碳、氮元素循环过程。磷元素的梯度变化受到植被碳积累和环境因子共同影响，因而磷元素的供给对亚高山森林水碳氮耦合作用及其对气候变化的响应具有重要的调控作用。研究为揭示亚高山森林生态系统水、碳、氮、磷海拔变化规律及其相互作用变化，以及未来气候变化的影响提供了基础。同时，重金属元素的海拔分布规律揭示人类活动对低海拔重金属积累的作用，提出未来应密切关注低海拔区域人类活动的负面影响。

上述成果发表在 Forest Ecology and Management（2014），Soil Science Society of America Journal（2014），Atmospheric Environment（2015），Scientific Reports（2016），Chemosphere（2016），Environmental Science & Technology（2017），Journal of Mountain Science（2017a，b）等期刊上。

1.3.4　高山冰缘生态系统原生演替过程与机制

生态系统演替的发生规律及驱动因素一直是生态学研究的核心科学问题之一。贡嘎山海螺沟冰川退缩迹地经过 120 年的退缩演化，在长约 2 000 m、宽 50～200 m 的区域内演化出 7 个可以定龄的土壤序列和清晰的植被、土壤带谱，为研究生态系统原生演替及植物-土壤-元素循环互作对山地生态系统结构和功能的调控提供了理想的天然实验室。贡嘎山站依托历史研究基础及资料，深入研究了贡嘎山海螺沟冰川退缩迹地植物动态、成土过程、碳氮磷等生源要素、土壤动物和重金属元素等方面的动态变化规律，并取得了以下研究成果。

1.3.4.1　青藏高原东缘冰川退缩迹地植被和土壤演替规律

在整个演替序列上，地上植被、森林地表物和矿质土壤碳、氮储量快速积累（图 1-20）。地上植被碳库对生态系统碳库的相对贡献率随着演替的进行而增加，而矿质土壤的贡献率却逐渐降低。随着演替的进行，地上植被中的碳和氮等速比例变化，而矿质土壤中碳氮比却降低。结果表明在整个演替阶段上增加的碳储存是伴随着氮积累的，并且地上植被是主要的生态系统碳库。

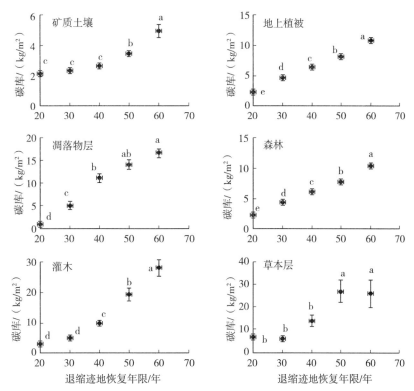

图 1-20　海螺沟冰川退缩迹地地上植被和土壤碳（C）库随演替时间变化规律
注：不同字母表示碳库在不同恢复年限存在显著差异。
（Yang et al.，2014）

冰川退缩区的土壤风化速率远高于邻近的非冰川退缩区，也远高于风化时间接近的阿尔卑斯山的冰川退缩区。同时研究揭示了早期风化过程，发现海螺沟冰川退缩区风化可分为两个阶段：第一阶段为冰川退缩后 52 年内，以碳酸盐岩风化为主；第二个阶段在 80 年和 120 年两个样点，硅酸盐矿物如黑云母和磷灰石的风化占据主导。研究结果显示海螺沟冰川退缩区土壤成土作用较快，在百余年的时间内即发生了脱碳酸盐、有机质积累、酸化、棕化、淋溶、淀积和弱灰化等成土过程。

随着退缩迹地原生演替及成土过程进行，生源要素磷元素形态发生显著变化，在冰川末端冰碛物（成土年龄 0 年）中以原生矿物磷为主，之后原生矿物磷逐渐降低，而有机磷则显著升高（图 1-21，左图）。生物有效磷在冰川退缩 30 年后即发生显著增加，与植被的原生演替存在一定的耦合关系，提出原生演替过程中磷（P）循环及驱动因素的概念图（图 1-21，右图）。其他 17 种元素（铅，钡，钙，铬，铜，铁，钾，镁，锰，钠，镍，锶，钛，钒，锌，镉，铅）变化规律表明有机质层和矿质土壤层大部分元素均发生亏损，其中风化作用、植物吸收和径流损失具有重要影响，而镉和铅的高度富集则主要归因于大气沉降和植物的归还作用。

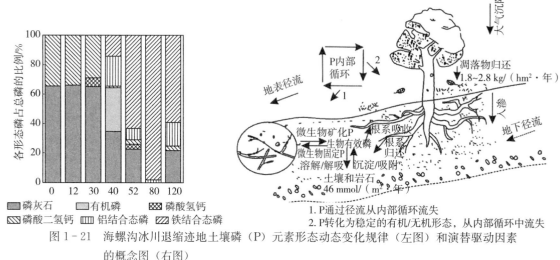

图 1-21　海螺沟冰川退缩迹地土壤磷（P）元素形态动态变化规律（左图）和演替驱动因素
的概念图（右图）

（Wu et al.，2014；祝贺等，2017）

1.3.4.2　冰川退缩迹地土壤动物的变化规律及指示作用

沿海螺沟冰川退缩迹地的 7 个恢复时期，线虫群落恢复可以划分为明显的 3 个阶段（图 1-22）：开始的 40 年为建成阶段（退缩迹地的前 2～4 个恢复时期），尤其是冰川退缩 30 年，从草地植被到森林植被的过渡加速了凋落物和可利用磷的积累，导致了线虫丰富度的跃升；其后的 40 年到 80 年为成熟阶段（退缩迹地的第 5～7 个恢复时期），与良好的地上植被和土壤养分供给相互对应，该阶段线虫群落具有最高的物种多样性、食性多样性和功能团多样性，显示了复杂而又协调的土壤食物网络结构；之后为最后阶段，虽然地上植被生物量仍在累积（退缩迹地恢复后期的植被顶级群落阶段），但伴随着凋落物输入的减少和土壤可利用磷的降低，线虫群落已经表现出退化的迹象，尤其是一些 c-p 值高的稀有线虫种类的消失。结果表明不同功能群的线虫群落由于受到上行和下行效应的差异调控而对冰川退化迹地演化表现出不同的响应范式。因此，线虫群落结构可提供土壤生态过程的独特信息，是监测土壤系统发育过程以及评价其健康状况的敏感指标。

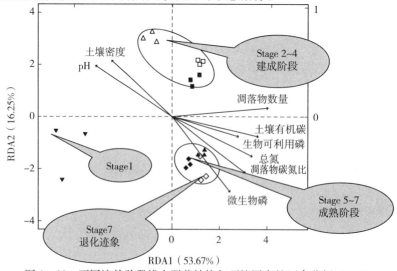

图 1-22　不同演替阶段线虫群落结构与环境因素的冗余分析（RDA）

注：图中 Stage 1～7 指过去 120 年中冰川退缩后产生的 7 个植被恢复时期

（Lei et al.，2015）

1.3.4.3　冰川退缩迹地重金属元素富集及赋存规律

冰川退缩迹地土壤和苔藓中铅元素的累积人类活动贡献了 8.6%～65.9%（有机质层：45.2%～61.3%；矿质土壤 A 层：8.6%～34.8%；苔藓层：41.6%～65.9%）。铅同位素组成和大气轨迹模型结果显示我国西南地区以及南亚一些国家矿物开采及冶炼和燃煤产生的排放物造成了铅在贡嘎山退缩区的富集（图 1-23）。此外对其他重金属元素研究发现：镉、铅和锌明显与人类活动排放有关，而铬、铜和镍主要与植物的"泵吸效应"有关。

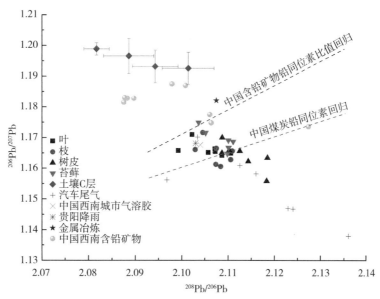

图 1-23　海螺沟退缩迹地主要重金属同位素关系对比
(Bing et al.，2016)

贡嘎山海螺沟冰川退缩迹地为研究原生演替过程提供了理想场所，而上述研究成果为认识冰缘及山地原生生态系统演替过程及机制提供了依据和基础。揭示了土壤磷在成土作用初期即会发生显著变化，为气候变暖如何影响高山地区生物地球化学循环提供了证据。研究结果有助于阐明山地生态系统生源元素生物地球化学循环与植被、土壤动物原生演替之间的关系，为科学合理的生态系统管理以及退化生态系统的恢复提供理论依据。同时原生演替序列重金属元素的分析也表明人类活动排放到大气中的铅能通过远距离大气传输进入我国西南地区的高山生态系统，改变了"人类活动稀少的高山地区没有微量金属污染"这一传统认识。

上述成果发表在 Forest Ecology and Management（2014），Atmospheric Environment（2014），Soil Biology & Biochemistry（2015），Geoderma（2016），Chemosphere（2016），Geochimica et Cosmochimica Acta（2013），Science China Earth Sciences（2014）和山地学报（2017）等期刊上。

1.4　支撑条件

1.4.1　野外观测试验样地与设施

贡嘎山站位于贡嘎山东坡海螺沟景区内，主要由磨西基地站（1 600 m）、亚高山森林生态系统观测站（3 000 m）和成都分析测试中心组成，共有建筑用地 0.93 hm²，工作实验用房 2 500 m²，生活用房 1 100 m²。贡嘎山站观测范围从海拔 1 600 m 的农业区到海拔 4 500 m 的雪线附近，已建成峨眉冷杉成熟林观景台综合观测场、峨眉冷杉冬瓜杨演替林辅助观测场、峨眉冷杉成熟林辅助观测场、峨眉冷杉演替中龄林干河坝站区长期采样点、贡嘎山站 3 000 m 综合气象要素观测场、贡嘎山站

1 600 m综合气象要素观测场、贡嘎山站峨眉冷杉成熟林林线长草坝站区土壤采样点、贡嘎山站黄崩溜沟三营水文站监测点、贡嘎山站 3 000 m冰川末端附近的水文站监测点、贡嘎山站海螺沟沟口水文站监测点、贡嘎山东坡垂直生态带综合观测试验平台、贡嘎山雅家梗垂直带谱观测体系、贡嘎山冰川退缩区植被原生演替样带等，共有 16 个长期观测场，51 个实验样地，总面积 31.1 hm²，完全能够满足国家野外研究台站的长期、连续和规范观测的需要。

1.4.2　基础设施

磨西基地站园区占地面积 0.6 hm²，有工作实验用房 40 余间，面积约 1 400 m²，宿舍 20 间（单间 16 间，标间 4 间，总面积约 530 m²），可同时接待 20 余人在站开展工作。亚高山森林生态系统观测站（亚高山观测站）有工作实验用房 1 100 m²，生活用房 570 m²，可同时接待约 30 人在站开展野外科考及简单的样品前处理工作。

站区拥有野外观测、化学分析和计算机等仪器设备共计 192 套，其中人工气象站 2 套，自动气象站 2 套，移动气象站 7 套，林区自动小气候梯度观测系统 1 套，植物探针式径流测试系统 1 套，植物生长监测系统 3 套，植物群落物候监测系统 2 套，30 m森林通量观测塔 4 座，水文断面观测站 4 处。

磨西基地站拥有生物地球化学实验室、微生物实验室、植物生理实验室、水文实验室，配备大量的先进实验仪器，如：多功能水质分析仪、液态水同位素分析仪、水体碳氮分析仪、土壤碳氮转化速率测量系统、气相色谱仪、土壤碳通量自动测量系统 Li-8100 和 Li-8400 等，具有进行山地环境学和森林生态研究与试验的基本观测和实验分析条件。区域大气本底监测实验室是国内现有的 5 个大气本底观测站之一，能对大气温室气体及污染物进行连续动态测定，同时是我国开展青藏高原环境变化动态研究和海洋性冰川监测的主要基地之一。

第2章

□□□□□□□□□□□□□□□□□□□□□□□□□□□□□

主要样地与观测设施

2.1 概述

　　贡嘎山站的主要研究区域在海螺沟海拔1 900～3 600 m的原始森林区，其中1 900～2 200 m是阔叶林带，2 200～2 800 m为针阔混交林带，2 800～3 600 m为针叶林带，3 600 m以上为暗针叶林与高山灌丛分布区。以3 000 m亚高山观测站为中心的林地主要有云杉、冷杉、杜鹃、桦树等。海螺沟内分布有2 500余种植物，包括康定木兰、红豆杉、麦吊杉、大叶柳、桃儿七、水青树等珍稀树种。此外，1 900 m以下的山地农业区和4 000 m以上的冰冻区环境变化也是贡嘎山站的重要关注领域。贡嘎山站观测试验林地约26.7 hm²，截至2017年，共拥有主要观测样地16个，采样地达到了51个，各个样地的分布见图2-1。根据长期试验与科研任务的需要，贡嘎山站建有230个观测设施，运行良好。在主要样地里安装有自动气象辐射观测系统、小气候梯度观测系统、主要植物探针式径流测试系统、植物生长监测系统、植物群落物候监测系统、土壤含水量自动观测仪、地表蒸散观测设备、气象辐射观测设备、多点式土壤呼吸过程观测仪、冠层水碳通量观测系统等野外观测设施，长期监测气象、水文、土壤、生物等环境要素。贡嘎山站主要样地与观测设施如表2-1所示。

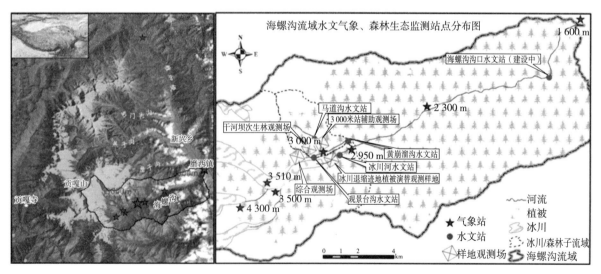

图2-1　贡嘎山森林生态系统定位研究站样地分布图

表 2-1　贡嘎山主要样地与观测设施一览表

序号	观测场名称	观测场代码	采样地与观测设施名称
1	贡嘎山站峨眉冷杉成熟林观景台综合观测场	GGFZH01	贡嘎山站峨眉冷杉成熟林观景台综合观测场永久样地（GGFZH01AC0_01）、贡嘎山站植物生长监测系统（GGFZH01ASZ_01）
			贡嘎山站峨眉冷杉成熟林观景台综合观测场破坏性采样地（GGFZH01ABC_02）
			贡嘎山站峨眉冷杉成熟林观景台综合观测场枯枝落叶含水量采样（GGFZH01CKZ_01）
			贡嘎山站峨眉冷杉成熟林观景台综合观测场土壤水分观测样地（GGFZH01CTS_01）
			贡嘎山站峨眉冷杉成熟林观景台综合观测场观景台沟流动地表水采样点（GGFZH01CLB_01）
			贡嘎山站峨眉冷杉成熟林观景台综合观测场观景台沟径流观测点（GGFZH01CTJ_01）
			贡嘎山站峨眉冷杉成熟林观景台综合观测场马道沟流动地表水采样点（GGFZH01CLB_02）
			贡嘎山站峨眉冷杉成熟林观景台综合观测场马道沟径流观测点（GGFZH01CTJ_02）
			贡嘎山站峨眉冷杉成熟林观景台综合观测场地下水位观测井（GGFZH01CDX_01）
2	贡嘎山站峨眉冷杉冬瓜杨演替林辅助观测场	GGFFZ01	贡嘎山站峨眉冷杉冬瓜杨演替林辅助观测场永久样地（GGFFZ01AC0_01）、贡嘎山站植物生长监测系统（GGFFZ01ASZ_01）、贡嘎山站植物群落物候监测系统（GGFFZ01AWH_01）
			贡嘎山站峨眉冷杉冬瓜杨演替林辅助观测场破坏性采样地（GGFFZ01ABC_02）、多点式土壤呼吸过程观测仪（GGFFZ01BHX_01）
			贡嘎山站峨眉冷杉冬瓜杨演替林辅助观测场枯枝落叶含水量采样（GGFFZ01CKZ_01）
			贡嘎山站峨眉冷杉冬瓜杨演替林辅助观测场流动地表水采样点（GGFFZ01CLB_01）
3	贡嘎山站峨眉冷杉成熟林辅助观测场	GGFFZ02	贡嘎山站峨眉冷杉成熟林辅助观测场永久样地（GGFFZ02A00_01）、贡嘎山站植物生长监测系统（GGFZQ01ASZ_01）
			贡嘎山站峨眉冷杉成熟林辅助观测场破坏性样地（GGFFZ02AC0_02）
			贡嘎山站峨眉冷杉成熟林辅助观测场枯枝落叶含水量采样（GGFFZ02CKZ_01）
			贡嘎山站峨眉冷杉成熟林辅助观测场树干径流观测点（GGFFZ02CSJ_01）
			贡嘎山站峨眉冷杉成熟林辅助观测场穿透雨观测点（GGFFZ02CCJ_01）
			贡嘎山站峨眉冷杉成熟林辅助观测场蒸渗仪观测点（GGFFZ02CZS_01）
4	贡嘎山站峨眉冷杉演替中龄林干河坝站区长期采样点	GGFZQ01	贡嘎山站峨眉冷杉演替中龄林干河坝站区永久样地（GGFZQ01A00_01）
			贡嘎山站峨眉冷杉演替中龄林干河坝站区破坏性样地（GGFZQ01ABC_02）
			贡嘎山站峨眉冷杉演替中龄林干河坝站区流动地表水采样点（GGFZQ01CLB_01）
5	贡嘎山站3 000 m综合气象要素观测场	GGFQX01	贡嘎山站3 000 m气象观测场土壤水分观测样地（GGFQX01CTS_01）
			贡嘎山站综合气象要素观测场E601蒸发皿（GGFQX01CZF_01）
			贡嘎山站3 000 m气象观测场雨水水质监测采样点（GGFQX01CYS_01）
			贡嘎山站3 000 m气象场地下水位辅助观测井（GGFQX01CDX_01）

（续）

序号	观测场名称	观测场代码	采样地与观测设施名称
5	贡嘎山站 3 000 m 综合气象要素观测场	GGFQX01	贡嘎山站 3 000 m 气象场自动观测样地（GGFQX01DZD_01）
			贡嘎山站 3 000 m 气象场人工观测样地（GGFQX01DRG_01）
6	贡嘎山站 1 600 m 综合气象要素观测场	GGFQX02	贡嘎山站 1 600 m 气象观测场 E601 水面蒸发皿（GGFQX02CZF_01）
			贡嘎山站 1 600 m 气象观测场雨水水质监测采样点（GGFQX02CYS_01）
			贡嘎山站 1 600 m 气象场自动观测样地（GGFQX02DZD_01）
			贡嘎山站 1 600 m 气象场人工观测样地（GGFQX02DRG_01）
7	贡嘎山站冰川退缩迹地演替过程冰川河站区采样点	GGFZQ02	贡嘎山站冰川退缩迹地演替过程冰川河水文站站区土壤采样点（GGFZQ02B00_02_01）
			贡嘎山站冰川退缩迹地演替过程城门洞站区土壤采样点（GGFZQ02B00_02_02）
			贡嘎山站冰川退缩迹地演替过程 1990 年冰川末端站区土壤采样点（GGFZQ02B00_02_03）
			贡嘎山站冰川退缩迹地演替过程 1992—1994 年冰川末端站区土壤采样点（GGFZQ02B00_02_04）
			贡嘎山站冰川河水文站流动地表水采样点（GGFZQ02CLB_01）
			贡嘎山站冰川河水文站径流观测点（GGFZQ02CTJ_01）
8	贡嘎山站贡嘎山站麦吊杉铁杉杜鹃水海子站区采样点	GGFZQ03	贡嘎山站麦吊杉铁杉糙皮桦杜鹃水海子站区土壤采样点（GGFZQ03B00_02）
9	贡嘎山站海螺沟景区农旅科技示范与产业化推广基地	GGFZQ05	贡嘎山站海螺沟玫瑰谷休闲观光农业建设示范基地（GGFZQ05B00_01）
			贡嘎山站金银花优良品种在海螺沟的示范栽培基地（GGFZQ05B00_02）
			贡嘎山站海螺沟中藏药材种植基地（GGFZQ05B00_03）
10	贡嘎山站峨眉冷杉成熟林林线长草坝站区土壤采样点	GGFZQ06	贡嘎山站林线峨眉冷杉林长草坝站区土壤采样点（GGFZQ06B00_02）
11	贡嘎山站黄崩溜沟三营水文站监测点	GGFFZ10	贡嘎山站黄崩溜沟三营水文站流动地表水采样点（GGFFZ10CLB_01）
			贡嘎山站黄崩溜沟三营水文站径流观测点（GGFFZ10CTJ_01）
12	贡嘎山站海螺沟沟口共和水文站监测点	GGFFZ11	贡嘎山站贡嘎山海螺沟沟口共和水文站流动地表水采样点（GGFFZ11CLB_01）
			贡嘎山站贡嘎山海螺沟沟口水文站径流观测点（GGFFZ11CTJ_01）
13	贡嘎山东坡垂直生态带综合观测试验平台	GGFFZ12	贡嘎山站兰花寨阔叶林综合观测试验平台冠层水碳通量观测系统及气象观测仪（GGFFZ12CST_01、GGFFZ12DQX_01）
			贡嘎山站草海子针阔混交林综合观测试验平台冠层水碳通量观测系统及气象观测仪（GGFFZ12CST_02、GGFFZ12DQX_02）
			贡嘎山站观景台针叶林综合观测试验平台冠层水碳通量观测系统及气象观测仪（GGFFZ12CST_03、GGFFZ12DQX_03）
			贡嘎山站灌丛带和高寒草地带综合观测试验平台冠层水碳通量观测系统及气象观测仪（GGFFZ12CST_04、GGFFZ12DQX_04）

（续）

序号	观测场名称	观测场代码	采样地与观测设施名称
14	贡嘎山站雅家梗垂直带谱观测体系	GGFFZ13	贡嘎山站3 000 m气候梯带生态变化观测试验地及气象观测仪（GGFFZ13AC0_01）
			贡嘎山站3 500 m气候梯带生态变化观测试验地及气象观测仪（GGFFZ13AC0_02）
			贡嘎山站3 800 m气候梯带生态变化观测试验地及气象观测仪（GGFFZ14AC0_03）
			贡嘎山站4 100 m气候梯带生态变化观测试验地及气象观测仪、积雪观测设备（GGFFZ13AC0_04）
15	贡嘎山站冰川退缩区植被原生演替样带	GGFFZ14	贡嘎山站贡嘎山冰川退缩区植被原生演替样地（GGFFZ14AC0_01）
16	贡嘎山站大气本底观测系统	GGFFZ15	贡嘎山站贡嘎山大气本底观测点（GGFFZ1501DBD_01）

2.2　主要样地介绍

2.2.1　贡嘎山站峨眉冷杉成熟林观景台综合观测场（GGFZH01）

本观测场为峨眉冷杉成熟林，是贡嘎山地区海拔2 800～3 600 m最具代表性的垂直地带性森林植被类型；于1999年建立，海拔3 160 m，地理坐标为29°34′23″N，101°59′19″E，面积1 457 000 m²，永久样地面积50 m×50 m，观测内容包括生物、水分和土壤。植被类型为亚高山暗针叶林，上层为峨眉冷杉、糙皮桦；灌木层杜鹃、花楸呈零星分布；下层为草本；地被层植物较发达，有部分附生植物。样地年均温4.2 ℃，年降水1 757.8～2 175.4 mm，>10 ℃有效积温992.3～1 304.8 ℃，年均无霜期177.1 d。年均日照时数845.8 h，年均蒸发量418.4 mm。地下水位深度1.36 m（坡底），年平均湿度90%，年干燥度0.093。地貌特征为高山，坡度30°～35°，坡向SE（东南），坡位中下坡。根据全国第二次土壤普查，土类为棕色针叶林土，亚类为灰化棕色针叶林土；根据美国土壤系统分类属于灰化冷凉常湿雏形土。土壤母质为坡积物，无侵蚀情况。土壤剖面分层情况为：0～22 cm为A_1；22～35 cm为B_e；35～43 cm为B_{b1}；43～55 cm为B_{b2}；55～62 cm为C_1；62～100 cm为C_2。其中土层间过渡明显程度：A 突然过渡，过渡层厚度小于2 cm；B 明显过渡，过渡层厚度小于2～5 cm；C 逐渐过渡，过渡层厚度小于5～12 cm；D 模糊过渡，过渡层厚度小于12 cm。土层间过渡形式：A 平整过渡，过渡层呈水平或近于水平；B 波状过渡，过渡形成凹陷，其宽度超过深度，如舌状；C 不规则过渡，土层间过渡形成凹陷，其宽度超过深度；D 局部穿插型过渡，土层间过渡出现中断现象。土层符号、颜色、结构、植物根系、紧实度、质地划分等项目参见刘光崧发表的《土壤理化分析与剖面描述》。

观测场观测及采样地包括：①综合观测场生物土壤采样地；②综合观测场枯枝落叶含水量采样地；③综合观测场土壤水分观测样地；④峨眉冷杉成熟林观景台综合观测场观景台沟流动地表水采样点；⑤峨眉冷杉成熟林观景台综合观测场观景台沟径流观测点；⑥峨眉冷杉成熟林观景台综合观测场马道沟流动地表水采样点；⑦峨眉冷杉成熟林观景台综合观测场马道沟径流观测点；⑧峨眉冷杉成熟林观景台综合观测场地下水位观测井。观测场所有样地综合配置分布如图2-2所示。

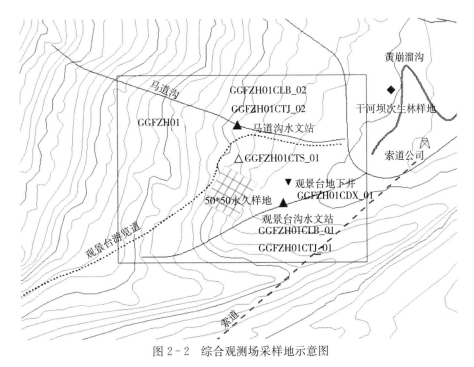

图 2-2　综合观测场采样地示意图

2.2.1.1　贡嘎山站峨眉冷杉成熟林观景台综合观测场生物土壤采样地（GGFZH01AC0 _ 01、GG-FZH01ABC _ 02）

贡嘎山站峨眉冷杉成熟林观景台综合观测场 1999 年建立，最初仅为土壤采样地，2004 年改为综合观测场，永久样地面积为 50 m×50 m。

生物监测主要包括以下内容：①生境要素（植物群落名称，群落高度，水分状况，动物活动，人类活动，生长/演替特征）；②乔木层每木调查（胸径，高度，生活型，生物量）；③乔木、灌木、草本层物种组成［株数/多度，平均高度，平均胸径，盖度，生活型，生物量，地上地下部总干重（草本层）］；④树种的更新状况（平均高度，平均基径）；⑤群落特征（分层特征，层间植物状况，叶面积指数）；⑥凋落物各部分干重；⑦优势植物和凋落物元素含量与能值（全碳，全氮，全磷，全钾，全硫，全钙，全镁，热值）；⑧鸟类种类与数量；⑨大型野生动物种类与数量；⑩土壤微生物生物量碳。

土壤监测主要包括以下内容：①硝态氮、铵态氮、速效磷、速效钾、有机质、全氮、pH；②缓效钾、阳离子交换量、土壤交换性钙、镁、钾、钠、有效钼、有效硫、容重、有机质、全氮、全磷、全钾、微量元素全量（硼、钼、锌、锰、铜、铁）；③重金属（铬、铅、镍、镉、硒、砷、汞）、机械组成、土壤矿质全量（磷、钙、镁、钾、钠、铁、铝、硅、钼、钛、硫）、容重、土壤标准剖面。

生物调查：乔木在 50 m×50 m 永久样地中所有二级样方中进行，灌木在二级样方中 5 m×5 m 的小样方中进行，草本在 1 m×1 m 的小样方中进行。生物采样设计及编码如图 2-3 所示。

土壤采样在永久性样地两侧的破坏性样地中进行，各安排 3 个重复，3 个重复分布在坡上、坡中和坡下，每个重复为 S 形多点混合样。

2.2.1.2　贡嘎山站峨眉冷杉成熟林观景台综合观测场枯枝落叶含水量采样地（GGFZH01CKZ _ 01）

该样地主要用于观测枯枝落叶含水量，2004 年建立。在样地内布设 20 个 1 m×1 m 的枯枝落叶承接盘，每年 5-1—10-31 采样，每月 1 次。枯枝落叶承接盘布置图见图 2-3，编码按 CERN 统一规范进行编码。

2.2.1.3　贡嘎山站峨眉冷杉成熟林观景台综合观测场土壤水分观测样地（GGFZH01CTS _ 01）

该样地主要观测土壤含水量，2004 建立。在永久样地右侧的破坏性样地上部、中部、下部安装 5

图 2-3　综合观测场生物采样设计及编码示意图

根中子管。水分观测设施布置图见图 2-3，编码按 CERN 统一规范进行编码。

2.2.1.4　贡嘎山站峨眉冷杉成熟林观景台综合观测场观景台沟流动地表水采样点（GGFZH01CLB_01）

该采样点主要用于测流动地表水水质，2001 年建立。水分观测设施布置图见图 2-2，编码按
CERN 统一规范进行编码。

2.2.1.5　贡嘎山站峨眉冷杉成熟林观景台综合观测场观景台沟径流观测点（GGFZH01CTJ_01）

该观测点主要用于天然径流观测，1995 年建立。水分观测设施布置图见图 2-2，编码按 CERN
统一规范进行编码。

2.2.1.6　贡嘎山站峨眉冷杉成熟林观景台综合观测场马道沟流动地表水采样点（GGFZH01CLB_02）

该采样点主要用于测流动地表水水质，2001 年建立。水分观测设施布置图见图 2-2，编码按
CERN 统一规范进行编码。

2.2.1.7　贡嘎山站峨眉冷杉成熟林观景台综合观测场马道沟径流观测点（GGFZH01CTJ_02）

该观测点主要用于天然径流观测，1995 年建立。水分观测设施布置图见图 2-2，编码按 CERN
统一规范进行编码。

2.2.1.8　贡嘎山站峨眉冷杉成熟林观景台综合观测场地下水位观测井（GGFZH01CDX_01）

该观测井主要用于地下水水位、地下水水质观测，1995 年建立。水分观测设施布置图见图 2-2，
编码按 CERN 统一规范进行编码。

2.2.2　贡嘎山站峨眉冷杉冬瓜杨演替林辅助观测场（GGFFZ01）

此观测场位于 20 世纪 40—50 年代形成的泥石流扇，为峨眉冷杉、冬瓜杨演替林，系演替序
列中期。对其进行土壤与生物部分的监测是对综合观测场监测内容的必要补充与对比。此观测场
建立于 1999 年，海拔 3 000 m，地理坐标为 29°34′34″N，101°59′54″E，面积约 2.4 hm²，永久样
地面积为 30 m×40 m，观测内容包括生物、水分、土壤。样地年均温 4.2 ℃，年降水 1 757.8～
2 175.4 mm，>10 ℃有效积温 992.3～1 304.8 ℃，年无霜期 177.1 d。年均日照时数 845.8 h，
年均蒸发量418.4 mm。地下水位深 2.53 m，年平均湿度 90%，年干燥度 0.093。植被分层特征：冬
瓜杨和峨眉冷杉位于主林层，其他主要乔木树种还有桦树；密度较大的灌木种群有多对花楸、茶藨

子、桦叶荚蒾和紫花卫矛；盖度较大的草本种群有苔草、猪殃殃、鹿蹄草。地貌特征为泥石流扇，坡度 5°，坡向 E（东）坡，坡位中坡。根据全国第二次土壤普查，土类为粗骨土，亚类为酸性泥石流粗骨土；根据美国土壤系统分类属于普通泥流正常新成土。土壤母质为泥石流堆积物。土壤剖面分层情况为：0～6 cm 为 A_0；6～18 cm 为 A_1；18～32 cm 为 A_C；32～65 cm 为 C。土层间过渡明显程度及形式同 2.2.1。

　　观测场采样地包括：①峨眉冷杉冬瓜杨演替林辅助观测场生物土壤采样地；②峨眉冷杉冬瓜杨演替林辅助观测场枯枝落叶含水量采样地；③峨眉冷杉冬瓜杨演替林辅助观测场流动地表水采样点。观测场所有样地综合配置分布如图 2-4 所示。

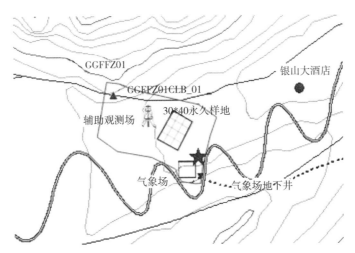

图 2-4　峨眉冷杉冬瓜杨演替林辅助观测采样地示意图

2.2.2.1　贡嘎山站峨眉冷杉冬瓜杨演替林辅助观测场生物土壤采样地（GGFFZ01AC0 _ 01、GG-FFZ01ABC _ 02）

　　贡嘎山站峨眉冷杉冬瓜杨演替林辅助观测场生物土壤采样地 1999 年建立。

　　生物调查乔木在 30 m×40 m 永久样地中所有二级样方中进行，灌木在二级样方中 5 m×5 m 的小样方中进行，草本在 1 m×1 m 的小样方中进行。生物采样设计及编码如图 2-5 所示。

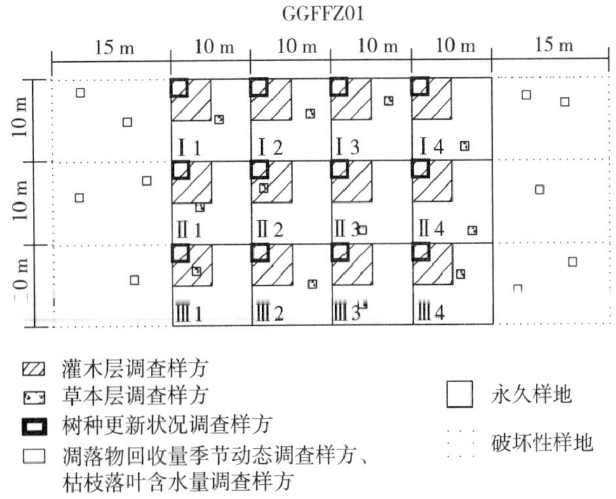

图 2-5　峨眉冷杉冬瓜杨演替林辅助观测场生物采样设计及编码示意图

生物土壤监测内容及土壤采样同贡嘎山站峨眉冷杉成熟林观景点综合观测场生物土壤采样地

（2.2.1.1）。此外生物监测内容还包括乔灌草物候：出芽期，展叶期，首花期，盛花期，结果期，枯黄期等。

2.2.2.2　贡嘎山站峨眉冷杉冬瓜杨演替林辅助观测场枯枝落叶含水量采样地（GGFFZ01CKZ_01）

该采样地主要用于观测枯枝落叶含水量，2001 年建立。在样地内布设 10 个 1 m×1 m 的枯枝落叶承接盘（2005 年以前为 4 个），每年 4-1—10-31 采样，每月 1 次。枯枝落叶承接盘布置图见图 2-5，编码按 CERN 统一规范进行编码。

2.2.2.3　贡嘎山站峨眉冷杉冬瓜杨演替林辅助观测场流动地表水采样点（GGFFZ01CLB_01）

该采样点主要用于测流动地表水水质，2001 年建立。水分观测设施布置图见图 2-4，编码按 CERN 统一规范进行编码。

2.2.3　贡嘎山站峨眉冷杉成熟林辅助观测场（GGFFZ02）

此观测场 1999 年建立，海拔高度 3 000 m，地理坐标为 29°34′27″N，101°59′51″E，面积 0.5 hm² （长方形），其中永久样地面积 50 m×50 m。此地原为综合观测场，因景区修建马道而受到干扰且土样取样困难，从 2004 年开始仅作为生物水分辅助观测场使用。此观测场为原生峨眉冷杉成熟林，上层主要为峨眉冷杉；灌木层较发达，密度较大的有杜鹃、荚蒾；草本层盖度较低，其中盖度较大的有石松、凉山悬钩子、石生楼梯草；地被层（苔藓层）厚度达到 15 cm；附生苔藓较多。样地年均温 4.2 ℃，年降水 1 757.8～2 175.4 mm，>10 ℃有效积温 992.3～1 304.8 ℃，年均无霜期 177.1 d。年均日照时数 845.8 h，年均蒸发量 418.4 mm。年平均湿度 90%，年干燥度 0.093。林内积雪 4 个月以上。地貌特征为古冰川侧碛堤，坡度 28°，坡向北坡，坡位中坡。该样地基本无土壤发育，母岩为新冰期冰碛物。

该观测场观测及采样地包括：①峨眉冷杉成熟林辅助观测场生物采样地；②峨眉冷杉成熟林辅助观测场枯枝落叶含水量采样；③峨眉冷杉成熟林辅助观测场树干径流观测点；④峨眉冷杉成熟林辅助观测场穿透雨观测点；⑤峨眉冷杉成熟林辅助观测场蒸渗仪观测点。

2.2.3.1　贡嘎山站峨眉冷杉成熟林辅助观测场生物采样地（GGFFZ02A00_01、GGFFZ02AC0_02）

贡嘎山站峨眉冷杉成熟林辅助观测场生物采样地 1999 年建立，最初为综合观测，2004 年改为辅助观测场，永久样地面积为 50 m×50 m。

生物监测内容及生物调查同贡嘎山站峨眉冷杉成熟林观景点综合观测场生物土壤采样地 （2.2.1.1）。此处生物监测内容不包括群落特征的叶面积指数及优势植物和凋落物元素含量与能值。生物采样设计及编码如图 2-6 所示。

2.2.3.2　贡嘎山站峨眉冷杉成熟林辅助观测场枯枝落叶含水量采样地（GGFFZ02CKZ_01）

该采样地主要用于观测枯枝落叶含水量，2002 年建立，样地面积为 2 500 m²，在样地内布设 5 个 1 m×1 m 的枯枝落叶承接盘，每年 4-1 日—10-31 采样，每月 1 次。枯枝落叶承接盘布置图见图 2-6，编码按 CERN 统一规范进行编码。

2.2.3.3　贡嘎山站峨眉冷杉成熟林辅助观测场树干径流观测点（GGFFZ02CSJ_01）

该观测点主要观测树干径流量、树干径流水质，2002 年建立，位于破坏性样地内。在观测场内选择 5 株峨眉冷杉（平均胸径 50 cm）设置树干径流取水装置，出水口安装自动雨量计记录树干径流量。水分观测设施布置图见图 2-7，编码按 CERN 统一规范进行编码。

2.2.3.4　贡嘎山站峨眉冷杉成熟林辅助观测场穿透雨观测点（GGFFZ02CCJ_01）

该观测点主要观测穿透降雨量、穿透降雨水质，2002 年建立，位于破坏性样地内。此观测点有两个处理，处理一（GGFFZ02CCJ_01_01）：在样地内布设一个 5.55 m×3 m（投影面积 14.70 m²）的空置白铁皮框，出水口安装自动雨量计记录降雨量，每年采一次水样；处理二（GGFFZ02CCJ_01_02）：雨量筒。水分观测设施布置图见图 2-7，编码按 CERN 统一规范进行编码。

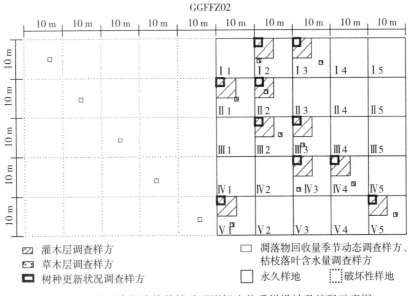

图 2-6　峨眉冷杉成熟林辅助观测场生物采样设计及编码示意图

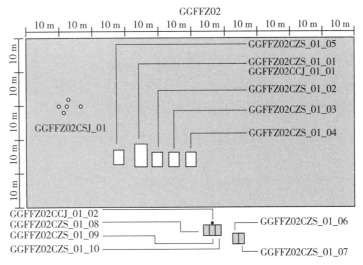

图 2-7　峨眉冷杉成熟林辅助观测场水分观测设施布置图

2.2.3.5　贡嘎山站峨眉冷杉成熟林辅助观测场蒸渗仪观测点（GGFFZ02CZS_01）

该观测点主要观测森林土壤蒸散量、蒸渗仪出流水质，2002 年建立，位于破坏性样地内，处理一（GGFFZ02CZS_01_01）：在样地内布设一个 3.55 m×3 m（投影面积 14.70 m²）的空置白铁皮框，出水口安装自动雨量计记录降雨量，每年采一次水样；处理二（苔藓出流观测点 GGFFZ02CZS_01_02）：3.38 m×2 m（投影面积 5.97 m²）的白铁皮框内铺一层约 30 cm 厚的苔藓，出水口安装自动雨量计记录降雨量，每年采一次水样；处理三（苔藓泥土出流观测点 GGFFZ02CZS_01_03）：3.38 m×2 m（投影面积 5.97 m²）的白铁皮框内上面铺一层约 15 cm 厚的苔藓，下面是 15 cm 厚的泥土，出水口安装自动雨量计记录降雨量，每年采一次水样；处理四（壤中流观测点 GGFFZ02CZS_01_04）：3.38 m×2 m（投影面积 5.97 m²）的白铁皮框内上面铺一层约 30 cm 厚的泥土，出水口安装自动雨量计记录降雨量，每年采一次水样；处理五（天然苔藓出流观测点 GGFFZ02CZS_

01＿05）：长有苔藓的 2 m×2 m（投影面积 1.879 4 m²）的一块大石头四周用水泥围起来，出水口安装自动雨量计记录降雨量，每年采一次水样。处理六、七：1 m×2 m 的方框平均分成 2 格，第一个上部 50 cm 河沙石，下部 50 cm 泥土，第二个上部 50 cm 河沙石，下部 50 cm 泥土；处理八、九、十：1 m×2 m 的方框平均分成 3 格，第一个上部 20 cm 泥土，下部 80 cm 卵石，第二个上部 50 cm 泥土，下部 50 cm 卵石，第三个上部 90 cm 泥土，下部 10 cm 卵石；在样地上方放置雨量筒 1 个，作为蒸渗仪输入量观测设备。详见图 2-7。

2.2.4   贡嘎山站黄崩溜沟三营水文站监测点（GGFFZ10）

此监测点地理坐标为 29°34′43″N，102°00′15″E，监测对象为 3 000 m 观测站站区代表性小流域，流域面积 7.47 km²，森林覆盖率 75%，25% 为裸岩和高山草甸区，上游为 4 条小支沟汇合而成黄崩溜站。

黄崩溜沟三营水文站 1990 年建立，海拔 2 900 m，样地年均温 4.2 ℃，年降水 1 757.8～2 175.4 mm，＞10 ℃有效积温 992.3～1 304.8 ℃，年均无霜期 177.1 d。年均日照时数 845.8 h，年均蒸发量 418.4 mm。年平均湿度 90%，年干燥度 0.093。

地貌特征为泥石流扇，坡度 3°，坡向 E（东）坡，坡位底坡。侵蚀程度弱。植被类型为亚高山暗针叶林，上层主要为峨眉冷杉，其次为糙皮桦；灌木层较发达，密度较大的有花楸；草本层较发达；地被层较发达，有少量附生植物。

观测场观测及采样地包括：①黄崩溜沟三营水文站流动地表水采样点；②黄崩溜沟三营水文站径流观测点。样地分布见图 2-8。

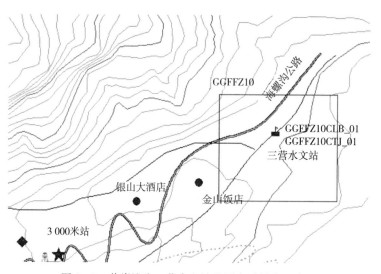

图 2-8   黄崩溜沟三营水文站监测点采样点示意图

2.2.4.1   贡嘎山站黄崩溜沟三营水文站流动地表水采样点（GGFFZ10CLB＿01）

该采样点主要用于测流动地表水水质，1998 年建立，样地面积为 7 470 000 m²。编码按 CERN 统一规范进行编码。

2.2.4.2   贡嘎山站黄崩溜沟三营水文站径流观测点（GGFFZ10CTJ＿01）

该观测点主要用于观测地表径流，1998 年建立，样地面积为 7 470 000 m²。编码按 CERN 统一规范进行编码。

2.2.5　贡嘎山站峨眉冷杉演替中龄林干河坝站区长期采样点（GGFZQ01）

于 1999 年建立，海拔 3 010 m，面积为 1 200 m²，永久样地 30 m×40 m，观测内容包括生物、水分和土壤。植被分层特征：峨眉冷杉位于主林层，其次密度较大的是糙皮桦，沙棘彻底退出演替林；灌木层以紫花卫矛、荚迷为主；草本层中盖度较大的种群有野草莓、苔草，地被层和附生植物较发达。样地年均温 4.2 ℃，年降水 1 757.8～2 175.4 mm，>10 ℃有效积温 992.3～1 304.8 ℃，年均无霜期 177.1 d。年均日照时数 845.8 h，年均蒸发量 418.4 mm。地下水位深度 2.53 m，年平均湿度 90%，年干燥度 0.093。

地貌特征为泥石流扇，坡度 7°～10°，坡向 SE（东南）坡，坡位中坡。根据全国第二次土壤普查，土类为粗骨土，亚类为泥石流粗骨土；根据美国土壤系统分类属于石质泥流正常新成土。土壤母质为泥石流堆积物，无侵蚀情况。土壤剖面分层情况为：0～10 cm 为 A₀；10～22 cm 为 A₁；22～33 cm 为 A_C；33～78 cm 为 C 土层过渡明显程度及形式同 2.2.1。

观测场观测及采样地包括：①峨眉冷杉演替中龄林干河坝站区生物土壤采样地；②峨眉冷杉演替中龄林干河坝站区流动地表水采样点。采样地分布示意图见图 2-9。

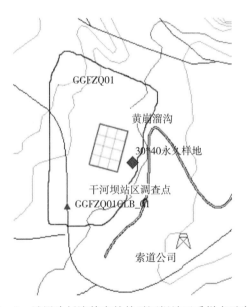

图 2-9　峨眉冷杉演替中龄林干河坝站区采样点示意图

2.2.5.1　贡嘎山站峨眉冷杉演替中龄林干河坝站区生物土壤采样地（GGFZQ01A00 _ 01、GG-FZQ01ABC _ 02）

该采样地 1999 年建立，永久样地面积为 30 m×40 m。

生物土壤监测内容及生物调查同贡嘎山站峨眉冷杉成熟林观景点综合观测场生物土壤采样地（2.2.1.1）。此处生物监测内容不包括群落特征的叶面积指数、凋落物各部分干重、优势植物和凋落物元素含量与能值。

生物采样设计及编码如图 2-10 所示。

2.2.5.2　贡嘎山站峨眉冷杉演替中龄林干河坝站区流动地表水采样点（GGFZQ01CLB _ 01）

该采样点主要用于测流动地表水水质，2001 年建立，样地面积为 900 m²。水分观测设施布置图见图 2-9，编码按 CERN 统一规范进行编码。

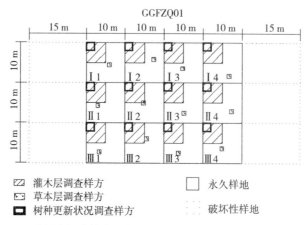

图 2-10　峨眉冷杉演替中龄林干河坝站区生物采样设计及编码示意图

2.2.6　贡嘎山站冰川退缩迹地演替过程冰川河站区采样点（GGFZQ02）

此观测场位于冰川河流域，包含了冰川退缩迹地植被演替、土壤形成的不同阶段。

观测场建立于 1998 年，海拔 2 900 m，面积约 40 000 m²，观测内容包括生物、水分、土壤。样地年均温 4.2 ℃，年降水 1 757.8～2 175.4 mm，>10 ℃有效积温 992.3～1304.8 ℃，年均无霜期177.1 d。年均日照时数 845.8 h，年均蒸发量 418.4 mm。年平均湿度 90%，年干燥度 0.093。观测场包含演替序列的 3 个不同阶段：①1958 年冰川末端位于冰川河水文站附近，主要植被包括冬瓜杨、糙皮桦，沙棘已大部分退出林分，柳树已经退出林分，峨眉冷杉、麦吊杉幼树等已经形成，灌木层中有少量杜鹃、荚蒾，草本层较发达，主要有鳞毛蕨、鹿蹄草；②1974 年左右的冰川末端位于城门洞附近，主要植被是柳树中龄林、沙棘、冬瓜杨；③1990 年的冰川末端位于冰川河源头，主要是柳树、沙棘、冬瓜杨。

地貌特征为冰川谷地，坡度 0°～3°，坡向 E（东）坡，坡位下坡。根据全国第二次土壤普查，冰川退缩迹地演替过程城门洞站区土壤采样点的土类为粗骨土，亚类为酸性泥石流粗骨土；根据美国土壤系统分类属于普通泥流正常新成土。母质为冰碛物。土壤剖面分层情况为 0～2 cm 为 A_0；2～10 cm 为 A_1；10～37 cm 为 C。根据全国第二次土壤普查，冰川退缩迹地演替过程冰川河水文站站区土壤采样点的土类为粗骨土，亚类为砂质冰碛物粗骨土；根据美国土壤系统分类属于冰碛湿润砂质新成土。母质为坡积物。土壤剖面分层情况为 0～10 cm 为 A_1；10～23 cm 为 B_e；23～65 cm 为 C。侵蚀程度弱，无盐碱化。土层间过渡明显程度及形式同 2.2.1。

观测场采样地包括：①冰川退缩迹地演替过程冰川河水文站站区土壤采样点；②冰川退缩迹地演替过程城门洞站区土壤采样点；③冰川退缩迹地演替过程 1990 年冰川末端站区土壤采样点；④冰川退缩迹地演替过程 1992—1994 年冰川末端站区土壤采样点；⑤冰川河水文站流动地表水采样点；⑥冰川河水文站径流观测点。

2.2.6.1　贡嘎山站冰川退缩迹地演替过程冰川河水文站站区土壤采样点（GGFZQ02B00_02_01）

该采样点主要用于土壤监测，1998 年建立，海拔 2 900 m，地理坐标为 29°34′21″N，102°00′02″E。在冰川河水文站北面约 100 m 的松田宏也小道岔路口设立标志，以该标志为中心，方圆约 100 m² 作为土壤采样点。

土壤监测内容主要包括：硝态氮、铵态氮、速效磷、速效钾、土壤标准剖面。

表土用 5 cm 土钻取土，样方按 S 形取 10 个单点混合样，样品量约 1kg。编码按 CERN 统一规范进行编码。

2.2.6.2　贡嘎山站冰川退缩迹地演替过程城门洞站区土壤采样点（GGFZQ02B00_02_02）

该采样点主要用于土壤监测，1998 年建立，海拔 2 900 m，地理坐标为 29°34′09″N，101°59′46″E。在冰川河去冰川末端的步游道 1 号小桥附近设立标志，以该标志为中心，方圆约 100 m² 作为土壤采样点。

土壤监测内容主要包括：硝态氮、铵态氮、速效磷、速效钾，土壤标准剖面。

表土用 5 cm 土钻取土，样方按 S 形取 10 个单点混合样，样品量约 1kg。编码按 CERN 统一规范进行编码。

2.2.6.3　贡嘎山站冰川退缩迹地演替过程 1990 年冰川末端站区土壤采样点（GGFZQ02B00_02_03）

该采样点主要用于土壤监测，土壤监测内容主要是土壤养分。

2.2.6.4　贡嘎山站冰川退缩迹地演替过程 1992—1994 年冰川末端站区土壤采样点（GGFZQ02B00_02_04）

该采样点主要用于土壤监测，土壤监测内容主要是土壤养分。

2.2.6.5　贡嘎山站冰川河水文站流动地表水采样点（GGFZQ02CLB_01）

该采样点主要用于测流动地表水水质，1994 年建立，地理坐标为 29°34′21″N，102°00′02″E。编码按 CERN 统一规范进行编码。

2.2.6.6　贡嘎山站冰川河水文站径流观测点（GGFZQ02CTJ_01）

该观测点主要用于观测地表径流，2002 年建立，地理坐标为 29°34′21″N，102°00′02″E。编码按 CERN 统一规范进行编码。

2.2.7　贡嘎山站麦吊杉铁杉杜鹃水海子站区采样点（GGFZQ03）

贡嘎山站针阔混交林是贡嘎山垂直带谱中最窄的一个植被带，属温性针阔混交林，生物量生产力较高。麦吊杉铁杉杜鹃水海子站区采样点位于冰川终碛，以此观测场作为针阔混交林的代表。该观测场建立于 1998 年，海拔 2 730 m，面积约 10 hm²，带状，目前主要用于土壤监测。地理坐标为 29°34′14″N，102°01′35″E。样地年均温 4.2 ℃，年降水 1 757.8～2 175.4 mm，＞10 ℃有效积温 992.3～1 304.8 ℃，年均无霜期 177.1 d。年均日照时数 845.8 h，年均蒸发量 418.4 mm。植被类型为针阔混交林，分层特征：在乔木层中麦吊杉属于优势树种，铁杉位于主林层的第二亚层，第二亚层多由落叶阔叶树种组成，如青榨槭、扇叶槭、糙皮桦等；灌木层中冷箭竹和短柱柃为不同地段的优势种，常见的还有美容杜鹃、问客杜鹃等；草本层组成种类很多，但分布稀疏而不均匀，常见的有鳞毛蕨、鹿药、山酢浆草、川滇苔草、玉竹、钝叶楼梯草、东方草莓；地被层和附生层较发达。

地貌特征为冰川作用过的古冰川台地，坡度 25°～30°，坡向南坡，坡位下坡。根据全国第二次土壤普查，土类为灰化土，亚类为灰化土；根据美国土壤系统分类属于普通简育正常灰土。母质为残积物。土壤剖面分层情况为：0～9 cm 为 A_0；9～16 cm 为 A_1；16～25 cm 为 B_e；25～35 cm 为 C。侵蚀情况弱，无盐碱化。土层间过渡明显程度及形式同 2.2.1。

观测场采样地：麦吊杉铁杉糙皮桦杜鹃水海子站区土壤采样点。

2.2.7.1　贡嘎山站麦吊杉铁杉糙皮桦杜鹃水海子站区土壤采样点（GGFZQ03B00_02）

该采样点主要用于土壤监测，1998 年建立。在该植被带的相应位置，选取 10 m×10 m 的地方做上标记作为土壤监测点。

土壤监测内容主要包括：硝态氮、铵态氮、速效磷、速效钾，土壤标准剖面。

表土用 5 cm 土钻取土，样方按 S 形取 10 个单点混合样，样品量约 1kg。编码按 CERN 统一规范进行编码。

2.2.8　贡嘎山站海螺沟景区农旅科技示范与产业化推广基地（GGFZQ05）

贡嘎山站海螺沟景区农旅科技示范与产业化推广基地位于河谷谷坡，地势陡峻，土层瘠薄，多砾石。人工种植了玫瑰、金银花、汉藏药材，作为生态恢复示范试验基地。

此观测场建立于 2002 年，海拔 1 900 m，地理坐标为 102°05′22″E，29°40′43″N，面积约 20 hm²，观测内容包括生物、土壤。样地年均温 10.8 ℃，年降水 852.7～1 153 mm，＞10 ℃有效积温 3 642～4 067℃，年均无霜期 266.3 d。年均日照时数 1 293.5 h，年均蒸发量 794.9 mm。植被类型为匙叶栎灌丛。群落特征：灌木层匙叶栎为优势种，伴生种有毛杭子梢、多花杭子梢、马棘、地瓜榕、马桑等，草本植物以高大禾草为主。分层特征：灌木层盖度可达 50％以上，平均高度 1 m 左右。草本层总盖度 70％～80％，能形成较大盖度的有马唐、须芒草等。

地貌特征为古泥石流台地，坡度 25°～30°，坡向南坡，坡位下坡。根据全国第二次土壤普查，板栗中幼林示范基地中部土壤采样点的土类为粗骨土，亚类为粗骨土；根据美国土壤系统分类属于石质湿润正常新成土。土壤母质为古冰碛-泥石流坡积物。土壤剖面分层情况为：0～4 cm 为 A_0；4～15 cm 为 A_1；15～48 cm 为 C。根据全国第二次土壤普查，板栗中幼林示范基地上部生物土壤采样点的土类为黄棕壤，亚类为黄棕壤；根据美国土壤系统分类属于表蚀酸性湿润雏形土。土壤剖面分层情况为：0～3 cm 为 A_0；3～16 cm 为 A_1；16～38 cm 为 B；38～45 cm 为 C。侵蚀程度弱，无盐碱化。土层间过渡明显程度及形式同 2.2.1。

示范基地及观测场采样地包括：①海螺沟玫瑰谷休闲观光农业建设示范基地；②金银花优良品种在海螺沟的示范栽培基地；③海螺沟汉藏药材种植基地。

2.2.8.1　海螺沟玫瑰谷休闲观光农业建设示范基地（GGFZQ05B00＿01）

贡嘎山站还以玫瑰花种植为基础，以农旅结合为特色，以观光农业为亮点，协助建成海螺沟景区玫瑰谷，种植 11 个品种的观赏玫瑰 333 hm²（图 2-11）。通过加快花卉产业发展，实现农业增效、农民增收，从而提高农民生活水平，改变新兴乡和磨西镇长期低投入、低产出、强体力劳动的落后生产方式，使农民获得较高回报，为进一步提高农民群众的生活水平带来希望。

图 2-11　海螺沟玫瑰谷休闲观光农业建设示范基地

2.2.8.2　金银花优良品种在海螺沟的示范栽培基地（GGFZQ05B00＿02）

贡嘎山站张丹研究员在海螺沟景区管理局挂职科技副职期间，以甘孜藏族自治州海螺沟景区鑫康汉藏药材种植专业合作社为项目实施实体，贡嘎山站联合海螺沟景区管理局与合作社，成功申报获批四川省"民族地区现代农牧业增收工程"项目补助和"2014 年农民专业合作社建设专项资金"共计 250 万元的经费支持。贡嘎山站在新品种的选育和保持方面发挥重要科技支撑作用，为海螺沟金银花栽培提供适宜高产优质新品种，成为海螺沟金银花大面积栽培的技术保障。2015 年从 21 种金银花选出了鲁峰王 5 号、湘浦 1 号、金丰 1 号优良品种，开花效果好，引种的成活率都很高，推广面积大约到 67 hm²（图 2-12）。

2.2.8.3　海螺沟汉藏药材种植基地（GGFZQ05B00＿03）

为进一步创新新型道地中药材发展思路和运作管理种植模式，推进海螺沟地道中药材产业发展，在海螺沟新兴乡开展了中药材（重楼）优良品种的选育，选择了 3 种重楼品种进行种植推广，促进农民增收（图 2-13）。

图 2-12　金银花优良品种在海螺沟的示范栽培基地

图 2-13　海螺沟汉藏药材种植基地

2.2.9　贡嘎山站峨眉冷杉成熟林林线长草坝站区土壤采样点（GGFZQ06）

贡嘎山站林线峨眉冷杉林长草坝站区土壤采样点（GGFZQ06B00＿02）面积 900 m²，目前只进行土壤调查。

2.2.10　贡嘎山站 3 000 m 综合气象要素观测场（GGFQX01）

贡嘎山站 3 000 m 综合气象要素观测场位于海螺沟景区内三号营地，在峨眉冷杉冬瓜杨演替林辅助观测场旁，地理坐标为 29°34′34″N，101°59′54″E，面积 25 m×25 m。

样地年均温 4.2 ℃，年降水 1 757.8～2 175.4 mm，＞10 ℃有效积温 992.3～1 304.8 ℃，年均无霜期 177.1 d。年均日照时数 845.8 h，年均蒸发量 418.4 mm。地下水位深度 2.53 m，年平均湿度90％，年干燥度 0.093。

监测项目包括 3 方面：①气象常规（气温、最高气温、最低气温；相对湿度、最小湿度；露点温度；水气压；大气压、最大气压、最小气压；海平面气压；2 min 平均风向、2 min 平均风速、10 min 最大风速时风向、10 min 最大风速、10 min 平均风向、10 min 平均风速、1 h 极大风向、1 h 极大风速；降水；地表温度、5 cm 土壤温度、10 cm 土壤温度、15 cm 土壤温度、20 cm 土壤温度、40 cm 土壤温度、60 cm 土壤温度、100 cm 土壤温度）；②辐射（总辐射辐照度、反射辐射辐照度、紫外辐射辐照度、净辐射辐照度、光量子通量、热通量瞬时值、总辐射曝辐量、反射辐射曝辐量、紫外辐射曝辐量、净辐射曝辐量、光通量密度、热通量累积值、总辐射最大及出现时间、反射辐射最大及出现时间、紫外辐射最大及出现时间、净辐射最大及出现时间、光通量最大及出现时间、热通量最大及出现时间、日照时数）；③水分项目（土壤水分、雨水水质、水面蒸发、地下水水位、地下水水质）。

该气象场样地包括：①贡嘎山站 3 000 m 气象观测场土壤水分观测样地；②贡嘎山站 3 000 m 气象观测场 E601 水面蒸发皿；③贡嘎山站 3 000 m 气象观测场雨水水质监测采样点；④贡嘎山站 3 000 m 气象场地下水位辅助观测井；⑤贡嘎山站 3 000 m 气象场人工径流观测点；⑥贡嘎山站 3 000 m 气象场自动观测样地；⑦贡嘎山站 3 000 m 气象场人工观测样地。气象场内观测设施分布图见图2-14。

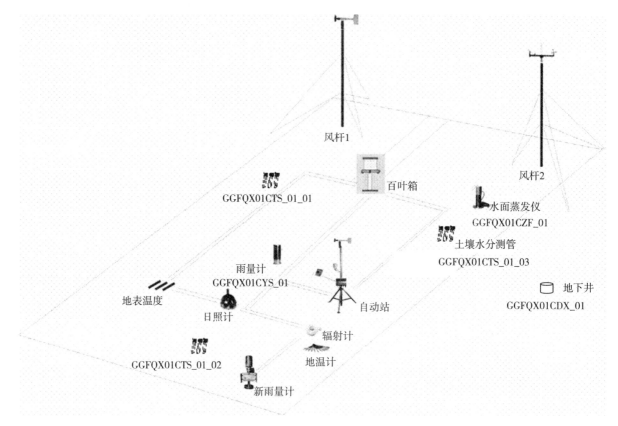

图 2-14　贡嘎山站 3 000 m 综合气象要素观测场示意图

2.2.11　贡嘎山站 1 600 m 综合气象要素观测场（GGFQX02）

贡嘎山站 1 600 m 综合气象要素观测场坐标为 29°38′59″N，102°06′55″E，面积 25 m×30 m。

样地年均温 10.8 ℃，年降水 852.7~1 153 mm，>10 ℃有效积温 3 642~4 067 ℃，年均无霜期 266.3 d。年均日照时数 1 293.5 h，年均蒸发量 794.9 mm。

监测项目包括：气象常规及辐射同贡嘎山站 3 000 m 综合气象要素观测场（2.2.10）；水分项目包括雨水水质、水面蒸发。

该气象场样地包括：①贡嘎山站 1 600 m 气象观测场 E601 水面蒸发皿；②贡嘎山站 1 600 m 气象观测场雨水水质监测采样点；③贡嘎山站 1 600 m 气象场自动观测样地；④贡嘎山站 1 600 m 气象场人工观测样地。气象场内观测设施分布图见图 2-15。

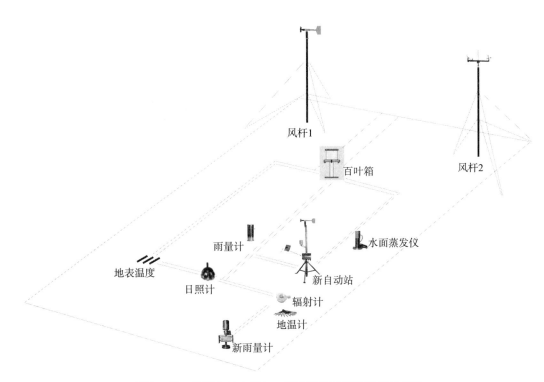

图 2 - 15　贡嘎山站 1 600 m 综合气象要素观测场示意图

2.2.12　贡嘎山东坡垂直生态带综合观测试验平台 （GGFFZ12）

　　贡嘎山站垂直带谱气象观测试验平台布置在贡嘎山 4 个不同植被带：阔叶林带（海拔为 2 200 m，坐标为 29°35′40″N，102°02′49″E）、针阔混交林带（海拔为 2 810 m，坐标为 29°35′06″N，102°01′01″E）、针叶林带（海拔为 3 262 m，坐标为 29°34′18″N，101°59′06″E）和灌丛带（海拔为 3 996 m，坐标为 29°53′03″N，102°00′14″E）（图 2 - 16）。

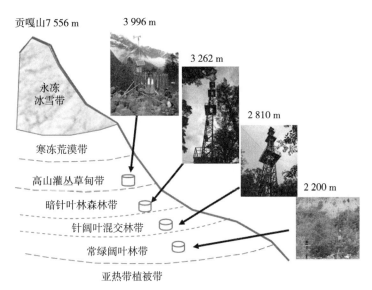

图 2 - 16　贡嘎山东坡垂直生态带综合观测试验平台

　　监测项目包括空气温度、空气湿度、大气压、光合有效辐射、向上短波辐射、向下短波辐射、向上长波辐射、向下长波辐射、风速、风向和降雨；2 米处的观测项目为空气温度、空气湿度、光合有效辐射、风速和风向；地下部分为 4 层土壤温度（5 cm、10 cm、20 cm 和 40 cm）、4 层土壤湿度（5 cm、10 cm、20 cm 和 40 cm）和地表土壤热通量（3 个重复）。

该试验平台场样地包括：①兰花寨阔叶林水碳通量观测样地（GGFFZ12CST＿01）；②草海子针阔混交林水碳通量观测样地（GGFFZ12CST＿02）；③观景台针叶林水碳通量观测样地（GGFFZ12CST＿03）；④灌丛带和高寒草地带水碳通量观测样地（GGFFZ12CST＿04）。

2.2.13　贡嘎山站雅家梗垂直带谱观测体系（GGFFZ13）

本观测场位于贡嘎山北坡雅家梗（29°20′～30°20′N，101°30′～102°15′E），该地区属于亚热带温暖湿润季风与青藏高原东部高温带半湿润区的过渡区，年均温为 4 ℃，年降水量为 1 100 mm，年空气湿度在 90% 左右，每年 5—10 月为明显的雨季。该区域内群落物种组成丰富，土壤为高山草甸土。

在贡嘎山北坡雅家梗从海拔 3 000 m 到 4 170 m 设置了 4 个梯度样地，主要研究高山林线、高山灌丛和高山草甸对全球变化的响应与适应，包括以下几个样地：①3 000 m 气候梯带生态变化观测试验地（GGFFZ13AC0＿01）；②3 500 m 气候梯带生态变化观测试验地（GGFFZ13AC0＿02）；③3 800 m 气候梯带生态变化观测试验地（GGFFZ13AC0＿03）；④4 100 m 气候梯带生态变化观测试验地（GGFFZ13AC0＿04）（图 2-17）。

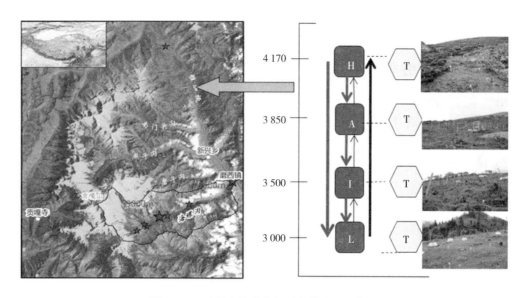

图 2-17　贡嘎山站雅家梗垂直带谱观测体系

注：H、A、I、L 分别代表 3 000 m、3 500 m、3 850 m、4 170 m 样地，T 表示在 4 个梯度样地内进行 OTC 增温处理。

2.2.14　贡嘎山站冰川退缩区植被原生演替样带（GGFFZ14）

海螺沟冰川位于贡嘎山东坡，属于典型季风海洋性冰川，水热条件好，冰川消融速度快，自小冰期以来开始退缩，没有冰进过程，形成了一个完整的从裸地到先锋群落再到顶级群落的连续植被原生演替序列，近百年来土壤为连续成土过程，成为研究植被原生演替过程理论的理想场所。近 130 年来，海螺沟冰川退缩区域形成的连续演替进程可以划分为 6 个阶段（表 2-2），每个阶段均设置了长期观测样地和实验样地，总面积约 6 hm²。现已开展植被原生演替与气候变化、土壤的演替序列、土壤呼吸和磷的生物地球化学循环等方面研究。

表 2-2　不同演替阶段样地植被特征

样地编号	冰川退缩时间	主要树种组成
S0	2015 年至今	裸地
S1	1998 年	川滇柳、冬瓜杨、沙棘幼树群落
S2	1980 年	冬瓜杨、川滇柳、沙棘小树、云冷杉幼苗群落
S3	1966 年	冬瓜杨、川滇柳、沙棘中树、大树，云冷杉幼树、小树群落
S4	1958 年	冬瓜杨大树、云冷杉小树、中树群落
S5	1930 年	云冷杉中树、大树、冬瓜杨大树群落
S6	1890 年	云冷杉顶级群落

2.3　主要观测设施介绍

2.3.1　贡嘎山站综合气象要素观测场 E601 蒸发皿（GGFQX01CZF_01）

贡嘎山站综合气象要素观测场 E601 蒸发皿位于贡嘎山站综合气象要素观测场（图 2-18），中心坐标 29°34′34″N，101°59′54″E。同时进行人工观测蒸发。自动监测每小时记录一次数据，人工观测每天一次。数据可以相互补充并对照。

E601 蒸发皿为一套理想的无人值守全自动控制测量设备，基本观测项目是蒸发量、降水量、水面温度。自动扣除降雨使水面上升对蒸发的影响，并记录上升的值作为降水参考。主要观测仪器及设备包括 FS-01 型数字式水面蒸发传感器、E601 型 Φ618 mm 的蒸发桶、E601B 蒸发皿和 CR200 数据采集器，各部分配套协调使用监测水面蒸发量。蒸发桶、传感器监测与数据采集系统由北京天正通工贸有限公司提供。

蒸发量是气象观测的基本要素之一，是计算水量平衡不可缺少的指标，可为各项在该区域进行的科学研究提供基础数据。该设施为盐亭站承担的科研任务提供了基础观测数据。

图 2-18　贡嘎山站综合气象要素观测场 E601 蒸发皿

2.3.2 贡嘎山站东坡垂直生态带综合观测试验平台气象观测仪（GGFFZ12 DQX＿01）

贡嘎山站东坡垂直生态带综合观测试验平台气象观测仪（图 2-19）分别安装在贡嘎山 4 个不同植被带：同贡嘎山站垂直带谱气象观测试验平台布置（2.2.12）。4 个植被带的气象观测仪器在 2014-7 开始安装，2014-8 开始使用。根据样地实际情况，3 种森林植被带的仪器设置地上部分为两层观测，灌丛带为单层观测。

森林带 40 m 处的观测项目为空气温度、空气湿度、大气压、光合有效辐射、向上短波辐射、向下短波辐射、向上长波辐射、向下长波辐射、风速、风向和降雨；2 m 处的观测项目为空气温度、空气湿度、光合有效辐射、风速和风向；地下部分为 4 层土壤温度（5 cm、10 cm、20 cm 和 40 cm）、4 层土壤湿度（5 cm、10 cm、20 cm 和 40 cm）和地表土壤热通量（3 个重复）。

灌丛带地上部分（距地 1.8 m）观测项目及地下部分同森林带 40 m 处观测项目。

所有观测仪器均为全自动控制测量设备。根据实际情况，数据由 CR1000 及扩展板采集并处理，输出半小时和日数据。气象观测数据为贡嘎山垂直带谱的大气-植被-土壤连续体的生态研究提供了丰富的背景数据。

图 2-19 贡嘎山站东坡垂直生态带综合观测试验平台气象观测仪

2.3.3 贡嘎山站东坡垂直生态带综合观测试验平台冠层水碳通量观测系统（GGFFZ12CST＿01）

贡嘎山站共有 4 套冠层水碳通量观测系统（图 2-20），分别安装在贡嘎山 4 个不同植被带：同贡嘎山站垂直带谱气象观测试验平台布置（2.2.12）。4 个植被带的冠层水碳通量观测系统在 2014-8 安装完成并开始使用。3 个森林植被带的水碳通量观测系统均安装在距地 40 m 处，灌丛带则安装在距地 2 m 处。

冠层水碳通量观测系统由红外气体分析仪（LI-7500A，Li-Cor，USA）、三维超声风速仪（WindMaster Pro，Gill，UK）及存储系统组成。整套系统能够实时监测生态系统的二氧化碳浓度、水汽浓度、空气属性（如空气密度、水汽含量等）。该系统的观测频率为 10 Hz，通过高频率的监测，计算生态系统的二氧化碳和水汽交换量。每个植被带每个月的原始数据量约为 1G。

图 2-20　贡嘎山站东坡垂直生态带冠层水碳通量观测系统

贡嘎山不同植被带的冠层水碳通量观测系统为研究山地垂直带谱的水循环和碳循环提供了翔实的观测数据。依托该研究平台，已在 *Water Resources Research*、*Agricultural and Forest Meteorology* 等国际期刊上发表多篇学术论文。

2.3.4　贡嘎山站植物生长监测系统（GGFZH01ASZ_01）

贡嘎山站植物径向生长监测系统位于 4 个长期监测样地，分别为贡嘎山站峨眉冷杉成熟林观景台综合观测场永久性样地（29°34′23″N，101°59′19″E）、贡嘎山站峨眉冷杉冬瓜杨演替林辅助观测场永久性样地（29°34′34″N，101°59′54″E）、贡嘎山站峨眉冷杉成熟林辅助观测场永久性样地（29°34′27″N，101°59′51″E）和贡嘎山站峨眉冷杉演替中龄林干河坝站区永久性样地（29°34′33″N，101°59′40″E）。该设备于 2014 年完成安装、调试和验收，于 2015 年正式运行，每个观测场安装 2～3 套，每套设备由 1 个 HOBO 数采和 4 个 DC2 植物茎干生长传感器组成（图 2-21），数据每小时采集一次，精度可达微米级。

图 2-21   DC2 植物茎干生长传感器和 HOBO U12 数采

2.3.5   贡嘎山站植物群落物候监测系统（GGFFZ01AWH＿01）

贡嘎山站植物生长节律在线自动监测系统（图 2-22）位于贡嘎山站峨眉冷杉冬瓜杨演替林辅助观测场永久性样地（29°34′34″N，101°59′54″E），由 1 个多光谱成像仪（SEQUOIA）、8 个 RGB 相机和 4 个图像数据采集、存储及无线传输模块组成。该设备于 2017-9 安装调试完成并试运行，2018年正式开始植物生长节律在线自动监测，同时进行人工观测，数据可以相互补充并对照。

该设备中多光谱相机成像仪安装在铁塔上，拍摄群体图像，能反映群体特征。RGB 相机拍摄对象为往年上报物候数据中涉及的植物种，与人工观测的对象和角度尽量一致。多光谱每天获取 1 张图像，RGB 每天获取 2 张图像，照片从 4 个数据采集器上通过 3G 远程无线传输至分中心服务器。登录服务器后可通过设备监控和图像管理软件，实时监控设备状态、查看和管理图像。

图 2-22   植物生长节律在线自动观测系统

2.3.6　多点式土壤呼吸过程观测仪 （GGFFZ01BHX _ 01）

多点式土壤呼吸过程观测仪 （LI‐8150，Li‐Cor，USA） （图 2‐23） 安置在贡嘎山站峨眉冷杉冬瓜杨演替林辅助观测场破坏性采样地 （海拔为 3 000 m，坐标为 29°34′44″N，102°00′10″E）。观测仪在 2015 年开始使用。该仪器共 8 个通道，8 个通道依次测量土壤呼吸，每个通道每次测量为 3 min，每 2 h 进行一轮测量。

图 2‐23　多点式土壤呼吸过程观测仪

样地共设置了 2 个处理 （每个处理 2 个通道） 和 4 个对照。其中，处理 1 为去根处理：设置 1 m×1 m×1 m 的样方，每 10 cm 为一层，将每层土壤里的根去除，然后将去根后的土壤按层重新回填，并在样方边缘用纱网隔离 （深度为 1 m）。将呼吸环埋于样方中央，地上部分露出 5 cm，然后将土壤呼吸观测仪的底座安置在呼吸环上。结合对照数据，可同时测量土壤总呼吸、土壤自养呼吸和异养呼吸。处理 2 为隔雨处理：建立 1 m×1 m 的样方，上方安装 1 m 高的隔雨装置。将土壤呼吸环安置在样方中间，地上部分露出 5 cm，然后将土壤呼吸观测仪的底座安置在呼吸环上。结合对照数据，可分析降雨量的变化对土壤呼吸的影响。

多点式土壤呼吸过程观测仪为自动测量，测量数据记录于存储卡中。基于去根实验，能够对土壤总呼吸、土壤自养呼吸和异养呼吸进行连续观测。结合降雨处理实验，能够为研究土壤呼吸如何应对降雨的变化以及气候变化对森林生态系统碳循环影响提供翔实的实验数据和理论基础。

第3章

联网长期观测数据

3.1 生物观测数据

本数据集基于中国科学院贡嘎山高山生态系统观测试验站在贡嘎山东坡海螺沟国家森林公园内设置的长期固定样地进行。分别以峨眉冷杉演替中龄林干河坝站区调查点（GGFZQ01）和峨眉冷杉成熟林辅助观测场（GGFFZ02）作为冷杉成熟林和中龄林的调查样点，植物群落调查的方法严格按照《陆地生态系统生物观测规范》（中国生态系统研究网络科学委员会，2007）进行。选取1999年、2005年、2010年和2015年这四个调查最为全面的4个时间节点的数据，分析并比较这16年间冷杉成熟林和次生冷杉中龄林的结构特征及其变化趋势。

3.1.1 群落的物种组成

3.1.1.1 贡嘎山站峨眉冷杉演替中龄林干河坝站区永久样地（GGFZQ01A00_01）

本样地森林类型为次生冷杉演替中龄林，乔木层以冷杉（*Abies fabri*）为主，另有少量多对花楸（*Sorbus multijuga* Koehne）、糙皮桦（*Betula utilis* D. Don）、冬瓜杨（*Populus purdomii* Rehder）、冷地卫矛（*Euonymus porphyreus*）和山梅花（*Philadelphus incanus* Koehne），林分密度为1 258株/hm²，郁闭度约为85%。灌木层有多对花楸、显脉荚蒾（*Viburnum nervosum* Hook. et Arn.）、黄花杜鹃（*Rhododendron lutescens* Franch.）、桦叶荚蒾（*Viburnum betulifolium* Batalin）、唐古特忍冬（*Lonicera tangutica* Maxim.）、长序茶藨子（*Ribes longiracemosum* Franch.）、华西蔷薇（*Rosa moyesii* Hemsl.）、华西箭竹［*Fargesia nitida*（Mitford）Keng f. ex Yi］、托叶樱桃［*Cerasus stipulacea*（Maxim.）T. T. Yu et C. L. Li］和豪猪刺（*Berberis julianae* C. K. Schneid.），盖度约为3%。草本层以凉山悬钩子（*Rubus fockeanus* Kurz）为主，另有少量山酢浆草（*Oxalis griffithii* Edgeworth et Hook. f.）、钝叶楼梯草（*Elatostema obtusum* Wedd.）、汉姆氏马先蒿（*Pedicularis hemsleyana* Prain）、圆叶鹿蹄草（*Pyrola rotundifolia* L.）、川滇苔草（*Carex schneideri* Nelmes）和茜草（*Rubia cordifolia* L.），盖度约为30%。苔藓类地被层较为发达，厚度约为5 cm，盖度约为60%。

3.1.1.2 贡嘎山站峨眉冷杉成熟林辅助观测场永久样地（GGFFZ02A00_01）

本样地为冷杉成熟林，是贡嘎山地区海拔2 800~3 600 m最具代表性的垂直地带性森林植被类型，乔木层以冷杉为主，还有少量的多对花楸、糙皮桦、五尖槭（*Acer maximowwiczii* Pax）和长鳞杜鹃（*Rhododendron longesquamatum* Schneid），林分密度为288株/hm²，郁闭度约为65%。灌木层有多对花楸、冷地卫矛、显脉荚蒾、黄花杜鹃、桦叶荚蒾、华西忍冬（*Lonicera webbiana* Wall. ex DC.）、唐古特忍冬和针刺悬钩子（*Rubus pungens* Cambess.）、四川冬青（*Ilex szechwanensis* Loes.）、长序茶藨子和华西蔷薇，盖度约为25%。草本层有多穗石松（*Lycopodium annotinum* L.）、山酢浆草、钝叶楼梯草、汉姆氏马先蒿、凉山悬钩子、膜边轴鳞蕨［*Dryopsis clarkei*（Baker）Holttum et

P. J. Edwards〕和圆叶鹿蹄草，盖度较低，约为 30％。藓类地被层厚度达 15 cm，盖度约 80％。

3.1.2　群落各层片密度的变化

贡嘎山东坡冷杉中龄林和成熟林乔木层各物种密度随时间的变化如图 3-1 所示：中龄林乔木层林分密度从 1999 年的 2 175 株/hm² 下降到 2015 年的 1 258 株/hm²，下降了 42.16％，其中冷杉密度下降最为明显，从 1999 年的 1 942 株/hm² 下降到 2015 年的 1 158 株/hm²，下降了 40.37％，表现出非常明显的"自疏现象"。此外，中龄林乔木层各伴生种的密度在此期间也呈下降趋势。成熟林乔木层总密度和冷杉密度均表现出先下降后上升的趋势，这主要是由于成熟林中有大树死亡倒下，导致林分密度降低，但林窗的形成促进了冷杉幼苗和伴生种的生长，这部分新进入乔木层的小树使得乔木层密度有所增加。

中龄林灌木密度一开始表现出缓慢增加的趋势，从 1999 年的 1 344 株/hm² 增加到 2010 年的 1 600株/hm²，随后在 2015 年迅速增加到 7 960 株/hm²。这主要是由于冷杉在演替过程中的"自疏作用"导致小林窗的形成，为灌木的繁殖和定居提供了条件。冷杉成熟林灌木层密度先降低后增加，这应该与大树死亡倒下时对灌木层的破坏以及林窗的形成对灌木生长、繁殖和更新的促进有关（图 3-2）。

草本层密度在中龄林和成熟林中均表现出先降低后增加的趋势，气象数据分析表明，2004—2007 年海螺沟太阳辐射值低于该区多年平均值，可能影响林下草本植物的光合作用和碳同化产物的积累，进而影响草本植物的生长和繁殖，导致草本层密度降低。

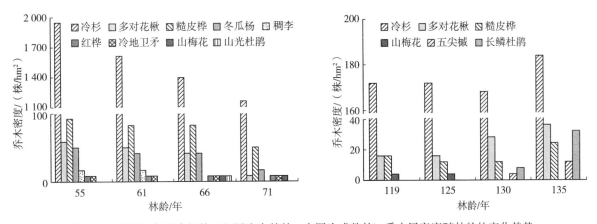

图 3-1　贡嘎山东坡冷杉林（左图为中龄林，右图为成熟林）乔木层密度随林龄的变化趋势

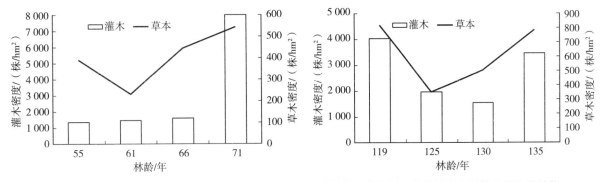

图 3-2　贡嘎山东坡冷杉林（左图为中龄林，右图为成熟林）灌木层和草本层密度随林龄的变化趋势

中龄林乔木层胸径和树高均表现出随林龄增加而增加的趋势，胸径和树高分别从最初（林龄 55

年）的 15.24±5.55 cm 和 13.27±3.01 m 增长到 22.28±6.52 cm 和 19.68±2.70 m（林龄 71 年）。成熟林乔木层胸径和树高先增加后降低，胸径和树高随林龄增加而降低一方面是由于有大树死亡退出乔木层，另一方面是由于不断有小树长大进入乔木层，从而导致乔木层的平均胸径和株高逐年降低（图 3-3）。乔木层胸高断面积和地上部分生物量随林龄的变化趋势与胸径和树高随林龄的变化趋势相似：乔木层胸高断面积和地上部分生物量在中龄林中随林龄增加而增加，在成熟林中先增加后下降（图 3-4）。

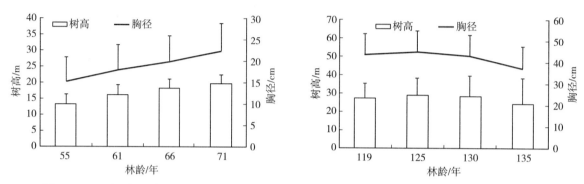

图 3-3　贡嘎山东坡冷杉林（左图为中龄林，右图为成熟林）乔木层胸径和树高随林龄的变化趋势

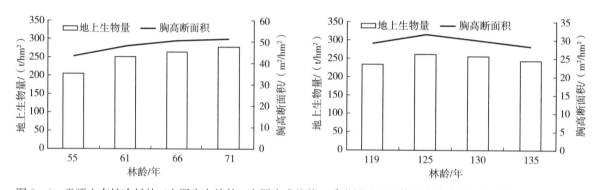

图 3-4　贡嘎山东坡冷杉林（左图为中龄林，右图为成熟林）乔木层地上生物量和胸高断面积随林龄的变化趋势

3.1.3　群落多样性的变化

　　不同演替阶段植物群落的物种丰富度（物种数）存在一定差异，就冷杉中龄林和成熟林而言，中龄林物种丰富度＞成熟林物种丰富度。在同一演替阶段，冷杉林植物群落内部各层片物种丰富度依次为灌木层＞草本层＞乔木层。各层片的物种组成和物种数会随时间的变化而改变，从而形成植物群落的演替过程。在 1999—2015 年，冷杉中龄林样地和成熟林样地的乔木层、灌木层和草本层中均有旧物种的消失和新物种的出现。其中，草本层物种丰富度的年际波动大于灌木层和乔木层，从而导致群落物种丰富度的变化趋势与草本层物种丰富度的变化趋势较为相似（图 3-5）。

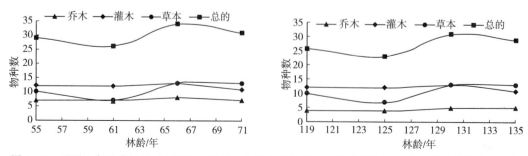

图 3-5　贡嘎山东坡冷杉林（左图为中龄林，右图为成熟林）植物群落物种丰富度随林龄的变化趋势

Shannon-Wiener 多样性指数能够综合反映群落中物种的丰富度和均匀性，群落中物种数目越多，多样性越高，不同种类之间个体分配的均匀性增加也会使多样性提高。中龄林中乔木层、灌木层、草本层和整个群落的 Shannon-Wiener 指数相对稳定。成熟林乔木层 Shannon-Wiener 指数在林龄大于 125 年后表现出一定的上升趋势，可能与冷杉大树死亡导致林窗的形成从而促进乔木层伴生种的繁殖和生长有关；草本层的 Shannon-Wiener 指数的波动与草本层的物种丰富度的变化较为相似（图 3-6）。

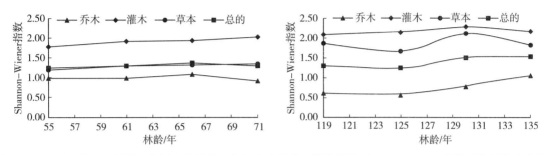

图 3-6　贡嘎山东坡冷杉林（左图为中龄林，右图为成熟林）植物群落 Shannon-Wiener 指数随林龄的变化趋势

　　Pielou 物种均匀度指数是衡量物种在群落内分布状况的数量指标。中龄林样地中乔木层和草本层的 Pielou 指数相对稳定，表明这两个层片的物种均匀度无较大变化；灌木层 Pielou 指数在后期有一定的下降，可能是由于乔木层郁闭度太高，林下光照不足导致灌木层数量的减少和密度的降低，从而导致灌木层物种均匀度降低。成熟林乔木层 Pielou 指数表现出一定程度的上升，这可能是林窗中大量冷杉和伴生种进入乔木层增加了均匀性所致；草本层物种丰富度的变化同样导致草本层 Pielou 指数表现出相似的变化趋势（图 3-7）。

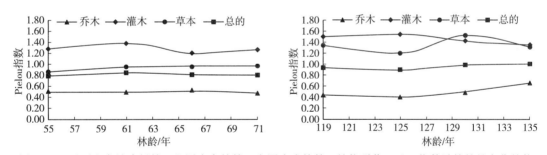

图 3-7　贡嘎山东坡冷杉林（左图为中龄林，右图为成熟林）植物群落 Pielou 指数随林龄的变化趋势

3.1.4　胸径数据集

3.1.4.1　概述

　　胸径是立木测定的最基本因子之一，其数据可通过每木调查获取。基于每木调查数据可分析乔木径向生长状况，此外，胸径数据结合乔木生物量模型可估算乔木层每木、种群、群落等不同层次的生物量。贡嘎山站胸径数据集为贡嘎山站 4 个长期监测样地 2010 年和 2015 年乔木胸径数据，包括样地代码、样地面积、植物种名、株数、胸径均值及标准差等指标。

3.1.4.2　数据采集和处理方法

　　参照 2007 年中国生态统研究网络科学委员会编写的《陆地生态系统生物观测规范》中关于每木调查胸径测定的相关要求，采用胸径围尺和游标卡尺进行测量。

3.1.4.3　数据质量控制和评估

　　为确保数据质量，在开展胸径测量时采取了如下措施：①测定前强化培训，提高调查人员的技能和素质；②保证测量位置离地 1.3 m 高，胸径大于 10 cm 的个体采用胸径尺测量，小于 10 cm 的个体采用游标卡尺测量；③测量者于上坡位测量，对于树干不规则的植株，多次测量取平均值以提高精度。

数据质量控制过程包括对元数据的检查整理、单个数据点的检查、数据转换和入库，以及元数据的编写、检查和入库。针对数据进行了生态站初审、生物分中心复审和综合中心终审的多级审核。

3.1.4.4　数据价值

本数据集收录了贡嘎山东坡海螺沟流域不同林龄峨眉冷杉林每木检尺的胸径数据，可为森林生态学和全球变化生态学方面的研究提供一定科学依据。

3.1.4.5　数据

见表 3-1。

表 3-1　贡嘎山站 2010—2015 年乔木层胸径数据

年	样地代码	样地面积/hm²	植物种名	株数/株	胸径/cm
2010	GGFZH01AC0_01	0.25	糙皮桦	21	20.2±12.7
2010	GGFZH01AC0_01	0.25	稠李	1	3.2
2010	GGFZH01AC0_01	0.25	多对花楸	28	10.6±4.5
2010	GGFZH01AC0_01	0.25	华西臭樱	1	10.0
2010	GGFZH01AC0_01	0.25	冷杉	22	69.4±20.7
2010	GGFZH01AC0_01	0.25	美容杜鹃	1	10.5
2010	GGFZH01AC0_01	0.25	山梅花	12	7.1±2.0
2010	GGFZH01AC0_01	0.25	托叶樱桃	6	21.3±18.4
2010	GGFZH01AC0_01	0.25	五尖槭	28	10.7±6.6
2010	GGFZH01AC0_01	0.25	显脉荚蒾	6	8.6±3.9
2010	GGFZH01AC0_01	0.25	紫花卫矛	3	4.1±0.7
2010	GGFFZ01AC0_01	0.12	糙皮桦	37	10.7±4.4
2010	GGFFZ01AC0_01	0.12	稠李	5	6.1±0.2
2010	GGFFZ01AC0_01	0.12	冬瓜杨	33	21.4±6.1
2010	GGFFZ01AC0_01	0.12	多对花楸	79	6.5±2.1
2010	GGFFZ01AC0_01	0.12	红桦	9	15.7±3.4
2010	GGFFZ01AC0_01	0.12	华西臭樱	1	6.0
2010	GGFFZ01AC0_01	0.12	华西忍冬	3	6.0±1.2
2010	GGFFZ01AC0_01	0.12	冷杉	36	16.9±7.9
2010	GGFFZ01AC0_01	0.12	美容杜鹃	1	11.5
2010	GGFFZ01AC0_01	0.12	泡叶栒子	1	7.9
2010	GGFFZ01AC0_01	0.12	青皮槭	4	9.3±2.3

（续）

年	样地代码	样地面积/hm²	植物种名	株数/株	胸径/cm
2010	GGFFZ01AC0_01	0.12	山梅花	6	5.6±1.6
2010	GGFFZ01AC0_01	0.12	丝毛柳	3	10.3±1.8
2010	GGFFZ01AC0_01	0.12	托叶樱桃	9	9.2±1.8
2010	GGFFZ01AC0_01	0.12	五尖槭	1	11.2
2010	GGFFZ01AC0_01	0.12	香桦	3	8.4±3.7
2010	GGFFZ01AC0_01	0.12	紫花卫矛	1	7.1
2010	GGFFZ02A00_01	0.25	糙皮桦	5	9.4±7.3
2010	GGFFZ02A00_01	0.25	多对花楸	10	7.1±3.2
2010	GGFFZ02A00_01	0.25	华西忍冬	2	4.3±0.4
2010	GGFFZ02A00_01	0.25	冷杉	51	36.1±23.1
2010	GGFFZ02A00_01	0.25	山梅花	1	4.5
2010	GGFFZ02A00_01	0.25	太平花	1	12.6
2010	GGFFZ02A00_01	0.25	五尖槭	1	6.8
2010	GGFFZ02A00_01	0.25	显脉荚蒾	2	2.8±0.9
2010	GGFFZ02A00_01	0.25	长鳞杜鹃	2	10.1
2010	GGFFZ02A00_01	0.25	紫花卫矛	4	3.1±0.8
2010	GGFZQ01A00_01	0.12	糙皮桦	8	21.9±6.1
2010	GGFZQ01A00_01	0.12	冬瓜杨	3	20.6±9.2
2010	GGFZQ01A00_01	0.12	多对花楸	8	17.0±5.4
2010	GGFZQ01A00_01	0.12	红桦	1	17.3
2010	GGFZQ01A00_01	0.12	冷杉	173	18.6±6.8
2010	GGFZQ01A00_01	0.12	山梨花	1	24.4
2010	GGFZQ01A00_01	0.12	托叶樱桃	1	4.0
2010	GGFZQ01A00_01	0.12	紫花卫矛	5	4.2±1.7
2015	GGFZH01AC0_01	0.25	托叶樱桃	9	15.4±15
2015	GGFZH01AC0_01	0.25	宝兴茶藨子	3	5.3±0.1
2015	GGFZH01AC0_01	0.25	糙皮桦	20	20.8±14.3
2015	GGFZH01AC0_01	0.25	稠李	1	4.5
2015	GGFZH01AC0_01	0.25	多对花楸	30	9.5±4.4
2015	GGFZH01AC0_01	0.25	华西臭樱	2	10.4±0.8
2015	GGFZH01AC0_01	0.25	桦叶荚蒾	2	7.4±4.8
2015	GGFZH01AC0_01	0.25	冷地卫矛	5	5.2±0.9
2015	GGFZH01AC0_01	0.25	冷杉	21	67.3±16.1
2015	GGFZH01AC0_01	0.25	美容杜鹃	1	11.6
2015	GGFZH01AC0_01	0.25	山梅花	19	6.7±2.1

（续）

年	样地代码	样地面积/hm²	植物种名	株数/株	胸径/cm
2015	GGFZH01AC0＿01	0.25	五尖槭	33	11.2±6.3
2015	GGFZH01AC0＿01	0.25	显脉荚蒾	7	8.5±3.8
2015	GGFFZ01AC0＿01	0.12	糙皮桦	34	13.8±9.0
2015	GGFFZ01AC0＿01	0.12	稠李	5	14.9±10.1
2015	GGFFZ01AC0＿01	0.12	冬瓜杨	34	15.9±10.4
2015	GGFFZ01AC0＿01	0.12	杜鹃	6	18.0±9.2
2015	GGFFZ01AC0＿01	0.12	多对花楸	80	12.0±6.0
2015	GGFFZ01AC0＿01	0.12	红桦	6	11.1±5.4
2015	GGFFZ01AC0＿01	0.12	华西臭樱	1	5.7
2015	GGFFZ01AC0＿01	0.12	华西忍冬	3	15.6±9.7
2015	GGFFZ01AC0＿01	0.12	桦叶荚蒾	1	33.9
2015	GGFFZ01AC0＿01	0.12	冷地卫矛	1	10.8
2015	GGFFZ01AC0＿01	0.12	冷杉	32	10.6±7.1
2015	GGFFZ01AC0＿01	0.12	美容杜鹃	1	4.4
2015	GGFFZ01AC0＿01	0.12	泡叶枸子	1	4.7
2015	GGFFZ01AC0＿01	0.12	青皮槭	4	5.1±0.8
2015	GGFFZ01AC0＿01	0.12	沙棘	1	4.3
2015	GGFFZ01AC0＿01	0.12	山梅花	6	5.0±1.1
2015	GGFFZ01AC0＿01	0.12	丝毛柳	6	5.5±1.6
2015	GGFFZ01AC0＿01	0.12	托叶樱桃	9	5.7±0.6
2015	GGFFZ01AC0＿01	0.12	五尖槭	1	5.3
2015	GGFFZ01AC0＿01	0.12	香桦	4	6.6±0.8
2015	GGFFZ02A00＿01	0.25	糙皮桦	6	30.2±22.5
2015	GGFFZ02A00＿01	0.25	多对花楸	11	36.3±20.9
2015	GGFFZ02A00＿01	0.25	华西忍冬	5	33.8±26.4
2015	GGFFZ02A00＿01	0.25	冷地卫矛	4	52.4±8.9
2015	GGFFZ02A00＿01	0.25	冷杉	66	16.0±20.0
2015	GGFFZ02A00＿01	0.25	山梅花	1	4.6
2015	GGFFZ02A00＿01	0.25	太平花	1	3.2
2015	GGFFZ02A00＿01	0.25	五尖槭	12	5.2±2.3
2015	GGFFZ02A00＿01	0.25	显脉荚蒾	3	4.2±0.9
2015	GGFFZ02A00＿01	0.25	长鳞杜鹃	10	5.3±1.6
2015	GGFZQ01A00＿01	0.12	糙皮桦	6	24.1±7.7
2015	GGFZQ01A00＿01	0.12	冬瓜杨	3	26.1±4.3
2015	GGFZQ01A00＿01	0.12	多对花楸	6	19.2±7.0

（续）

年	样地代码	样地面积/hm²	植物种名	株数/株	胸径/cm
2015	GGFZQ01A00＿01	0.12	红桦	1	17.9
2015	GGFZQ01A00＿01	0.12	冷地卫矛	5	17.5±2.9
2015	GGFZQ01A00＿01	0.12	冷杉	136	21.1±7.5
2015	GGFZQ01A00＿01	0.12	山光杜鹃	1	2.7

3.1.5　基径数据集

3.1.5.1　概述

灌木层是森林生态系统的重要组成部分，对其生长与更新的长期监测可揭示森林生态系统中灌木层的植被状况。基径是衡量灌木生长及生物量的重要指标，基径数据结合生物量模型可估算灌木层每木和种群的生物量。贡嘎山站基径数据集为贡嘎山站 4 个长期监测样地 2010 年和 2015 年灌木胸径数据，包括样地代码、样地面积、植物种名、株数、胸径均值及标准差等指标。

3.1.5.2　数据采集和处理方法

参照 2007 年中国生态系统研究网络科学委员会编写的《陆地生态系统生物观测规范》中关于灌木层调查基径测定的相关要求，采用游标卡尺或胸径尺进行测量。

3.1.5.3　数据质量控制和评估

为确保数据质量，在开展胸径测量时采取了如下措施：①测定前强化培训，提高调查人员的技能和素质；②固定测量位置，用红油漆标记，确保每次测定在相同位置，胸径大于 10 cm 的个体采用胸径尺测量，小于 10 cm 的个体采用游标卡尺测量；③测量者于上坡位测量，对于基径不规则的植株，多次测量取平均值以提高精度。

数据质量控制过程同胸径数据集（3.1.4.3）。

3.1.5.4　数据价值

本数据集收录了贡嘎山东坡海螺沟流域不同林龄峨眉冷杉林灌木层的基径数据，可为森林生态学和全球变化生态学方面的研究提供一定科学依据。

3.1.5.5　数据

见表 3-2。

表 3-2　贡嘎山站 2010—2015 年灌木层基径数据

年	样地代码	样地面积/hm²	植物种名	株数/株	基径/cm
2010	GGFZH01AC0＿01	0.25	宝兴茶藨子	103	2.1±0.6
2010	GGFZH01AC0＿01	0.25	杯萼忍冬	5	1.7±0.3
2010	GGFZH01AC0＿01	0.25	多对花楸	17	2.0±0.6
2010	GGFZH01AC0＿01	0.25	峨眉蔷薇	3	2.0±0.3
2010	GGFZH01AC0＿01	0.25	红花蔷薇	3	2.7±0.4
2010	GGFZH01AC0＿01	0.25	华西臭樱	3	3.3±0.5
2010	GGFZH01AC0＿01	0.25	华西忍冬	22	1.9±0.6
2010	GGFZH01AC0＿01	0.25	桦叶荚蒾	13	2.6±0.3

（续）

年	样地代码	样地面积/hm²	植物种名	株数/株	基径/cm
2010	GGFZH01AC0＿01	0.25	青皮槭	5	2.6±1.1
2010	GGFZH01AC0＿01	0.25	山光杜鹃	3	3.7±0.5
2010	GGFZH01AC0＿01	0.25	山梅花	7	3.0±0.9
2010	GGFZH01AC0＿01	0.25	长冬草	6	1.9±0.3
2010	GGFZH01AC0＿01	0.25	托叶樱桃	4	2.9±1.2
2010	GGFZH01AC0＿01	0.25	五尖槭	21	2.0±0.8
2010	GGFZH01AC0＿01	0.25	显脉荚蒾	8	2.2±0.3
2010	GGFZH01AC0＿01	0.25	长鳞杜鹃	1	4.1
2010	GGFZH01AC0＿01	0.25	长序茶藨子	26	1.5±0.5
2010	GGFZH01AC0＿01	0.25	针刺悬钩子	120	0.8±0.1
2010	GGFZH01AC0＿01	0.25	紫花卫矛	21	2.1±0.9
2010	GGFFZ01AC0＿01	0.12	宝兴茶藨子	27	1.5±0.8
2010	GGFFZ01AC0＿01	0.12	杯萼忍冬	41	1.4±0.6
2010	GGFFZ01AC0＿01	0.12	稠李	24	1.6±1.1
2010	GGFFZ01AC0＿01	0.12	多对花楸	11	2.3±1.3
2010	GGFFZ01AC0＿01	0.12	峨眉蔷薇	3	1.5±0.2
2010	GGFFZ01AC0＿01	0.12	豪猪刺	12	0.8±0.2
2010	GGFFZ01AC0＿01	0.12	华西臭樱	1	1.5
2010	GGFFZ01AC0＿01	0.12	华西忍冬	5	1.5±0.7
2010	GGFFZ01AC0＿01	0.12	桦叶荚蒾	135	1.7±0.7
2010	GGFFZ01AC0＿01	0.12	黄花杜鹃	3	3.4±1.7
2010	GGFFZ01AC0＿01	0.12	泡叶栒子	6	1.3±0.2
2010	GGFFZ01AC0＿01	0.12	鞘柄菝葜	21	0.7±0.3
2010	GGFFZ01AC0＿01	0.12	青荚叶	8	0.9±0.2
2010	GGFFZ01AC0＿01	0.12	青皮槭	6	0.9±0.2
2010	GGFFZ01AC0＿01	0.12	山光杜鹃	4	3.7±3.7
2010	GGFFZ01AC0＿01	0.12	山梅花	21	1.9±0.9
2010	GGFFZ01AC0＿01	0.12	铁扫子	2	1.5±0.3
2010	GGFFZ01AC0＿01	0.12	托叶樱桃	1	0.7
2010	GGFFZ01AC0＿01	0.12	五尖槭	3	1.2±0.3
2010	GGFFZ01AC0＿01	0.12	显脉荚蒾	25	1.6±0.8
2010	GGFFZ01AC0＿01	0.12	长序茶藨子	13	1.4±0.7
2010	GGFFZ01AC0＿01	0.12	针刺悬钩子	7	0.6±0.2
2010	GGFFZ01AC0＿01	0.12	紫花卫矛	66	1.0±0.2

（续）

年	样地代码	样地面积/hm²	植物种名	株数/株	基径/cm
2010	GGFFZ02A00_01	0.25	宝兴茶藨子	15	2.0±1.0
2010	GGFFZ02A00_01	0.25	杯萼忍冬	17	2.4±1.0
2010	GGFFZ02A00_01	0.25	多对花楸	3	1.5±0.6
2010	GGFFZ02A00_01	0.25	峨眉蔷薇	1	1.2
2010	GGFFZ02A00_01	0.25	红花蔷薇	2	1.5±1.4
2010	GGFFZ02A00_01	0.25	华西忍冬	13	1.8±0.8
2010	GGFFZ02A00_01	0.25	桦叶荚蒾	18	1.5±1.0
2010	GGFFZ02A00_01	0.25	黄花杜鹃	12	1.6±0.7
2010	GGFFZ02A00_01	0.25	美容杜鹃	1	3.4
2010	GGFFZ02A00_01	0.25	山梅花	7	1.8±0.4
2010	GGFFZ02A00_01	0.25	四川冬青	7	1.0±0.4
2010	GGFFZ02A00_01	0.25	太平花	1	1.1
2010	GGFFZ02A00_01	0.25	托叶樱桃	1	1.4
2010	GGFFZ02A00_01	0.25	五尖槭	23	1.7±0.6
2010	GGFFZ02A00_01	0.25	显脉荚蒾	9	1.8±0.6
2010	GGFFZ02A00_01	0.25	长鳞杜鹃	36	3.4±2.0
2010	GGFFZ02A00_01	0.25	针刺悬钩子	2	0.9±0.1
2010	GGFFZ02A00_01	0.25	紫花卫矛	19	2.4±0.8
2010	GGFZQ01A00_01	0.12	宝兴茶藨子	2	0.4±0.0
2010	GGFZQ01A00_01	0.12	杯萼忍冬	6	0.7±0.1
2010	GGFZQ01A00_01	0.12	杜鹃（像紫花杜鹃）	1	4.0
2010	GGFZQ01A00_01	0.12	多对花楸	4	2.1±0.2
2010	GGFZQ01A00_01	0.12	峨眉蔷薇	2	0.7±0.2
2010	GGFZQ01A00_01	0.12	红花蔷薇	1	0.8
2010	GGFZQ01A00_01	0.12	桦叶荚蒾	45	1.2±0.4
2010	GGFZQ01A00_01	0.12	黄花杜鹃	2	0.1
2010	GGFZQ01A00_01	0.12	山光杜鹃	2	1.0±0.4
2010	GGFZQ01A00_01	0.12	托叶樱桃	8	0.6±0.2
2010	GGFZQ01A00_01	0.12	显脉荚蒾	4	0.8±0.2
2010	GGFZQ01A00_01	0.12	长鳞杜鹃	4	0.1
2010	GGFZQ01A00_01	0.12	紫花卫矛	8	1.1±0.1
2015	GGFZH01AC0_01	0.25	宝兴茶藨子	108	1.6±0.7
2015	GGFZH01AC0_01	0.25	多对花楸	25	2.2±1.4
2015	GGFZH01AC0_01	0.25	华西忍冬	9	3.1±1.0

（续）

年	样地代码	样地面积/hm²	植物种名	株数/株	基径/cm
2015	GGFZH01AC0_01	0.25	桦叶荚蒾	7	1.5±0.3
2015	GGFZH01AC0_01	0.25	冷地卫矛	31	1.4±1.2
2015	GGFZH01AC0_01	0.25	山光杜鹃	2	4.5±0.8
2015	GGFZH01AC0_01	0.25	山梅花	68	2.6±1.4
2015	GGFZH01AC0_01	0.25	托叶樱桃	10	1.6±2.1
2015	GGFZH01AC0_01	0.25	五尖械	1	3.3
2015	GGFZH01AC0_01	0.25	显脉荚蒾	11	1.8±0.7
2015	GGFZH01AC0_01	0.25	针刺悬钩子	183	0.5±0.2
2015	GGFFZ01AC0_01	0.12	稠李	12	0.9±0.2
2015	GGFFZ01AC0_01	0.12	多对花楸	45	1.2±0.7
2015	GGFFZ01AC0_01	0.12	豪猪刺	45	0.6±0.1
2015	GGFFZ01AC0_01	0.12	华西蔷薇	1	1.2
2015	GGFFZ01AC0_01	0.12	桦叶荚蒾	257	1.0±0.4
2015	GGFFZ01AC0_01	0.12	冷地卫矛	144	0.6±0.2
2015	GGFFZ01AC0_01	0.12	青荚叶	9	0.8±0.2
2015	GGFFZ01AC0_01	0.12	山梅花	3	0.3±0.3
2015	GGFFZ01AC0_01	0.12	唐古特忍冬	43	0.8±0.5
2015	GGFFZ01AC0_01	0.12	托叶樱桃	25	0.5±0.2
2015	GGFFZ01AC0_01	0.12	显脉荚蒾	29	1.0±0.6
2015	GGFFZ01AC0_01	0.12	长序茶藨子	75	0.7±0.5
2015	GGFFZ01AC0_01	0.12	针刺悬钩子	75	0.4±0.2
2015	GGFFZ02A00_01	0.25	多对花楸	23	0.9±0.8
2015	GGFFZ02A00_01	0.25	华西蔷薇	42	0.8±0.8
2015	GGFFZ02A00_01	0.25	华西忍冬	35	1.7±1.5
2015	GGFFZ02A00_01	0.25	桦叶荚蒾	98	1.2±0.6
2015	GGFFZ02A00_01	0.25	黄花杜鹃	3	0.5±0.1
2015	GGFFZ02A00_01	0.25	冷地卫矛	38	1.4±0.9
2015	GGFFZ02A00_01	0.25	四川冬青	14	0.7±0.4
2015	GGFFZ02A00_01	0.25	唐古特忍冬	41	1.8±1.0
2015	GGFFZ02A00_01	0.25	显脉荚蒾	13	2.0±1.9
2015	GGFFZ02A00_01	0.25	长鳞杜鹃	247	1.4±1.1
2015	GGFFZ02A00_01	0.25	长序茶藨子	29	0.9±0.8
2015	GGFFZ02A00_01	0.25	针刺悬钩子	112	0.6±0.2
2015	GGFZQ01A00_01	0.12	杜鹃	43	1.0±0.6

（续）

年	样地代码	样地面积/hm²	植物种名	株数/株	基径/cm
2015	GGFZQ01A00_01	0.12	多对花楸	243	0.5±0.2
2015	GGFZQ01A00_01	0.12	豪猪刺	3	0.6±0.1
2015	GGFZQ01A00_01	0.12	华西蔷薇	1	0.6
2015	GGFZQ01A00_01	0.12	桦叶荚蒾	204	0.6±0.3
2015	GGFZQ01A00_01	0.12	黄花杜鹃	4	0.5±0.1
2015	GGFZQ01A00_01	0.12	冷地卫矛	24	0.6±0.4
2015	GGFZQ01A00_01	0.12	山光杜鹃	33	0.6±0.2
2015	GGFZQ01A00_01	0.12	唐古特忍冬	43	0.6±0.2
2015	GGFZQ01A00_01	0.12	托叶樱桃	11	0.8±0.3
2015	GGFZQ01A00_01	0.12	显脉荚蒾	39	0.8±0.4
2015	GGFZQ01A00_01	0.12	长序茶藨子	30	0.4±0.1

3.1.6　平均高度数据集

3.1.6.1　概述

高度是描述植物生长状况的重要因子。基于群落调查所获得的高度数据不仅可用于分析和描述植物的高生长状况，还可与胸径数据一起结合乔木和灌木生物量模型估算乔木层及灌木层每木、种群、群落等不同层次的生物量。贡嘎山站植物平均高度数据集为贡嘎山站 4 个长期监测样地 2010 年和 2015 年乔木层、灌木层和草本层各种植物的平均高度数据，包括样地代码、样地面积、植物种名、株数、平均高度及标准差等指标。

3.1.6.2　数据采集和处理方法

参照 2007 年中国生态系统研究网络科学委员会编写的《陆地生态系统生物观测规范》中关于植物群落调查的相关要求进行数据采集和处理。

3.1.6.3　数据质量控制和评估

参照《陆地生态系统生物观测数据质量保证与质量控制》中关于群落调查质控措施的要求进行数据质量控制。数据质量控制过程同胸径数据集（3.1.4.3）。

3.1.6.4　数据价值

本数据集收录了贡嘎山东坡海螺沟流域不同林龄峨眉冷杉林乔木层、灌木层和草本层植物平均高度数据，可为森林生态学和全球变化生态学方面的研究提供一定科学依据。

3.1.6.5　数据

见表 3-3。

表 3-3　贡嘎山站 2010—2015 年各种植物平均高度数据

年	样地代码	样地面积/hm²	植物种名	株数/株	高度/cm
2010	GGFZH01AC0_01	0.25	糙皮桦	21	11.3±4.7
2010	GGFZH01AC0_01	0.25	稠李	1	4.3
2010	GGFZH01AC0_01	0.25	多对花楸	28	6.3±1.9
2010	GGFZH01AC0_01	0.25	华西臭樱	1	6.3

（续）

年	样地代码	样地面积/hm²	植物种名	株数/株	高度/cm
2010	GGFZH01AC0_01	0.25	冷杉	22	36.7±9.7
2010	GGFZH01AC0_01	0.25	宝兴茶藨子	103	2.1±0.6
2010	GGFZH01AC0_01	0.25	杯萼忍冬	5	1.6
2010	GGFZH01AC0_01	0.25	糙皮桦	19	2.1±0.5
2010	GGFZH01AC0_01	0.25	多对花楸	17	2.0±0.7
2010	GGFZH01AC0_01	0.25	峨眉蔷薇	3	2.9±0.2
2010	GGFZH01AC0_01	0.25	红花蔷薇	3	2.7±0.2
2010	GGFZH01AC0_01	0.25	华西臭樱	3	1.8±0.1
2010	GGFZH01AC0_01	0.25	华西忍冬	22	2.2±0.4
2010	GGFZH01AC0_01	0.25	桦叶荚蒾	13	3.3±1.0
2010	GGFZH01AC0_01	0.25	美容杜鹃	1	5.8
2010	GGFZH01AC0_01	0.25	青皮槭	5	2.1±0.5
2010	GGFZH01AC0_01	0.25	山光杜鹃	3	1.9±0.5
2010	GGFZH01AC0_01	0.25	山梅花	19	5.0±1.6
2010	GGFZH01AC0_01	0.25	铁扫子	6	2.6±0.2
2010	GGFZH01AC0_01	0.25	托叶樱桃	10	6.7±4.4
2010	GGFZH01AC0_01	0.25	五尖槭	49	6.3±3.5
2010	GGFZH01AC0_01	0.25	显脉荚蒾	14	4.1±1.8
2010	GGFZH01AC0_01	0.25	长鳞杜鹃	1	1.7
2010	GGFZH01AC0_01	0.25	长序茶藨子	26	2.1±0.5
2010	GGFZH01AC0_01	0.25	针刺悬钩子	120	1.3±0.3
2010	GGFZH01AC0_01	0.25	紫花卫矛	24	2.6±1.0
2010	GGFFZ01AC0_01	0.12	宝兴茶藨子	27	1.5±0.4
2010	GGFFZ01AC0_01	0.12	杯萼忍冬	41	1.3±0.3
2010	GGFFZ01AC0_01	0.12	糙皮桦	37	11.4±3.0
2010	GGFFZ01AC0_01	0.12	稠李	29	4.1±3.0
2010	GGFFZ01AC0_01	0.12	多对花楸	90	7.1±1.9
2010	GGFFZ01AC0_01	0.12	冬瓜杨	33	14.8±3.0
2010	GGFFZ01AC0_01	0.12	红桦	9	15.5±2.4
2010	GGFFZ01AC0_01	0.12	华西臭樱	2	3.5±3.6
2010	GGFFZ01AC0_01	0.12	峨眉蔷薇	3	2.2
2010	GGFFZ01AC0_01	0.12	豪猪刺	12	0.8±0.2
2010	GGFFZ01AC0_01	0.12	香桦	3	12.2±0.9
2010	GGFFZ01AC0_01	0.12	长序茶藨子	13	2.1±1.1
2010	GGFFZ01AC0_01	0.12	针刺悬钩子	7	0.8±0.1
2010	GGFFZ01AC0_01	0.12	紫花卫矛	67	2.7±2.7
2010	GGFFZ01AC0_01	0.12	华西忍冬	8	4.0±3.1
2010	GGFFZ01AC0_01	0.12	桦叶荚蒾	135	2.4±0.9

（续）

年	样地代码	样地面积/hm²	植物种名	株数/株	高度/cm
2010	GGFFZ01AC0_01	0.12	黄花杜鹃	3	1.6±0.4
2010	GGFFZ01AC0_01	0.12	冷杉	36	11.1±3.8
2010	GGFFZ01AC0_01	0.12	美容杜鹃	1	5.9
2010	GGFFZ01AC0_01	0.12	泡叶枸子	7	2.41±2.24
2010	GGFFZ01AC0_01	0.12	鞘柄菝葜	21	1.2±0.4
2010	GGFFZ01AC0_01	0.12	青荚叶	8	1.0±0.2
2010	GGFFZ01AC0_01	0.12	青皮槭	10	7.6±2.8
2010	GGFFZ01AC0_01	0.12	丝毛柳	3	8.6±1.9
2010	GGFFZ01AC0_01	0.12	铁扫子	2	2.3±0.2
2010	GGFFZ01AC0_01	0.12	托叶樱桃	10	7.6±2.8
2010	GGFFZ01AC0_01	0.12	山光杜鹃	4	1.9±1.4
2010	GGFFZ01AC0_01	0.12	山梅花	27	3.9±2.1
2010	GGFFZ01AC0_01	0.12	五尖槭	4	5.5±5.4
2010	GGFFZ01AC0_01	0.12	显脉荚蒾	25	2.1±1.2
2010	GGFFZ02A00_01	0.25	宝兴茶藨子	15	1.8±0.7
2010	GGFFZ02A00_01	0.25	杯萼忍冬	17	2.0±0.9
2010	GGFFZ02A00_01	0.25	糙皮桦	5	7.3±3.9
2010	GGFFZ02A00_01	0.25	多对花楸	13	5.1±2.1
2010	GGFFZ02A00_01	0.25	长鳞杜鹃	38	2.4±1.9
2010	GGFFZ02A00_01	0.25	峨眉蔷薇	1	1.5
2010	GGFFZ02A00_01	0.25	红花蔷薇	2	2.2±1.7
2010	GGFFZ02A00_01	0.25	华西忍冬	15	2.2±1.2
2010	GGFFZ02A00_01	0.25	显脉荚蒾	11	2.0±0.9
2010	GGFFZ02A00_01	0.25	桦叶荚蒾	18	2.0±0.9
2010	GGFFZ02A00_01	0.25	黄花杜鹃	12	0.9±0.2
2010	GGFFZ02A00_01	0.25	冷杉	51	23.7±14.2
2010	GGFFZ02A00_01	0.25	美容杜鹃	1	1.1
2010	GGFFZ02A00_01	0.25	山梅花	8	2.6±1.7
2010	GGFFZ02A00_01	0.25	五尖槭	24	1.9±0.9
2010	GGFFZ02A00_01	0.25	四川冬青	7	1.4±0.4
2010	GGFFZ02A00_01	0.25	太平花	2	2.8±2.7
2010	GGFFZ02A00_01	0.25	托叶樱桃	1	1.3
2010	GGFFZ02A00_01	0.25	针刺悬钩子	2	1.5±0.1
2010	GGFFZ02A00_01	0.25	紫花卫矛	19	1.9±0.9
2010	GGFZQ01A00_01	0.12	宝兴茶藨子	2	0.5
2010	GGFZQ01A00_01	0.12	杯萼忍冬	6	0.5±0.2
2010	GGFZQ01A00_01	0.12	糙皮桦	8	17.6±3.4
2010	GGFZQ01A00_01	0.12	冬瓜杨	3	18.0±1.0

（续）

年	样地代码	样地面积/hm²	植物种名	株数/株	高度/cm
2010	GGFZQ01A00_01	0.12	杜鹃（像紫花杜鹃）	1	0.8
2010	GGFZQ01A00_01	0.12	多对花楸	12	13.1±7.5
2010	GGFZQ01A00_01	0.12	紫花卫矛	13	4.2±1.9
2010	GGFZQ01A00_01	0.12	峨眉蔷薇	2	0.8±0.2
2010	GGFZQ01A00_01	0.12	红花蔷薇	1	1.0
2010	GGFZQ01A00_01	0.12	红桦	1	19.0
2010	GGFZQ01A00_01	0.12	桦叶荚蒾	45	1.2±0.6
2010	GGFZQ01A00_01	0.12	黄花杜鹃	2	0.5±0.1
2010	GGFZQ01A00_01	0.12	冷杉	173	17.4±3.7
2010	GGFZQ01A00_01	0.12	山光杜鹃	2	0.8±0.3
2010	GGFZQ01A00_01	0.12	山梨花	1	20.0
2010	GGFZQ01A00_01	0.12	托叶樱桃	9	1.6±0.2
2010	GGFZQ01A00_01	0.12	显脉荚蒾	4	0.7±0.1
2010	GGFZQ01A00_01	0.12	长鳞杜鹃	4	0.2
2010	GGFZH01AC0_01	0.25	川滇苔草	53	14.8
2010	GGFZH01AC0_01	0.25	钝叶楼梯草	1 685	4.8
2010	GGFZH01AC0_01	0.25	鹅观草	254	22.7
2010	GGFZH01AC0_01	0.25	佛甲草	62	9.3
2010	GGFZH01AC0_01	0.25	管花鹿药	1	17.0
2010	GGFZH01AC0_01	0.25	花儿草	168	11.9
2010	GGFZH01AC0_01	0.25	黄水枝	34	14.9
2010	GGFZH01AC0_01	0.25	金腰	129	5.3
2010	GGFZH01AC0_01	0.25	冷蕨	154	10.3
2010	GGFZH01AC0_01	0.25	凉山悬钩子	225	3.4
2010	GGFZH01AC0_01	0.25	柳叶菜	14	17.8
2010	GGFZH01AC0_01	0.25	卵果蕨	49	17.2
2010	GGFZH01AC0_01	0.25	膜边轴鳞蕨	20	26.3
2010	GGFZH01AC0_01	0.25	犬形鼠尾草	131	25.1
2010	GGFZH01AC0_01	0.25	山酢浆草	146	4.3
2010	GGFZH01AC0_01	0.25	夏枯草	1	17.0
2010	GGFZH01AC0_01	0.25	水金凤	15	59.7
2010	GGFZH01AC0_01	0.25	天南星	1	52.5
2010	GGFZH01AC0_01	0.25	铁破锣	13	15.6
2010	GGFZH01AC0_01	0.25	细辛	195	13.9
2010	GGFZH01AC0_01	0.25	小天南星	26	14.6
2010	GGFZH01AC0_01	0.25	心叶草	22	3.3
2010	GGFZH01AC0_01	0.25	荨麻	116	29.3
2010	GGFZH01AC0_01	0.25	羽毛地杨梅	166	20.5

（续）

年	样地代码	样地面积/hm²	植物种名	株数/株	高度/cm
2010	GGFZH01AC0 _ 01	0.25	猪殃殃	352	9.7
2010	GGFFZ01AC0 _ 01	0.12	鹿蹄草	645	9.2
2010	GGFFZ01AC0 _ 01	0.12	川滇苔草	1 042	20.8
2010	GGFFZ01AC0 _ 01	0.12	倒提壶	1	7.2
2010	GGFFZ01AC0 _ 01	0.12	东方草莓	1	18.2
2010	GGFFZ01AC0 _ 01	0.12	钝叶楼梯草	210	6.5
2010	GGFFZ01AC0 _ 01	0.12	鹅观草	65	26.4
2010	GGFFZ01AC0 _ 01	0.12	花儿草	31	12.9
2010	GGFFZ01AC0 _ 01	0.12	黄水枝	37	10.9
2010	GGFFZ01AC0 _ 01	0.12	蕨2	13	69.6
2010	GGFFZ01AC0 _ 01	0.12	冷蕨	37	10.6
2010	GGFFZ01AC0 _ 01	0.12	凉山悬钩子	525	4.9
2010	GGFFZ01AC0 _ 01	0.12	膜边轴鳞蕨	13	26.5
2010	GGFFZ01AC0 _ 01	0.12	木贼	3	6.8
2010	GGFFZ01AC0 _ 01	0.12	茜草	305	13.1
2010	GGFFZ01AC0 _ 01	0.12	三七	4	9.0
2010	GGFFZ01AC0 _ 01	0.12	山酢浆草	66	6.4
2010	GGFFZ01AC0 _ 01	0.12	像夏枯草	28	14.9
2010	GGFFZ01AC0 _ 01	0.12	细辛	33	11.5
2010	GGFFZ01AC0 _ 01	0.12	细叶黄精	7	12.9
2010	GGFFZ01AC0 _ 01	0.12	小花扭柄花	2	17.9
2010	GGFFZ01AC0 _ 01	0.12	小天南星	1	40.0
2010	GGFFZ01AC0 _ 01	0.12	心叶草	145	5.5
2010	GGFFZ01AC0 _ 01	0.12	羽毛地杨梅	32	16.1
2010	GGFFZ01AC0 _ 01	0.12	猪殃殃	1 054	10.1
2010	GGFFZ02A00 _ 01	0.25	钝叶楼梯草	2 404	3.7
2010	GGFFZ02A00 _ 01	0.25	多穗石松	1 513	9.9
2010	GGFFZ02A00 _ 01	0.25	管花鹿药	2	19.0
2010	GGFFZ02A00 _ 01	0.25	汉姆氏马先蒿	24	13.6
2010	GGFFZ02A00 _ 01	0.25	花儿草	76	6.4
2010	GGFFZ02A00 _ 01	0.25	蕨2	2	85.5
2010	GGFFZ02A00 _ 01	0.25	凉山悬钩子	3 334	4.2
2010	GGFFZ02A00 _ 01	0.25	鹿蹄草	138	5.4
2010	GGFFZ02A00 _ 01	0.25	卵果蕨	2	8.0
2010	GGFFZ02A00 _ 01	0.25	膜边轴鳞蕨	53	29.4
2010	GGFFZ02A00 _ 01	0.25	囊瓣芹	55	4.4
2010	GGFFZ02A00 _ 01	0.25	茜草	34	47.5
2010	GGFFZ02A00 _ 01	0.25	山酢浆草	1 387	4.4

（续）

年	样地代码	样地面积/hm²	植物种名	株数/株	高度/cm
2010	GGFFZ02A00_01	0.25	天南星	14	29.7
2010	GGFFZ02A00_01	0.25	铁破锣	30	7.4
2010	GGFFZ02A00_01	0.25	圆叶兰	24	9.3
2010	GGFFZ02A00_01	0.25	猪殃殃	42	3.6
2010	GGFFZ02A00_01	0.25	紫花兰	2	4.5
2010	GGFZQ01A00_01	0.12	川滇苔草	1 927	11.2
2010	GGFZQ01A00_01	0.12	钝叶楼梯草	8	3.2
2010	GGFZQ01A00_01	0.12	汉姆氏马先蒿	4	16.7
2010	GGFZQ01A00_01	0.12	凉山悬钩子	3 180	3.1
2010	GGFZQ01A00_01	0.12	鹿蹄草	3	5.0
2010	GGFZQ01A00_01	0.12	茜草	29	8.8
2010	GGFZQ01A00_01	0.12	三七	29	8.3
2010	GGFZQ01A00_01	0.12	山酢浆草	119	4.7
2010	GGFZQ01A00_01	0.12	圆叶兰	2	1.9
2015	GGFZH01AC0_01	0.25	宝兴茶藨子	111	2.1±1.0
2015	GGFZH01AC0_01	0.25	托叶樱桃	18	5.1±4.1
2015	GGFZH01AC0_01	0.25	糙皮桦	20	11.9±5
2015	GGFZH01AC0_01	0.25	稠李	1	6.8
2015	GGFZH01AC0_01	0.25	多对花楸	55	4.6±2.1
2015	GGFZH01AC0_01	0.25	冷地卫矛	36	2.5±1.5
2015	GGFZH01AC0_01	0.25	华西臭樱	2	4.8±2.4
2015	GGFZH01AC0_01	0.25	华西箭竹	1 115	1.5±0.4
2015	GGFZH01AC0_01	0.25	华西忍冬	9	2.3±1.1
2015	GGFZH01AC0_01	0.25	桦叶荚蒾	9	3.3±1.0
2015	GGFZH01AC0_01	0.25	冷杉	21	36.3±10.4
2015	GGFZH01AC0_01	0.25	美容杜鹃	1	6.1
2015	GGFZH01AC0_01	0.25	山光杜鹃	2	1.8±0.2
2015	GGFZH01AC0_01	0.25	山梅花	87	4.1±1.2
2015	GGFZH01AC0_01	0.25	五尖槭	34	7.0±2.8
2015	GGFZH01AC0_01	0.25	针刺悬钩子	183	0.9±0.3
2015	GGFZH01AC0_01	0.25	显脉荚蒾	18	4.2±1.7
2015	GGFFZ01AC0_01	0.12	糙皮桦	34	11.1±4.5
2015	GGFFZ01AC0_01	0.12	稠李	17	5.5±5.9
2015	GGFFZ01AC0_01	0.12	冬瓜杨	34	11.7±4.5
2015	GGFFZ01AC0_01	0.12	杜鹃	6	13.0±3.9
2015	GGFFZ01AC0_01	0.12	多对花楸	125	10.0±4.8
2015	GGFFZ01AC0_01	0.12	豪猪刺	45	0.6±0.2
2015	GGFFZ01AC0_01	0.12	红桦	6	9.2±2.1

（续）

年	样地代码	样地面积/hm²	植物种名	株数/株	高度/cm
2015	GGFFZ01AC0 _ 01	0.12	华西臭樱	1	7.2
2015	GGFFZ01AC0 _ 01	0.12	华西箭竹	121	1.0±0.2
2015	GGFFZ01AC0 _ 01	0.12	华西蔷薇	1	1.1
2015	GGFFZ01AC0 _ 01	0.12	华西忍冬	3	12.3±6.0
2015	GGFFZ01AC0 _ 01	0.12	桦叶荚蒾	258	2.5±3.8
2015	GGFFZ01AC0 _ 01	0.12	冷地卫矛	145	1.6±3.0
2015	GGFFZ01AC0 _ 01	0.12	冷杉	32	10.2
2015	GGFFZ01AC0 _ 01	0.12	美容杜鹃	1	6.8
2015	GGFFZ01AC0 _ 01	0.12	泡叶枸子	1	6.3
2015	GGFFZ01AC0 _ 01	0.12	青荚叶	9	0.8
2015	GGFFZ01AC0 _ 01	0.12	青皮槭	4	7.0±1.3
2015	GGFFZ01AC0 _ 01	0.12	沙棘	1	5.4
2015	GGFFZ01AC0 _ 01	0.12	山梅花	9	5.1±3.2
2015	GGFFZ01AC0 _ 01	0.12	丝毛柳	6	5.4±2.7
2015	GGFFZ01AC0 _ 01	0.12	唐古特忍冬	43	0.9±0.7
2015	GGFFZ01AC0 _ 01	0.12	托叶樱桃	34	3.1±2.7
2015	GGFFZ01AC0 _ 01	0.12	五尖槭	1	5.5
2015	GGFFZ01AC0 _ 01	0.12	显脉荚蒾	29	1.3±1.1
2015	GGFFZ01AC0 _ 01	0.12	香桦	4	5.9±1.5
2015	GGFFZ01AC0 _ 01	0.12	长序茶藨子	75	0.7±0.7
2015	GGFFZ01AC0 _ 01	0.12	针刺悬钩子	75	0.5±0.3
2015	GGFFZ02A00 _ 01	0.25	糙皮桦	6	20.5±15.7
2015	GGFFZ02A00 _ 01	0.25	多对花楸	34	14.6±16.2
2015	GGFFZ02A00 _ 01	0.25	长鳞杜鹃	257	2.4±2.2
2015	GGFFZ02A00 _ 01	0.25	华西蔷薇	42	0.8±0.8
2015	GGFFZ02A00 _ 01	0.25	华西忍冬	40	10.1±14.7
2015	GGFFZ02A00 _ 01	0.25	桦叶荚蒾	98	1.6±0.7
2015	GGFFZ02A00 _ 01	0.25	黄花杜鹃	3	0.1
2015	GGFFZ02A00 _ 01	0.25	冷地卫矛	42	10.3±15.4
2015	GGFFZ02A00 _ 01	0.25	冷杉	66	10.4±11.6
2015	GGFFZ02A00 _ 01	0.25	山梅花	1	3.3
2015	GGFFZ02A00 _ 01	0.25	四川冬青	14	0.7±0.4
2015	GGFFZ02A00 _ 01	0.25	太平花	1	2.9
2015	GGFFZ02A00 _ 01	0.25	唐古特忍冬	41	1.4±0.8
2015	GGFFZ02A00 _ 01	0.25	五尖槭	12	3.5±1.3
2015	GGFFZ02A00 _ 01	0.25	显脉荚蒾	16	2.5±1.7
2015	GGFFZ02A00 _ 01	0.25	长序茶藨子	29	0.9±0.6
2015	GGFFZ02A00 _ 01	0.25	针刺悬钩子	112	1.1±0.5

（续）

年	样地代码	样地面积/hm²	植物种名	株数/株	高度/cm
2015	GGFZQ01A00_01	0.12	糙皮桦	6	18.7±3.7
2015	GGFZQ01A00_01	0.12	冬瓜杨	3	20.1±1.7
2015	GGFZQ01A00_01	0.12	杜鹃	43	0.5±0.3
2015	GGFZQ01A00_01	0.12	多对花楸	249	7.4±8.9
2015	GGFZQ01A00_01	0.12	山光杜鹃	34	0.7±1.1
2015	GGFZQ01A00_01	0.12	豪猪刺	3	0.4±0.1
2015	GGFZQ01A00_01	0.12	红桦	1	19.5
2015	GGFZQ01A00_01	0.12	华西箭竹	117	1.0±0.4
2015	GGFZQ01A00_01	0.12	华西蔷薇	1	0.4
2015	GGFZQ01A00_01	0.12	桦叶荚蒾	204	0.7±0.4
2015	GGFZQ01A00_01	0.12	黄花杜鹃	4	0.2
2015	GGFZQ01A00_01	0.12	冷地卫矛	29	13.9±9.1
2015	GGFZQ01A00_01	0.12	冷杉	136	18.8±4.2
2015	GGFZQ01A00_01	0.12	唐古特忍冬	43	0.5±0.2
2015	GGFZQ01A00_01	0.12	托叶樱桃	11	0.9±0.3
2015	GGFZQ01A00_01	0.12	显脉荚蒾	39	0.7±0.3
2015	GGFZQ01A00_01	0.12	长序茶藨子	30	0.5±0.2
2015	GGFZH01AC0_01	0.25	川滇苔草	13	9.3
2015	GGFZH01AC0_01	0.25	钝叶楼梯草	825	4.2
2015	GGFZH01AC0_01	0.25	佛甲草	24	16.4
2015	GGFZH01AC0_01	0.25	柯孟披碱草	143	24.9
2015	GGFZH01AC0_01	0.25	冷蕨	82	8.2
2015	GGFZH01AC0_01	0.25	凉山悬钩子	114	3.5
2015	GGFZH01AC0_01	0.25	卵果蕨	5	12.4
2015	GGFZH01AC0_01	0.25	膜边轴鳞蕨	63	10.1
2015	GGFZH01AC0_01	0.25	犬形鼠尾草	558	17.8
2015	GGFZH01AC0_01	0.25	山酢浆草	155	4.1
2015	GGFZH01AC0_01	0.25	水金凤	109	19.1
2015	GGFZH01AC0_01	0.25	天南星	68	14.8
2015	GGFZH01AC0_01	0.25	羽毛地杨梅	42	12.0
2015	GGFZH01AC0_01	0.25	猪殃殃	628	6.9
2015	GGFZH01AC0_01	0.25	川滇苔草	1476	6.3
2015	GGFZH01AC0_01	0.25	钝叶楼梯草	28	4.3
2015	GGFZH01AC0_01	0.25	黄水枝	45	18.1
2015	GGFZH01AC0_01	0.25	柯孟披碱草	42	11.4
2015	GGFZH01AC0_01	0.25	冷蕨	20	6.3
2015	GGFZH01AC0_01	0.25	凉山悬钩子	650	4.4
2015	GGFZH01AC0_01	0.25	膜边轴鳞蕨	12	16.2

（续）

年	样地代码	样地面积/hm²	植物种名	株数/株	高度/cm
2015	GGFZH01AC0 _ 01	0.25	木贼	4	8.4
2015	GGFZH01AC0 _ 01	0.25	茜草	283	10.1
2015	GGFZH01AC0 _ 01	0.25	三七	16	8.9
2015	GGFZH01AC0 _ 01	0.25	山酢浆草	247	5.8
2015	GGFZH01AC0 _ 01	0.25	小花扭柄花	2	16.0
2015	GGFZH01AC0 _ 01	0.25	羽毛地杨梅	17	5.9
2015	GGFZH01AC0 _ 01	0.25	圆叶鹿蹄草	604	7.6
2015	GGFZH01AC0 _ 01	0.25	猪殃殃	1 715	9.0
2015	GGFFZ01AC0 _ 01	0.12	川滇苔草	1 476	6.3
2015	GGFFZ01AC0 _ 01	0.12	钝叶楼梯草	28	4.3
2015	GGFFZ01AC0 _ 01	0.12	黄水枝	45	18.1
2015	GGFFZ01AC0 _ 01	0.12	柯孟披碱草	42	11.4
2015	GGFFZ01AC0 _ 01	0.12	冷蕨	20	6.3
2015	GGFFZ01AC0 _ 01	0.12	凉山悬钩子	650	4.4
2015	GGFFZ01AC0 _ 01	0.12	膜边轴鳞蕨	12	16.2
2015	GGFFZ01AC0 _ 01	0.12	木贼	4	8.4
2015	GGFFZ01AC0 _ 01	0.12	茜草	283	10.1
2015	GGFFZ01AC0 _ 01	0.12	三七	16	8.9
2015	GGFFZ01AC0 _ 01	0.12	山酢浆草	247	5.8
2015	GGFFZ01AC0 _ 01	0.12	小花扭柄花	2	16.0
2015	GGFFZ01AC0 _ 01	0.12	羽毛地杨梅	17	5.9
2015	GGFFZ01AC0 _ 01	0.12	圆叶鹿蹄草	604	7.6
2015	GGFFZ01AC0 _ 01	0.12	猪殃殃	1 715	9.0
2015	GGFFZ02A00 _ 01	0.25	钝叶楼梯草	5 656	4.0
2015	GGFFZ02A00 _ 01	0.25	多穗石松	688	9.7
2015	GGFFZ02A00 _ 01	0.25	管花鹿药	37	21.5
2015	GGFFZ02A00 _ 01	0.25	汉姆氏马先蒿	113	12.1
2015	GGFFZ02A00 _ 01	0.25	凉山悬钩子	5 463	4.7
2015	GGFFZ02A00 _ 01	0.25	卵果蕨	4	10.5
2015	GGFFZ02A00 _ 01	0.25	膜边轴鳞蕨	89	24.7
2015	GGFFZ02A00 _ 01	0.25	茜草	4	8.1
2015	GGFFZ02A00 _ 01	0.25	山酢浆草	1 658	4.8
2015	GGFFZ02A00 _ 01	0.25	天南星	36	18.8
2015	GGFFZ02A00 _ 01	0.25	铁破锣	16	5.5
2015	GGFFZ02A00 _ 01	0.25	圆叶鹿蹄草	34	4.7

（续）

年	样地代码	样地面积/hm²	植物种名	株数/株	高度/cm
2015	GGFFZ02A00＿01	0.25	猪殃殃	356	7.1
2015	GGFZQ01A00＿01	0.12	川滇苔草	1 697	5.8
2015	GGFZQ01A00＿01	0.12	钝叶楼梯草	65	2.6
2015	GGFZQ01A00＿01	0.12	汉姆氏马先蒿	41	13.5
2015	GGFZQ01A00＿01	0.12	凉山悬钩子	3 829	3.7
2015	GGFZQ01A00＿01	0.12	茜草	22	15.0
2015	GGFZQ01A00＿01	0.12	三七	25	4.9
2015	GGFZQ01A00＿01	0.12	山酢浆草	829	4.5
2015	GGFZQ01A00＿01	0.12	圆叶鹿蹄草	7	3.5

3.1.7 植物数量数据集

3.1.7.1 概述

植物是生态系统中重要的组成部分，植物种类和数量是森林生态系统生物观测的重要项目之一。贡嘎山站自建站以来一直就开展植物种类和数量的观测，主要包括乔木层、灌木层和草本层植物的种类和数量。

3.1.7.2 数据采集和处理方法

参照 2007 年中国生态系统研究网络科学委员会编写的《陆地生态系统生物观测规范》中的相关要求，在贡嘎山站 4 个长期监测样地中分别进行乔木层、灌木层和草本层的调查，调查频率为每 5 年进行 1 次。贡嘎山站植物数量数据集包括贡嘎山站 4 个长期监测样地 2010 年和 2015 年乔木层、灌木层和草本层的植物种类和数量，还包括样地代码、样地面积。

3.1.7.3 数据质量控制和评估

乔木层、灌木层和草本层的调查分别参照《陆地生态系统生物观测数据质量保证与质量控制》中相关要求进行。数据质量控制过程同胸径数据集（3.1.4.3）。

3.1.7.4 数据价值

本数据集收录了贡嘎山东坡海螺沟流域不同林龄峨眉冷杉林不同层片的植物种类和数量，可为生物多样性和森林生态学方面的研究提供一定科学依据。

3.1.7.5 数据

见表 3 - 4。

表 3 - 4 贡嘎山站 2010—2015 年植物数量数据

年	样地代码	样地面积/hm²	植物种名	株数/株
2010	GGFZH01AC0＿01	0.25	宝兴茶藨子	396
2010	GGFZH01AC0＿01	0.25	杯萼忍冬	19
2010	GGFZH01AC0＿01	0.25	糙皮桦	94
2010	GGFZH01AC0＿01	0.25	稠李	1
2010	GGFZH01AC0＿01	0.25	川滇苔草	5 096

（续）

年	样地代码	样地面积/hm²	植物种名	株数/株
2010	GGFZH01AC0 _ 01	0.25	钝叶楼梯草	162 019
2010	GGFZH01AC0 _ 01	0.25	多对花楸	93
2010	GGFZH01AC0 _ 01	0.25	峨眉蔷薇	12
2010	GGFZH01AC0 _ 01	0.25	鹅观草	24 423
2010	GGFZH01AC0 _ 01	0.25	佛甲草	5 962
2010	GGFZH01AC0 _ 01	0.25	管花鹿药	96
2010	GGFZH01AC0 _ 01	0.25	红花蔷薇	12
2010	GGFZH01AC0 _ 01	0.25	花儿草	16 154
2010	GGFZH01AC0 _ 01	0.25	华西臭樱	13
2010	GGFZH01AC0 _ 01	0.25	华西忍冬	85
2010	GGFZH01AC0 _ 01	0.25	桦叶荚蒾	50
2010	GGFZH01AC0 _ 01	0.25	黄水枝	3 269
2010	GGFZH01AC0 _ 01	0.25	金腰	12 404
2010	GGFZH01AC0 _ 01	0.25	蕨 1	96
2010	GGFZH01AC0 _ 01	0.25	蕨 2	1 731
2010	GGFZH01AC0 _ 01	0.25	冷蕨	14 808
2010	GGFZH01AC0 _ 01	0.25	冷杉	22
2010	GGFZH01AC0 _ 01	0.25	凉山悬钩子	21 635
2010	GGFZH01AC0 _ 01	0.25	柳叶菜	1 346
2010	GGFZH01AC0 _ 01	0.25	卵果蕨	2 981
2010	GGFZH01AC0 _ 01	0.25	美容杜鹃	1
2010	GGFZH01AC0 _ 01	0.25	膜边轴鳞蕨	1 827
2010	GGFZH01AC0 _ 01	0.25	青皮槭	19
2010	GGFZH01AC0 _ 01	0.25	犬形鼠尾草	12 596
2010	GGFZH01AC0 _ 01	0.25	山光杜鹃	12
2010	GGFZH01AC0 _ 01	0.25	山梅花	39
2010	GGFZH01AC0 _ 01	0.25	山酢浆草	14 038
2010	GGFZH01AC0 _ 01	0.25	夏枯草	96
2010	GGFZH01AC0 _ 01	0.25	水金凤	1 442
2010	GGFZH01AC0 _ 01	0.25	天南星	96
2010	GGFZH01AC0 _ 01	0.25	铁破锣	1 250
2010	GGFZH01AC0 _ 01	0.25	铁扫子	23
2010	GGFZH01AC0 _ 01	0.25	托叶樱桃	21
2010	GGFZH01AC0 _ 01	0.25	五尖槭	109
2010	GGFZH01AC0 _ 01	0.25	细辛	18 750
2010	GGFZH01AC0 _ 01	0.25	显脉荚蒾	37
2010	GGFZH01AC0 _ 01	0.25	小天南星	2 500
2010	GGFZH01AC0 _ 01	0.25	心叶草	2 115

（续）

年	样地代码	样地面积/hm²	植物种名	株数/株
2010	GGFZH01AC0_01	0.25	荨麻	11 154
2010	GGFZH01AC0_01	0.25	羽毛地杨梅	15 962
2010	GGFZH01AC0_01	0.25	长鳞杜鹃	4
2010	GGFZH01AC0_01	0.25	长序茶藨子	100
2010	GGFZH01AC0_01	0.25	针刺悬钩子	462
2010	GGFZH01AC0_01	0.25	猪殃殃	33 846
2010	GGFZH01AC0_01	0.25	紫花卫矛	84
2010	GGFFZ01AC0_01	0.12	宝兴茶藨子	54
2010	GGFFZ01AC0_01	0.12	杯萼忍冬	82
2010	GGFFZ01AC0_01	0.12	糙皮桦	37
2010	GGFFZ01AC0_01	0.12	稠李	53
2010	GGFFZ01AC0_01	0.12	川滇苔草	104 200
2010	GGFFZ01AC0_01	0.12	倒提壶	100
2010	GGFFZ01AC0_01	0.12	东方草莓	100
2010	GGFFZ01AC0_01	0.12	冬瓜杨	33
2010	GGFFZ01AC0_01	0.12	钝叶楼梯草	21 000
2010	GGFFZ01AC0_01	0.12	多对花楸	101
2010	GGFFZ01AC0_01	0.12	峨眉蔷薇	6
2010	GGFFZ01AC0_01	0.12	鹅观草	6 500
2010	GGFFZ01AC0_01	0.12	豪猪刺	24
2010	GGFFZ01AC0_01	0.12	红桦	9
2010	GGFFZ01AC0_01	0.12	花儿草	3 100
2010	GGFFZ01AC0_01	0.12	华西臭樱	3
2010	GGFFZ01AC0_01	0.12	华西忍冬	13
2010	GGFFZ01AC0_01	0.12	桦叶荚蒾	270
2010	GGFFZ01AC0_01	0.12	黄水枝	3 706
2010	GGFFZ01AC0_01	0.12	蕨2	1 300
2010	GGFFZ01AC0_01	0.12	冷蕨	3 700
2010	GGFFZ01AC0_01	0.12	冷杉	36
2010	GGFFZ01AC0_01	0.12	凉山悬钩子	52 500
2010	GGFFZ01AC0_01	0.12	鹿蹄草	64 500
2010	GGFFZ01AC0_01	0.12	美容杜鹃	1
2010	GGFFZ01AC0_01	0.12	膜边轴鳞蕨	1 300
2010	GGFFZ01AC0_01	0.12	木贼	300
2010	GGFFZ01AC0_01	0.12	泡叶枸子	13
2010	GGFFZ01AC0_01	0.12	茜草	30 500
2010	GGFFZ01AC0_01	0.12	鞘柄菝葜	42
2010	GGFFZ01AC0_01	0.12	青荚叶	16

（续）

年	样地代码	样地面积/hm²	植物种名	株数/株
2010	GGFFZ01AC0 _ 01	0.12	青皮槭	16
2010	GGFFZ01AC0 _ 01	0.12	三七	400
2010	GGFFZ01AC0 _ 01	0.12	山光杜鹃	8
2010	GGFFZ01AC0 _ 01	0.12	山梅花	48
2010	GGFFZ01AC0 _ 01	0.12	山酢浆草	6 600
2010	GGFFZ01AC0 _ 01	0.12	像夏枯草	2 800
2010	GGFFZ01AC0 _ 01	0.12	丝毛柳	3
2010	GGFFZ01AC0 _ 01	0.12	铁扫子	4
2010	GGFFZ01AC0 _ 01	0.12	托叶樱桃	11
2010	GGFFZ01AC0 _ 01	0.12	五尖槭	7
2010	GGFFZ01AC0 _ 01	0.12	细辛	3 300
2010	GGFFZ01AC0 _ 01	0.12	细叶黄精	700
2010	GGFFZ01AC0 _ 01	0.12	显脉荚蒾	50
2010	GGFFZ01AC0 _ 01	0.12	香桦	3
2010	GGFFZ01AC0 _ 01	0.12	小花扭柄花	200
2010	GGFFZ01AC0 _ 01	0.12	小天南星	100
2010	GGFFZ01AC0 _ 01	0.12	心叶草	14 500
2010	GGFFZ01AC0 _ 01	0.12	羽毛地杨梅	3 200
2010	GGFFZ01AC0 _ 01	0.12	长序茶藨子	26
2010	GGFFZ01AC0 _ 01	0.12	针刺悬钩子	14
2010	GGFFZ01AC0 _ 01	0.12	猪殃殃	105 400
2010	GGFFZ01AC0 _ 01	0.12	紫花卫矛	133
2010	GGFFZ02A00 _ 01	0.25	宝兴茶藨子	42
2010	GGFFZ02A00 _ 01	0.25	杯萼忍冬	47
2010	GGFFZ02A00 _ 01	0.25	糙皮桦	5
2010	GGFFZ02A00 _ 01	0.25	钝叶楼梯草	667 778
2010	GGFFZ02A00 _ 01	0.25	多对花楸	18
2010	GGFFZ02A00 _ 01	0.25	多穗石松	210 139
2010	GGFFZ02A00 _ 01	0.25	峨眉蔷薇	3
2010	GGFFZ02A00 _ 01	0.25	管花鹿药	278
2010	GGFFZ02A00 _ 01	0.25	汉姆氏马先蒿	3 333
2010	GGFFZ02A00 _ 01	0.25	红花蔷薇	6
2010	GGFFZ02A00 _ 01	0.25	花儿草	10 556
2010	GGFFZ02A00 _ 01	0.25	华西忍冬	38
2010	GGFFZ02A00 _ 01	0.25	桦叶荚蒾	50
2010	GGFFZ02A00 _ 01	0.25	黄花杜鹃	33
2010	GGFFZ02A00 _ 01	0.25	蕨 2	278
2010	GGFFZ02A00 _ 01	0.25	冷杉	51

（续）

年	样地代码	样地面积/hm²	植物种名	株数/株
2010	GGFFZ02A00＿01	0.25	凉山悬钩子	463 056
2010	GGFFZ02A00＿01	0.25	鹿蹄草	19 167
2010	GGFFZ02A00＿01	0.25	卵果蕨	278
2010	GGFFZ02A00＿01	0.25	美容杜鹃	3
2010	GGFFZ02A00＿01	0.25	膜边轴鳞蕨	7 361
2010	GGFFZ02A00＿01	0.25	囊瓣芹	7 639
2010	GGFFZ02A00＿01	0.25	茜草	4 722
2010	GGFFZ02A00＿01	0.25	山梅花	20
2010	GGFFZ02A00＿01	0.25	山酢浆草	192 639
2010	GGFFZ02A00＿01	0.25	四川冬青	19
2010	GGFFZ02A00＿01	0.25	太平花	4
2010	GGFFZ02A00＿01	0.25	天南星	1 944
2010	GGFFZ02A00＿01	0.25	铁破锣	4 167
2010	GGFFZ02A00＿01	0.25	托叶樱桃	3
2010	GGFFZ02A00＿01	0.25	五尖槭	65
2010	GGFFZ02A00＿01	0.25	显脉荚蒾	27
2010	GGFFZ02A00＿01	0.25	圆叶兰	3 333
2010	GGFFZ02A00＿01	0.25	长鳞杜鹃	102
2010	GGFFZ02A00＿01	0.25	针刺悬钩子	6
2010	GGFFZ02A00＿01	0.25	猪殃殃	5 833
2010	GGFFZ02A00＿01	0.25	紫花兰	278
2010	GGFFZ02A00＿01	0.25	紫花卫矛	53
2010	GGFZQ01A00＿01	0.12	宝兴茶藨子	3
2010	GGFZQ01A00＿01	0.12	杯萼忍冬	9
2010	GGFZQ01A00＿01	0.12	糙皮桦	8
2010	GGFZQ01A00＿01	0.12	川滇苔草	192 700
2010	GGFZQ01A00＿01	0.12	冬瓜杨	3
2010	GGFZQ01A00＿01	0.12	杜鹃（像紫花杜鹃）	2
2010	GGFZQ01A00＿01	0.12	钝叶楼梯草	800
2010	GGFZQ01A00＿01	0.12	多对花楸	14
2010	GGFZQ01A00＿01	0.12	峨眉蔷薇	3
2010	GGFZQ01A00＿01	0.12	汉姆氏马先蒿	400
2010	GGFZQ01A00＿01	0.12	红花蔷薇	2
2010	GGFZQ01A00＿01	0.12	红桦	1
2010	GGFZQ01A00＿01	0.12	桦叶荚蒾	68
2010	GGFZQ01A00＿01	0.12	黄花杜鹃	3
2010	GGFZQ01A00＿01	0.12	冷杉	173
2010	GGFZQ01A00＿01	0.12	凉山悬钩子	318 000

（续）

年	样地代码	样地面积/hm²	植物种名	株数/株
2010	GGFZQ01A00 _ 01	0.12	鹿蹄草	300
2010	GGFZQ01A00 _ 01	0.12	茜草	2 900
2010	GGFZQ01A00 _ 01	0.12	三七	2 900
2010	GGFZQ01A00 _ 01	0.12	山光杜鹃	3
2010	GGFZQ01A00 _ 01	0.12	山梨花	1
2010	GGFZQ01A00 _ 01	0.12	山酢浆草	11 900
2010	GGFZQ01A00 _ 01	0.12	托叶樱桃	13
2010	GGFZQ01A00 _ 01	0.12	显脉荚蒾	6
2010	GGFZQ01A00 _ 01	0.12	圆叶兰	200
2010	GGFZQ01A00 _ 01	0.12	长鳞杜鹃	6
2010	GGFZQ01A00 _ 01	0.12	紫花卫矛	21
2015	GGFZH01AC0 _ 01	0.25	宝兴茶藨子	418
2015	GGFZH01AC0 _ 01	0.25	糙皮桦	20
2015	GGFZH01AC0 _ 01	0.25	稠李	1
2015	GGFZH01AC0 _ 01	0.25	川滇苔草	143 684
2015	GGFZH01AC0 _ 01	0.25	钝叶楼梯草	82 019
2015	GGFZH01AC0 _ 01	0.25	多对花楸	126
2015	GGFZH01AC0 _ 01	0.25	佛甲草	2 308
2015	GGFZH01AC0 _ 01	0.25	华西臭樱	2
2015	GGFZH01AC0 _ 01	0.25	华西箭竹	107 212
2015	GGFZH01AC0 _ 01	0.25	华西忍冬	35
2015	GGFZH01AC0 _ 01	0.25	桦叶荚蒾	29
2015	GGFZH01AC0 _ 01	0.25	黄水枝	4 327
2015	GGFZH01AC0 _ 01	0.25	柯孟披碱草	17 788
2015	GGFZH01AC0 _ 01	0.25	冷地卫矛	124
2015	GGFZH01AC0 _ 01	0.25	冷蕨	9 808
2015	GGFZH01AC0 _ 01	0.25	冷杉	21
2015	GGFZH01AC0 _ 01	0.25	凉山悬钩子	73 462
2015	GGFZH01AC0 _ 01	0.25	卵果蕨	481
2015	GGFZH01AC0 _ 01	0.25	美容杜鹃	1
2015	GGFZH01AC0 _ 01	0.25	膜边轴鳞蕨	7 212
2015	GGFZH01AC0 _ 01	0.25	木贼	385
2015	GGFZH01AC0 _ 01	0.25	茜草	27 212
2015	GGFZH01AC0 _ 01	0.25	犬形鼠尾草	53 654
2015	GGFZH01AC0 _ 01	0.25	三七	1 538
2015	GGFZH01AC0 _ 01	0.25	山光杜鹃	8
2015	GGFZH01AC0 _ 01	0.25	山梅花	281
2015	GGFZH01AC0 _ 01	0.25	山酢浆草	38 654

（续）

年	样地代码	样地面积/hm²	植物种名	株数/株
2015	GGFZH01AC0_01	0.25	水金凤	10 481
2015	GGFZH01AC0_01	0.25	天南星	6 538
2015	GGFZH01AC0_01	0.25	托叶樱桃	47
2015	GGFZH01AC0_01	0.25	五尖槭	37
2015	GGFZH01AC0_01	0.25	显脉荚蒾	49
2015	GGFZH01AC0_01	0.25	小花扭柄花	192
2015	GGFZH01AC0_01	0.25	羽毛地杨梅	5 673
2015	GGFZH01AC0_01	0.25	圆叶鹿蹄草	58 077
2015	GGFZH01AC0_01	0.25	针刺悬钩子	704
2015	GGFZH01AC0_01	0.25	猪殃殃	225 289
2015	GGFFZ01AC0_01	0.12	糙皮桦	34
2015	GGFFZ01AC0_01	0.12	稠李	53
2015	GGFFZ01AC0_01	0.12	川滇苔草	147 600
2015	GGFFZ01AC0_01	0.12	冬瓜杨	34
2015	GGFFZ01AC0_01	0.12	杜鹃	6
2015	GGFFZ01AC0_01	0.12	钝叶楼梯草	2 800
2015	GGFFZ01AC0_01	0.12	多对花楸	260
2015	GGFFZ01AC0_01	0.12	豪猪刺	180
2015	GGFFZ01AC0_01	0.12	红桦	6
2015	GGFFZ01AC0_01	0.12	华西臭樱	1
2015	GGFFZ01AC0_01	0.12	华西箭竹	12 100
2015	GGFFZ01AC0_01	0.12	华西蔷薇	4
2015	GGFFZ01AC0_01	0.12	华西忍冬	3
2015	GGFFZ01AC0_01	0.12	桦叶荚蒾	1 029
2015	GGFFZ01AC0_01	0.12	黄水枝	4 500
2015	GGFFZ01AC0_01	0.12	柯孟披碱草	4 200
2015	GGFFZ01AC0_01	0.12	冷地卫矛	577
2015	GGFFZ01AC0_01	0.12	冷蕨	2 000
2015	GGFFZ01AC0_01	0.12	冷杉	32
2015	GGFFZ01AC0_01	0.12	凉山悬钩子	65 000
2015	GGFFZ01AC0_01	0.12	美容杜鹃	1
2015	GGFFZ01AC0_01	0.12	膜边轴鳞蕨	1 200
2015	GGFFZ01AC0_01	0.12	木贼	400
2015	GGFFZ01AC0_01	0.12	泡叶栒子	1
2015	GGFFZ01AC0_01	0.12	茜草	28 300
2015	GGFFZ01AC0_01	0.12	青荚叶	36

（续）

年	样地代码	样地面积/hm²	植物种名	株数/株
2015	GGFFZ01AC0 _ 01	0.12	青皮槭	4
2015	GGFFZ01AC0 _ 01	0.12	三七	1 600
2015	GGFFZ01AC0 _ 01	0.12	沙棘	1
2015	GGFFZ01AC0 _ 01	0.12	山梅花	18
2015	GGFFZ01AC0 _ 01	0.12	山酢浆草	24 700
2015	GGFFZ01AC0 _ 01	0.12	丝毛柳	6
2015	GGFFZ01AC0 _ 01	0.12	唐古特忍冬	172
2015	GGFFZ01AC0 _ 01	0.12	托叶樱桃	109
2015	GGFFZ01AC0 _ 01	0.12	五尖槭	1
2015	GGFFZ01AC0 _ 01	0.12	显脉荚蒾	116
2015	GGFFZ01AC0 _ 01	0.12	香桦	4
2015	GGFFZ01AC0 _ 01	0.12	小花扭柄花	200
2015	GGFFZ01AC0 _ 01	0.12	羽毛地杨梅	1 700
2015	GGFFZ01AC0 _ 01	0.12	圆叶鹿蹄草	60 400
2015	GGFFZ01AC0 _ 01	0.12	长序茶藨子	300
2015	GGFFZ01AC0 _ 01	0.12	针刺悬钩子	300
2015	GGFFZ01AC0 _ 01	0.12	猪殃殃	171 500
2015	GGFFZ02A00 _ 01	0.25	糙皮桦	6
2015	GGFFZ02A00 _ 01	0.25	钝叶楼梯草	785 556
2015	GGFFZ02A00 _ 01	0.25	多对花楸	126
2015	GGFFZ02A00 _ 01	0.25	多穗石松	95 556
2015	GGFFZ02A00 _ 01	0.25	管花鹿药	5 139
2015	GGFFZ02A00 _ 01	0.25	汉姆氏马先蒿	15 694
2015	GGFFZ02A00 _ 01	0.25	华西蔷薇	210
2015	GGFFZ02A00 _ 01	0.25	华西忍冬	180
2015	GGFFZ02A00 _ 01	0.25	桦叶荚蒾	490
2015	GGFFZ02A00 _ 01	0.25	黄花杜鹃	15
2015	GGFFZ02A00 _ 01	0.25	冷地卫矛	194
2015	GGFFZ02A00 _ 01	0.25	凉山悬钩子	758 750
2015	GGFFZ02A00 _ 01	0.25	卵果蕨	556
2015	GGFFZ02A00 _ 01	0.25	膜边轴鳞蕨	12 361
2015	GGFFZ02A00 _ 01	0.25	茜草	556
2015	GGFFZ02A00 _ 01	0.25	山酢浆草	230 278
2015	GGFFZ02A00 _ 01	0.25	四川冬青	70
2015	GGFFZ02A00 _ 01	0.25	唐古特忍冬	205

（续）

年	样地代码	样地面积/hm²	植物种名	株数/株
2015	GGFFZ02A00＿01	0.25	天南星	5 000
2015	GGFFZ02A00＿01	0.25	铁破锣	2 222
2015	GGFFZ02A00＿01	0.25	显脉莱莲	65
2015	GGFFZ02A00＿01	0.25	圆叶鹿蹄草	4 722
2015	GGFFZ02A00＿01	0.25	长鳞杜鹃	1 235
2015	GGFFZ02A00＿01	0.25	长序茶藨子	145
2015	GGFFZ02A00＿01	0.25	针刺悬钩子	560
2015	GGFFZ02A00＿01	0.25	猪殃殃	49 444
2015	GGFZQ01A00＿01	0.12	川滇苔草	169 700
2015	GGFZQ01A00＿01	0.12	杜鹃	52
2015	GGFZQ01A00＿01	0.12	钝叶楼梯草	6 500
2015	GGFZQ01A00＿01	0.12	多对花楸	292
2015	GGFZQ01A00＿01	0.12	汉姆氏马先蒿	4 100
2015	GGFZQ01A00＿01	0.12	豪猪刺	4
2015	GGFZQ01A00＿01	0.12	华西箭竹	3 510
2015	GGFZQ01A00＿01	0.12	华西蔷薇	1
2015	GGFZQ01A00＿01	0.12	桦叶莱莲	245
2015	GGFZQ01A00＿01	0.12	黄花杜鹃	5
2015	GGFZQ01A00＿01	0.12	冷地卫矛	29
2015	GGFZQ01A00＿01	0.12	冷杉	66
2015	GGFZQ01A00＿01	0.12	凉山悬钩子	382 900
2015	GGFZQ01A00＿01	0.12	茜草	2 200
2015	GGFZQ01A00＿01	0.12	三七	2 500
2015	GGFZQ01A00＿01	0.12	山光杜鹃	40
2015	GGFZQ01A00＿01	0.12	山梅花	1
2015	GGFZQ01A00＿01	0.12	山酢浆草	82 900
2015	GGFZQ01A00＿01	0.12	太平花	1
2015	GGFZQ01A00＿01	0.12	唐古特忍冬	52
2015	GGFZQ01A00＿01	0.12	托叶樱桃	13
2015	GGFZQ01A00＿01	0.12	五尖槭	12
2015	GGFZQ01A00＿01	0.12	显脉莱莲	50
2015	GGFZQ01A00＿01	0.12	圆叶鹿蹄草	700
2015	GGFZQ01A00＿01	0.12	长鳞杜鹃	10
2015	GGFZQ01A00＿01	0.12	长序茶藨子	36

3.1.8　动物数量数据集

3.1.8.1　概述

动物是生态系统中重要的组成部分，动物种类和数量是森林生态系统生物观测的重要项目之一。贡嘎山站自建站以来就一直开展动物种类和数量的观测，主要包括大、中、小型哺乳动物和鸟类的种类及数量。

3.1.8.2　数据采集和处理方法

参照 2007 年中国生态系统研究网络科学委员会编写的《陆地生态系统生物观测规范》中关于鸟类和大型野生动物种类和数量测定的相关要求，结合贡嘎山站的实际情况，在贡嘎山站峨眉冷杉成熟林观景台综合观测场破坏性采样地采用样线调查法调查大、中型哺乳动物和鸟类的种类与数量，对哺乳动物采用夹日法调查，观测频率为每 5 年进行 1 次。

3.1.8.3　数据质量控制和评估

参照《陆地生态系统生物观测数据质量保证与质量控制》中关于鸟类和大型野生动物种类和数量调查质控措施的要求，在取样阶段采取了如下质控措施：①设置固定样线，事先在样线两侧 25 m 处拴上彩色塑料标记带，从而减少目测误差；②观察时两人协同，一人负责观察识别鸟类和大、中型哺乳动物种类和数量，另一人负责调查；③调查时首先对大、中型哺乳动物和鸟类进行调查，从而避免它们受到其他调查活动的影响；④选择春、夏两个季节中晴朗无风清晨、傍晚进行调查，每月观察 3～6 d，观察次数不少于 6 次。

数据质量控制过程同胸径数据集（3.1.4.3）。

3.1.8.4　数据价值

本数据集收录了贡嘎山东坡海螺沟流域峨眉冷杉林生态系统鸟类和大、中型哺乳动物种类和数量的人工观测数据，可为生物多样性和鸟类生态学方面的研究提供一定科学依据。

3.1.8.5　数据

见表 3-5。

表 3-5　贡嘎山站 2010—2015 年动物数量数据

年	样地代码	动物类别	调查面积/hm²	动物名称	数量/只
2010	GGFZH01ABC_02	大、中型哺乳动物	50	藏酋猴	32
2010	GGFZH01ABC_02	大、中型哺乳动物	50	小熊猫	2
2010	GGFZH01ABC_02	大、中型哺乳动物	50	欧亚野猪	5
2010	GGFZH01ABC_02	大、中型哺乳动物	50	林麝	2
2010	GGFZH01ABC_02	大、中型哺乳动物	50	黄喉貂	1
2010	GGFZH01ABC_02	大、中型哺乳动物	50	岩羊	1
2010	GGFZH01ABC_02	大、中型哺乳动物	50	艾鼬	1
2010	GGFZH01ABC_02	小型哺乳动物	0.06	隐纹花松鼠	7
2010	GGFZH01ABC_02	小型哺乳动物	0.06	岩松鼠	2
2010	GGFZH01ABC_02	小型哺乳动物	0.06	小纹背鼩鼱	1
2010	GGFZH01ABC_02	小型哺乳动物	0.06	长尾鼩	1
2010	GGFZH01ABC_02	小型哺乳动物	0.06	鼩鼱	2
2010	GGFZH01ABC_02	小型哺乳动物	0.06	纹背鼩鼱	5
2010	GGFZH01ABC_02	小型哺乳动物	0.06	藏鼠兔	4

（续）

年	样地代码	动物类别	调查面积/hm²	动物名称	数量/只
2010	GGFZH01ABC _ 02	小型哺乳动物	0.06	大耳姬鼠	10
2010	GGFZH01ABC _ 02	小型哺乳动物	0.06	高山姬鼠	2
2010	GGFZH01ABC _ 02	小型哺乳动物	0.06	中华姬鼠	8
2010	GGFZH01ABC _ 02	小型哺乳动物	0.06	大林姬鼠	5
2010	GGFZH01ABC _ 02	小型哺乳动物	0.06	高原松田鼠	3
2010	GGFZH01ABC _ 02	小型哺乳动物	0.06	川西长尾鼩	1
2010	GGFZH01ABC _ 02	小型哺乳动物	0.06	缅甸长尾鼩	2
2010	GGFZH01ABC _ 02	小型哺乳动物	0.06	北社鼠	2
2010	GGFZH01ABC _ 02	小型哺乳动物	0.06	灰麝鼩	3
2010	GGFZH01ABC _ 02	小型哺乳动物	0.06	川西白腹鼠	5
2010	GGFZH01ABC _ 02	小型哺乳动物	0.06	安氏白腹鼠	2
2010	GGFZH01ABC _ 02	鸟类	20	橙翅噪鹛	20
2010	GGFZH01ABC _ 02	鸟类	20	大嘴乌鸦	14
2010	GGFZH01ABC _ 02	鸟类	20	极北柳莺	22
2010	GGFZH01ABC _ 02	鸟类	20	长尾山椒鸟	10
2010	GGFZH01ABC _ 02	鸟类	20	绿背山雀	39
2010	GGFZH01ABC _ 02	鸟类	20	大杜鹃	7
2010	GGFZH01ABC _ 02	鸟类	20	金色林鸲	14
2010	GGFZH01ABC _ 02	鸟类	20	纹喉凤鹛	38
2010	GGFZH01ABC _ 02	鸟类	20	酒红朱雀	4
2010	GGFZH01ABC _ 02	鸟类	20	白顶溪鸲	6
2010	GGFZH01ABC _ 02	鸟类	20	丽色噪鹛	4
2010	GGFZH01ABC _ 02	鸟类	20	乌嘴柳莺	16
2010	GGFZH01ABC _ 02	鸟类	20	岩燕	9
2010	GGFZH01ABC _ 02	鸟类	20	鹪鹩	4
2010	GGFZH01ABC _ 02	鸟类	20	树鹨	16
2010	GGFZH01ABC _ 02	鸟类	20	小云雀	13
2010	GGFZH01ABC _ 02	鸟类	20	红头长尾山雀	19
2010	GGFZH01ABC _ 02	鸟类	20	蓝喉太阳鸟	14
2010	GGFZH01ABC _ 02	鸟类	20	血雉	6
2010	GGFZH01ABC _ 02	鸟类	20	山麻雀	25
2010	GGFZH01ABC _ 02	鸟类	20	紫啸鸫	7
2010	GGFZH01ABC _ 02	鸟类	20	栗背岩鹨	4
2010	GGFZH01ABC _ 02	鸟类	20	白腰雨燕	35
2010	GGFZH01ABC _ 02	鸟类	20	金眶鹟莺	8
2010	GGFZH01ABC _ 02	鸟类	20	暗绿柳莺	6
2010	GGFZH01ABC _ 02	鸟类	20	大噪鹛	9
2010	GGFZH01ABC _ 02	鸟类	20	白腹锦鸡	4

（续）

年	样地代码	动物类别	调查面积/hm²	动物名称	数量/只
2010	GGFZH01ABC_02	鸟类	20	棕腹柳莺	10
2010	GGFZH01ABC_02	鸟类	20	红嘴蓝鹊	10
2010	GGFZH01ABC_02	鸟类	20	雉鸡	3
2010	GGFZH01ABC_02	鸟类	20	紫红鹦鹉	2
2010	GGFZH01ABC_02	鸟类	20	红尾水鸲	3
2010	GGFZH01ABC_02	鸟类	20	领雀嘴鹎	6
2010	GGFZH01ABC_02	鸟类	20	小嘴乌鸦	8
2010	GGFZH01ABC_02	鸟类	20	白颊噪鹛	15
2010	GGFZH01ABC_02	鸟类	20	星鸦	3
2010	GGFZH01ABC_02	鸟类	20	白领凤鹛	3
2010	GGFZH01ABC_02	鸟类	20	小杜鹃	1
2010	GGFZH01ABC_02	鸟类	20	三趾啄木鸟	1
2010	GGFZH01ABC_02	鸟类	20	煤山雀	3
2010	GGFZH01ABC_02	鸟类	20	棕头鸦雀	12
2010	GGFZH01ABC_02	鸟类	20	普通鵟	3
2010	GGFZH01ABC_02	鸟类	20	黑头金翅雀	4
2010	GGFZH01ABC_02	鸟类	20	红嘴相思鸟	4
2015	GGFZH01ABC_02	大、中型哺乳动物	50	藏酋猴	48
2015	GGFZH01ABC_02	大、中型哺乳动物	50	小熊猫	1
2015	GGFZH01ABC_02	大、中型哺乳动物	50	林麝	1
2015	GGFZH01ABC_02	大、中型哺乳动物	50	黄喉貂	1
2015	GGFZH01ABC_02	大、中型哺乳动物	50	岩羊	7
2015	GGFZH01ABC_02	小型哺乳动物	0.06	隐纹松鼠	5
2015	GGFZH01ABC_02	小型哺乳动物	0.06	岩松鼠	1
2015	GGFZH01ABC_02	小型哺乳动物	0.06	小纹背鼩鼱	3
2015	GGFZH01ABC_02	小型哺乳动物	0.06	长尾鼹	2
2015	GGFZH01ABC_02	小型哺乳动物	0.06	鼩鼹	1
2015	GGFZH01ABC_02	小型哺乳动物	0.06	纹背鼩鼱	6
2015	GGFZH01ABC_02	小型哺乳动物	0.06	藏鼠兔	1
2015	GGFZH01ABC_02	小型哺乳动物	0.06	大耳姬鼠	14
2015	GGFZH01ABC_02	小型哺乳动物	0.06	高山姬鼠	5
2015	GGFZH01ABC_02	小型哺乳动物	0.06	中华姬鼠	11
2015	GGFZH01ABC_02	小型哺乳动物	0.06	大林姬鼠	3
2015	GGFZH01ABC_02	小型哺乳动物	0.06	高原松田鼠	1
2015	GGFZH01ABC_02	小型哺乳动物	0.06	川西长尾鼩	2
2015	GGFZH01ABC_02	小型哺乳动物	0.06	缅甸长尾鼩	2
2015	GGFZH01ABC_02	小型哺乳动物	0.06	北社鼠	4
2015	GGFZH01ABC_02	小型哺乳动物	0.06	灰麝鼩	1

（续）

年	样地代码	动物类别	调查面积/hm²	动物名称	数量/只
2015	GGFZH01ABC_02	小型哺乳动物	0.06	川西白腹鼠	2
2015	GGFZH01ABC_02	小型哺乳动物	0.06	安氏白腹鼠	1
2015	GGFZH01ABC_02	鸟类	20	比氏鹟莺	10
2015	GGFZH01ABC_02	鸟类	20	乌嘴柳莺	8
2015	GGFZH01ABC_02	鸟类	20	赤胸啄木鸟	3
2015	GGFZH01ABC_02	鸟类	20	橙翅噪鹛	2
2015	GGFZH01ABC_02	鸟类	20	橙斑翅柳莺	8
2015	GGFZH01ABC_02	鸟类	20	小杜鹃	4
2015	GGFZH01ABC_02	鸟类	20	中华柳莺	5
2015	GGFZH01ABC_02	鸟类	20	大噪鹛	1
2015	GGFZH01ABC_02	鸟类	20	灰头灰雀	2
2015	GGFZH01ABC_02	鸟类	20	栗腹歌鸲	1
2015	GGFZH01ABC_02	鸟类	20	异色树莺	3
2015	GGFZH01ABC_02	鸟类	20	中杜鹃	1
2015	GGFZH01ABC_02	鸟类	20	棕尾褐鹟	1
2015	GGFZH01ABC_02	鸟类	20	冠纹柳莺	2
2015	GGFZH01ABC_02	鸟类	20	褐头山雀	1
2015	GGFZH01ABC_02	鸟类	20	蓝短翅鸫	2
2015	GGFZH01ABC_02	鸟类	20	红嘴蓝鹊	1
2015	GGFZH01ABC_02	鸟类	20	褐冠山雀	1
2015	GGFZH01ABC_02	鸟类	20	黑冠山雀	3
2015	GGFZH01ABC_02	鸟类	20	长尾山椒鸟	2
2015	GGFZH01ABC_02	鸟类	20	绿背山雀	2
2015	GGFZH01ABC_02	鸟类	20	灰头鸫	3
2015	GGFZH01ABC_02	鸟类	20	紫啸鸫	1
2015	GGFZH01ABC_02	鸟类	20	栗头地莺	2
2015	GGFZH01ABC_02	鸟类	20	小嘴乌鸦	1
2015	GGFZH01ABC_02	鸟类	20	白顶溪鸲	2
2015	GGFZH01ABC_02	鸟类	20	煤山雀	4
2015	GGFZH01ABC_02	鸟类	20	金色林鸲	1
2015	GGFZH01ABC_02	鸟类	20	黑顶噪鹛	1
2015	GGFZH01ABC_02	鸟类	20	大嘴乌鸦	1
2015	GGFZH01ABC_02	鸟类	20	黄腹树莺	1
2015	GGFZH01ABC_02	鸟类	20	橙胸姬鹟	1
2015	GGFZH01ABC_02	鸟类	20	棕胸蓝姬鹟	4

3.1.9　植物物种数数据集

3.1.9.1　概述

植物是生态系统中重要的组成部分，植物种类的观测和鉴定是森林生态系统生物观测的重要项目之一。贡嘎山站自建站以来就一直开展植物种类观测和鉴定，主要包括乔木层、灌木层和草本层植物的种类。

3.1.9.2　数据采集和处理方法

参照 2007 年中国生态系统研究网络科学委员会编写的《陆地生态系统生物观测规范》中的相关要求，在贡嘎山站 4 个长期监测样地中分别进行乔木层、灌木层和草本层的调查，调查频率为每 5 年进行 1 次。贡嘎山站植物物种数数据集包括贡嘎山站 4 个长期监测样地 2010 年和 2015 年乔木层、灌木层和草本层的植物种类数据，包括样地代码、样地面积、各层片植物种数等指标。

3.1.9.3　数据质量控制和评估

乔木层、灌木层和草本层的调查分别参照《陆地生态系统生物观测数据质量保证与质量控制》中相关要求进行。数据质量控制过程同胸径数据集（3.1.4.3）。

3.1.9.4　数据价值

本数据集收录了贡嘎山东坡海螺沟流域不同林龄峨眉冷杉林不同层片的植物物种数量，可为生物多样性和森林生态学方面的研究提供一定科学依据。

3.1.9.5　数据

见表 3 - 6。

表 3 - 6　贡嘎山站 2010—2015 年植物物种数量数据

年	样地代码	样地面积/hm²	乔木物种数/个	灌木物种数/个	草本物种数/个
2010	GGFZH01AC0 _ 01	0.25	11	11	28
2010	GGFFZ01AC0 _ 01	0.12	12	18	25
2010	GGFFZ02A00 _ 01	0.25	8	12	20
2010	GGFZQ01A00 _ 01	0.12	8	10	9
2015	GGFZH01AC0 _ 01	0.25	10	7	15
2015	GGFFZ01AC0 _ 01	0.12	14	14	15
2015	GGFFZ02A00 _ 01	0.25	5	12	13
2015	GGFZQ01A00 _ 01	0.12	6	10	8

3.1.10　凋落物季节动态数据集

3.1.10.1　概述

凋落物是指植物在生长发育过程中主动或被动地凋落于地面的叶片、枝条、花果等，是植物群落"死"生物量的重要组成部分。凋落物回收量则是一定时间段内新产生的、落在一定面积上的凋落物的总量，反映了群落的季节动态，是群落地表物质输入随时间的变化情况。凋落物的收集与测定是研究自然生态系统结构与功能不可缺少的一部分，贡嘎山站一直连续在综合观测场和辅助观测场收集凋落物现存量，监测频率 1 次/月。

3.1.10.2　数据采集和处理方法

参照 2007 年中国生态系统研究网络科学委员会编写的《陆地生态系统生物观测规范》中关于凋落物季节动态测定的相关要求，结合贡嘎山站的实际情况，分别在峨眉冷杉成熟林观景台综合观测场永久性样地、峨眉冷杉成熟林观景台综合观测场破坏性采样地和峨眉冷杉冬瓜杨演替林辅助观测场破坏性采样地设置 10 个 1 m×1 m 的样方。此外，在峨眉冷杉成熟林辅助观测场破坏性样地也布设了 5 个 1 m×1 m 的样方。凋落物每月月末收集 1 次，考虑到贡嘎山站野外样地在 11 月至次年 3 月处于大雪封山状态，故 11 月至次年 3 月停止采样，所有样品均在次年 4 月一次性收集。

3.1.10.3　数据质量控制和评估

参照《陆地生态系统生物观测数据质量保证与质量控制》中关于凋落物现存量测定质控措施的要求，在取样阶段采取了如下质控措施：①收集框水平放置，距离地面约 50 cm，保证取样的实际面积，对发生变形的凋落物框及时更换；②凋落物收集时间固定，每月月末取样；③按统一固定标准对枝、叶、果、皮、花、杂物等进行分组。

数据质量控制过程同胸径数据集（3.1.4.3）。

3.1.10.4　数据价值及使用方法和建议

本数据集收录了贡嘎山东坡海螺沟流域峨眉冷杉林生态系统凋落物季节动态的人工观测数据，可为陆地生态系统物质循环和全球变化研究提供科学依据。需要注意的是，因贡嘎山站野外样地在 11 月—次年 3 月处于大雪封山状态，故 11 月—次年 3 月停止采样，所有样品均在次年 4 月末一次性收集，故次年 4 月凋落物量为 11 月—次年 4 月共计 6 个月的凋落物量回收量。

3.1.10.5　数据

见表 3-7。

表 3-7　贡嘎山站 2007—2015 年凋落物回收量调查数据

年-月	样地代码	枯枝干重/(g/样地)	枯叶干重/(g/样地)	落果（花）干重/(g/样地)	树皮干重/(g/样地)	苔藓地衣干重/(g/样地)	杂物干重/(g/样地)
2007 - 4	GGFZH01AC0 _ 01	88 575.00	482 125.00	0.00	0.00	0.00	0.00
2007 - 5	GGFZH01AC0 _ 01	64 783.50	372 476.75	8 177.75	5 325.00	16 662.75	0.00
2007 - 6	GGFZH01AC0 _ 01	13 900.00	33 375.00	0.00	1 025.00	1 325.00	0.00
2007 - 7	GGFZH01AC0 _ 01	0.00	75 925.00	0.00	0.00	1 900.00	0.00
2007 - 8	GGFZH01AC0 _ 01	4 894.75	72 612.75	1 363.50	3 654.50	2 884.00	0.00
2007 - 9	GGFZH01AC0 _ 01	3 454.50	88 244.45	0.00	0.00	771.50	0.00
2007 - 10	GGFZH01AC0 _ 01	13 250.00	463 625.00	0.00	0.00	0.00	0.00
2007 - 4	GGFZH01ABC _ 02	124 000.00	519 050.00	0.00	0.00	30 750.00	0.00
2007 - 5	GGFZH01ABC _ 02	11 157.50	100 572.75	0.00	0.00	5 098.75	0.00
2007 - 6	GGFZH01ABC _ 02	7 250.00	41 425.00	0.00	1 475.00	2 800.00	0.00
2007 - 7	GGFZH01ABC _ 02	24 350.00	74 925.00	0.00	0.00	225.00	0.00
2007 - 8	GGFZH01ABC _ 02	5 275.75	78 696.00	0.00	0.00	0.00	0.00
2007 - 9	GGFZH01ABC _ 02	3 100.00	66 473.00	0.00	526.00	918.50	0.00
2007 - 10	GGFZH01ABC _ 02	8 250.00	422 000.00	0.00	0.00	1 250.00	0.00
2007 - 4	GGFFZ01ABC _ 02	69 000.00	275 250.00	0.00	2 000.00	1 500.00	0.00
2007 - 5	GGFFZ01ABC _ 02	5 150.25	41 529.50	6 226.75	0.00	0.00	0.00
2007 - 6	GGFFZ01ABC _ 02	7 225.00	12 225.00	55.00	325.00	0.00	0.00
2007 - 7	GGFFZ01ABC _ 02	16 475.00	19 492.50	0.00	0.00	0.00	0.00
2007 - 8	GGFFZ01ABC _ 02	5 592.50	59 593.75	0.00	0.00	0.00	0.00
2007 - 9	GGFFZ01ABC _ 02	0.00	122 510.25	981.25	0.00	0.00	0.00
2007 - 10	GGFFZ01ABC _ 02	5 250.00	394 000.00	0.00	0.00	0.00	0.00

（续）

年-月	样地代码	枯枝干重/ （g/样地）	枯叶干重/ （g/样地）	落果（花）干重/ （g/样地）	树皮干重/ （g/样地）	苔藓地衣干重/ （g/样地）	杂物干重/ （g/样地）
2007 - 4	GGFFZ02AC0 _ 02	71 500.00	360 000.00	0.00	5 000.00	36 500.00	0.00
2007 - 5	GGFFZ02AC0 _ 02	23 964.00	64 834.00	11 221.00	0.00	5 368.00	0.00
2007 - 6	GGFFZ02AC0 _ 02	0.00	25 400.00	0.00	0.00	0.00	0.00
2007 - 7	GGFFZ02AC0 _ 02	0.00	23 650.00	0.00	0.00	0.00	0.00
2007 - 8	GGFFZ02AC0 _ 02	0.00	17 860.00	0.00	0.00	0.00	0.00
2007 - 9	GGFFZ02AC0 _ 02	0.00	37 040.00	0.00	0.00	0.00	0.00
2007 - 10	GGFFZ02AC0 _ 02	17 500.00	256 500.00	0.00	0.00	0.00	0.00
2008 - 4	GGFZH01AC0 _ 01	18 174.25	688 232.75	0.00	0.00	1 698.75	0.00
2008 - 5	GGFZH01AC0 _ 01	4 700.00	40 492.50	0.00	0.00	0.00	0.00
2008 - 6	GGFZH01AC0 _ 01	10 015.00	82 570.00	0.00	107.50	4 460.00	0.00
2008 - 7	GGFZH01AC0 _ 01	2 144.50	26 775.25	0.00	1 073.75	3 632.25	0.00
2008 - 8	GGFZH01AC0 _ 01	3 832.50	164 032.50	0.00	0.00	18 742.50	0.00
2008 - 9	GGFZH01AC0 _ 01	6 575.00	49 420.00	0.00	0.00	1 685.00	0.00
2008 - 10	GGFZH01AC0 _ 01	0.00	480 581.00	817.00	0.00	0.00	0.00
2008 - 4	GGFZH01ABC _ 02	38 331.00	636 538.25	0.00	0.00	8 282.25	0.00
2008 - 5	GGFZH01ABC _ 02	9 927.50	44 187.50	0.00	0.00	1 082.50	0.00
2008 - 6	GGFZH01ABC _ 02	7 307.50	30 100.00	0.00	322.50	1 157.50	0.00
2008 - 7	GGFZH01ABC _ 02	3 455.00	52 183.25	6 794.00	0.00	3 115.50	0.00
2008 - 8	GGFZH01ABC _ 02	18 037.50	66 127.50	0.00	455.00	3 457.50	0.00
2008 - 9	GGFZH01ABC _ 02	5 175.00	42 592.50	0.00	0.00	1 620.00	0.00
2008 - 10	GGFZH01ABC _ 02	2 122.50	293 135.25	243.25	0.00	2 343.75	0.00
2008 - 4	GGFFZ01ABC _ 02	16 060.75	120 106.25	0.00	0.00	0.00	0.00
2008 - 5	GGFFZ01ABC _ 02	2 132.50	20 237.50	0.00	1 337.50	0.00	0.00
2008 - 6	GGFFZ01ABC _ 02	11 185.00	19 110.00	0.00	330.00	610.00	0.00
2008 - 7	GGFFZ01ABC _ 02	0.00	19 892.50	1 035.75	0.00	1 870.50	0.00
2008 - 8	GGFFZ01ABC _ 02	1 107.50	88 537.50	0.00	0.00	0.00	0.00
2008 - 9	GGFFZ01ABC _ 02	965.00	83 495.00	0.00	0.00	0.00	0.00
2008 - 10	GGFFZ01ABC _ 02	0.00	291 170.00	0.00	0.00	0.00	0.00
2008 - 4	GGFFZ02AC0 _ 02	68 520.50	315 592.00	0.00	0.00	12 767.00	0.00
2008 - 5	GGFFZ02AC0 _ 02	2 910.00	49 060.00	0.00	0.00	2 975.00	0.00
2008 - 6	GGFFZ02AC0 _ 02	3 545.00	30 235.00	0.00	515.00	14 685.00	0.00
2008 - 7	GGFFZ02AC0 _ 02	13 996.00	17 363.00	1 575.50	0.00	2 567.50	0.00
2008 - 8	GGFFZ02AC0 _ 02	4 305.00	77 090.00	0.00	0.00	1 355.00	0.00
2008 - 9	GGFFZ02AC0 _ 02	3 930.00	49 200.00	0.00	0.00	0.00	0.00
2008 - 10	GGFFZ02AC0 _ 02	1 187.00	269 166.00	0.00	0.00	0.00	0.00
2009 - 4	GGFZH01AC0 _ 01	12 175.00	304 400.00	0.00	0.00	43 875.00	0.00
2009 - 5	GGFZH01AC0 _ 01	157 750.00	833 250.00	0.00	30 750.00	66 750.00	0.00
2009 - 6	GGFZH01AC0 _ 01	0.00	80 322.75	0.00	0.00	187.50	0.00

（续）

年-月	样地代码	枯枝干重/ （g/样地）	枯叶干重/ （g/样地）	落果（花）干重/ （g/样地）	树皮干重/ （g/样地）	苔藓地衣干重/ （g/样地）	杂物干重/ （g/样地）
2009 - 7	GGFZH01AC0 _ 01	4 400.00	77 150.00	0.00	0.00	2 125.00	0.00
2009 - 8	GGFZH01AC0 _ 01	7 707.50	116 067.75	0.00	2 562.75	4 640.25	0.00
2009 - 9	GGFZH01AC0 _ 01	2 500.00	152 000.00	1 250.00	4 750.00	19 000.00	0.00
2009 - 10	GGFZH01AC0 _ 01	0.00	322 912.50	6 032.50	0.00	0.00	0.00
2009 - 4	GGFZH01ABC _ 02	81 175.00	464 300.00	0.00	24 375.00	31 125.00	0.00
2009 - 5	GGFZH01ABC _ 02	19 650.00	143 675.00	0.00	0.00	28 500.00	0.00
2009 - 6	GGFZH01ABC _ 02	0.00	92 645.50	0.00	0.00	883.50	0.00
2009 - 7	GGFZH01ABC _ 02	13 100.00	75 980.00	0.00	0.00	2 300.00	0.00
2009 - 8	GGFZH01ABC _ 02	0.00	123 783.50	0.00	12 533.75	6 839.75	0.00
2009 - 9	GGFZH01ABC _ 02	4 000.00	143 500.00	0.00	0.00	4 500.00	0.00
2009 - 10	GGFZH01ABC _ 02	0.00	277 910.00	0.00	14 845.00	9 892.50	0.00
2009 - 4	GGFFZ01ABC _ 02	60 450.00	448 175.00	0.00	0.00	19 625.00	0.00
2009 - 5	GGFFZ01ABC _ 02	48 750.00	252 750.00	0.00	0.00	0.00	0.00
2009 - 6	GGFFZ01ABC _ 02	5 525.00	39 180.50	1 751.75	1 325.28	34.50	0.00
2009 - 7	GGFFZ01ABC _ 02	16 850.00	21 432.50	0.00	0.00	0.00	0.00
2009 - 8	GGFFZ01ABC _ 02	14 339.75	118 191.00	0.00	0.00	18 615.75	0.00
2009 - 9	GGFFZ01ABC _ 02	7 750.00	223 750.00	1 500.00	0.00	0.00	0.00
2009 - 10	GGFFZ01ABC _ 02	35 172.50	313 555.00	0.00	0.00	12 577.50	0.00
2009 - 4	GGFFZ02AC0 _ 02	23 650.00	353 650.00	0.00	38 150.00	0.00	0.00
2009 - 5	GGFFZ02AC0 _ 02	141 100.00	217 850.00	0.00	2 900.00	44 650.00	0.00
2009 - 6	GGFFZ02AC0 _ 02	5 565.50	30 842.50	37.50	1 874.00	0.00	0.00
2009 - 7	GGFFZ02AC0 _ 02	0.00	29 400.00	0.00	0.00	0.00	0.00
2009 - 8	GGFFZ02AC0 _ 02	20 163.50	124 162.00	0.00	31 578.50	15 062.50	0.00
2009 - 9	GGFFZ02AC0 _ 02	4 500.00	64 000.00	0.00	0.00	6 000.00	0.00
2009 - 10	GGFFZ02AC0 _ 02	16 300.00	274 795.00	0.00	14 750.00	14 525.00	0.00
2010 - 4	GGFZH01AC0 _ 01	18 116.50	243 175.50	0.00	25 117.25	0.00	0.00
2010 - 5	GGFZH01AC0 _ 01	8 625.00	47 472.50	0.00	4 150.00	7 125.00	0.00
2010 - 6	GGFZH01AC0 _ 01	8 714.25	102 036.50	0.00	15 087.75	240.75	0.00
2010 - 7	GGFZH01AC0 _ 01	0.00	76 802.50	0.00	1 880.00	2 185.00	0.00
2010 - 8	GGFZH01AC0 _ 01	23 241.75	132 426.00	0.00	0.00	8 689.50	0.00
2010 - 9	GGFZH01AC0 _ 01	5 250.00	151 000.00	0.00	0.00	8 500.00	0.00
2010 - 10	GGFZH01AC0 _ 01	0.00	335 041.75	0.00	0.00	5 034.25	0.00
2010 - 4	GGFZH01ABC _ 02	17 293.75	343 890.50	0.00	0.00	15 251.50	0.00
2010 - 5	GGFZH01ABC _ 02	17 375.00	45 042.50	0.00	2 950.00	6 882.50	0.00
2010 - 6	GGFZH01ABC _ 02	15 203.50	133 715.00	0.00	0.00	0.00	0.00
2010 - 7	GGFZH01ABC _ 02	9 437.50	61 202.50	0.00	5 707.50	0.00	0.00
2010 - 8	GGFZH01ABC _ 02	9 934.75	120 173.75	0.00	0.00	5 149.25	0.00
2010 - 9	GGFZH01ABC _ 02	11 875.00	125 250.00	0.00	0.00	0.00	0.00

（续）

年-月	样地代码	枯枝干重/(g/样地)	枯叶干重/(g/样地)	落果（花）干重/(g/样地)	树皮干重/(g/样地)	苔藓地衣干重/(g/样地)	杂物干重/(g/样地)
2010－10	GGFZH01ABC＿02	26 173.75	297 983.50	4 553.00	0.00	0.00	0.00
2010－4	GGFFZ01ABC＿02	41 443.00	484 188.75	0.00	2 185.50	0.00	0.00
2010－5	GGFFZ01ABC＿02	3 625.00	37 350.00	0.00	2 350.00	0.00	0.00
2010－6	GGFFZ01ABC＿02	16 440.50	69 329.50	10 905.00	0.00	5 039.25	0.00
2010－7	GGFFZ01ABC＿02	15 195.00	23 425.00	0.00	0.00	0.00	0.00
2010－8	GGFFZ01ABC＿02	9 039.25	152 326.25	0.00	0.00	0.00	0.00
2010－9	GGFFZ01ABC＿02	19 750.00	224 250.00	0.00	0.00	0.00	0.00
2010－10	GGFFZ01ABC＿02	4 006.50	190 960.75	0.00	0.00	5 379.25	0.00
2010－4	GGFFZ02AC0＿02	21 810.50	334 351.00	0.00	9 159.50	17 351.00	0.00
2010－5	GGFFZ02AC0＿02	12 900.00	51 550.00	0.00	0.00	7 450.00	0.00
2010－6	GGFFZ02AC0＿02	60 078.00	151 514.50	0.00	23 646.50	14 874.50	0.00
2010－7	GGFFZ02AC0＿02	14 575.00	28 065.00	0.00	6 370.00	12 325.00	0.00
2010－8	GGFFZ02AC0＿02	40 054.50	118 776.00	0.00	0.00	0.00	0.00
2010－9	GGFFZ02AC0＿02	0.00	83 750.00	0.00	0.00	0.00	0.00
2010－10	GGFFZ02AC0＿02	10 673.50	137 172.00	0.00	0.00	14 589.50	0.00
2011－5	GGFZH01AC0＿01	30 957.50	928 920.00	0.00	0.00	21 867.50	0.00
2011－6	GGFZH01AC0＿01	2 250.00	49 375.00	0.00	0.00	0.00	0.00
2011－7	GGFZH01AC0＿01	9 015.00	93 512.50	0.00	0.00	9 330.00	0.00
2011－8	GGFZH01AC0＿01	7 462.50	74 320.00	0.00	5 117.50	7 492.50	0.00
2011－9	GGFZH01AC0＿01	4 872.50	210 505.00	0.00	0.00	2 465.00	0.00
2011－10	GGFZH01AC0＿01	7 270.00	478 502.50	0.00	0.00	0.00	0.00
2011－5	GGFZH01ABC＿02	38 622.50	885 937.50	0.00	96 067.50	9 560.00	0.00
2011－6	GGFZH01ABC＿02	1 395.00	33 612.50	0.00	0.00	2 412.50	0.00
2011－7	GGFZH01ABC＿02	5 030.00	110 595.00	0.00	0.00	4 947.50	0.00
2011－8	GGFZH01ABC＿02	0.00	80 255.00	0.00	0.00	0.00	0.00
2011－9	GGFZH01ABC＿02	0.00	126 827.50	0.00	0.00	0.00	0.00
2011－10	GGFZH01ABC＿02	12 735.00	314 847.50	0.00	0.00	0.00	0.00
2011－5	GGFFZ01ABC＿02	36 785.00	606 310.00	0.00	0.00	32 865.00	0.00
2011－6	GGFFZ01ABC＿02	5 027.50	16 932.50	537.50	0.00	0.00	0.00
2011－7	GGFFZ01ABC＿02	4 087.50	64 760.00	0.00	0.00	0.00	0.00
2011－8	GGFFZ01ABC＿02	8 762.50	86 000.00	0.00	0.00	0.00	0.00
2011－9	GGFFZ01ABC＿02	0.00	163 527.50	1 947.50	0.00	0.00	0.00
2011－10	GGFFZ01ABC＿02	14 482.50	376 575.00	0.00	0.00	0.00	0.00
2011－5	GGFFZ02AC0＿02	20 085.00	791 725.00	0.00	0.00	19 910.00	0.00
2011－6	GGFFZ02AC0＿02	0.00	34 250.00	0.00	0.00	15 250.00	0.00
2011－7	GGFFZ02AC0＿02	10 040.00	106 240.00	0.00	0.00	0.00	0.00
2011－8	GGFFZ02AC0＿02	0.00	43 930.00	0.00	9 210.00	0.00	0.00
2011－9	GGFFZ02AC0＿02	0.00	158 705.00	0.00	11 755.00	0.00	0.00

（续）

年-月	样地代码	枯枝干重/ （g/样地）	枯叶干重/ （g/样地）	落果（花）干重/ （g/样地）	树皮干重/ （g/样地）	苔藓地衣干重/ （g/样地）	杂物干重/ （g/样地）
2011 - 10	GGFFZ02AC0 _ 02	0.00	363 415.00	0.00	0.00	0.00	0.00
2012 - 4	GGFZH01AC0 _ 01	44 480.00	242 740.00	0.00	18 655.00	17 282.50	0.00
2012 - 5	GGFZH01AC0 _ 01	0.00	63 717.50	0.00	4 057.50	2 185.00	0.00
2012 - 6	GGFZH01AC0 _ 01	22 965.00	61 055.00	0.00	0.00	10 732.50	0.00
2012 - 7	GGFZH01AC0 _ 01	0.00	95 765.00	0.00	4 937.50	2 797.50	0.00
2012 - 8	GGFZH01AC0 _ 01	24 250.00	66 367.50	0.00	14 142.50	0.00	7 627.50
2012 - 9	GGFZH01AC0 _ 01	4 877.50	236 865.00	0.00	0.00	7 267.50	0.00
2012 - 10	GGFZH01AC0 _ 01	8 675.00	278 550.00	0.00	1 425.00	0.00	0.00
2012 - 4	GGFZH01ABC _ 02	46 057.50	320 515.00	0.00	34 137.50	16 592.50	0.00
2012 - 5	GGFZH01ABC _ 02	14 272.50	110 730.00	0.00	0.00	2 537.50	0.00
2012 - 6	GGFZH01ABC _ 02	9 775.00	43 425.00	0.00	0.00	32 765.00	0.00
2012 - 7	GGFZH01ABC _ 02	14 320.00	99 290.00	0.00	0.00	0.00	0.00
2012 - 8	GGFZH01ABC _ 02	13 880.00	75 232.50	0.00	3 662.50	0.00	0.00
2012 - 9	GGFZH01ABC _ 02	15 085.00	260 262.50	17 582.50	0.00	0.00	0.00
2012 - 10	GGFZH01ABC _ 02	10 850.00	374 325.00	0.00	0.00	3 925.00	0.00
2012 - 4	GGFFZ01ABC _ 02	83 057.50	180 190.00	2 487.50	0.00	0.00	0.00
2012 - 5	GGFFZ01ABC _ 02	5 877.50	68 742.50	0.00	0.00	2 585.00	0.00
2012 - 6	GGFFZ01ABC _ 02	16 177.50	37 255.00	0.00	0.00	0.00	0.00
2012 - 7	GGFFZ01ABC _ 02	4 895.00	75 740.00	2 117.50	0.00	0.00	0.00
2012 - 8	GGFFZ01ABC _ 02	8 025.00	95 950.00	0.00	0.00	0.00	0.00
2012 - 9	GGFFZ01ABC _ 02	28 385.00	272 835.00	985.00	4 810.00	0.00	0.00
2012 - 10	GGFFZ01ABC _ 02	8 250.00	360 312.50	0.00	0.00	0.00	0.00
2012 - 4	GGFFZ02AC0 _ 02	59 295.00	209 560.00	0.00	16 170.00	24 860.00	0.00
2012 - 5	GGFFZ02AC0 _ 02	28 695.00	107 370.00	0.00	0.00	0.00	0.00
2012 - 6	GGFFZ02AC0 _ 02	8 110.00	51 160.00	0.00	0.00	41 860.00	0.00
2012 - 7	GGFFZ02AC0 _ 02	28 040.00	96 750.00	0.00	0.00	0.00	0.00
2012 - 8	GGFFZ02AC0 _ 02	18 150.00	58 750.00	0.00	0.00	2 000.00	12 400.00
2012 - 9	GGFFZ02AC0 _ 02	30 645.00	262 145.00	0.00	0.00	12 545.00	0.00
2012 - 10	GGFFZ02AC0 _ 02	23 600.00	168 985.00	0.00	6 400.00	18 825.00	0.00
2013 - 4	GGFZH01AC0 _ 01	88 152.50	297 855.00	0.00	10 770.00	14 062.50	0.00
2013 - 5	GGFZH01AC0 _ 01	9 070.00	114 777.50	0.00	0.00	0.00	0.00
2013 - 6	GGFZH01AC0 _ 01	2 455.00	50 247.50	0.00	1 337.50	2 535.00	0.00
2013 - 7	GGFZH01AC0 _ 01	44 880.00	78 745.00	0.00	0.00	0.00	0.00
2013 - 8	GGFZH01AC0 _ 01	54 467.50	360 222.50	0.00	0.00	4 817.50	0.00
2013 - 9	GGFZH01AC0 _ 01	11 980.00	251 572.50	0.00	0.00	0.00	3 765.00
2013 - 10	GGFZH01AC0 _ 01	8 675.00	278 550.00	0.00	1 425.00	0.00	0.00
2013 - 4	GGFZH01ABC _ 02	66 430.00	257 527.50	0.00	0.00	28 055.00	0.00
2013 - 5	GGFZH01ABC _ 02	25 857.50	116 590.00	0.00	0.00	0.00	0.00

（续）

年-月	样地代码	枯枝干重/ (g/样地)	枯叶干重/ (g/样地)	落果（花）干重/ (g/样地)	树皮干重/ (g/样地)	苔藓地衣干重/ (g/样地)	杂物干重/ (g/样地)
2013-6	GGFZH01ABC_02	11 472.50	32 112.50	0.00	0.00	10 207.50	0.00
2013-7	GGFZH01ABC_02	3 292.50	88 565.00	0.00	0.00	0.00	0.00
2013-8	GGFZH01ABC_02	21 022.50	335 745.00	7 995.00	0.00	4 960.00	0.00
2013-9	GGFZH01ABC_02	23 035.00	365 685.00	0.00	5 457.50	5 852.50	0.00
2013-10	GGFZH01ABC_02	10 850.00	374 325.00	0.00	0.00	3 925.00	0.00
2013-4	GGFFZ01ABC_02	113 332.50	168 857.50	0.00	1 917.50	3 565.00	0.00
2013-5	GGFFZ01ABC_02	1 482.50	35 937.50	0.00	0.00	0.00	0.00
2013-6	GGFFZ01ABC_02	4 522.50	19 535.00	0.00	0.00	0.00	0.00
2013-7	GGFFZ01ABC_02	35 570.00	126 530.00	0.00	0.00	0.00	0.00
2013-8	GGFFZ01ABC_02	35 570.00	126 530.00	0.00	0.00	0.00	0.00
2013-9	GGFFZ01ABC_02	0.00	489 612.50	5 282.50	0.00	0.00	0.00
2013-10	GGFFZ01ABC_02	11 147.50	342 850.00	345.00	0.00	0.00	0.00
2013-4	GGFFZ02AC0_02	169 250.00	222 775.00	0.00	0.00	49 875.00	0.00
2013-5	GGFFZ02AC0_02	5 105.00	107 395.00	0.00	0.00	0.00	0.00
2013-6	GGFFZ02AC0_02	6 325.00	34 685.00	0.00	0.00	2 960.00	0.00
2013-7	GGFFZ02AC0_02	0.00	51 325.00	0.00	0.00	0.00	0.00
2013-8	GGFFZ02AC0_02	0.00	51 325.00	0.00	0.00	0.00	0.00
2013-9	GGFFZ02AC0_02	0.00	465 185.00	0.00	0.00	0.00	9 645.00
2013-10	GGFFZ02AC0_02	11 715.00	235 875.00	0.00	268 000.00	130 500.00	0.00
2014-4	GGFZH01AC0_01	21 425.00	252 762.50	0.00	14 825.00	6 620.00	6 040.00
2014-5	GGFZH01AC0_01	0.00	125 257.50	0.00	12 545.00	5 022.50	0.00
2014-6	GGFZH01AC0_01	3 200.00	69 750.00	0.00	1 647.50	2 190.00	0.00
2014-7	GGFZH01AC0_01	7 767.50	137 195.00	0.00	16 077.50	4 840.00	0.00
2014-8	GGFZH01AC0_01	12 770.00	264 170.00	0.00	0.00	9 185.00	0.00
2014-9	GGFZH01AC0_01	31 975.00	156 887.50	0.00	0.00	10 582.50	0.00
2014-10	GGFZH01AC0_01	6 862.50	310 290.00	0.00	0.00	0.00	0.00
2014-4	GGFZH01ABC_02	156 117.50	225 012.50	0.00	51 137.50	0.00	0.00
2014-5	GGFZH01ABC_02	10 995.00	112 067.50	0.00	0.00	7 677.50	0.00
2014-6	GGFZH01ABC_02	11 795.00	34 907.50	0.00	0.00	2 565.00	0.00
2014-7	GGFZH01ABC_02	9 522.50	125 007.50	0.00	13 522.50	5 007.50	0.00
2014-8	GGFZH01ABC_02	49 870.00	303 495.00	0.00	0.00	18 445.00	0.00
2014-9	GGFZH01ABC_02	4 652.50	187 052.50	0.00	0.00	0.00	0.00
2014-10	GGFZH01ABC_02	3 237.50	313 100.00	0.00	0.00	5 117.50	0.00
2014-4	GGFFZ01ABC_02	45 807.50	103 867.50	0.00	0.00	3 977.50	0.00
2014-5	GGFFZ01ABC_02	12 242.50	108 575.00	0.00	0.00	8 562.50	0.00
2014-6	GGFFZ01ABC_02	10 705.00	24 185.00	0.00	0.00	0.00	0.00
2014-7	GGFFZ01ABC_02	9 962.50	126 807.50	0.00	0.00	4 652.50	0.00
2014-8	GGFFZ01ABC_02	15 502.50	258 887.50	0.00	12 560.00	0.00	0.00
2014-9	GGFFZ01ABC_02	9 760.00	259 620.00	0.00	0.00	0.00	0.00

（续）

年-月	样地代码	枯枝干重/ （g/样地）	枯叶干重/ （g/样地）	落果（花）干重/ （g/样地）	树皮干重/ （g/样地）	苔藓地衣干重/ （g/样地）	杂物干重/ （g/样地）
2014 - 10	GGFFZ01ABC _ 02	21 585.00	354 502.50	1 880.00	0.00	0.00	0.00
2014 - 4	GGFFZ02AC0 _ 02	77 635.00	185 545.00	0.00	0.00	19 060.00	0.00
2014 - 5	GGFFZ02AC0 _ 02	0.00	139 090.00	0.00	0.00	9 120.00	0.00
2014 - 6	GGFFZ02AC0 _ 02	6 575.00	28 030.00	0.00	0.00	0.00	0.00
2014 - 7	GGFFZ02AC0 _ 02	51 675.00	143 550.00	0.00	24 395.00	15 375.00	0.00
2014 - 8	GGFFZ02AC0 _ 02	0.00	257 385.00	0.00	0.00	10 035.00	0.00
2014 - 9	GGFFZ02AC0 _ 02	4 590.00	87 250.00	0.00	0.00	0.00	0.00
2014 - 10	GGFFZ02AC0 _ 02	6 490.00	222 445.00	0.00	0.00	12 030.00	0.00
2015 - 4	GGFZH01AC0 _ 01	90 977.50	407 547.50	0.00	31 900.00	44 412.50	0.00
2015 - 5	GGFZH01AC0 _ 01	0.00	306 255.00	0.00	15 877.50	0.00	0.00
2015 - 6	GGFZH01AC0 _ 01	1 037.75	26 810.50	0.00	491.25	1 021.50	0.00
2015 - 7	GGFZH01AC0 _ 01	12 195.00	54 175.00	1 635.00	0.00	6 237.50	0.00
2015 - 8	GGFZH01AC0 _ 01	955.00	14 585.00	0.00	1 807.50	1 877.50	0.00
2015 - 9	GGFZH01AC0 _ 01	0.00	51 260.00	0.00	0.00	0.00	0.00
2015 - 10	GGFZH01AC0 _ 01	0.00	103 747.50	0.00	1 502.50	0.00	0.00
2015 - 4	GGFZH01ABC _ 02	19 947.50	218 002.50	0.00	0.00	6 832.50	0.00
2015 - 5	GGFZH01ABC _ 02	0.00	263 102.50	0.00	0.00	20 110.00	0.00
2015 - 6	GGFZH01ABC _ 02	2 585.00	28 822.00	0.00	706.75	0.00	0.00
2015 - 7	GGFZH01ABC _ 02	0.00	65 995.00	0.00	2 187.50	2 177.50	0.00
2015 - 8	GGFZH01ABC _ 02	922.50	21 652.50	0.00	287.50	1 147.50	0.00
2015 - 9	GGFZH01ABC _ 02	0.00	49 407.50	0.00	0.00	0.00	0.00
2015 - 10	GGFZH01ABC _ 02	0.00	155 262.50	0.00	0.00	0.00	0.00
2015 - 4	GGFFZ01ABC _ 02	51 687.50	233 675.00	0.00	0.00	5 780.00	0.00
2015 - 5	GGFFZ01ABC _ 02	42 220.00	190 285.00	452.50	0.00	0.00	0.00
2015 - 6	GGFFZ01ABC _ 02	1 930.50	14 307.50	260.75	0.00	0.00	0.00
2015 - 7	GGFFZ01ABC _ 02	0.00	60 675.00	0.00	0.00	7 377.50	0.00
2015 - 8	GGFFZ01ABC _ 02	5 265.00	34 590.00	1 790.00	0.00	0.00	0.00
2015 - 9	GGFFZ01ABC _ 02	6 445.00	169 067.50	0.00	0.00	0.00	0.00
2015 - 10	GGFFZ01ABC _ 02	9 827.50	262 195.00	0.00	0.00	0.00	0.00
2015 - 4	GGFFZ02AC0 _ 02	78 370.00	260 425.00	0.00	0.00	74 885.00	0.00
2015 - 5	GGFFZ02AC0 _ 02	117 690.00	180 050.00	0.00	25 065.00	10 320.00	0.00
2015 - 6	GGFFZ02AC0 _ 02	0.00	22 781.50	640.50	0.00	0.00	0.00
2015 - 7	GGFFZ02AC0 _ 02	0.00	42 260.00	0.00	0.00	0.00	0.00
2015 - 8	GGFFZ02AC0 _ 02	0.00	8 745.00	0.00	0.00	0.00	0.00
2015 - 9	GGFFZ02AC0 _ 02	9 915.00	57 195.00	0.00	0.00	0.00	0.00
2015 - 10	GGFFZ02AC0 _ 02	0.00	91 135.00	0.00	0.00	0.00	0.00

注：1. GGFZH01AC0 _ 01 样地 2011-5 凋落物数据为 2010-11—2011-5 共计 7 个月的凋落物数据。

2. 受 2013 年雅安芦山地震影响，海螺沟流域发生大规模滑坡、塌方等次生灾害，贡嘎山站 2013 年 7、8 月部分人工观测中断，部分数据缺失。GGFFZ01ABC _ 02 和 GGFFZ02AC0 _ 02 样地 2013 年 8 月底收集的凋落物是 7 月和 8 月两个月的总和，故用二者均值对 7、8 月凋落物数据进行插值。

3.1.11　凋落物现存量数据集

3.1.11.1　概述

凋落物现存量是指在特定生态系统中保存的凋落物干重，是凋落物输入与分解后的净积累量，是生态系统中长期累积的所有代谢产物的总和，是群落中凋落物实际存留状态的真实反映。凋落物的收集与测定是研究自然生态系统结构与功能不可缺少的一部分。贡嘎山站一直连续在综合观测场和辅助观测场收集凋落物现存量，监测频率 1 次/年。

3.1.11.2　数据采集和处理方法

参照 2007 年中国生态系统研究网络科学委员会编写的《陆地生态系统生物观测规范》中关于凋落物现存量测定的相关要求，分别在峨眉冷杉成熟林观景台综合观测场永久性样地、峨眉冷杉成熟林观景台综合观测场破坏性采样地和峨眉冷杉冬瓜杨演替林辅助观测场破坏性采样地设置 10 个 0.5 m×0.5 m 的样方，样方通常设置在凋落物回收量收集框附近。在每年植物生长盛期（8 月）按样方取回，分器官烘干称重，样品烘干称重后及时放回原处。

3.1.11.3　数据质量控制和评估

参照《陆地生态系统生物观测数据质量保证与质量控制》中关于凋落物现存量测定质控措施的要求，在取样阶段采取了如下质控措施：①收集点位于郁闭的林冠下，避免离树干和凋落物收集框过近，避免人类活动及凋落物回填的影响；②取样时样方固定，沿样方边缘切割凋落物层，取样完成后及时对凋落物进行现场均匀回填；③注意区分土壤表层及凋落物层，对凋落物各组分的区分标准前后统一。

数据质量控制过程同胸径数据集（3.1.4.3）。

3.1.11.4　数据价值

本数据集收录了贡嘎山东坡海螺沟流域峨眉冷杉林生态系统凋落物现存量的人工观测数据，可为陆地生态系统物质循环和全球变化研究提供科学依据。

3.1.11.5　数据

见表 3-8。

表 3-8　贡嘎山站 2007—2015 年凋落物现存量调查数据

年-月	样地代码	枯枝干重/（g/样地）	枯叶干重/（g/样地）	落果（花）干重/（g/样地）	树皮干重/（g/样地）	苔藓地衣干重/（g/样地）	杂物干重/（g/样地）
2007-7	GGFZH01AC0_01	192 000.00	850 000.00	0.00	0.00	0.00	0.00
2007-7	GGFZH01ABC_02	27 777.78	437 222.22	0.00	0.00	0.00	0.00
2007-7	GGFFZ01ABC_02	85 000.00	663 000.00	0.00	0.00	0.00	0.00
2008-7	GGFZH01AC0_01	1 234 557.00	982 399.00	0.00	10 181.00	77 563.00	0.00
2008-7	GGFZH01ABC_02	918 768.00	568 069.00	0.00	2 136.00	68 490.00	0.00
2008-7	GGFFZ01ABC_02	318 698.00	492 063.00	0.00	17 643.00	66 917.00	0.00
2009-7	GGFZH01AC0_01	171 748.00	1 368 992.00	0.00	16 440.00	0.00	0.00
2009-7	GGFZH01ABC_02	96 967.00	1 007 427.00	0.00	0.00	0.00	0.00
2009-7	GGFFZ01ABC_02	152 698.00	740 612.00	0.00	0.00	0.00	0.00
2010-7	GGFZH01AC0_01	45 160.00	982 980.00	0.00	11 460.00	5 420.00	0.00
2010-7	GGFZH01ABC_02	134 970.00	537 320.00	0.00	7 380.00	14 700.00	0.00
2010-7	GGFFZ01ABC_02	69 300.00	652 500.00	0.00	0.00	0.00	0.00
2011-7	GGFZH01AC0_01	324 086.00	1 900 912.00	0.00	6 227.00	25 259.00	0.00

（续）

年-月	样地代码	枯枝干重/(g/样地)	枯叶干重/(g/样地)	落果（花）干重/(g/样地)	树皮干重/(g/样地)	苔藓地衣干重/(g/样地)	杂物干重/(g/样地)
2011 - 7	GGFZH01ABC_02	413 617.00	1 068 933.00	5 800.00	56 253.00	3 354.00	0.00
2011 - 7	GGFFZ01ABC_02	318 988.00	862 108.00	0.00	3 823.00	0.00	0.00
2012 - 8	GGFZH01AC0_01	346 000.00	1 916 500.00	0.00	90 000.00	16 000.00	64 000.00
2012 - 8	GGFZH01ABC_02	753 100.00	1 434 200.00	0.00	0.00	23 000.00	32 000.00
2012 - 8	GGFFZ01ABC_02	343 000.00	1 324 000.00	0.00	0.00	0.00	0.00
2013 - 9	GGFZH01AC0_01	123 740.00	1 090 660.00	0.00	0.00	87 530.00	0.00
2013 - 9	GGFZH01ABC_02	271 860.00	1 252 410.00	8 730.00	0.00	43 700.00	8 620.00
2013 - 9	GGFFZ01ABC_02	284 820.00	1 353 840.00	16 250.00	46 530.00	13 960.00	8 690.00
2014 - 9	GGFZH01AC0_01	85 920.00	1 448 890.00	22 310.00	0.00	0.00	0.00
2014 - 9	GGFZH01ABC_02	57 810.00	1 657 170.00	53 720.00	73 490.00	6 850.00	0.00
2014 - 9	GGFFZ01ABC_02	148 740.00	1 125 330.00	0.00	37 270.00	0.00	0.00
2015 - 7	GGFZH01AC0_01	293 950.00	788 840.00	16 180.00	152 550.00	34 450.00	0.00
2015 - 7	GGFZH01ABC_02	340 110.00	682 420.00	37 350.00	46 410.00	25 040.00	0.00
2015 - 7	GGFFZ01ABC_02	134 350.00	563 580.00	1 520.00	5 310.00	11 250.00	0.00

3.1.12　植物物候数据集

3.1.12.1　概述

植物物候（发芽、展叶、开花、叶变色、落叶等）反映了自然界的植物对环境变化的响应，物候期的变化能敏感地指示气候波动，还能反映出植物对自然环境变化的适应。长期物候观测数据是物候学研究的基础，是研究气候变化的关键数据之一，在全球变化研究中具有重要作用。本文对 2007—2015 年的贡嘎山站植物物候观测数据进行系统的介绍，这将有助于推进本数据集的共享与使用，为区域乃至全球气候变化研究提供坚实的数据基础。

3.1.12.2　数据采集和处理方法

参照 2007 年中国生态系统研究网络科学委员会编写的《陆地生态系统生物观测规范》进行。

观测地点：峨眉冷杉冬瓜杨演替林辅助观测场永久性样地（GGFFZ01AC0_01，29°34′34″N，101°59′54″E）。

观测时间：在观测期内每天观测。因植物物候现象通常出现在高温之后，物候观测一般安排在下午。但是，有些物候现象在早上出现，则在上午观测。观测时间随季节和观测对象变化，灵活掌握。

观测对象：选择观测样地内的优势种或者气候指示种，贡嘎山站共计选择了 6 种木本植物和 3 种草本植物进行观测。

观测方法：木本植物物候观测采用单株观测法，选择 3 到 5 株的成年植株，做好标记，然后进行观测；草本植物采用种群观测法，确定 3 到 5 个定点样方，然后进行观测。

数据记录：对于分布在各处的若干株同一种植物，分别进行观测并记录其各个发育时期出现日期；对于同一观测地点的若干株同一种植物，把所有的观测植株作为总体进行物候观测，超过半数的植株达到某个物候期，则是到了某个物候期。

3.1.12.3　数据质量控制和评估

为保证物候观测数据质量，采取以下数据质量控制措施：①在观测阶段，严格按照《陆地生态系统生物观测规范》中关于植物物候的观测要求进行，对观测地点、时间、对象、方法、观测步骤和数据记录都做了详细的规定；②针对数据进行了生态站初审、生物分中心复审和综合中心终审的多级审核。

3.1.12.4　数据价值

本数据集收录了贡嘎山东坡海螺沟流域 3 000 m 海拔峨眉冷杉林生态系统优势物种的人工观测数据，适用于气候变化和陆地生态系统碳循环研究。

3.1.12.5　数据

见表 3 - 9，表 3 - 10。

表 3 - 9　贡嘎山站 2007—2015 年峨眉冷杉冬瓜杨演替林辅助观测场乔、灌木植物物候观测数据

年	样地代码	植物种名	芽开放期	展叶期	开花始期	开花盛期	果实或种子成熟期	叶秋季变色期	落叶期
2007	GGFFZ01AC0_01	冷杉	05 - 05	05 - 30					
2007	GGFFZ01AC0_01	冬瓜杨	04 - 20	05 - 08	04 - 24	05 - 05	06 - 15	09 - 10	09 - 18
2007	GGFFZ01AC0_01	糙皮桦	04 - 24	05 - 13	05 - 29	06 - 11	07 - 08	09 - 12	09 - 22
2007	GGFFZ01AC0_01	多对花楸	04 - 10	04 - 24	06 - 01	06 - 24	07 - 10	09 - 15	09 - 28
2007	GGFFZ01AC0_01	桦叶荚蒾	04 - 01	04 - 20	05 - 28	06 - 17	08 - 04	09 - 26	10 - 10
2007	GGFFZ01AC0_01	山光杜鹃	05 - 05	05 - 15	04 - 04	04 - 20	06 - 01		
2008	GGFFZ01AC0_01	冷杉	05 - 10	06 - 04					
2008	GGFFZ01AC0_01	冬瓜杨	05 - 08	05 - 15	04 - 20	05 - 05	07 - 01	09 - 10	10 - 01
2008	GGFFZ01AC0_01	糙皮桦	05 - 10	05 - 20	06 - 04	06 - 11	10 - 01	09 - 15	10 - 06
2008	GGFFZ01AC0_01	多对花楸	04 - 30	05 - 06	06 - 10	06 - 26	10 - 08	09 - 18	10 - 14
2008	GGFFZ01AC0_01	桦叶荚蒾	04 - 27	05 - 03	05 - 20	06 - 09	10 - 01	09 - 20	10 - 15
2008	GGFFZ01AC0_01	山光杜鹃	05 - 05	05 - 18	04 - 19	04 - 27	06 - 07		
2009	GGFFZ01AC0_01	冷杉	05 - 15	05 - 20	05 - 15	05 - 20			
2009	GGFFZ01AC0_01	冬瓜杨	05 - 10	05 - 20	04 - 28	05 - 08	07 - 06	08 - 27	09 - 05
2009	GGFFZ01AC0_01	糙皮桦	05 - 18	05 - 20	05 - 18	05 - 20	09 - 20	08 - 25	09 - 10
2009	GGFFZ01AC0_01	多对花楸	04 - 20	05 - 06	06 - 12	06 - 19	09 - 20	09 - 25	10 - 20
2009	GGFFZ01AC0_01	桦叶荚蒾	04 - 13	04 - 25	06 - 16	06 - 25	09 - 25	10 - 05	10 - 26
2009	GGFFZ01AC0_01	山光杜鹃	05 - 13	05 - 20	03 - 25	04 - 14	06 - 13		
2010	GGFFZ01AC0_01	冷杉	04 - 30	05 - 28	05 - 09	05 - 15			
2010	GGFFZ01AC0_01	冬瓜杨	04 - 20	05 - 06	05 - 01	05 - 10	07 - 25	09 - 01	09 - 15
2010	GGFFZ01AC0_01	糙皮桦	04 - 29	05 - 15	04 - 27	05 - 01	10 - 15	09 - 10	09 - 20
2010	GGFFZ01AC0_01	多对花楸	04 - 27	05 - 06	06 - 15	06 - 20	09 - 15	09 - 20	09 - 28
2010	GGFFZ01AC0_01	桦叶荚蒾	04 - 29	05 - 04	06 - 17	06 - 28	09 - 15	09 - 20	10 - 15
2010	GGFFZ01AC0_01	山光杜鹃	04 - 24	06 - 01	04 - 14	04 - 21	06 - 12	06 - 05	
2011	GGFFZ01AC0_01	冷杉	05 - 07	06 - 05	05 - 08	05 - 21	10 - 28	10 - 02	

（续）

年	样地代码	植物种名	芽开放期	展叶期	开花始期	开花盛期	果实或种子成熟期	叶秋季变色期	落叶期
2011	GGFFZ01AC0_01	冬瓜杨	05-01	05-12	05-02	05-11		08-25	10-01
2011	GGFFZ01AC0_01	糙皮桦	05-01	05-11	06-05	06-15	07-29	09-20	10-01
2011	GGFFZ01AC0_01	多对花楸	04-25	05-08	06-12	06-19	06-23	09-22	10-02
2011	GGFFZ01AC0_01	桦叶荚蒾	04-18	05-06	06-15	06-25	06-30	10-01	10-10
2011	GGFFZ01AC0_01	山光杜鹃	05-23	05-30	04-26	05-01	06-10		
2012	GGFFZ01AC0_01	冷杉	05-06	06-17	06-10	06-25	09-04	11-20	09-30
2012	GGFFZ01AC0_01	冬瓜杨	05-04	05-21	05-03	05-30	07-02	09-18	09-30
2012	GGFFZ01AC0_01	糙皮桦	04-27	05-18	06-25	07-10	09-15	09-20	09-30
2012	GGFFZ01AC0_01	多对花楸	05-01	05-16	06-05	06-15	08-20	09-15	10-08
2012	GGFFZ01AC0_01	桦叶荚蒾	05-01	05-15	06-26	07-09	08-20	09-20	09-30
2012	GGFFZ01AC0_01	山光杜鹃	06-10	07-29	04-28	05-10	05-29		
2013	GGFFZ01AC0_01	冷杉	05-03	06-07	06-02				
2013	GGFFZ01AC0_01	冬瓜杨	04-30	05-17	04-28			09-11	09-26
2013	GGFFZ01AC0_01	糙皮桦	04-30	05-17	06-10			09-17	10-05
2013	GGFFZ01AC0_01	多对花楸	04-28	05-08	06-13			09-25	10-15
2013	GGFFZ01AC0_01	桦叶荚蒾	04-21	05-05	06-16			09-25	10-25
2013	GGFFZ01AC0_01	山光杜鹃	05-15	06-02	04-30	05-10			
2014	GGFFZ01AC0_01	冷杉	05-01	06-07	05-19	06-02		09-20	
2014	GGFFZ01AC0_01	冬瓜杨	04-23	05-11	04-23	05-01	05-23	08-25	09-10
2014	GGFFZ01AC0_01	糙皮桦	05-08	05-17	05-25	06-10	07-18	09-05	09-20
2014	GGFFZ01AC0_01	多对花楸	04-23	05-06	06-10	06-20	07-18	09-15	10-05
2014	GGFFZ01AC0_01	桦叶荚蒾	04-16	05-06	06-15	06-27	08-10	09-20	10-16
2014	GGFFZ01AC0_01	山光杜鹃	04-16	05-21	04-13	04-20	06-13	05-23	07-17
2015	GGFFZ01AC0_01	冷杉	05-20	05-30	05-02	05-24	10-01		
2015	GGFFZ01AC0_01	冬瓜杨	04-25	05-09	04-15	04-28	05-09	09-10	09-16
2015	GGFFZ01AC0_01	糙皮桦	04-28	05-15	04-20	05-10	09-10	09-22	10-03
2015	GGFFZ01AC0_01	多对花楸	04-05	04-20	06-02	06-15	09-20	09-30	10-05
2015	GGFFZ01AC0_01	桦叶荚蒾	04-01	04-15	06-05	06-20	09-10	09-30	10-10
2015	GGFFZ01AC0_01	山光杜鹃	04-25	05-09	04-01	04-13	07-20	05-07	05-09

注：表中日期均为各阶段的开始时间，格式为月-日。

表 3 - 10　贡嘎山站 2007—2015 年峨眉冷杉冬瓜杨演替林辅助观测场草本植物物候观测数据

年	样地代码	植物种名	萌动期（返青期）	开花期	果实或种子成熟期	种子散布期	黄枯期
2007	GGFFZ01AC0_01	圆叶鹿蹄草	04 - 18	05 - 27	06 - 17	06 - 20	10 - 20
2008	GGFFZ01AC0_01	圆叶鹿蹄草	04 - 07	05 - 15	06 - 11	07 - 03	10 - 09
2009	GGFFZ01AC0_01	圆叶鹿蹄草	04 - 12	06 - 15	07 - 11	08 - 01	10 - 08
2009	GGFFZ01AC0_01	水金凤	04 - 22	06 - 19	09 - 15	09 - 30	10 - 25
2009	GGFFZ01AC0_01	吉林延龄草	04 - 12	05 - 05	07 - 20	09 - 25	09 - 25
2010	GGFFZ01AC0_01	圆叶鹿蹄草	04 - 19	06 - 13	07 - 15	09 - 01	
2010	GGFFZ01AC0_01	吉林延龄草	04 - 10	04 - 23	06 - 15	09 - 01	09 - 05
2010	GGFFZ01AC0_01	水金凤	05 - 05	05 - 15			09 - 25
2011	GGFFZ01AC0_01	圆叶鹿蹄草	05 - 01	06 - 10	06 - 25	08 - 05	10 - 10
2011	GGFFZ01AC0_01	水金凤	04 - 20	05 - 15	08 - 15		09 - 07
2011	GGFFZ01AC0_01	吉林延龄草	05 - 16	08 - 01	08 - 20	09 - 30	10 - 10
2012	GGFFZ01AC0_01	圆叶鹿蹄草	05 - 01	06 - 15	08 - 10	09 - 30	11 - 14
2012	GGFFZ01AC0_01	吉林延龄草	04 - 10	05 - 03	06 - 15	07 - 20	08 - 15
2012	GGFFZ01AC0_01	水金凤	05 - 07	07 - 25	09 - 13	09 - 30	10 - 28
2013	GGFFZ01AC0_01	圆叶鹿蹄草	04 - 29	06 - 13			10 - 05
2013	GGFFZ01AC0_01	吉林延龄草	04 - 15	05 - 05		09 - 15	09 - 20
2013	GGFFZ01AC0_01	水金凤	05 - 10	05 - 10		09 - 15	09 - 30
2014	GGFFZ01AC0_01	圆叶鹿蹄草	04 - 15	06 - 05	08 - 18	09 - 27	10 - 03
2014	GGFFZ01AC0_01	吉林延龄草	04 - 12	04 - 20	07 - 10	09 - 10	08 - 15
2014	GGFFZ01AC0_01	水金凤	04 - 25	05 - 18	08 - 24	09 - 15	09 - 20
2015	GGFFZ01AC0_01	圆叶鹿蹄草	04 - 10	06 - 02	07 - 26	08 - 01	
2015	GGFFZ01AC0_01	吉林延龄草	04 - 10	04 - 25	05 - 28	07 - 05	09 - 02
2015	GGFFZ01AC0_01	水金凤	04 - 18	07 - 20	08 - 20	09 - 20	10 - 05

注：表中日期均为各阶段的开始时间，格式为月-日。

3.1.13　元素含量与能值数据集

3.1.13.1　概述

对植物元素含量进行分析可以了解植物体内各种元素的积累与转化动态，从而研究、比较植物对各种养分的吸收利用及养分的新陈代谢规律，以及水分、土壤、气候等因素对植物生长的影响。植物热值可直接反映植物光合作用将光能转化为化学能的能力，对研究植物光能利用效率以及生态系统能量流动过程具有重要意义。贡嘎山站元素含量与能值数据集包括贡嘎山站 3 个破坏性样地乔、灌、草各层片优势物种各器官的全碳、全氮、全磷、全硫、全钙、全镁、干重热值及灰分数据，测定频率为每 5 年进行 1 次。

3.1.13.2　数据采集和处理方法

（1）样品采集

参照《陆地生态系统生物观测规范》要求对森林优势种进行元素分析样品的采集。

乔木：按照大、中、小径级 1∶3∶1 的比例进行数量配比，每种至少选择 5 株标准木，按照树叶、树枝、树皮、树干、树根、花果六部分分别取样。

灌木：灌木层同样以标准木法进行取样，取样时注意对不同高度和基径的选择，每种重复数量为 5，按叶、干（茎）、根、花果四部分分别进行取样。

草本层：草本层以收获法进行取样，与草本层生物量调查同时进行。

地表凋落物：在植物生长高峰期（8 月中旬）收集选定草本层元素调查样方中的所有现存地表凋落物样品，按照枯叶、枯枝、树皮、花果、杂物五部分进行分拣和测定；此外，在落叶植物落叶期（10 月底）从凋落物收集框中采集新增凋落物样品，按照枯叶、枯枝、树皮、花果、杂物五部分进行分拣和测定。

（2）数据测定

各样品元素含量与能值的测定参照《陆地生态系统生物观测规范》要求进行，具体方法详见表 3 - 11。

表 3 - 11　贡嘎山站元素含量与能值室内分析方法一览表

项目	符号	方法	备注
全碳	C	重铬酸钾-硫酸氧化法	CERN 推荐
全氮	N	凯氏法	CERN 推荐
全磷	P	硫酸-高氯酸消煮法-钼兰比色法	CERN 推荐
全钾	K	硫酸-高氯酸消煮法-原子吸收分光光谱法	CERN 推荐
全硫	S	硝酸-高氯酸消煮法-硫酸钡比浊法	CERN 推荐
全钙	Ca	硫酸-高氯酸消煮法	CERN 推荐
全镁	Mg	硫酸-高氯酸消煮法	CERN 推荐
干重热值		氧弹式热量记法	CERN 推荐
灰分		氧弹式热量记法	CERN 推荐

3.1.13.3　数据质量控制和评估

采样参照《陆地生态系统生物观测规范》的要求，并根据本站植被特点对采集方法进行细化，以保证采样质量。室内分析时委托具有相关资质的分析测试中心进行，分析时利用标准样品及参比样品进行质量控制，从而保证室内检测数据质量。元数据由贡嘎山站数据观测人员根据 CERN 生物分中心制定的元数据标准格式进行填写，并进行了生态站初审、生物分中心复审和综合中心终审的多级审核。

3.1.13.4　数据价值

贡嘎山站长期积累的元素含量与能值观测资料，能较客观地反映植物对各种养分的吸收利用及养分的新陈代谢规律，可为生态系统物质循环及能量流动研究提供科学依据。

3.1.13.5　数据

见表 3 - 12。

表 3 - 12 贡嘎山站 2010—2015 年元素含量与能值测定数据

年	样地代码	植物种名	采样部位	重复数	全碳/(g/kg)	全氮/(g/kg)	全磷/(g/kg)	全钾/(g/kg)	全硫/(g/kg)	全钙/(g/kg)	全镁/(g/kg)	干重热值/(MJ/kg)	灰分/%
2010	GGFZH01ABC_02	冷杉	枝	5	503.37±8.62	4.60±2.37	0.52±0.25	2.36±0.96	0.34±0.07	2.21±0.24	0.50±0.17	19.04±0.65	1.59±0.29
2010	GGFZH01ABC_02	冷杉	叶	5	533.92±19.75	12.31±1.07	1.05±0.15	4.04±0.91	0.82±0.09	3.71±0.56	0.93±0.23	21.09±1.46	2.33±0.33
2010	GGFZH01ABC_02	冷杉	皮	5	498.83±19.03	5.00±1.33	0.31±0.04	1.60±0.38	0.30±0.15	7.34±1.17	0.24±0.04	18.5±0.78	2.29±0.23
2010	GGFZH01ABC_02	冷杉	干	5	493.80±8.45	1.42±0.68	0.13±0.06	0.94±0.28	0.27±0.08	0.34±0.04	0.07±0.02	18.87±0.97	0.43±0.07
2010	GGFZH01ABC_02	冷杉	根	5	504.40±498.69	4.89±4.62	0.40±0.39	2.00±2.03	0.32±0.38	2.11±2.31	0.27±0.30	19.35±9.6	1.28±1.49
2010	GGFZH01ABC_02	针刺悬钩子	枝	5	460.84±6.23	8.91±1.13	1.07±0.10	3.82±0.15	0.28±0.18	3.71±0.31	1.29±0.09	17.52±0.70	2.32±0.21
2010	GGFZH01ABC_02	针刺悬钩子	叶	5	426.33±13.45	24.49±2.73	1.61±0.21	17.21±0.63	1.23±0.28	11.23±1.41	3.71±0.58	17.65±0.77	7.04±0.37
2010	GGFZH01ABC_02	针刺悬钩子	根	5	428.70±13.87	8.20±0.82	0.72±0.18	2.98±0.36	0.65±0.23	3.45±0.21	1.42±0.17	17.06±1.35	1.86±0.45
2010	GGFZH01ABC_02	宝兴茶藨子	枝	5	449.44±4.16	7.72±0.74	1.18±0.13	3.99±1.01	1.35±0.87	4.18±0.40	0.74±0.11	16.41±3.44	2.25±0.24
2010	GGFZH01ABC_02	宝兴茶藨子	叶	5	434.55±12.68	23.46±0.62	2.43±0.13	18.04±2.26	1.56±0.39	13.34±1.44	3.81±0.44	17.24±1.04	7.77±0.78
2010	GGFZH01ABC_02	宝兴茶藨子	根	5	456.36±15.96	7.69±1.64	1.16±0.30	2.04±0.24	1.11±0.06	3.27±0.57	0.60±0.10	17.38±1.15	1.80±0.26
2010	GGFZH01ABC_02	大形鼠尾草	地上部分	5	411.98±14.59	28.64±4.68	2.78±0.42	41.58±4.43	1.91±0.10	14.31±1.08	5.33±0.70	15.69±0.74	13.07±0.95
2010	GGFZH01ABC_02	大形鼠尾草	地下部分	5	429.49±8.43	21.26±1.52	2.51±0.33	15.33±2.02	2.08±0.08	9.58±0.73	6.33±0.90	16.34±0.42	7.10±0.87
2010	GGFZH01ABC_02	羽毛地杨梅	地上部分	5	414.92±9.20	19.70±0.80	1.61±0.21	35.75±1.55	1.41±0.32	4.38±0.26	2.75±0.17	15.98±0.17	9.82±0.38
2010	GGFZH01ABC_02	羽毛地杨梅	地下部分	5	393.37±31.23	15.83±2.01	1.54±0.39	11.41±2.34	1.90±0.43	4.42±0.41	2.42±0.60	14.81±0.82	13.10±5.46
2010	GGFFZ01ABC_02	冷杉	枝	5	488.88±12.17	5.42±0.70	0.39±0.11	2.65±0.46	0.31±0.04	2.52±0.30	0.43±0.10	17.84±4.52	1.76±0.21
2010	GGFFZ01ABC_02	冷杉	叶	5	505.66±14.59	13.18±1.48	0.92±0.07	6.06±0.30	0.83±0.09	5.05±1.11	0.65±0.19	19.68±0.43	2.58±0.73
2010	GGFFZ01ABC_02	冷杉	皮	5	495.29±20.48	5.81±1.59	0.31±0.02	2.46±0.37	0.33±0.14	3.83±0.62	0.27±0.06	18.31±1.17	1.56±0.12
2010	GGFFZ01ABC_02	冷杉	干	5	487.98±11.58	3.29±2.28	0.48±0.71	1.34±0.22	0.17±0.04	0.39±0.07	0.09±0.01	18.78±0.65	0.38±0.05
2010	GGFFZ01ABC_02	冷杉	根	5	479.64±4.95	5.33±1.42	0.38±0.06	2.87±0.62	0.29±0.13	1.74±0.33	0.37±0.20	18.55±0.35	1.38±0.27
2010	GGFFZ01ABC_02	冬瓜杨	枝	5	474.67±16.78	9.12±2.18	0.91±0.13	5.10±0.30	0.51±0.19	10.84±2.13	0.78±0.14	18.33±0.79	3.63±0.46
2010	GGFFZ01ABC_02	冬瓜杨	叶	5	463.35±8.70	25.46±3.18	1.87±0.30	16.26±3.12	1.93±0.46	18.06±3.41	1.69±0.39	18.14±0.84	8.51±0.71
2010	GGFFZ01ABC_02	冬瓜杨	皮	5	446.59±17.66	5.88±1.65	0.38±0.09	4.62±1.30	0.42±0.10	26.82±3.41	1.02±0.15	17.14±0.17	7.97±0.34
2010	GGFFZ01ABC_02	冬瓜杨	干	5	464.00±9.70	2.78±1.34	0.45±0.75	1.25±0.40	0.28±0.20	2.01±0.61	0.21±0.03	17.66±0.95	0.76±0.24
2010	GGFFZ01ABC_02	冬瓜杨	根	5	465.4±6.68	5.84±1.84	0.37±0.03	6.20±1.45	0.98±0.55	12.91±0.55	0.65±0.24	18.28±0.34	5.32±0.27
2010	GGFFZ01ABC_02	桦叶荚蒾	枝	5	456.63±7.07	7.60±0.93	0.57±0.13	4.33±0.36	0.64±0.06	5.60±0.67	0.84±0.15	17.80±0.28	2.78±0.43

（续）

年	样地代码	植物种名	采样部位	重复数	全碳/(g/kg)	全氮/(g/kg)	全磷/(g/kg)	全钾/(g/kg)	全硫/(g/kg)	全钙/(g/kg)	全镁/(g/kg)	干重热值/(MJ/kg)	灰分/%
2010	GGFFZ01ABC_02	桦叶荚蒾	叶	5	442.49±14.33	20.27±1.35	1.44±0.11	19.80±1.74	1.67±0.09	20.36±2.15	3.68±0.43	17.63±0.43	9.43±1.51
2010	GGFFZ01ABC_02	桦叶荚蒾	根	5	447.15±12.95	7.00±0.92	0.59±0.19	2.82±0.53	0.93±0.11	6.42±1.66	0.95±0.18	17.76±0.82	2.38±0.48
2010	GGFFZ01ABC_02	鹿蹄草	地上部分	5	471.96±7.72	16.05±1.30	1.41±0.19	13.22±0.64	1.01±0.21	7.83±0.62	2.71±0.27	17.92±0.48	5.03±0.24
2010	GGFFZ01ABC_02	鹿蹄草	地下部分	5	461.83±8.16	14.77±2.33	1.24±0.21	11.59±1.36	1.36±0.13	6.50±0.30	1.94±0.14	18.83±3.51	4.75±0.42
2010	GGFZQ01ABC_02	冷杉	枝	5	493.49±9.19	7.20±1.95	0.78±0.23	3.39±0.59	0.48±0.03	2.29±0.29	0.66±0.09	18.91±0.75	1.72±0.15
2010	GGFZQ01ABC_02	冷杉	叶	5	505.46±6.00	13.78±1.77	1.45±0.39	4.88±1.09	1.33±0.68	3.61±0.42	0.93±0.17	20.57±0.80	2.56±0.16
2010	GGFZQ01ABC_02	冷杉	皮	5	505.55±10.94	5.85±1.41	0.38±0.11	2.10±0.33	0.84±0.05	5.96±1.79	0.38±0.15	19.49±0.57	2.18±0.67
2010	GGFZQ01ABC_02	冷杉	干	5	508.83±5.95	2.78±0.93	0.15±0.11	1.45±0.80	0.61±0.08	0.50±0.12	0.12±0.04	19.20±0.66	0.55±0.24
2010	GGFZQ01ABC_02	冷杉	根	5	501.37±7.42	4.00±1.94	0.24±0.11	2.16±1.00	0.90±0.29	1.60±0.27	0.33±0.07	18.76±1.11	1.71±0.73
2010	GGFFZ01ABC_02	桦叶荚蒾	枝	5	470.64±3.21	5.04±0.57	0.29±0.07	3.02±0.41	0.75±0.07	5.67±0.45	0.77±0.19	18.98±2.87	2.07±0.22
2010	GGFFZ01ABC_02	桦叶荚蒾	叶	5	441.09±13.93	18.91±3.62	1.09±0.15	2.61±0.06	1.92±0.13	21.66±2.85	4.95±0.27	18.31±1.60	9.72±0.49
2010	GGFFZ01ABC_02	桦叶荚蒾	根	5	453.72±8.51	4.94±1.59	0.26±0.07	2.63±0.28	0.36±0.38	5.63±1.50	0.90±0.20	19.26±3.78	2.04±0.31
2010	GGFZQ01ABC_02	凉山悬钩子	地上部分	5	443.1±10.85	22.06±1.70	1.63±0.39	16.49±0.96	1.76±0.23	7.57±0.91	7.13±1.46	17.00±1.10	6.13±0.10
2010	GGFZQ01ABC_02	凉山悬钩子	地下部分	5	451.39±8.20	14.35±2.35	1.82±0.19	11.73±0.69	2.23±0.18	3.65±0.35	3.13±0.32	18.46±0.96	3.59±0.12
2011	GGFZH01ABC_02	植物生长盛期现存凋落物	叶	5	457.72±14.96	11.94±1.84	0.84±0.07	1.46±0.22	5.05±3.26	5.62±1.01	0.84±0.19		6.33±1.00
2011	GGFZH01ABC_02	植物生长盛期现存凋落物	枝	5	471.00±8.74	8.00±1.89	0.42±0.09	0.75±0.16	2.49±2.15	4.25±0.54	0.46±0.05		2.87±0.40
2011	GGFZH01ABC_02	植物生长盛期现存凋落物	皮	3	422.72±9.14	10.21±1.49	0.52±0.11	1.07±0.25	5.02±2.01	6.59±0.25	0.76±0.19		5.46±1.81
2011	GGFZH01ABC_02	植物生长盛期现存凋落物	花果	1	433.28	5.83	0.29	0.54	7.61	2.71	0.34		2.21
2011	GGFZH01ABC_02	植物生长盛期现存凋落物	杂物	1	370.31	16.68	0.63	3.53	8.56	2.05	0.61		4.28
2011	GGFFZ01ABC_02	植物生长盛期现存凋落物	叶	5	437.98±11.92	17.05±4.58	0.89±0.14	1.31±0.22	2.20±1.15	12.32±2.75	1.11±0.20		8.03±0.78

（续）

年	样地代码	植物种名	采样部位	重复数	全碳/(g/kg)	全氮/(g/kg)	全磷/(g/kg)	全钾/(g/kg)	全硫/(g/kg)	全钙/(g/kg)	全镁/(g/kg)	干重热值/(MJ/kg)	灰分/%
2011	GGFFZ01ABC_02	植物生长盛期现存调落物	枝	5	453.78±8.89	9.48±5.84	0.29±0.06	0.65±0.10	6.95±3.47	7.69±1.17	0.45±0.07	19.84±0.99	3.15±0.29
2011	GGFZH01ABC_02	落叶期新增调落物	叶	5	477.63±19.3	10.55±1.86	0.79±0.17	2.31±0.62	5.22±4.51	8.00±0.93	1.10±0.37	19.84±0.99	4.40±0.89
2011	GGFZH01ABC_02	落叶期新增调落物	枝	1	444.85	7.47	0.42	0.83	0.17	5.38	0.33	20.27	3.27
2011	GGFFZ01ABC_02	落叶期新增调落物	叶	5	456.84±10.63	14.47±3.89	0.78±0.15	5.84±2.06	4.76±1.26	14.94±5.61	1.38±0.40	20.13±0.69	5.83±1.89
2011	GGFFZ01ABC_02	落叶期新增调落物	枝	2	456.00±13.46	5.87±2.59	0.32±0.04	0.74±0.01	5.60±2.24	5.25±3.57	0.40±0.29	20.06±0.79	2.29±0.99
2015	GGFZH01ABC_02	冷杉	枝	5	505.81±2.60	9.19±0.82	0.85±0.05	3.88±0.24	0.68±0.05	4.44±0.39	0.85±0.03	17.69±5.11	2.69±0.13
2015	GGFZH01ABC_02	冷杉	叶	5	520.98±1.10	15.58±0.35	1.18±0.07	4.62±0.28	1.06±0.04	6.31±0.13	0.94±0.01	21.43±1.20	2.94±0.05
2015	GGFZH01ABC_02	冷杉	皮	5	495.49±9.45	4.17±0.53	0.30±0.06	2.06±0.55	0.51±0.12	6.92±0.91	0.35±0.05	18.26±1.48	2.06±0.21
2015	GGFZH01ABC_02	冷杉	干	5	490.98±4.86	2.78±0.32	0.14±0.04	1.14±0.28	0.18±0.03	1.12±0.01	0.19±0.01	15.83±0.66	0.76±0.88
2015	GGFZH01ABC_02	冷杉	根	5	490.41±6.60	4.84±0.14	1.16±0.08	3.11±0.20	0.58±0.29	4.96±0.40	0.64±0.05	16.13±1.46	2.14±0.25
2015	GGFZH01ABC_02	针刺悬钩子	枝	5	465.91±0.75	9.41±0.27	0.83±0.01	7.74±0.16	0.68±0.03	4.21±0.17	1.28±0.04	14.53±1.59	2.81±0.04
2015	GGFZH01ABC_02	针刺悬钩子	叶	5	453.58±1.35	26.32±0.88	2.13±0.13	17.26±1.50	1.72±0.12	8.90±0.31	3.72±0.17	14.32±1.26	6.62±0.30
2015	GGFZH01ABC_02	针刺悬钩子	根	5	463.03±2.03	8.08±0.07	0.57±0.01	4.16±0.05	0.73±0.01	6.54±0.24	1.77±0.03	15.49±1.04	3.23±0.20
2015	GGFZH01ABC_02	宝兴茶藨子	枝	5	466.77±2.57	7.56±0.79	1.00±0.09	5.66±0.81	0.79±0.05	5.76±0.72	0.88±0.14	16.99±0.93	2.98±0.91
2015	GGFZH01ABC_02	宝兴茶藨子	叶	5	464.16±1.12	24.04±0.68	2.39±0.12	17.59±0.56	2.89±0.41	11.4±1.00	2.74±0.16	16.23±0.56	7.16±0.27
2015	GGFZH01ABC_02	宝兴茶藨子	根	5	465.58±0.48	7.31±0.33	0.70±0.01	3.01±0.08	1.06±0.03	6.02±0.44	0.65±0.03	16.44±1.21	1.95±0.83
2015	GGFZH01ABC_02	大形鼠尾草	地上部分	5	412.14±1.63	24.69±1.26	3.91±0.11	60.78±0.86	1.97±0.04	11.12±0.15	3.44±0.10	13.64±0.91	15.88±0.09
2015	GGFZH01ABC_02	大形鼠尾草	地下部分	5	447.62±3.44	15.57±1.50	1.63±0.03	12.63±0.18	2.28±0.07	9.40±0.25	5.96±0.22	14.35±0.67	7.55±0.32
2015	GGFZH01ABC_02	羽毛地杨梅	地上部分	5	437.95±1.89	14.12±0.25	3.14±0.07	35.18±0.01	1.16±0.02	3.72±0.05	1.97±0.04	14.45±0.68	9.08±0.06
2015	GGFZH01ABC_02	羽毛地杨梅	地下部分	5	409.73±1.06	12.12±1.00	1.79±0.03	8.25±0.10	1.65±0.01	6.53±0.21	2.38±0.07	15.23±2.14	14.27±0.30
2015	GGFFZ01ABC_02	冷杉	枝	5	493.82±3.88	6.71±0.68	1.10±0.06	6.55±1.15	0.62±0.06	3.29±0.36	0.63±0.08	18.67±0.51	2.83±0.44

（续）

年	样地代码	植物种名	采样部位	重复数	全碳/(g/kg)	全氮/(g/kg)	全磷/(g/kg)	全钾/(g/kg)	全硫/(g/kg)	全钙/(g/kg)	全镁/(g/kg)	干重热值/(MJ/kg)	灰分/%
2015	GGFFZ01ABC_02	冷杉	叶	5	514.82±2.20	11.53±0.93	1.50±0.06	7.43±0.97	1.00±0.07	4.38±0.80	0.70±0.13	18.06±2.38	3.21±0.34
2015	GGFFZ01ABC_02	冷杉	皮	5	493.46±4.89	3.43±0.18	0.25±0.11	2.15±0.34	0.42±0.04	5.78±1.27	0.35±0.07	17.99±0.81	2.80±2.23
2015	GGFFZ01ABC_02	冷杉	干	5	481.74±3.21	2.89±0.37	0.18±0.10	1.98±0.73	0.20±0.06	4.37±4.53	0.32±0.17	16.81±0.81	0.73±0.25
2015	GGFFZ01ABC_02	冷杉	根	5	483.75±5.45	4.04±0.42	0.41±0.03	3.16±0.17	0.52±0.04	3.17±0.41	0.54±0.04	15.83±0.47	1.69±0.22
2015	GGFFZ01ABC_02	冬瓜杨	枝	5	472.04±20.05	8.35±3.80	0.80±0.29	7.12±1.34	0.68±0.11	18.71±10.35	0.70±0.15	16.71±1.16	5.94±2.29
2015	GGFFZ01ABC_02	冬瓜杨	叶	5	475.22±6.74	25.89±2.76	2.11±0.13	22.45±2.09	2.38±0.26	14.82±2.14	1.86±0.26	15.91±0.94	8.42±0.61
2015	GGFFZ01AFBC_02	冬瓜杨	皮	5	460.67±10.56	4.83±1.15	0.50±0.23	5.15±1.46	0.47±0.08	31.11±9.77	0.87±0.19	16.56±1.42	8.11±1.83
2015	GGFFZ01ABC_02	冬瓜杨	干	5	478.86±3.28	2.51±0.12	0.17±0.05	1.87±0.37	0.08±0.05	2.03±1.24	0.22±0.03	17.27±1.19	0.81±0.39
2015	GGFFZ01ABC_02	冬瓜杨	根	5	459.69±10.44	5.05±0.50	0.66±0.06	7.85±0.57	0.73±0.07	17.15±1.20	1.05±0.20	16.24±1.70	9.16±1.87
2015	GGFFZ01ABC_02	桦叶荚蒾	枝	5	468.75±0.92	4.60±0.34	0.60±0.12	6.87±0.48	0.63±0.24	8.67±1.32	0.84±0.10	16.63±0.53	3.62±0.43
2015	GGFFZ01ABC_02	桦叶荚蒾	叶	5	459.10±3.99	22.08±1.47	2.19±1.05	28.43±1.92	1.93±0.46	21.39±2.20	3.32±0.49	16.61±1.82	10.46±0.66
2015	GGFFZ01ABC_02	桦叶荚蒾	根	5	459.65±0.74	4.26±0.42	0.84±0.03	6.44±0.51	0.86±0.13	11.79±0.44	1.62±0.19	16.91±0.60	5.02±0.17
2015	GGFFZ01ABC_02	鹿蹄草	地上部分	5	483.95±2.25	13.63±2.26	1.73±0.12	14.90±0.77	0.89±0.04	9.21±0.34	2.33±0.14	17.60±0.74	4.90±0.10
2015	GGFFZ01ABC_02	鹿蹄草	地下部分	5	461.50±0.07	13.28±0.06	1.40±0.10	16.95±0.44	1.97±0.02	8.05±0.27	1.62±0.03	15.68±0.01	6.08±0.02
2015	GGFZQ01ABC_02	冷杉	枝	5	492.44±4.31	7.40±0.40	0.84±0.06	7.65±0.70	0.51±0.04	4.58±0.29	0.70±0.06	17.76±0.79	2.85±0.12
2015	GGFZQ01ABC_02	冷杉	叶	5	513.01±0.93	12.33±1.47	1.22±0.12	8.42±0.34	0.92±0.07	4.85±0.55	0.86±0.16	19.05±0.63	2.96±0.15
2015	GGFZQ01ABC_02	冷杉	皮	5	497.30±4.56	3.65±0.32	0.27±0.04	2.58±0.12	0.31±0.04	6.91±1.75	0.31±0.04	16.96±0.29	1.91±0.34
2015	GGFZQ01ABC_02	冷杉	干	5	486.02±2.11	1.96±0.58	0.11±0.05	1.38±0.45	0.09±0.02	0.71±0.03	0.13±0.02	16.78±0.81	0.36±0.10
2015	GGFZQ01ABC_02	冷杉	根	5	479.11±2.15	4.30±0.46	0.43±0.03	4.36±0.06	0.52±0.03	4.00±0.14	0.64±0.03	17.28±1.34	2.17±0.20
2015	GGFZQ01ABC_02	桦叶荚蒾	枝	5	465.21±0.26	4.70±0.26	0.60±0.10	6.80±0.10	0.59±0.02	9.02±0.11	1.35±0.02	16.53±0.75	3.58±0.01
2015	GGFZQ01ABC_02	桦叶荚蒾	叶	5	452.96±3.32	21.57±1.25	1.89±0.07	29.20±1.56	2.33±0.11	17.94±0.82	3.88±0.11	16.99±0.95	9.79±0.24
2015	GGFZQ01ABC_02	桦叶荚蒾	根	5	459.25±0.80	4.66±0.29	0.51±0.03	5.81±0.27	0.92±0.06	9.70±0.32	1.56±0.07	16.09±0.94	3.66±0.04
2015	GGFZQ01ABC_02	凉山悬钩子	地上部分	5	461.79±8.19	19.20±4.33	1.67±0.50	15.5±6.41	2.36±0.42	5.50±1.27	3.58±1.12	16.12±0.51	4.52±1.54
2015	GGFZQ01ABC_02	凉山悬钩子	地下部分	5	469.34±2.25	14.72±1.27	1.18±0.14	9.21±1.86	2.85±0.12	4.25±0.36	2.47±0.32	15.90±0.21	2.82

（续）

年	样地代码	植物种名	采样部位	重复数	全碳/(g/kg)	全氮/(g/kg)	全磷/(g/kg)	全钾/(g/kg)	全硫/(g/kg)	全钙/(g/kg)	全镁/(g/kg)	干重热值/(MJ/kg)	灰分/%
2015	GGFZH01ABC_02	植物生长盛期现存调落物	叶	5	483.34±15.17	12.03±0.44	0.98±0.13	1.90±0.44	1.14±0.06	9.25±1.54	1.13±0.23	16.50±1.27	7.16±1.56
2015	GGFZH01ABC_02	植物生长盛期现存调落物	枝	5	504.64±5.52	6.01±0.95	0.39±0.09	0.94±0.17	0.59±0.07	6.74±1.13	0.61±0.10	17.43±0.67	3.07±0.65
2015	GGFZH01ABC_02	植物生长盛期现存调落物	皮	2	475.05±6.78	7.05±1.30	0.50±0.07	1.12±0.25	0.73±0.10	8.34±0.21	1.00±0.28	15.80±1.36	6.11±2.61
2015	GGFZH01ABC_02	植物生长盛期现存调落物	花果	5	497.36±2.55	6.33±0.63	0.53±0.10	1.07±0.28	0.61±0.06	3.63±0.41	0.69±0.07	16.96±1.32	2.03±0.31
2015	GGFZH01ABC_02	植物生长盛期现存调落物	杂物	3	430.31±5.73	16.38±1.33	1.55±0.19	5.45±0.31	1.69±0.22	10.36±2.15	2.16±0.33	15.16±0.65	12.65±1.35
2015	GGFFZ01ABC_02	植物生长盛期现存调落物	叶	5	471.72±10.59	20.51±3.15	1.11±0.14	1.97±0.17	1.98±0.35	22.80±4.81	1.54±0.16	15.86±0.87	9.73±1.57
2015	GGFFZ01ABC_02	植物生长盛期现存调落物	枝	4	490.39±6.67	9.28±1.62	0.37±0.11	1.09±0.33	0.92±0.14	13.17±4.20	0.65±0.11	17.26±0.99	4.03±0.72
2015	GGFFZ01ABC_02	植物生长盛期现存调落物	杂物	1	432.15	17.80	1.35	6.09	1.98	16.03	2.05	15.78	10.95
2015	GGFZH01ABC_02	落叶期新增调落物	叶	5	483.37±12.65	13.83±0.97	1.01±0.12	1.92±0.35	1.31±0.11	12.07±2.02	1.22±0.18	16.45±0.94	7.72±1.34
2015	GGFZH01ABC_02	落叶期新增调落物	枝	1	507.97	6.40	0.44	1.02	0.63	7.50	0.63	17.30	3.45
2015	GGFFZ01ABC_02	落叶期新增调落物	叶	5	471.57±9.40	18.80±2.57	1.08±0.13	1.94±0.15	1.81±0.29	20.11±4.07	1.46±0.13	15.90±0.62	9.19±1.34
2015	GGFFZ01ABC_02	落叶期新增调落物	枝	2	506.04±1.32	6.19±0.13	0.42±0.01	0.96±0.07	0.59±0.01	6.42	0.64	17.73±0.25	3.12

3.1.14　动植物名录数据集

3.1.14.1　概述

贡嘎山动植物名录数据集为贡嘎山东坡海螺沟流域 4 个长期监测样地（1 个综合观测场、2 个辅助观测场和 1 个站区调查点）及 4 条长期监测样带 2007—2018 年观测的年尺度数据，包括动植物中文名及拉丁学名。

3.1.14.2　数据采集和处理方法

（1）数据采集

贡嘎山站自 1999 年以来，一直在 4 个长期监测样地连续观测并收集贡嘎山东坡海螺沟流域植物名录数据，观测频率 1 次/年。4 个长期监测样地分别为峨眉冷杉成熟林观景台综合观测场永久性样地（GGFZH01AC0＿01，29°34′23″N，101°59′19″E）、峨眉冷杉冬瓜杨演替林辅助观测场永久性样地（GGFFZ01AC0＿01，29°34′34″N，101°59′54″E）、峨眉冷杉成熟林辅助观测场永久性样地（GG-FFZ02A00＿01，29°34′27″N，101°59′51″E）和次生峨眉冷杉演替中龄林干河坝站区永久性样地（GGFZQ01A00＿01，29°34′33″N，101°59′40″E）。此外，还在 4 条样带针对鸟类和大型动物进行调查，观测频率 4 次/年，这 4 条样带的具体信息详见表 3-13。

表 3-13　贡嘎山站鸟类调查样线一览表

样带编号	样线位置	起点坐标	终点坐标
GGFNLYD01	冰川步游道	29°34′27″N，101°59′35″E	29°34′30″N，101°59′54″E
GGFNLYD02	金山饭店下	29°34′30″N，101°59′54″E	29°34′50″N，102°00′07″E
GGFNLYD03	海螺寺-草海子	29°34′6″N，101°59′39″E	29°34′35″N，102°00′04″E
GGFNLYD04	电站下段	29°37′32″N，102°06′13″E	29°37′44″N，102°06′28″E

（2）数据处理

将每年采集到的动植物名与贡嘎山站已有动植物名录数据集进行比对，若出现新增的动植物名则将该动植物标本和（或）照片发送给动植物分类专家进行鉴定，然后将该鉴定结果发给同领域另一位专家进行复核，复核确认后再将新增的动植物名录入贡嘎山站已有动植物名录数据集。如复核专家对鉴定结果有异议，需再找同领域专家进行鉴定，直至取得一致意见为止。

3.1.14.3　数据质量控制和评估

数据质量控制过程包括对源数据的检查整理、单个数据点的检查、数据转换和入库，以及元数据的编写、检查和入库。对源数据的检查包括文件格式化错误、存储损坏等明显的数据问题以及文件格式、字段标准化命名、字段量纲、数据完整性等。单个数据点的检查主要针对异常数据进行修正、剔除。

3.1.14.4　数据使用方法和建议

贡嘎山站动植物名录数据集收集了贡嘎山东坡海螺沟流域常见动、植物，受监测场地和调查范围的限制，该数据集主要对海螺沟海拔 3 000～3 250 m 动植物进行了长期、细致的监测，对其他区域的调查和监测相对较少，使用该数据集时应予以重视。

3.1.14.5　数据

见表 3-14，表 3-15。

表 3 - 14　动物名录

动物类别	动物名称	拉丁名
鸟类	大嘴乌鸦	*Corvus macrorhynchos*
鸟类	雪鹑	*Lerwa lerwa*
鸟类	血雉	*Ithaginis cruentus*
鸟类	灰头鹦鹉	*Psittacula himalayana*
鸟类	白腰雨燕	*Apus pacificus*
鸟类	小杜鹃	*Cuculus poliocephalus*
鸟类	大噪鹛	*Garrulax maximus*
鸟类	黄眉柳莺	*Phylloscopus inornatus*
鸟类	乌鹟	*Muscicapa sibirica*
鸟类	朱雀	*Carpodacus erythrinus*
鸟类	棕胸岩鹨	*Prunella strophiata*
鸟类	红嘴山鸦	*Pyrrhocorax pyrrhocorax*
鸟类	栗背岩鹨	*Prunella immaculata*
鸟类	长尾山椒鸟	*Pericrocotus ethogus*
鸟类	锈脸钩嘴鹛	*Pomatorhinus erythrogenys*
鸟类	暗绿柳莺	*Phylloscopus trochiloides*
鸟类	绿背山雀	*Parus monticolus*
鸟类	金眶鹟莺	*Seicercus burkii*
鸟类	紫啸鸫	*Myiophoneus caeruleus*
鸟类	鹰鹃	*Cuculus sparverioides*
鸟类	红嘴蓝鹊	*Pyrrhocorax pyrrhocorax*
鸟类	红尾水鸲	*Rhyacornis fuliginosus*
鸟类	树鹨	*Anthus hodgsoni*
鸟类	雀鹰	*Accipiter nisus*
鸟类	宝兴眉雀	*Moupinia poecilotis*
鸟类	蓝喉太阳鸟	*Aethopyga gouldiae*
鸟类	紫啸鸫	*Myiophoneus caeruleus*
鸟类	喜鹊	*Pica pica*
鸟类	乌嘴柳莺	*Phylloscopus magnirostris*
鸟类	绿背山雀	*Parus monticolus*
鸟类	松雀鹰	*Accipiter virgatus*
鸟类	棕腹仙鹟	*Niltava sundara*
鸟类	冠纹柳莺	*Phylloscopus reguloides*
鸟类	纯色啄花鸟	*Dicaeum concolor*
鸟类	红嘴相思鸟	*Leiothrix lutea*
鸟类	鹪鹩	*Trogladytes trogladytes*
鸟类	方尾鹟	*Culicicapa ceylonensis*
鸟类	褐冠山雀	*Parus dichrous*

（续）

动物类别	动物名称	拉丁名
鸟类	楔尾绿鸠	*Treron sphenura*
鸟类	酒红朱雀	*Carpodacus vinaceus*
鸟类	棕腹柳莺	*Phylloscopus subaffinis*
鸟类	黄腹扇尾鹟	*Rhipidura hypoxantha*
大型动物	藏酋猴	*Macaca thibetana*
大型动物	金丝猴	*Rhinopithecus roxellanae*
大型动物	小熊猫	*Ailurus fulgens*（F. Cuvier，1825）
大型动物	黑熊	*Selenarctos thibetanus*
大型动物	金猫	*Felis temmincki*
大型动物	豹猫	*Prionailurus bengalensis*
大型动物	豹	*Panthera pardus*
大型动物	野猪	*Sus scrofa*
大型动物	林麝	*Moschus berezovskii*
大型动物	水鹿	*Cervus unicolor*
小型动物	山溪鲵	*Batrachuperus pinchonii*
小型动物	大齿蟾	*Dreolalax major*
小型动物	沙坪角蟾	*Megophrys shapingensis*
小型动物	角蟾	*Megophrys*
小型动物	华西蟾蜍	*Bufo andrewsi*
小型动物	四川湍蛙	*Amolops mantzorum*
小型动物	横斑锦蛇	*Elaphe perlacea*
小型动物	黑眉锦蛇	*Elaphe taeniura*
小型动物	菜花原矛头蝮	*Protobothrops jerdonii*
小型动物	长吻鼹	*Euroscaptor longirostris*
小型动物	纹背鼩鼱	*Sorex cylindricauda*
小型动物	中麝鼩	*Crocidura pullata*
小型动物	藏鼠兔	*Ochotona thibetana*
小型动物	隐纹花松鼠	*Tamiops swinhoei*
小型动物	红颊长吻松鼠	*Dremomys rufigensis*
小型动物	龙姬鼠	*Apodemus draco*
小型动物	大耳姬鼠	*Apodemus latronum*
小型动物	高山姬鼠	*Apodemus chevrieri*
小型动物	社鼠	*Rattus niviventer*
小型动物	黑腹绒鼠	*Eothenomys melanogaster*
小型动物	松田鼠	*Pitymys irene* Thomas

表 3 - 15　植物名录

层片	植物种名	拉丁名
乔木层	峨眉冷杉	*Abies fabri*（Mast.）Craib
乔木层	扇叶槭	*Acer flabellatum* Rehder
乔木层	冬瓜杨	*Populus purdomii* Rehder
乔木层	红桦	*Betula albosinensis* Burkill
乔木层	糙皮桦	*Betula utilis* D. Don
乔木层	香桦	*Betula insignis* Franch.
乔木层	五尖槭	*Acer maximowiczii* Pax
灌木层	托叶樱桃	*Cerasus stipulacea*（Maxim.）T. T. Yu et C. L. Li
灌木层	宝兴茶藨子	*Ribes moupinense* Franch.
灌木层	杯萼忍冬	*Lonicera inconspicua* Batalin
灌木层	长序茶藨子	*Ribes longiracemosum* Franch.
灌木层	刺五加	*Eleutherococcus senticosus*（Rupr. et Maxim.）Maxim.
灌木层	大叶柳	*Salix magnifica* Hemsl.
灌木层	桦叶荚蒾	*Viburnum betulifolium* Batalin
灌木层	木通	*Akebia quinata*（Houtt.）Decne.
灌木层	鞘柄菝葜	*Smilax stans* Maxim.
灌木层	青荚叶	*Helwingia japonica*（Thunb. ex Murray）F. Dietr.
灌木层	豪猪刺	*Berberis julianae* C. K. Schneid.
灌木层	针刺悬钩子	*Rubus pungens* Cambess.
灌木层	野蔷薇	*Rosa multiflora* Thunb.
灌木层	泡叶栒子	*Cotoneaster bullatus* Bois
灌木层	稠李	*Padus avium* Mill.
灌木层	多对花楸	*Sorbus multijuga* Koehne
灌木层	华西臭樱	*Maddenia wilsonii* Koehne
灌木层	华西忍冬	*Lonicera webbiana* Wall. ex DC.
灌木层	丝毛柳	*Salix luctuosa* Lévl.
灌木层	美容杜鹃	*Rhododendron calophytum* Franch.
灌木层	沙棘	*Hippophae rhamnoides* L.
灌木层	山梅花	*Philadelphus incanus* Koehne
灌木层	太平花	*Philadelphus pekinensis* Rupr.
灌木层	显脉荚蒾	*Viburnum nervosum* Hook. et Arn.
灌木层	紫花卫矛	*Euonymus porphyreus* Loes.
灌木层	山光杜鹃	*Rhododendron oregdoxa* Franch.
灌木层	绒毛杜鹃	*Rhododendron pachytrichum* Franch.
灌木层	长鳞杜鹃	*Rhododendron longesquamatum* Schneid.
灌木层	毡毛栎叶杜鹃	*Rhododendron phaeochrysum* var. *levistratum*
灌木层	树生杜鹃	*Rhododendron dendrocharis* Franch.
灌木层	狗枣猕猴桃	*Actinidia kolomikta*（Maxim. et Rupr.）Maxim.
灌木层	绣球藤	*Clematis montana* Buch. -Ham. ex DC.

（续）

层片	植物种名	拉丁名
灌木层	全针蔷薇	*Rosa persetosa* Rolfe
灌木层	峨眉蔷薇	*Rosa omeiensis* Rolfe
灌木层	刚毛藤山柳	*Clematoclethra scandens* Maxim.
灌木层	四川冬青	*Ilex szechwanensis* Loes.
草本层	瓦韦	*Lepisorus thunbergianus*（Kaulf.）Ching
草本层	川滇马铃苣苔	*Oreocharis henryana* Oliv.
草本层	川滇苔草	*Carex schneideri* Nelmes
草本层	大叶茜草	*Rubia schumanniana* E. Pritz.
草本层	东方草莓	*Fragaria orientalis* Losinsk.
草本层	铁破锣	*Beesia calthifolia*（Maxim. ex Oliv.）Ulbr.
草本层	钝叶楼梯草	*Elatostema obtusum* Wedd.
草本层	多脉报春	*Primula polyneura* Franch.
草本层	高山唐松草	*Thalictrum alpinum* L.
草本层	华西龙头草	*Meehania fargesii*（H. Lév.）C. Y. Wu
草本层	黄水枝	*Tiarella polyphylla* D. Don
草本层	黄帚橐吾	*Ligularia virgaurea*（Maxim.）Mattf.
草本层	膜边轴鳞蕨	*Dryopsis clarkei*（Baker）Holttum et P. J. Edwards
草本层	凉山悬钩子	*Rubus fockeanus* Kurz
草本层	六叶葎	*Galium asperuloides* Edgew. subsp. hoffmeisteri（Klotzsch）Hara
草本层	圆叶鹿蹄草	*Pyrola rotundifolia* L.
草本层	管花鹿药	*Maianthemum henryi*（Baker）LaFrankie
草本层	矛叶荩草	*Arthraxon prionodes*（Steud.）Dandy
草本层	茜草	*Rubia cordifolia* L.
草本层	犬形鼠尾草	*Salvia cynica* Dunn
草本层	石生楼梯草	*Elatostema rupestre*（Buch. -Ham.）Wedd.
草本层	多穗石松	*Lycopodium annotinum* L.
草本层	山酢浆草	*Oxalis griffithii* Edgeworth et Hook. f.
草本层	西南毛茛	*Ranunculus ficariifolius* H. Lév. et Vaniot
草本层	细辛	*Asarum sieboldii* Miq.
草本层	独蒜兰	*Pleione bulbocodioides*（Franch.）Rolfe
草本层	狭叶荨麻	*Urtica angustifolia* Fisch. ex Hornem.
草本层	七叶一枝花	*Paris polyphylla* Sm.
草本层	珠芽蓼	*Polygonum viviparum* L.
草本层	猪殃殃	*Galium aparine* L. var. tenerum（Gren. et Godr.）Rchb.
草本层	羽毛地杨梅	*Luzula plumose* E. Mey

（续）

层片	植物种名	拉丁名
草本层	鹅观草	*Roegneria kamoji* Ohwi
草本层	四川早熟禾	*Poa szechuensis* Rendle
草本层	毛柱山梅花	*Philadelphus subcanus* Koehne

3.2　土壤观测数据

贡嘎山站在峨眉冷杉成熟林观景台综合观测场土壤观测样地（101°99′E、29°57′N、海拔 3 100 m，简称综合观测场，样地代码 GGFZH01）、峨眉冷杉演替中龄林干河坝站区长期采样点土壤观测样地（29°34′33″N、101°59′42″E、海拔 3 010 m，简称站区监测点，样地代码 GGFZQ01）、峨眉冷杉冬瓜杨演替林辅助观测场土壤观测样地（29°34′34″N、101°59′54″E、海拔 2 950 m，简称辅助观测场，样地代码 GGFFZ01）3 个长期监测样地实施土壤观测。

3.2.1　土壤交换量数据集

3.2.1.1　概述

土壤交换量数据可用于判断土壤肥力情况。贡嘎山站土壤交换量数据集为 2010、2015 年贡嘎山站在综合观测场、辅助观测场和站区监测点 3 个长期监测样地 2 个观测层次的土壤交换量数据，包括采样日期、样地代码、观测层次、交换性钙离子、交换性镁离子、交换性钾离子、交换性钠离子、交换性铝离子、交换性氢、阳离子交换量、交换性盐基总量、交换性酸总量及其采样重复数、标准差等多项指标。原始数据观测频率及出版数据频率均为每 5 年进行 1 次。

3.2.1.2　数据采集和处理方法

贡嘎山站土壤交换量土壤每个采样重复由 10～20 个按网格法、"之"字形、S 形或 W 形采样方式采集的样品混合而成。

数据处理方法：以土壤分中心的土壤报表为标准，样地采样分区所对应的观测值的个数为重复数，将每个样地全部采样分区的观测值取平均值，作为本数据产品的结果数据，同时标明重复数及标准差。

3.2.1.3　数据质量控制和评估

为确保数据质量，贡嘎山站土壤交换量数据质量控制参考"中国生态系统研究网络（CERN）长期观测质量管理规范"丛书《陆地生态系统土壤观测质量保证与质量控制》相关规定进行。具体包括：①测定时插入国家标准样品进行质控；②分析时进行 3 次平行样品测定；③利用校验软件检查每个监测数据是否超出相同土壤类型和采样深度的历史数据阈值范围、每个观测场监测项目均值是否超出该样地相同深度历史数据均值的 2 倍标准差、每个观测场监测项目标准差是否超出该样地相同深度历史数据的 2 倍标准差或者样地空间变异调查的 2 倍标准差等，对于超出范围的数据进行核实或再次测定。

3.2.1.4　数据价值/数据使用方法和建议

本数据集可供大专院校、科研院所在生态、环境、资源领域及其相关学科从事科学研究和生产开发的广大科技工作者参考使用。如果在数据使用过程中存在疑问或需要共享其他时间步长及时间序列的数据，请与四川贡嘎山森林生态系统国家野外科学观测研究站联系或登录其网站（http：//ggf.cern.ac.cn）。

3.2.1.5　数据

各分析指标的单位、小数位数及获取方法见表 3 - 16。数据见表 3 - 17。

表 3 - 16　贡嘎山站土壤交换量数据计量单位、小数位数、获取方法一览表

分析指标名称	计量单位	小数位数	2010 年 数据获取方法	2010 年 参照标准编号	2015 年 数据获取方法	2015 年 参照标准编号
交换性钙离子	mmol/kg（1/2 Ca^{2+}）	1	乙酸铵浸提原子吸收光	LY/T 1245—1999	EDTA-乙酸铵浸提法	LY/T 1245—1999
交换性镁离子	mmol/kg（1/2 mg^{2+}）	1	乙酸铵交换-原子吸收光谱法	LY/T 1245—1999	EDTA-乙酸铵浸提 ICP-OES 法	LY/T 1245—1999
交换性钾离子	mmol/kg（K$^+$）	2	乙酸铵交换-原子吸收光谱法	LY/T 1246—1999	EDTA-乙酸铵浸提 ICP-OES 法	LY/T 1246—1999
交换性钠离子	mmol/kg（Na$^+$）	2	乙酸铵交换-原子吸收光谱法	LY/T 1246—1999	EDTA-乙酸铵浸提 ICP-OES 法	LY/T 1246—1999
交换性铝离子	mmol/kg（1/3Al^{3+}）	2	氯化钾交换-中和滴定法	LY/T 1240—1999	中和滴定法	LY/T 1240—1999
交换性氢	mmol/kg（H$^+$）	2	氯化钾交换-中和滴定法	LY/T 1240—1999	中和滴定法	
阳离子交换量	mmol/kg	2	乙酸铵交换法	LY/T 1243—1999	EDTA、乙酸铵交换法-容量法	LY/T 1243—1999
交换性盐基总量	mmol/kg	2			加和法（交换性钾钠之和）	
交换性酸总量	mmol H$^+$/kg/3mmol Al^{3+}/kg	1	加和法	LY/T 1240—1999		

表 3 - 17　贡嘎山站土壤交换量状况表

年	月	样地代码	观测层次/cm	交换性钙离子 平均值	重复数	标准差	交换性镁离子 平均值	重复数	标准差	交换性钾离子 平均值	重复数	标准差	交换性钠离子 平均值	重复数	标准差	交换性铝离子 平均值	重复数	标准差
2010	9	GGFZH01	+5~0	7.4	6	6.64	0.8	6	0.36	1.82	6	0.51	1.01	6	0.16	1.11	6	0.60
2010	9	GGFFZ01	+5~0	21.9	3	3.07	0.5	3	0.02	1.71	3	0.26	1.26	3	0.02	0.29	3	0.13
2010	9	GGFZQ01	+5~0	14.1	3	0.79	0.5	3	0.04	1.73	3	0.05	1.24	3	0.03	0.59	3	0.27
2010	9	GGFZH01	0~20	9.1	6	5.72	1.0	6	0.21	0.54	6	0.14	0.55	6	0.44	2.57	6	1.95
2010	9	GGFFZ01	0~20	6.0	3	2.01	0.8	3	0.08	0.33	3	0.09	0.76	3	0.58	0.30	3	0.25
2010	9	GGFZQ01	0~20	2.8	3	0.45	0.7	3	0.11	0.31	3	0.05	0.28	3	0.04	1.20	3	0.29
2015	9	GGFZH01	+5~0	57.8	3	18.00	10.4	3	4.44	4.75	3	0.83	2.17	3	0.84	35.93	3	14.77
2015	9	GGFFZ01	+5~0	351.5	3	57.93	43.6	3	6.85	7.05	3	1.98	1.61	3	0.12	0.94	3	0.84
2015	9	GGFZQ01	+5~0	147.5	3	37.84	25.5	3	6.39	10.93	3	2.98	1.84	3	0.25	18.96	3	5.71
2015	9	GGFZH01	0~20	21.9	3	4.04	1.7	3	0.61	1.53	3	0.77	1.48	3	0.04	25.99	3	13.11

（续）

年	月	样地代码	观测层次/cm	交换性氢			阳离子交换量			交换性盐基总量			交换性酸总量		
				平均值	重复数	标准差	平均值	重复数	标准差	平均值	重复数	标准差	平均值	重复数	标准差
2010	9	GGFZH01	+5~0	0.69	6	0.41	114.8	6	26.30						
2010	9	GGFFZ01	+5~0	0.13	3	0.10	92.1	3	9.71						
2010	9	GGFZQ01	+5~0	0.96	3	0.87	108.4	3	10.81						
2010	9	GGFZH01	0~20	0.31	6	0.22	26.1	6	4.36						
2010	9	GGFFZ01	0~20	0.06	3	0.08	8.6	3	0.72						
2010	9	GGFZQ01	0~20	0.22	3	0.03	8.1	3	1.94						
2015	9	GGFZH01	+5~0	3.88	3	0.56	312.6	3	76.89	75.0	3	23.08	39.81	3	14.64
2015	9	GGFFZ01	+5~0	2.64	3	0.41	631.1	3	185.30	403.7	3	64.41	3.58	3	1.14
2015	9	GGFZQ01	+5~0	15.51	3	4.78	546.0	3	113.77	185.7	3	40.86	34.47	3	9.55
2015	9	GGFZH01	0~20	3.10	3	2.52	285.0	3	96.37	26.5	3	5.40	29.09	3	11.79
2015	9	GGFFZ01	0~20				44.6	3	14.83						
2015	9	GGFZQ01	0~20				37.1	3	0.57						

注：土壤样品为碱性，只做阳离子交换量的检测。

3.2.2　土壤养分数据集

3.2.2.1　概述

土壤养分是由土壤提供的植物生长所必需的营养元素。贡嘎山站土壤养分数据集为贡嘎山站在综合观测场、辅助观测场和站区监测点 3 个长期监测样地于 2010、2015 年度的土壤养分数据，包括采样日期、样地代码、观测层次、土壤有机质、全氮、全磷、全钾、有效磷、速效钾、缓效钾、水溶液提 pH 及其采样重复数、标准差等多项指标。原始数据观测频率及出版数据频率均为每 5 年进行 1 次。

3.2.2.2　数据采集和处理方法

土壤养分表层土壤采样：综合观测场 6 个重复，辅助观测场和站区监测点至少 3 个重复；每个重复由 10～20 个按网格法、"之"字形、S 形或 W 形采样方式采集的样品混合而成。

土壤养分剖面土壤采样：综合观测场、辅助观测场和站区监测点至少 3 个重复，每个重复为所在采样分区内多个土壤剖面采样点按深度等量混合。在采样前首先确定剖面采样分区在观测场中的相对位置并与历史剖面采样位置进行对比，以保证采样在观测场中的代表性。采样深度划分执行规范的同时参考 2005 年和 2010 年历史采样深度，以保证遵守规范的同时亦与历史数据保持一致性。剖面样以挖剖面坑法逐层采集（剖面坑采样需要避开历史采样遗留的剖面坑，因为底层土壤长期暴露在空气中将导致土壤理化性质发生改变）。剖面土壤采样量一次性采够，以通过增加采样点数来保证采集到的样品质量。采集的样品当场混合均匀，风干前挑除大于 2 cm 的石砾和较大根系，记录石砾的重量，掰碎小于 2 cm 的土块后风干；样品统一风干后再分取，用于不同的分析和保存用途。

数据处理方法同土壤交换量数据集（3.2.1.2）。

3.2.2.3　数据质量控制和评估

为确保数据质量，贡嘎山站土壤养分数据质量控制方法同土壤交换量数据集（3.2.1.3）

3.2.2.4　数据价值/数据使用

方法和建议同 3.2.1.4。

3.2.2.5　数据

各分析指标的单位、小数位数及获取方法见表 3 - 18。数据见表 3 - 19 和表 3 - 20。

3.2.3　土壤速效微量元素数据集

3.2.3.1　概述

贡嘎山站土壤速效微量元素数据集为 2010、2015 年贡嘎山站在综合观测场、辅助观测场和站区监测点 3 个长期监测样地 2 个观测层次的土壤速效微量元素数据，包括了采样日期、样地代码、观测层次、有效铜、有效硼、有效锰、有效硫及其采样重复数、标准差等多项指标。原始数据观测频率及出版数据频率均为每 5 年进行 1 次。

3.2.3.2　数据采集和处理方法

贡嘎山站土壤速效微量元素土壤采样：每个重复由 10～20 个按网格法、"之"字形、S 形或 W 形采样方式采集的样品混合而成。

数据处理方法同土壤交换量数据集（3.2.1.2）。

3.2.3.3　数据质量控制和评估

为确保数据质量，贡嘎山站土壤速效微量元素数据质量方法同土壤交换量数据集（3.2.1.2）。

3.2.3.4　数据价值/数据使用方法和建议

同 3.2.1.4。

3.2.3.5　数据

各分析指标单位、小数位数及获取方法见表 3 - 21。数据见表 3 - 22。

表 3－18　贡嘎山站土壤养分数据计量单位、小数位数、获取方法一览表

分析指标名称	计量单位	小数位数	2010 年 数据获取方法	2010 年 参照标准编号	2015 年 数据获取方法	2015 年 参照标准编号、参考文献
土壤有机质	g/kg	1	重铬酸钾氧化-外加热法	LY/T 1237—1999	重铬酸钾氧化-外加热法	LY/T 1237—1999
全氮	g/kg	2	半微量开氏法	LY/T 1228—2015	半微量凯氏法	LY/T 1228—2015
全磷	g/kg	3	氢氧化钠碱熔-钼锑抗比色法	GB 7852—87	硫酸-高氯酸消煮-钼锑抗比色法	GB 7852—87;《土壤理化分析与剖面描述》第 154 页
全钾	g/kg	1	氢氧化钠碱熔-火焰光度法	GB 7854—87	氢氧化钠碱熔-火焰光度法	GB 7854—87;《土壤理化分析与剖面描述》第 160 页
有效磷	mg/kg	1	盐酸-氟化铵浸提-钼锑抗比色法	GB 7853—87	碳酸氢钠浸提-钼锑抗比色法	GB 12297—90;《土壤理化分析与剖面描述》第 157 页
速效钾	mg/kg	1	乙酸铵浸提-火焰光度法	GB 7856—87	乙酸铵浸提-火焰光度法	GB 7856—87;《土壤理化分析与剖面描述》第 164 页
缓效钾	mg/kg	0	硝酸浸提-火焰光度法	GB 7855—87	硝酸浸提-火焰光度法	GB 7855—87;《土壤理化分析与剖面描述》第 162 页
水溶液提 pH	无量纲	2	水溶液提取法(水土比为 2.5：1)	GB 7859—87	电位法	GB 7859—87;《土壤理化分析与剖面描述》第 171 页

表 3－19　土壤养分状况表 1

年-月	样地代码	观测层次/cm	土壤有机质/(g/kg) 平均值	重复数	标准差	全氮(N)/(g/kg) 平均值	重复数	标准差	全磷(P)/(g/kg) 平均值	重复数	标准差	全钾(K)/(g/kg) 平均值	重复数	标准差
2010-9	GGFFZ01	+5~0	554.3	3	91.34	1.74	3	0.06	1.264	3	0.18	27.9	3	2.30
2010-9	GGFZH01	+5~0	460.5	6	126.26	1.66	6	0.37	1.288	6	1.05	18.7	6	4.22
2010-9	GGFZQ01	+5~0	481.9	3	67.24	1.43	3	0.29	1.011	3	0.43	33.9	3	1.17
2010-9	GGFFZ01	0~10	17.3	3	2.05	0.66	3	0.18	0.864	3	0.13	26.0	3	4.33
2010-9	GGFZH01	0~10	101.5	6	13.63	3.88	6	1.05	1.283	6	0.76	17.4	6	6.09
2010-9	GGFZQ01	0~10	25.2	3	8.47	0.96	3	0.43	1.042	3	0.51	34.0	3	2.04
2010-9	GGFFZ01	10~20	13.5	3	1.79	0.41	3	0.13						
2010-9	GGFZH01	10~20	83.5	6	12.88	2.80	6	0.76						
2010-9	GGFZQ01	10~20	20.1	3	11.40	0.77	3	0.51						

（续）

年-月	样地代码	观测层次/cm	土壤有机质/(g/kg)			全氮(N)/(g/kg)			全磷(P)/(g/kg)			全钾(K)/(g/kg)		
			平均值	重复数	标准差	平均值	重复数	标准差	平均值	重复数	标准差	平均值	重复数	标准差
2010-9	GGFFZ01	20~40	10.3	3	1.45	0.28	3	0.04	1.079	3	0.04	30.1	3	4.32
2010-9	GGFZH01	20~40	71.9	6	24.70	2.45	6	1.00	1.520	6	0.59	18.2	6	1.88
2010-9	GGFZQ01	20~40	10.2	3	0.33	0.25	3	0.06	1.081	3	0.04	35.7	3	0.81
2010-9	GGFFZ01	40~60	13.6	3	4.32	0.32	3	0.14	0.937	3	0.05	31.0	3	1.32
2010-9	GGFZH01	40~60	58.0	6	28.62	1.87	6	1.07	1.330	6	0.14	17.0	6	3.44
2010-9	GGFZQ01	40~60	10.1	3	2.24	0.27	3	0.12	1.014	3	0.06	36.0	3	1.84
2010-9	GGFFZ01	60~100	11.5	3	1.45	0.32	3	0.09	0.822	3	0.25	30.3	3	0.63
2010-9	GGFZH01	60~100	48.5	6	25.89	1.61	6	0.99	1.470	6	0.26	17.1	6	1.67
2010-9	GGFZQ01	60~100	9.0	3	2.56	0.24	3	0.16	1.073	3	0.03	35.2	3	2.15
2015-9	GGFFZ01	+5~0	189.0	6	23.08	8.38	6	1.05						
2015-9	GGFZH01	+5~0	136.2	6	22.25	6.45	6	1.03						
2015-9	GGFZQ01	+5~0	264.6	6	108.04	8.87	6	1.89						
2015-9	GGFFZ01	0~10	13.5	6	3.31	0.97	6	0.33	1.231	6	0.17	35.2	6	1.94
2015-9	GGFZH01	0~10	72.7	6	25.94	3.36	6	1.11	1.420	6	0.44	19.0	6	1.92
2015-9	GGFZQ01	0~10	12.8	6	2.73	0.84	6	0.25	1.159	6	0.16	33.1	6	3.78
2015-9	GGFFZ01	10~20	9.4	6	2.86	0.69	6	0.33	1.193	6	0.04	34.4	6	0.72
2015-9	GGFZH01	10~20	67.2	6	50.40	2.76	6	1.98	1.246	6	0.20	19.9	6	1.40
2015-9	GGFZQ01	10~20	11.4	6	2.16	0.74	6	0.18	1.160	6	0.23	32.3	6	2.86
2015-9	GGFFZ01	20~40	9.6	6	1.70	0.58	6	0.19	1.115	6	0.02	34.5	6	2.28
2015-9	GGFZH01	20~40	56.0	6	22.15	2.37	6	0.85	1.298	6	0.35	19.8	6	2.75

（续）

年-月	样地代码	观测层次/cm	土壤有机质/(g/kg)			全氮(N)/(g/kg)			全磷(P)/(g/kg)			全钾(K)/(g/kg)		
			平均值	重复数	标准差	平均值	重复数	标准差	平均值	重复数	标准差	平均值	重复数	标准差
2015-9	GGFZQ01	20~40	10.1	6	3.62	0.58	6	0.15	1.167	6	0.15	32.8	6	3.42
2015-9	GGFFZ01	40~60	7.4	6	0.34	0.55	6	0.15	1.191	6	0.12	35.9	6	1.46
2015-9	GGFZH01	40~60	32.2	6	8.60	1.39	6	0.23	1.366	6	0.26	20.3	6	3.10
2015-9	GGFZQ01	40~60	10.4	6	4.59	0.76	6	0.22	1.196	6	0.02	37.0	6	0.34
2015-9	GGFFZ01	60~100	6.7	6	1.20	0.53	6	0.08	1.168	6	0.05	38.3	6	3.91
2015-9	GGFZH01	60~100	26.0	6	1.07	1.22	6	0.13	1.584	6	0.66	21.2	6	2.21
2015-9	GGFZQ01	60~100	5.8	6	0.25	0.44	6	0.12	1.195	6	0.11	37.1	6	0.11

表3-20 土壤养分状况表2

年-月	样地代码	观测层次/cm	有效磷(P)/(mg/kg)			速效钾(K)/(mg/kg)			缓效钾(K)/(mg/kg)	水溶液提 pH		
			平均值	重复数	标准差	平均值	重复数	标准差	平均值	平均值	重复数	标准差
2010-4	GGFFZ01	+5~0	10.4	3	1.31	695.9	3	190.38				
2010-4	GGFZH01	+5~0	11.4	6	5.92	695.9	6	269.99				
2010-4	GGFZQ01	+5~0	19.6	3	4.47	685.4	3	172.30				
2010-4	GGFFZ01	0~20	1.1	3	0.12	53.7	3	5.94				
2010-4	GGFZH01	0~20	0.7	6	0.43	124.2	6	54.85				
2010-4	GGFZQ01	0~20	1.4	3	0.15	45.5	3	3.92				
2010-6	GGFFZ01	+5~0	64.4	3	10.48	564.7	3	43.25				
2010-6	GGFZH01	+5~0	52.3	6	10.36	440.6	6	94.05				
2010-6	GGFZQ01	+5~0	59.7	3	5.86	439.2	3	68.63				
2010-6	GGFFZ01	0~20	1.7	3	0.13	44.2	3	10.67				
2010-6	GGFZH01	0~20	4.8	6	2.36	111.1	6	47.11				
2010-6	GGFZQ01	0~20	1.6	3	0.25	50.9	3	7.99				
2010-8	GGFFZ01	+5~0	26.4	3	2.33	575.4	3	58.43				
2010-8	GGFZH01	+5~0	30.4	6	9.48	526.6	6	125.47				
2010-8	GGFZQ01	+5~0	38.3	3	9.24	566.7	3	132.17				
2010-8	GGFFZ01	0~20	1.8	3	0.16	50.0	3	9.18				

（续）

年-月	样地代码	观测层次/cm	有效磷（P）/（mg/kg）平均值	重复数	标准差	速效钾（K）/（mg/kg）平均值	重复数	标准差	缓效钾（K）/（mg/kg）平均值	重复数	标准差	水溶液提 pH 平均值	重复数	标准差
2010-8	GGFZH01	0~20	2.0	6	0.67	87.7	6	49.94						
2010-8	GGFZQ01	0~20	3.1	3	0.34	81.4	3	5.31						
2010-9	GGFFZ01	+5~0				575.4	3	58.43	829	3	175.98	5.94	3	0.24
2010-9	GGFZH01	+5~0				526.6	6	125.47	248	6	226.32	4.97	6	0.50
2010-9	GGFZQ01	+5~0				566.7	3	132.17	591	3	171.64	4.85	3	0.52
2010-9	GGFFZ01	0~20				49.2	3	7.70	4 356	3	295.85	6.21	3	0.23
2010-9	GGFZH01	0~20				114.4	6	35.89	944	6	362.45	5.63	6	0.62
2010-9	GGFZQ01	0~20				54.3	3	7.72	4 912	3	189.66	5.61	3	0.18
2010-10	GGFFZ01	+5~0	13.1	3	1.82	531.6	3	133.37						
2010-10	GGFZH01	+5~0	15.5	6	9.07	323.5	6	87.53						
2010-10	GGFZQ01	+5~0	16.3	3	3.91	381.4	3	95.12						
2010-10	GGFFZ01	0~20	1.8	3	0.08	57.0	3	10.72						
2010-10	GGFZH01	0~20	3.4	6	1.06	113.6	6	34.56						
2010-10	GGFZQ01	0~20	1.7	3	0.81	45.7	3	3.09						
2015-4	GGFFZ01	+5~0	25.4	6	19.97	275.0	6	194.09						
2015-4	GGFZH01	+5~0	29.9	6	33.68	180.0	6	154.92						
2015-4	GGFZQ01	+5~0	28.5	6	30.77	245.0	6	163.19						
2015-4	GGFFZ01	0~20	14.1	6	17.76	218.0	6	221.40						
2015-4	GGFZH01	0~20	32.2	6	32.19	255.0	6	247.53						
2015-4	GGFZQ01	0~20	34.8	6	35.81	191.7	6	95.59						
2015-6	GGFFZ01	+5~0	26.9	6	5.62	325.4	6	127.61						
2015-6	GGFZH01	+5~0	29.1	6	10.74	321.2	6	76.68						
2015-6	GGFZQ01	+5~0	31.8	6	3.61	394.3	6	70.69						
2015-6	GGFFZ01	0~20	2.0	6	0.37	62.5	6	12.94						
2015-6	GGFZH01	0~20	4.7	6	2.45	78.5	6	28.04						

（续）

年-月	样地代码	观测层次/cm	有效磷（P）/（mg/kg）			速效钾（K）/（mg/kg）			缓效钾（K）/（mg/kg）			水溶液提 pH		
			平均值	重复数	标准差	平均值	重复数	标准差	平均值	重复数	标准差	平均值	重复数	标准差
2015-6	GGFZQ01	0~20	3.0	6	0.34	57.3	6	6.59						
2015-8	GGFFZ01	+5~0	21.8	6	3.78	381.8	6	73.33						
2015-8	GGFZH01	+5~0	46.0	6	16.72	379.5	6	96.43						
2015-8	GGFZQ01	+5~0	28.3	6	4.45	342.6	6	96.72						
2015-8	GGFFZ01	0~20	2.2	6	0.08	56.0	6	5.05						
2015-8	GGFZH01	0~20	4.5	6	1.63	72.3	6	27.50						
2015-8	GGFZQ01	0~20	2.7	6	0.89	48.6	6	7.22						
2015-9	GGFFZ01	+5~0				287.6	6	111.60	1 188	6	570.52	4.50	6	0.37
2015-9	GGFZH01	+5~0				151.8	6	39.14	473	6	226.16	4.50	6	0.72
2015-9	GGFZQ01	+5~0				412.0	6	93.53	510	6	181.40	4.73	6	0.75
2015-9	GGFFZ01	0~20				48.2	6	6.39	5 081	6	125.83	6.87	6	0.61
2015-9	GGFZH01	0~20				40.3	6	15.62	865	6	894.51	4.49	6	0.67
2015-9	GGFZQ01	0~20				42.3	6	2.28	4 725	6	91.19	5.71	6	0.50
2015-10	GGFFZ01	+5~0	16.3	6	4.31	341.7	6	39.37						
2015-10	GGFZH01	+5~0	40.3	6	28.09	144.4	6	51.48						
2015-10	GGFZQ01	+5~0	20.6	6	10.46	207.0	6	26.96						
2015-10	GGFFZ01	0~20	0.7	6	0.17	57.6	6	8.17						
2015-10	GGFZH01	0~20	4.0	6	2.24	58.2	6	17.22						
2015-10	GGFZQ01	0~20	1.5	6	0.49	50.6	6	6.27						

表 3-21　贡嘎山站土壤速效微量元素数据计量单位、小数位数、获取方法一览表

分析指标名称	计量单位	小数位数	2010 年 数据获取方法	参照标准编号	2015 年 数据获取方法	参照标准编号/参考文献
有效铜（Cu）	mg/kg	2	盐酸浸提-原子吸收法	GB 7879-87	酸性土盐酸提取，碱性土 DTPA 提取-AA 检测	《土壤农业化学常规分析方法》第 132 页
有效硼（B）	mg/kg	3	沸水浸提-姜黄素比色法	GB 12298-90	沸水提取-ICP 检测	《土壤农业化学常规分析方法》第 154 页
有效锰（Mn）	mg/kg	2	乙酸铵-对苯二酚浸提-原子吸收法	GB 7883-87	酸性土盐酸提取，碱性土 DTPA 提取-AA 检测	《土壤农业化学常规分析方法》第 132 页
有效硫（S）	mg/kg	2	磷酸盐浸提-硫酸钡比浊法	NY/T 1121.14-2006	碱性土 CaCl$_2$ 提取-ICP 检测	NY/T 1121.14-2006

表 3-22　土壤速效微量元素状况表

年-月	样地代码	观测层次/cm	有效铜/(mg/kg) 平均值	重复数	标准差	有效硼/(mg/kg) 平均值	重复数	标准差	有效锰/(mg/kg) 平均值	重复数	标准差	有效硫/(mg/kg) 平均值	重复数	标准差
2010-9	GGFZH01	+5~0	1.87	6	1.09	0.269	6	0.11	244.98	6	154.69	4.61	6	1.68
2010-9	GGFFZ01	+5~0	0.88	3	0.41	0.159	3	0.03	149.75	3	24.93	6.09	3	0.61
2010-9	GGFZQ01	+5~0	1.18	3	0.29	0.070	3	0.10	136.57	3	52.89	7.38	3	3.25
2010-9	GGFZH01	0~20	0.98	6	0.23	0.398	6	0.04	131.38	6	39.49	20.48	6	2.74
2010-9	GGFFZ01	0~20	1.60	3	0.58	0.259	3	0.01	66.60	3	2.25	9.60	3	2.50
2010-9	GGFZQ01	0~20	1.38	3	0.08	0.292	3	0.01	53.80	3	2.69	9.61	3	0.86
2015-9	GGFZH01	+5~0	0.90	3	0.12	0.163	3	0.10	54.48	3	60.80	21.24	3	10.11
2015-9	GGFFZ01	+5~0	0.78	3	0.18	0.612	3	0.13	130.40	3	41.43	27.66	3	7.20
2015-9	GGFZQ01	+5~0	1.34	3	0.48	0.088	3	0.01	44.23	3	25.73	45.11	3	37.13
2015-9	GGFZH01	0~20	0.90	3	0.10	0.130	3	0.18	13.85	3	4.95	6.99	3	1.80
2015-9	GGFFZ01	0~20	3.13	3	1.04	0.249	3	0.21	57.16	3	6.44	6.21	3	5.13
2015-9	GGFZQ01	0~20	3.08	3	0.85	0.133	3	0.14	53.47	3	12.44	11.41	3	2.48

3.2.4　剖面土壤机械组成数据集

3.2.4.1　概述

自然土壤的矿物质都是由大小不同的土粒组成的，各个粒级在土壤中所占的相对比例或质量分数称为土壤机械组成，也称为土壤质地。土壤机械组成不仅是土壤分类的重要诊断指标，也是影响土壤水、肥、气、热状况，物质迁移转化及土壤退化过程的重要因素，还是土壤地理研究、与农业生产相关的土壤改良、土建工程和区域水分循环过程等研究的重要内容。贡嘎山站剖面土壤机械组成数据集为 2015 年贡嘎山站综合观测场、辅助观测场和站区监测点 3 个长期监测样地在 0～10、10～20、20～40、40～60、60～100 cm 共 5 个观测层次的土壤机械组成数据，包括了采样日期、样地代码、观测层次、>2 mm 百分比、0.05～2 mm 百分比、0.002～0.05 mm 百分比、<0.002 mm 百分比、土壤质地名称及其采样重复数等多项指标。原始数据观测频率及出版数据频率均为每 10 年进行 1 次。

3.2.4.2　数据采集和处理方法

对于土壤机械组成剖面土壤采样，综合观测场、辅助观测场和站区监测点各 3 个重复，每个重复为所在采样分区内多个土壤剖面采样点按深度等量混合。剖面土壤采样量一次性采够，以通过增加采样点数来保证采集到的样品质量。采集的样品当场混合均匀，风干前挑除大于 2 cm 的石砾和较大根系，记录石砾的重量，掰碎小于 2 cm 的土块后风干；样品统一风干后再分取，用于不同的分析和保存用途。

2015 年森林生态系统中剖面土壤机械组成监测采样增加了一个">2 mm 石砾含量"，石砾的粒径范围采用 2～30 mm，风干后的原状土过 2 mm 筛前测定，如果不能通过 2 mm 筛的石砾较多，则超出 1% 时需进行记录，但沙粒、粉粒和黏粒含量仍然按土壤机械组成测定的方法（吸管法，参照 GB7845—87）测定，其百分比仍是以过 2 mm 筛的土壤为基准进行计算，即沙粒、粉粒和黏粒含量的总和要接近 100%。

数据处理方法同土壤交换量数据集（3.2.1.2）。数据单位为%，保留 2 位小数。土壤质地名称按美国制三角坐标图进行确定。

3.2.4.3　数据质量控制和评估

为确保数据质量，贡嘎山站土壤机械组成数据质量控制参考《中国生态系统研究网络（CERN）长期观测质量管理规范》丛书《陆地生态系统土壤观测质量保证与质量控制》相关规定进行，采取平行质控，分析时进行 3 次平行样品测定。

3.2.4.4　数据价值/数据使用方法和建议

同 3.2.1.4。

3.2.4.5　数据

见表 3-23。

表 3-23　剖面土壤机械组成状况表

年-月	样地代码	观测层次/ cm	>2 mm/ %	0.05～2 mm/ %	0.002～0.05 mm/ %	<0.002 mm/ %	重复数	土壤质地名称（按美国制三角坐标图）
2015 - 9	GGFFZ01	0～10	2.95	78.75	18.66	2.59	3	壤质沙土
2015 - 9	GGFZH01	0～10	0.00	79.47	13.37	7.16	3	壤质沙土
2015 - 9	GGFZQ01	0～10	1.89	77.82	17.94	4.24	3	壤质沙土
2015 - 9	GGFFZ01	10～20	4.67	76.91	18.58	4.51	3	壤质沙土
2015 - 9	GGFZH01	10～20	0.00	76.83	15.65	7.52	3	壤质沙土
2015 - 9	GGFZQ01	10～20	6.11	76.84	19.00	4.15	3	壤质沙土

（续）

年-月	样地代码	观测层次/cm	>2 mm/%	0.05~2 mm/%	0.002~0.05 mm/%	<0.002 mm/%	重复数	土壤质地名称（按美国制三角坐标图）
2015 - 9	GGFFZ01	20~40	5.55	76.94	19.37	3.69	3	壤质沙土
2015 - 9	GGFZH01	20~40	0.00	74.55	16.63	8.83	3	壤质沙土
2015 - 9	GGFZQ01	20~40	7.26	76.29	19.57	4.14	3	壤质沙土
2015 - 9	GGFFZ01	40~60	4.59	77.82	19.16	3.01	3	壤质沙土
2015 - 9	GGFZH01	40~60	0.00	79.23	13.77	7.00	3	壤质沙土
2015 - 9	GGFZQ01	40~60	7.62	75.98	20.68	3.34	3	壤质沙土
2015 - 9	GGFFZ01	60~100	5.24	76.51	21.13	2.36	3	壤质沙土
2015 - 9	GGFZH01	60~100	0.00	80.15	12.21	7.64	3	壤质沙土
2015 - 9	GGFZQ01	60~100	2.02	77.63	18.76	3.61	3	壤质沙土

3.2.5 剖面土壤容重数据集

3.2.5.1 概述

土壤容重应称为干容重，又称土壤假比重，是一定容积的土壤（包括土粒及粒间的孔隙）烘干后质量与烘干前体积的比值。贡嘎山站土壤容重数据集为贡嘎山站在综合观测场、辅助观测场和站区监测点3个长期监测样地于2010、2015两个年度的土壤容重数据，包括采样日期、样地代码、观测层次、容重及其采样重复数、标准差等多项指标。规定监测频率为每10年1次，实际出版数据频率为每5年1次。

3.2.5.2 数据采集和处理方法

2010年仅有0~20 cm 1个观测层次，2015年则有0~10 cm、10~20 cm、20~40 cm、40~60 cm、60~100 cm 5个观测层次。以环刀法（参照标准 NY/T 1121.4—2006）采样，在每个采样分区内使用环刀在对应的深度上采集多个采样点的原状土样样品，分别测定其含水量换算土壤容重，最后计算出平均值、标准差和采样重复数。

数据处理方法同土壤交换量数据集（3.2.1.2）。数据单位为 g/cm³，保留2位小数。

3.2.5.3 数据质量控制和评估

为确保数据质量，贡嘎山站土壤容重数据质量控制方法同剖面土壤机械组成数据集（3.2.4.3）。

3.2.5.4 数据价值/数据使用方法和建议

同 3.2.1.4。

3.2.5.5 数据

见表 3 - 24。

表 3 - 24 贡嘎山站剖面土壤容重状况表

年-月	样地代码	观测层次/cm	容重/（g/cm³）	重复数	标准差
2010 - 5	GGFZH01	0~20	0.72	6	0.18
2010 - 5	GGFFZ01	0~20	1.28	3	0.06
2010 - 5	GGFZQ01	0~20	1.08	3	0.18
2015 - 9	GGFFZ01	0~10	1.24	3	0.09
2015 - 9	GGFZH01	0~10	0.71	3	0.25
2015 - 9	GGFZQ01	0~10	1.28	3	0.13
2015 - 9	GGFFZ01	10~20	1.31	3	0.14
2015 - 9	GGFZH01	10~20	0.89	3	0.20

（续）

年-月	样地代码	观测层次/cm	容重/（g/cm³）	重复数	标准差
2015 - 9	GGFZQ01	10~20	1.26	3	0.03
2015 - 9	GGFFZ01	20~40	1.58	3	0.05
2015 - 9	GGFZH01	20~40	0.90	3	0.25
2015 - 9	GGFZQ01	20~40	1.26	3	0.15
2015 - 9	GGFFZ01	40~60	1.57	3	0.05
2015 - 9	GGFZH01	40~60	0.92	3	0.24
2015 - 9	GGFZQ01	40~60	1.32	3	0.16
2015 - 9	GGFFZ01	60~100	1.64	3	0.10
2015 - 9	GGFZH01	60~100	1.08	3	0.22
2015 - 9	GGFZQ01	60~100	1.61	3	0.05

3.2.6　剖面土壤重金属全量数据集

3.2.6.1　概述

贡嘎山站土壤重金属全量数据集为 2015 年贡嘎山站综合观测场、辅助观测场和站区监测点 3 个长期监测样地在 0~10 cm、10~20 cm、20~40 cm、40~60 cm、60~100 cm 5 个观测层次的土壤重金属全量数据，包括采样日期、样地代码、采样层次、镉（Cd）、铅（Pb）、铬（Cr）、镍（Ni）、汞（Hg）、砷（As）、硒（Se）及其采样重复数、标准差等多项指标。原始数据观测频率及出版数据频率均为每 10 年进行 1 次。

3.2.6.2　数据采集和处理方法

对于土壤重金属全量数据剖面土壤采样，综合观测场、辅助观测场和站区监测点各 3 个重复，每个重复为所在采样分区内多个土壤剖面采样点按深度等量混合。剖面土壤采样量一次性采够，以通过增加采样点数来保证采集到的样品质量。采集的样品当场混合均匀，风干前挑除大于 2 cm 的石砾和较大根系，记录石砾的重量，掰碎小于 2 cm 的土块后风干；样品统一风干后再分取，用于不同的分析和保存用途。样品采集和处理过程中注意避免金属和玻璃制品对拟分析元素造成污染。

数据处理方法同土壤交换量数据集（3.2.1.2）。

3.2.6.3　数据质量控制和评估

为确保数据质量，贡嘎山站土壤重金属全量数据质量控制。

3.2.6.4　数据价值/数据使用方法和建议

同 3.2.1.4。

3.2.6.5　数据

各分析指标单位、小数位数及获取方法见表 3 - 25。数据见表 3 - 26。

表 3 - 25　贡嘎山站剖面土壤重金属全量数据计量单位、小数位数、获取方法一览表

分析指标名称	计量单位	小数位数	数据获取方法、使用仪器	参照标准编号、参考文献
镉	mg/kg	3	四酸溶样- MS 检测；Agilent：ICP - MS，7700X	《土壤农业化学分析方法》第 224 页
铅	mg/kg	2	四酸溶样- MS 检测；Agilent：ICP - MS，7700X	《土壤农业化学分析方法》第 224 页
铬	mg/kg	1	四酸溶样- MS 检测；Agilent：ICP - MS，7700X	《土壤农业化学分析方法》第 224 页
镍	mg/kg	1	四酸溶样- MS 检测；Agilent：ICP - MS，7700X	《土壤农业化学分析方法》第 224 页
汞	mg/kg	2	王水溶样- AF 检测；北京瑞利：AF - 610 d2	NY/T 1121.10—2006
砷	mg/kg	2	王水溶样- AF 检测	NY/T 1121.11—2006
硒	mg/kg	2	王水溶样- AF 检测	NY/T 1104—2006

表3-26　贡嘎山站剖面土壤重金属全量状况表

年-月	样地代码	观测层次/cm	重复数	镉/(mg/kg)		铅/(mg/kg)		铬/(mg/kg)		镍/(mg/kg)		汞/(mg/kg)		砷/(mg/kg)		硒/(mg/kg)	
				平均值	标准差	平均值	标准差	平均值	标准差	平均值	标准差	平均值	标准差	平均值	标准差	平均值	标准差
2015-9	GGFFZ01	0~10	3	0.139	0.04	20.95	1.74	146.0	12.86	50.6	2.89	0.16	0.09	0.29	0.04	0.35	0.07
2015-9	GGFZH01	0~10	3	0.178	0.02	24.89	6.67	109.2	12.94	31.2	12.37	0.43	0.07	2.09	0.98	0.65	0.24
2015-9	GGFZQ01	0~10	3	0.184	0.02	20.33	1.59	98.7	2.77	49.3	11.83	0.12	0.01	0.25	0.02	0.41	0.06
2015-9	GGFFZ01	10~20	3	0.146	0.03	20.64	2.09	136.0	13.59	52.5	1.17	0.13	0.05	0.26	0.02	0.40	0.10
2015-9	GGFZH01	10~20	3	0.130	0.04	25.20	7.03	111.4	19.06	30.6	14.30	0.28	0.02	2.34	0.98	0.36	0.06
2015-9	GGFZQ01	10~20	3	0.173	0.03	20.14	1.33	96.6	6.55	50.3	8.99	0.15	0.06	0.24	0.04	0.43	0.05
2015-9	GGFFZ01	20~40	3	0.141	0.02	20.60	1.67	132.4	30.28	50.4	5.77	0.14	0.02	0.29	0.03	0.40	0.07
2015-9	GGFZH01	20~40	3	0.135	0.03	24.27	5.12	111.7	8.77	28.3	10.46	0.31	0.06	2.15	0.67	0.47	0.21
2015-9	GGFZQ01	20~40	3	0.176	0.04	19.84	1.35	94.7	3.22	49.2	11.15	0.15	0.05	0.25	0.06	0.37	0.02
2015-9	GGFFZ01	40~60	3	0.127	0.03	21.92	0.14	128.5	19.99	49.5	2.48	0.14	0.06	0.40	0.04	0.41	0.12
2015-9	GGFZH01	40~60	3	0.136	0.03	21.48	5.04	116.6	4.19	38.4	9.38	0.23	0.04	1.95	0.78	0.51	0.25
2015-9	GGFZQ01	40~60	3	0.175	0.03	20.02	0.72	89.5	6.08	50.8	12.49	0.18	0.07	0.27	0.04	0.33	0.02
2015-9	GGFFZ01	60~100	3	0.128	0.02	21.69	0.33	121.3	24.45	47.2	5.92	0.13	0.03	0.33	0.04	0.33	0.01
2015-9	GGFZH01	60~100	3	0.116	0.01	20.74	6.63	120.2	6.76	43.9	3.70	0.25	0.04	1.93	1.15	0.56	0.27
2015-9	GGFZQ01	60~100	3	0.164	0.02	21.45	0.32	92.6	7.28	51.7	8.70	0.09	0.02	0.26	0.05	0.29	0.05

3.2.7　剖面土壤微量元素数据集

3.2.7.1　概述

贡嘎山站土壤微量元素数据集为 2015 年贡嘎山站综合观测场、辅助观测场和站区监测点 3 个长期监测样地在 0～10 cm、10～20 cm、20～40 cm、40～60 cm、60～100 cm 共 5 个观测层次的土壤微量元素数据，包括采样日期、样地代码、观测层次、全硼、全钼、全锰、全锌、全铜、全铁及其采样重复数、标准差等多项指标。原始数据观测频率及出版数据频率均为每 10 年进行 1 次。

3.2.7.2　数据采集和处理方法

土壤微量元素剖面土壤采样同剖面土壤重金属全量数据集（3.2.6.2）。

数据处理方法同土壤交换量数据集（3.2.1.2）。

3.2.7.3　数据质量控制和评估

为确保数据质量，贡嘎山站土壤水分数据质量控制参考"中国生态系统研究网络（CERN）长期观测质量管理规范"丛书《陆地生态系统土壤观测质量保证与质量控制》相关规定进行。具体包括：①测定时插入国家标准样品进行质控；②平行质控，分析时进行 3 次平行样品测定。

3.2.7.4　数据

价值/数据使用方法和建议同 3.2.1.4。

3.2.7.5　数据

各分析指标单位、小数位数及获取方法见表 3－27。数据见表 3－28。

表 3－27　贡嘎山站剖面土壤微量元素数据计量单位、小数位数、获取方法一览表

分析指标名称	计量单位	小数位数	数据获取方法	参考文献
全硼	mg/kg	2	二米光栅	
全钼	mg/kg	2	四酸溶样-MS 检测；Agilent；ICP—MS，7700X	《土壤农业化学分析方法》第 224 页
全锰	mg/kg	2	四酸溶样-MS 检测；Agilent；ICP—MS，7700X	《土壤农业化学分析方法》第 224 页
全锌	mg/kg	2	四酸溶样-MS 检测；Agilent；ICP—MS，7700X	《土壤农业化学分析方法》第 224 页
全铜	mg/kg	2	四酸溶样-MS 检测；Agilent；ICP—MS，7700X	《土壤农业化学分析方法》第 224 页
全铁	mg/kg	2	四酸溶样-MS 检测；Agilent；ICP—MS，7700X	《土壤农业化学分析方法》第 224 页

3.2.8　剖面土壤矿质全量数据集

3.2.8.1　概述

贡嘎山站土壤矿质全量数据集为 2015 年贡嘎山站综合观测场、辅助观测场和站区监测点 3 个长期监测样地在 0～10 cm、10～20 cm、20～40 cm、40～60 cm、60～100 cm 共 5 个观测层次的土壤矿质全量数据，包括采样日期、样地代码、观测层次、二氧化硅、三氧化二铁、三氧化二铝、氧化钙、氧化锰、二氧化钛、氧化镁、氧化钾、氧化钠、五氧化二磷、烧失量、硫及其采样重复数、标准差等多项指标。原始数据观测频率及出版数据频率均为每 10 年进行 1 次。

3.2.8.2　数据采集和处理方法

土壤矿质全量剖面土壤采样同剖面土壤重金属全量数据集（3.2.6.2）。

数据处理方法同土壤交换量数据集（3.2.1.2）。

3.2.8.3　数据质量控制和评估

为确保数据质量，贡嘎山站土壤水分数据质量控制参考"中国生态系统研究网络（CERN）长期观测质量管理规范"丛书《陆地生态系统土壤观测质量保证与质量控制》相关规定进行。具体包括：①测定时插入国家标准样品进行质控；②平行质控，即分析时进行 3 次平行样品测定。

3.2.8.4　数据价值/数据使用方法和建议

同 3.2.1.4

表 3 - 28　贡嘎山站剖面土壤微量元素状况表

年-月	样地代码	观测层次/cm	重复数	全硼/(mg/kg)		全钼/(mg/kg)		全锰/(mg/kg)		全锌/(mg/kg)		全铜/(mg/kg)		全铁/(mg/kg)	
				平均值	标准差	平均值	标准差	平均值	标准差	平均值	标准差	平均值	标准差	平均值	标准差
2015 - 9	GGFFZ01	0~10	3	49.51	11.45	1.15	0.11	1 003.36	38.88	108.05	8.98	35.00	6.83	45 442.23	1 695.07
2015 - 9	GGFZH01	0~10	3	41.06	15.94	2.69	1.65	790.78	229.81	93.36	51.60	29.37	14.05	53 393.67	3 950.17
2015 - 9	GGFZQ01	0~10	3	29.64	10.77	0.74	0.04	1 052.15	57.95	90.76	2.85	39.97	12.16	51 063.62	3 419.18
2015 - 9	GGFFZ01	10~20	3	30.22	3.06	0.92	0.15	1 026.03	50.62	105.32	10.20	41.37	3.20	44 928.71	3 169.97
2015 - 9	GGFZH01	10~20	3	39.82	15.47	3.33	2.51	759.89	235.71	99.64	53.99	30.40	14.82	53 168.58	2 205.80
2015 - 9	GGFZQ01	10~20	3	29.29	9.77	0.62	0.13	1 013.09	41.89	86.37	7.10	48.61	9.94	48 979.93	3 594.16
2015 - 9	GGFFZ01	20~40	3	31.43	4.85	0.96	0.17	992.44	35.47	105.40	13.87	46.16	7.17	43 961.10	457.58
2015 - 9	GGFZH01	20~40	3	41.32	10.01	2.98	1.84	875.33	495.67	89.63	28.68	28.16	12.26	55 660.87	6 592.94
2015 - 9	GGFZQ01	20~40	3	28.44	8.19	0.67	0.12	1 077.23	18.61	94.65	2.07	50.94	11.70	50 069.97	2 231.51
2015 - 9	GGFFZ01	40~60	3	31.08	2.80	0.78	0.15	988.01	20.22	106.23	4.14	43.28	5.07	44 893.79	1 098.83
2015 - 9	GGFZH01	40~60	3	32.35	6.90	2.79	1.93	1 115.04	490.26	122.77	31.38	35.36	8.81	57 999.43	2 524.57
2015 - 9	GGFZQ01	40~60	3	39.61	18.78	0.60	0.11	990.34	7.52	89.40	6.17	51.90	11.20	47 380.13	1 236.82
2015 - 9	GGFFZ01	60~100	3	28.70	3.75	0.88	0.13	959.22	15.70	103.69	8.32	43.76	2.21	45 294.02	2 403.03
2015 - 9	GGFZH01	60~100	3	30.56	11.30	2.43	1.60	1 069.94	185.23	149.07	17.89	38.25	4.59	58 289.40	961.65
2015 - 9	GGFZQ01	60~100	3	38.59	9.68	0.84	0.03	1 057.89	79.33	98.47	6.96	50.15	8.00	47 436.82	2 295.10

3.2.8.5　数据

各分析指标单位、小数位数及获取方法见表 3 - 29。数据见表 3 - 30。

表 3 - 29　贡嘎山站剖面土壤矿质全量数据计量单位、小数位数、获取方法一览表

分析指标名称	计量单位	小数位数	数据获取方法	参考文献
二氧化硅	%	2	偏硼酸锂熔融 - ICP - AES 法；Thermo：ICP - AES 7400	《土壤农业化学分析方法》第 45 页
三氧化二铁	%	2	偏硼酸锂熔融 - ICP - AES 法；Thermo：ICP - AES 7400	《土壤农业化学分析方法》第 45 页
氧化锰	%	3	偏硼酸锂熔融 - ICP - AES 法；Thermo：ICP - AES 7400	《土壤农业化学分析方法》第 45 页
二氧化钛	%	3	偏硼酸锂熔融 - ICP - AES 法；Thermo：ICP - AES 7400	《土壤农业化学分析方法》第 45 页
三氧化二铝	%	3	偏硼酸锂熔融 - ICP - AES 法；Thermo：ICP - AES 7400	《土壤农业化学分析方法》第 45 页
氧化钙	%	3	偏硼酸锂熔融 - ICP - AES 法；Thermo：ICP - AES 7400	《土壤农业化学分析方法》第 45 页
氧化镁	%	3	偏硼酸锂熔融 - ICP - AES 法；Thermo：ICP - AES 7400	《土壤农业化学分析方法》第 45 页
氧化钾	%	3	偏硼酸锂熔融 - ICP - AES 法；Thermo：ICP - AES 7400	《土壤农业化学分析方法》第 45 页
氧化钠	%	3	偏硼酸锂熔融 - ICP - AES 法；Thermo：ICP - AES 7400	《土壤农业化学分析方法》第 45 页
五氧化二磷	%	3	偏硼酸锂熔融 - ICP - AES 法；Thermo：ICP - AES 7400	《土壤农业化学分析方法》第 45 页
烧失量	%	2	烧失减重法	《土壤理化分析》第 282 页
硫	g/kg	2	燃烧法	《土壤理化分析》第 277 页

3.3　水分观测数据

3.3.1　土壤体积含水量数据集

3.3.1.1　概述

土壤体积含水量是指土壤中水分占有的体积和土壤总体积的比值，可用以量度植物对水的需要情况。贡嘎山站土壤体积含水量数据集为贡嘎山站峨眉冷杉成熟林观景台综合观测场土壤水分观测样地（29°34′23″N、101°59′19″E、海拔 3 100 m）、峨眉冷杉演替中龄林干河坝站区长期采样点土壤水分观测样地（29°34′33″N、101°59′42″E、海拔 3 010 m）、峨眉冷杉冬瓜杨演替林辅助观测场土壤水分观测样地（29°34′34″N、101°59′54″E、海拔 2 950 m）、贡嘎山站 3 000 m 气象观测场土壤水分观测样地（29°34′34″N、101°59′54″E、海拔 2 950 m）4 个长期监测样地在 10 cm、20 cm、30 cm、40 cm、60 cm、100 cm 共 6 个观测深度于 2007—2017 年共 11 年的土壤体积含水量数据，包括样地代码、植被类型、探测深度、体积含水量、重复数、标准差等指标。其原始数据通过 TDR 法获取，观测频率为 1 次/小时，出版数据频率 1 次/月。

3.3.1.2　数据采集和处理方法

"峨眉冷杉成熟林观景台综合观测场土壤水分观测样地"在 50 m×50 m 场地内以 X 形布设方式设置 5 个土壤水分观测点，"峨眉冷杉演替中龄林干河坝站区长期采样点土壤水分观测样地""峨眉冷杉冬瓜杨演替林辅助观测场土壤水分观测样地""贡嘎山站 3 000 m 气象观测场土壤水分观测样地"分别在 40 m×30 m、40 m×30 m、25 m×25 m 场地内以"△"形布设方式各随机设置 3 个土壤水分观测点。

2007—2013 年，土壤体积含水量观测频率为每 5 天 1 次（降雨后加测一次），以 Delta-T Devices Ltd（△T）公司 Moisture Meter（HH2）进行人工观测，入冬地面封冻后暂停观测，数据出现周期性中断；2014—2017 年，土壤体积含水量观测频率为 1 次/小时，以 Campbell-CR1000 进行连续不间断自动监测。

表 3 - 30　贡嘎山站剖面土壤矿质全量状况表

年-月	样地代码	观测层次/cm	重复数	二氧化硅/% 平均值	二氧化硅/% 标准差	三氧化二铁/% 平均值	三氧化二铁/% 标准差	氧化锰/% 平均值	氧化锰/% 标准差	二氧化钛/% 平均值	二氧化钛/% 标准差	三氧化二铝/% 平均值	三氧化二铝/% 标准差	氧化钙/% 平均值	氧化钙/% 标准差
2015-9	GGFFZ01	0~10	3	62.67	0.93	6.49	0.24	0.130	0.01	0.861	0.08	15.139	0.19	2.908	0.32
2015-9	GGFZH01	0~10	3	47.03	3.00	7.63	0.56	0.102	0.03	1.037	0.17	13.168	1.64	2.560	1.07
2015-9	GGFZQ01	0~10	3	61.30	1.02	7.29	0.49	0.136	0.01	0.981	0.09	15.378	0.61	3.499	0.73
2015-9	GGFFZ01	10~20	3	62.59	1.48	6.42	0.45	0.132	0.01	0.901	0.05	14.678	0.51	3.749	0.34
2015-9	GGFZH01	10~20	3	50.11	4.69	7.60	0.32	0.098	0.03	1.102	0.14	13.309	1.80	2.512	0.91
2015-9	GGFZQ01	10~20	3	61.99	0.90	7.00	0.51	0.131	0.01	0.930	0.09	14.928	0.42	4.165	1.47
2015-9	GGFFZ01	20~40	3	61.99	1.69	6.28	0.07	0.128	0.00	0.879	0.07	14.726	0.76	4.279	1.33
2015-9	GGFZH01	20~40	3	51.12	6.88	7.95	0.94	0.113	0.06	1.187	0.11	13.389	1.11	2.542	0.92
2015-9	GGFZQ01	20~40	3	61.11	1.36	7.15	0.32	0.139	0.00	0.968	0.04	15.081	0.57	4.143	1.33
2015-9	GGFFZ01	40~60	3	62.35	2.18	6.41	0.16	0.128	0.00	0.848	0.04	15.036	0.50	3.770	1.41
2015-9	GGFZH01	40~60	3	48.28	9.44	8.29	0.36	0.144	0.06	1.126	0.13	14.784	0.92	2.699	1.02
2015-9	GGFZQ01	40~60	3	62.77	0.30	6.77	0.18	0.128	0.00	0.886	0.01	15.633	0.10	3.162	0.36
2015-9	GGFFZ01	60~100	3	63.85	0.59	6.47	0.34	0.124	0.00	0.835	0.01	15.682	1.28	2.588	0.39
2015-9	GGFZH01	60~100	3	49.43	5.79	8.33	0.14	0.138	0.02	1.245	0.30	15.861	0.70	3.295	1.45
2015-9	GGFZQ01	60~100	3	63.60	1.33	6.78	0.33	0.137	0.01	0.863	0.02	15.421	0.35	3.355	0.68

年-月	样地代码	观测层次/cm	重复数	氧化镁/% 平均值	氧化镁/% 标准差	氧化钾/% 平均值	氧化钾/% 标准差	氧化钠/% 平均值	氧化钠/% 标准差	五氧化二磷/% 平均值	五氧化二磷/% 标准差	烧失量/% 平均值	烧失量/% 标准差	硫/(g/kg) 平均值	硫/(g/kg) 标准差
2015-9	GGFFZ01	0~10	3	2.871	0.25	4.247	0.23	1.787	0.08	0.282	0.04	3.13	0.87	0.30	0.05
2015-9	GGFZH01	0~10	3	2.200	1.01	2.286	0.23	1.285	0.17	0.325	0.10	22.85	2.39	0.46	0.05
2015-9	GGFZQ01	0~10	3	3.696	0.44	3.989	0.46	1.847	0.03	0.265	0.04	3.83	0.59	0.24	0.09
2015-9	GGFFZ01	10~20	3	2.980	0.13	4.145	0.09	1.764	0.07	0.273	0.01	3.21	0.82	0.40	0.02
2015-9	GGFZH01	10~20	3	2.173	0.98	2.404	0.17	1.346	0.23	0.285	0.05	19.41	2.56	0.39	0.13
2015-9	GGFZQ01	10~20	3	3.590	0.52	3.894	0.34	1.826	0.03	0.266	0.05	3.31	0.05	0.23	0.09
2015-9	GGFFZ01	20~40	3	2.853	0.15	4.156	0.27	1.696	0.11	0.255	0.00	3.48	0.33	0.39	0.15
2015-9	GGFZH01	20~40	3	2.079	0.64	2.380	0.33	1.369	0.29	0.297	0.08	17.95	5.62	0.35	0.12

（续）

年-月	样地代码	观测层次/cm	重复数	氧化镁/%		氧化钾/%		氧化钠/%		五氧化二磷/%		烧失量/%		硫/(g/kg)	
				平均值	标准差	平均值	标准差	平均值	标准差	平均值	标准差	平均值	标准差	平均值	标准差
2015-9	GGFZZQ01	20~40	3	3.582	0.64	3.956	0.41	1.805	0.03	0.267	0.04	3.29	0.32	0.26	0.08
2015-9	GGFFZ01	40~60	3	2.794	0.19	4.326	0.18	1.739	0.04	0.273	0.03	3.43	1.03	0.36	0.08
2015-9	GGFZH01	40~60	3	2.659	0.69	2.445	0.37	1.304	0.10	0.313	0.06	18.63	5.54	0.40	0.12
2015-9	GGFZQ01	40~60	3	3.182	0.22	4.453	0.04	1.847	0.06	0.274	0.00	2.42	0.21	0.28	0.13
2015-9	GGFFZ01	60~100	3	2.720	0.15	4.612	0.47	1.769	0.06	0.268	0.01	2.35	0.00	0.34	0.18
2015-9	GGFZH01	60~100	3	2.970	0.67	2.555	0.27	1.635	0.21	0.363	0.15	15.41	2.82	0.40	0.11
2015-9	GGFZQ01	60~100	3	3.140	0.28	4.467	0.01	1.773	0.05	0.274	0.03	2.50	0.44	0.25	0.12

　　数据处理方法：将质控后的每个样地各层次观测数据取平均值后即获得月平均数据。数据单位为％，保留 1 位小数，同时标明重复数及标准差。

3.3.1.3　数据质量控制和评估

　　为确保数据质量，贡嘎山站土壤水分数据质量控制参考"中国生态系统研究网络（CERN）长期观测质量管理规范"丛书《陆地生态系统水环境观测质量保证与质量控制》相关规定进行。

　　"峨眉冷杉成熟林观景台综合观测场土壤水分观测样地"5 个观测点中第二个观测点在 2015 - 01 - 13—2016 - 11 - 13 期间 20 cm 传感器出现故障致使数据持续报错，故以同期 10 cm、30 cm 的均值作为近似值予以补充并用以计算该层观测数据平均值。

　　"峨眉冷杉演替中龄林干河坝站区长期采样点土壤水分观测样地"3 个观测点中第二个观测点在 2015 - 12 - 15—2015 - 12 - 20 期间 10 cm 传感器偶现时间不等故障，故障期间数据报错，以前后相邻数据插值作为近似值予以补充并用以计算该层观测数据平均值。

　　"峨眉冷杉冬瓜杨演替林辅助观测场土壤水分观测样地"3 个观测点中第二个观测点在 2015 - 08 - 10—2016 - 11 - 13 期间 60 cm 传感器出现故障后数据持续报错，以同期 40 cm、100 cm 的均值作为近似值予以补充，第三个观测点在 2015 - 01 - 13—2016 - 11 - 13 期间 20 cm 传感器出现故障后数据持续报错，以同期 10 cm、30 cm 的均值作为近似值予以补充，并用以计算该层观测数据平均值。

　　数据质量控制过程同胸径数据集（3.1.4.3）。

3.3.1.4　数据价值/数据使用方法和建议

　　同 3.2.1.4。

3.3.1.5　数据

　　见表 3 - 31，表 3 - 32，表 3 - 33，表 3 - 34。

表 3 - 31　贡嘎山站峨眉冷杉成熟林观景台综合观测场土壤含水量

年-月	样地代码	植被类型	探测深度/cm	体积含水量/%	重复数	标准差
2007 - 5	GGFZH01	峨眉冷杉林	10	37.1	5	0.11
2007 - 6	GGFZH01	峨眉冷杉林	10	36.4	5	0.15
2007 - 7	GGFZH01	峨眉冷杉林	10	39.5	5	0.15
2007 - 8	GGFZH01	峨眉冷杉林	10	39.6	5	0.17
2007 - 9	GGFZH01	峨眉冷杉林	10	36.9	5	0.15
2007 - 10	GGFZH01	峨眉冷杉林	10	38.4	5	0.15
2007 - 5	GGFZH01	峨眉冷杉林	20	47.9	5	0.07
2007 - 6	GGFZH01	峨眉冷杉林	20	46.5	5	0.07
2007 - 7	GGFZH01	峨眉冷杉林	20	49.9	5	0.07
2007 - 8	GGFZH01	峨眉冷杉林	20	48.6	5	0.07
2007 - 9	GGFZH01	峨眉冷杉林	20	49.0	5	0.08
2007 - 10	GGFZH01	峨眉冷杉林	20	49.7	5	0.07
2007 - 5	GGFZH01	峨眉冷杉林	30	60.7	5	0.13
2007 - 6	GGFZH01	峨眉冷杉林	30	56.6	5	0.07
2007 - 7	GGFZH01	峨眉冷杉林	30	63.6	5	0.13
2007 - 8	GGFZH01	峨眉冷杉林	30	62.7	5	0.15
2007 - 9	GGFZH01	峨眉冷杉林	30	61.3	5	0.13
2007 - 10	GGFZH01	峨眉冷杉林	30	64.0	5	0.14
2007 - 5	GGFZH01	峨眉冷杉林	40	43.9	5	0.11
2007 - 6	GGFZH01	峨眉冷杉林	40	45.4	5	0.10

（续）

年-月	样地代码	植被类型	探测深度/cm	体积含水量/%	重复数	标准差
2007－7	GGFZH01	峨眉冷杉林	40	42.4	5	0.13
2007－8	GGFZH01	峨眉冷杉林	40	46.9	5	0.13
2007－9	GGFZH01	峨眉冷杉林	40	51.1	5	0.14
2007－10	GGFZH01	峨眉冷杉林	40	49.6	5	0.16
2007－5	GGFZH01	峨眉冷杉林	60	39.8	5	0.06
2007－6	GGFZH01	峨眉冷杉林	60	38.6	5	0.08
2007－7	GGFZH01	峨眉冷杉林	60	38.1	5	0.09
2007－8	GGFZH01	峨眉冷杉林	60	42.6	5	0.08
2007－9	GGFZH01	峨眉冷杉林	60	40.2	5	0.09
2007－10	GGFZH01	峨眉冷杉林	60	43.9	5	0.06
2007－5	GGFZH01	峨眉冷杉林	100	52.7	5	0.20
2007－6	GGFZH01	峨眉冷杉林	100	48.0	5	0.15
2007－7	GGFZH01	峨眉冷杉林	100	54.2	5	0.21
2007－8	GGFZH01	峨眉冷杉林	100	55.5	5	0.22
2007－9	GGFZH01	峨眉冷杉林	100	48.5	5	0.12
2007－10	GGFZH01	峨眉冷杉林	100	55.6	5	0.24
2008－5	GGFZH01	峨眉冷杉林	10	30.1	5	0.10
2008－6	GGFZH01	峨眉冷杉林	10	28.1	5	0.09
2008－7	GGFZH01	峨眉冷杉林	10	33.4	5	0.07
2008－8	GGFZH01	峨眉冷杉林	10	32.4	5	0.11
2008－9	GGFZH01	峨眉冷杉林	10	37.4	5	0.12
2008－5	GGFZH01	峨眉冷杉林	20	40.6	5	0.08
2008－6	GGFZH01	峨眉冷杉林	20	40.6	5	0.08
2008－7	GGFZH01	峨眉冷杉林	20	42.4	5	0.07
2008－8	GGFZH01	峨眉冷杉林	20	44.8	5	0.08
2008－9	GGFZH01	峨眉冷杉林	20	43.5	5	0.08
2008－5	GGFZH01	峨眉冷杉林	30	57.4	5	0.15
2008－6	GGFZH01	峨眉冷杉林	30	52.8	5	0.11
2008－7	GGFZH01	峨眉冷杉林	30	55.6	5	0.12
2008－8	GGFZH01	峨眉冷杉林	30	62.3	5	0.16
2008－9	GGFZH01	峨眉冷杉林	30	55.2	5	0.12
2008－5	GGFZH01	峨眉冷杉林	40	47.4	5	0.15
2008－6	GGFZH01	峨眉冷杉林	40	45.3	5	0.07
2008－7	GGFZH01	峨眉冷杉林	40	46.1	5	0.09
2008－8	GGFZH01	峨眉冷杉林	40	50.1	5	0.15
2008－9	GGFZH01	峨眉冷杉林	40	44.4	5	0.14
2008－5	GGFZH01	峨眉冷杉林	60	45.7	5	0.09
2008－6	GGFZH01	峨眉冷杉林	60	42.1	5	0.09

（续）

年-月	样地代码	植被类型	探测深度/cm	体积含水量/%	重复数	标准差
2008 - 7	GGFZH01	峨眉冷杉林	60	42.4	5	0.10
2008 - 8	GGFZH01	峨眉冷杉林	60	44.9	5	0.04
2008 - 9	GGFZH01	峨眉冷杉林	60	44.2	5	0.12
2008 - 5	GGFZH01	峨眉冷杉林	100	56.1	5	0.19
2008 - 6	GGFZH01	峨眉冷杉林	100	54.3	5	0.14
2008 - 7	GGFZH01	峨眉冷杉林	100	57.5	5	0.10
2008 - 8	GGFZH01	峨眉冷杉林	100	60.4	5	0.19
2008 - 9	GGFZH01	峨眉冷杉林	100	55.4	5	0.19
2009 - 6	GGFZH01	峨眉冷杉林	10	18.2	5	0.07
2009 - 7	GGFZH01	峨眉冷杉林	10	18.6	5	0.07
2009 - 8	GGFZH01	峨眉冷杉林	10	24.3	5	0.03
2009 - 9	GGFZH01	峨眉冷杉林	10	17.2	5	0.04
2009 - 10	GGFZH01	峨眉冷杉林	10	22.5	5	0.05
2009 - 11	GGFZH01	峨眉冷杉林	10	18.0	5	0.07
2009 - 6	GGFZH01	峨眉冷杉林	20	26.5	5	0.10
2009 - 7	GGFZH01	峨眉冷杉林	20	25.7	5	0.10
2009 - 8	GGFZH01	峨眉冷杉林	20	29.6	5	0.07
2009 - 9	GGFZH01	峨眉冷杉林	20	24.2	5	0.10
2009 - 10	GGFZH01	峨眉冷杉林	20	29.8	5	0.09
2009 - 11	GGFZH01	峨眉冷杉林	20	25.2	5	0.12
2009 - 6	GGFZH01	峨眉冷杉林	30	32.0	5	0.15
2009 - 7	GGFZH01	峨眉冷杉林	30	32.7	5	0.17
2009 - 8	GGFZH01	峨眉冷杉林	30	36.7	5	0.10
2009 - 9	GGFZH01	峨眉冷杉林	30	32.3	5	0.16
2009 - 10	GGFZH01	峨眉冷杉林	30	37.4	5	0.15
2009 - 11	GGFZH01	峨眉冷杉林	30	31.7	5	0.16
2009 - 6	GGFZH01	峨眉冷杉林	40	32.8	5	0.10
2009 - 7	GGFZH01	峨眉冷杉林	40	34.6	5	0.12
2009 - 8	GGFZH01	峨眉冷杉林	40	38.9	5	0.06
2009 - 9	GGFZH01	峨眉冷杉林	40	34.1	5	0.13
2009 - 10	GGFZH01	峨眉冷杉林	40	36.3	5	0.11
2009 - 11	GGFZH01	峨眉冷杉林	40	35.4	5	0.13
2009 - 6	GGFZH01	峨眉冷杉林	60	28.3	5	0.10
2009 - 7	GGFZH01	峨眉冷杉林	60	28.6	5	0.06
2009 - 8	GGFZH01	峨眉冷杉林	60	33.9	5	0.04
2009 - 9	GGFZH01	峨眉冷杉林	60	28.0	5	0.06
2009 - 10	GGFZH01	峨眉冷杉林	60	30.2	5	0.05
2009 - 11	GGFZH01	峨眉冷杉林	60	29.1	5	0.12

（续）

年-月	样地代码	植被类型	探测深度/cm	体积含水量/%	重复数	标准差
2009－6	GGFZH01	峨眉冷杉林	100	40.4	5	0.21
2009－7	GGFZH01	峨眉冷杉林	100	42.9	5	0.23
2009－8	GGFZH01	峨眉冷杉林	100	47.8	5	0.13
2009－9	GGFZH01	峨眉冷杉林	100	39.5	5	0.18
2009－10	GGFZH01	峨眉冷杉林	100	45.1	5	0.19
2009－11	GGFZH01	峨眉冷杉林	100	42.9	5	0.24
2010－5	GGFZH01	峨眉冷杉林	10	21.8	5	0.06
2010－6	GGFZH01	峨眉冷杉林	10	21.7	5	0.07
2010－7	GGFZH01	峨眉冷杉林	10	18.0	5	0.06
2010－8	GGFZH01	峨眉冷杉林	10	21.7	5	0.07
2010－9	GGFZH01	峨眉冷杉林	10	19.9	5	0.08
2010－10	GGFZH01	峨眉冷杉林	10	20.3	5	0.09
2010－5	GGFZH01	峨眉冷杉林	20	29.0	5	0.11
2010－6	GGFZH01	峨眉冷杉林	20	28.7	5	0.10
2010－7	GGFZH01	峨眉冷杉林	20	26.3	5	0.12
2010－8	GGFZH01	峨眉冷杉林	20	28.8	5	0.09
2010－9	GGFZH01	峨眉冷杉林	20	26.3	5	0.12
2010－10	GGFZH01	峨眉冷杉林	20	25.7	5	0.11
2010－5	GGFZH01	峨眉冷杉林	30	40.6	5	0.17
2010－6	GGFZH01	峨眉冷杉林	30	39.2	5	0.15
2010－7	GGFZH01	峨眉冷杉林	30	40.2	5	0.20
2010－8	GGFZH01	峨眉冷杉林	30	36.8	5	0.14
2010－9	GGFZH01	峨眉冷杉林	30	39.4	5	0.19
2010－10	GGFZH01	峨眉冷杉林	30	38.0	5	0.18
2010－5	GGFZH01	峨眉冷杉林	40	35.5	5	0.12
2010－6	GGFZH01	峨眉冷杉林	40	38.1	5	0.08
2010－7	GGFZH01	峨眉冷杉林	40	35.8	5	0.12
2010－8	GGFZH01	峨眉冷杉林	40	35.2	5	0.09
2010－9	GGFZH01	峨眉冷杉林	40	33.9	5	0.11
2010－10	GGFZH01	峨眉冷杉林	40	32.5	5	0.06
2010－5	GGFZH01	峨眉冷杉林	60	27.6	5	0.11
2010－6	GGFZH01	峨眉冷杉林	60	28.4	5	0.04
2010－7	GGFZH01	峨眉冷杉林	60	24.4	5	0.07
2010－8	GGFZH01	峨眉冷杉林	60	27.1	5	0.09
2010－9	GGFZH01	峨眉冷杉林	60	26.5	5	0.06
2010－10	GGFZH01	峨眉冷杉林	60	25.4	5	0.06
2010－5	GGFZH01	峨眉冷杉林	100	49.2	5	0.22
2010－6	GGFZH01	峨眉冷杉林	100	40.2	5	0.11

（续）

年-月	样地代码	植被类型	探测深度/cm	体积含水量/%	重复数	标准差
2010 - 7	GGFZH01	峨眉冷杉林	100	46.0	5	0.24
2010 - 8	GGFZH01	峨眉冷杉林	100	40.6	5	0.16
2010 - 9	GGFZH01	峨眉冷杉林	100	47.4	5	0.24
2010 - 10	GGFZH01	峨眉冷杉林	100	38.0	5	0.11
2011 - 5	GGFZH01	峨眉冷杉林	10	16.6	5	0.06
2011 - 6	GGFZH01	峨眉冷杉林	10	16.3	5	0.06
2011 - 7	GGFZH01	峨眉冷杉林	10	15.5	5	0.04
2011 - 8	GGFZH01	峨眉冷杉林	10	11.9	5	0.05
2011 - 9	GGFZH01	峨眉冷杉林	10	10.7	5	0.03
2011 - 10	GGFZH01	峨眉冷杉林	10	15.9	5	0.04
2011 - 11	GGFZH01	峨眉冷杉林	10	14.9	5	0.05
2011 - 5	GGFZH01	峨眉冷杉林	20	23.5	5	0.09
2011 - 6	GGFZH01	峨眉冷杉林	20	21.5	5	0.10
2011 - 7	GGFZH01	峨眉冷杉林	20	23.1	5	0.08
2011 - 8	GGFZH01	峨眉冷杉林	20	19.4	5	0.09
2011 - 9	GGFZH01	峨眉冷杉林	20	19.6	5	0.08
2011 - 10	GGFZH01	峨眉冷杉林	20	22.9	5	0.10
2011 - 11	GGFZH01	峨眉冷杉林	20	23.8	5	0.10
2011 - 5	GGFZH01	峨眉冷杉林	30	35.8	5	0.16
2011 - 6	GGFZH01	峨眉冷杉林	30	34.6	5	0.18
2011 - 7	GGFZH01	峨眉冷杉林	30	33.7	5	0.17
2011 - 8	GGFZH01	峨眉冷杉林	30	32.1	5	0.17
2011 - 9	GGFZH01	峨眉冷杉林	30	30.0	5	0.13
2011 - 10	GGFZH01	峨眉冷杉林	30	35.9	5	0.20
2011 - 11	GGFZH01	峨眉冷杉林	30	33.9	5	0.18
2011 - 5	GGFZH01	峨眉冷杉林	40	35.7	5	0.11
2011 - 6	GGFZH01	峨眉冷杉林	40	33.2	5	0.12
2011 - 7	GGFZH01	峨眉冷杉林	40	32.5	5	0.10
2011 - 8	GGFZH01	峨眉冷杉林	40	30.2	5	0.14
2011 - 9	GGFZH01	峨眉冷杉林	40	29.7	5	0.12
2011 - 10	GGFZH01	峨眉冷杉林	40	35.1	5	0.14
2011 - 11	GGFZH01	峨眉冷杉林	40	32.9	5	0.15
2011 - 5	GGFZH01	峨眉冷杉林	60	29.1	5	0.09
2011 - 6	GGFZH01	峨眉冷杉林	60	26.0	5	0.07
2011 - 7	GGFZH01	峨眉冷杉林	60	27.9	5	0.09
2011 - 8	GGFZH01	峨眉冷杉林	60	24.6	5	0.08
2011 - 9	GGFZH01	峨眉冷杉林	60	25.6	5	0.09
2011 - 10	GGFZH01	峨眉冷杉林	60	30.4	5	0.10

（续）

年-月	样地代码	植被类型	探测深度/cm	体积含水量/%	重复数	标准差
2011-11	GGFZH01	峨眉冷杉林	60	27.6	5	0.15
2011-5	GGFZH01	峨眉冷杉林	100	42.2	5	0.11
2011-6	GGFZH01	峨眉冷杉林	100	46.4	5	0.26
2011-7	GGFZH01	峨眉冷杉林	100	40.2	5	0.12
2011-8	GGFZH01	峨眉冷杉林	100	50.7	5	0.23
2011-9	GGFZH01	峨眉冷杉林	100	44.5	5	0.11
2011-10	GGFZH01	峨眉冷杉林	100	46.0	5	0.24
2011-11	GGFZH01	峨眉冷杉林	100	41.3	5	0.13
2012-5	GGFZH01	峨眉冷杉林	10	14.6	5	0.04
2012-6	GGFZH01	峨眉冷杉林	10	16.1	5	0.05
2012-7	GGFZH01	峨眉冷杉林	10	16.6	5	0.02
2012-8	GGFZH01	峨眉冷杉林	10	15.5	5	0.04
2012-9	GGFZH01	峨眉冷杉林	10	17.2	5	0.03
2012-10	GGFZH01	峨眉冷杉林	10	16.4	5	0.03
2012-5	GGFZH01	峨眉冷杉林	20	23.5	5	0.09
2012-6	GGFZH01	峨眉冷杉林	20	25.5	5	0.12
2012-7	GGFZH01	峨眉冷杉林	20	23.9	5	0.04
2012-8	GGFZH01	峨眉冷杉林	20	24.4	5	0.11
2012-9	GGFZH01	峨眉冷杉林	20	24.7	5	0.08
2012-10	GGFZH01	峨眉冷杉林	20	24.7	5	0.08
2012-5	GGFZH01	峨眉冷杉林	30	29.4	5	0.13
2012-6	GGFZH01	峨眉冷杉林	30	35.8	5	0.18
2012-7	GGFZH01	峨眉冷杉林	30	30.2	5	0.06
2012-8	GGFZH01	峨眉冷杉林	30	33.7	5	0.20
2012-9	GGFZH01	峨眉冷杉林	30	32.6	5	0.16
2012-10	GGFZH01	峨眉冷杉林	30	34.7	5	0.16
2012-5	GGFZH01	峨眉冷杉林	40	28.4	5	0.11
2012-6	GGFZH01	峨眉冷杉林	40	33.7	5	0.13
2012-7	GGFZH01	峨眉冷杉林	40	34.5	5	0.04
2012-8	GGFZH01	峨眉冷杉林	40	33.0	5	0.13
2012-9	GGFZH01	峨眉冷杉林	40	31.0	5	0.11
2012-10	GGFZH01	峨眉冷杉林	40	32.3	5	0.11
2012-5	GGFZH01	峨眉冷杉林	60	25.4	5	0.10
2012-6	GGFZH01	峨眉冷杉林	60	30.1	5	0.10
2012-7	GGFZH01	峨眉冷杉林	60	31.9	5	0.05
2012-8	GGFZH01	峨眉冷杉林	60	29.6	5	0.14
2012-9	GGFZH01	峨眉冷杉林	60	26.9	5	0.08
2012-10	GGFZH01	峨眉冷杉林	60	27.0	5	0.07

（续）

年-月	样地代码	植被类型	探测深度/cm	体积含水量/%	重复数	标准差
2012 - 5	GGFZH01	峨眉冷杉林	100	44.1	5	0.11
2012 - 6	GGFZH01	峨眉冷杉林	100	44.8	5	0.22
2012 - 7	GGFZH01	峨眉冷杉林	100	40.9	5	0.07
2012 - 8	GGFZH01	峨眉冷杉林	100	47.8	5	0.20
2012 - 9	GGFZH01	峨眉冷杉林	100	39.7	5	0.12
2012 - 10	GGFZH01	峨眉冷杉林	100	38.7	5	0.13
2013 - 5	GGFZH01	峨眉冷杉林	10	13.2	5	0.06
2013 - 6	GGFZH01	峨眉冷杉林	10	16.8	5	0.07
2013 - 7	GGFZH01	峨眉冷杉林	10	15.0	5	0.06
2013 - 8	GGFZH01	峨眉冷杉林	10	15.5	5	0.40
2013 - 9	GGFZH01	峨眉冷杉林	10	16.7	5	0.02
2013 - 10	GGFZH01	峨眉冷杉林	10	40.1	5	0.14
2013 - 5	GGFZH01	峨眉冷杉林	20	20.4	5	0.18
2013 - 6	GGFZH01	峨眉冷杉林	20	22.3	5	0.10
2013 - 7	GGFZH01	峨眉冷杉林	20	29.8	5	0.12
2013 - 8	GGFZH01	峨眉冷杉林	20	28.0	5	0.08
2013 - 9	GGFZH01	峨眉冷杉林	20	27.2	5	0.05
2013 - 10	GGFZH01	峨眉冷杉林	20	50.7	5	0.07
2013 - 5	GGFZH01	峨眉冷杉林	30	31.9	5	0.16
2013 - 6	GGFZH01	峨眉冷杉林	30	35.0	5	0.18
2013 - 7	GGFZH01	峨眉冷杉林	30	36.7	5	0.15
2013 - 8	GGFZH01	峨眉冷杉林	30	34.0	5	0.12
2013 - 9	GGFZH01	峨眉冷杉林	30	33.7	5	0.09
2013 - 10	GGFZH01	峨眉冷杉林	30	64.6	5	0.13
2013 - 5	GGFZH01	峨眉冷杉林	40	30.7	5	0.11
2013 - 6	GGFZH01	峨眉冷杉林	40	33.2	5	0.12
2013 - 7	GGFZH01	峨眉冷杉林	40	35.1	5	0.17
2013 - 8	GGFZH01	峨眉冷杉林	40	35.2	5	0.12
2013 - 9	GGFZH01	峨眉冷杉林	40	35.2	5	0.08
2013 - 10	GGFZH01	峨眉冷杉林	40	51.3	5	0.16
2013 - 5	GGFZH01	峨眉冷杉林	60	27.4	5	0.11
2013 - 6	GGFZH01	峨眉冷杉林	60	26.7	5	0.07
2013 - 7	GGFZH01	峨眉冷杉林	60	26.4	5	0.08
2013 - 8	GGFZH01	峨眉冷杉林	60	31.0	5	0.08
2013 - 9	GGFZH01	峨眉冷杉林	60	36.8	5	0.09
2013 - 10	GGFZH01	峨眉冷杉林	60	45.9	5	0.06
2013 - 5	GGFZH01	峨眉冷杉林	100	41.0	5	0.20
2013 - 6	GGFZH01	峨眉冷杉林	100	47.6	5	0.27

（续）

年-月	样地代码	植被类型	探测深度/cm	体积含水量/%	重复数	标准差
2013 - 7	GGFZH01	峨眉冷杉林	100	43.5	5	0.14
2013 - 8	GGFZH01	峨眉冷杉林	100	46.0	5	0.12
2013 - 9	GGFZH01	峨眉冷杉林	100	48.5	5	0.10
2013 - 10	GGFZH01	峨眉冷杉林	100	58.1	5	0.24
2014 - 6	GGFZH01	峨眉冷杉林	10	36.1	5	0.09
2014 - 7	GGFZH01	峨眉冷杉林	10	38.5	5	0.06
2014 - 8	GGFZH01	峨眉冷杉林	10	39.0	5	0.06
2014 - 9	GGFZH01	峨眉冷杉林	10	38.8	5	0.07
2014 - 10	GGFZH01	峨眉冷杉林	10	38.7	5	0.07
2014 - 11	GGFZH01	峨眉冷杉林	10	38.9	5	0.07
2014 - 6	GGFZH01	峨眉冷杉林	20	28.0	5	0.10
2014 - 7	GGFZH01	峨眉冷杉林	20	40.1	5	0.21
2014 - 8	GGFZH01	峨眉冷杉林	20	33.4	5	0.12
2014 - 9	GGFZH01	峨眉冷杉林	20	34.7	5	0.12
2014 - 10	GGFZH01	峨眉冷杉林	20	34.5	5	0.12
2014 - 11	GGFZH01	峨眉冷杉林	20	33.0	5	0.12
2014 - 6	GGFZH01	峨眉冷杉林	30	26.0	5	0.09
2014 - 7	GGFZH01	峨眉冷杉林	30	25.3	5	0.10
2014 - 8	GGFZH01	峨眉冷杉林	30	25.7	5	0.10
2014 - 9	GGFZH01	峨眉冷杉林	30	25.9	5	0.10
2014 - 10	GGFZH01	峨眉冷杉林	30	25.7	5	0.10
2014 - 11	GGFZH01	峨眉冷杉林	30	26.0	5	0.10
2014 - 6	GGFZH01	峨眉冷杉林	40	28.7	5	0.12
2014 - 7	GGFZH01	峨眉冷杉林	40	28.9	5	0.12
2014 - 8	GGFZH01	峨眉冷杉林	40	29.2	5	0.12
2014 - 9	GGFZH01	峨眉冷杉林	40	29.3	5	0.12
2014 - 10	GGFZH01	峨眉冷杉林	40	29.1	5	0.12
2014 - 11	GGFZH01	峨眉冷杉林	40	29.5	5	0.12
2014 - 6	GGFZH01	峨眉冷杉林	60	29.1	5	0.10
2014 - 7	GGFZH01	峨眉冷杉林	60	28.0	5	0.08
2014 - 8	GGFZH01	峨眉冷杉林	60	28.3	5	0.08
2014 - 9	GGFZH01	峨眉冷杉林	60	28.4	5	0.08
2014 - 10	GGFZH01	峨眉冷杉林	60	28.0	5	0.08
2014 - 11	GGFZH01	峨眉冷杉林	60	28.1	5	0.08
2014 - 6	GGFZH01	峨眉冷杉林	100	21.5	5	0.08
2014 - 7	GGFZH01	峨眉冷杉林	100	22.7	5	0.08
2014 - 8	GGFZH01	峨眉冷杉林	100	23.0	5	0.08
2014 - 9	GGFZH01	峨眉冷杉林	100	22.7	5	0.08

（续）

年-月	样地代码	植被类型	探测深度/cm	体积含水量/%	重复数	标准差
2014 - 10	GGFZH01	峨眉冷杉林	100	22.2	5	0.08
2014 - 11	GGFZH01	峨眉冷杉林	100	22.2	5	0.08
2015 - 1	GGFZH01	峨眉冷杉林	10	36.5	5	0.06
2015 - 2	GGFZH01	峨眉冷杉林	10	35.7	5	0.06
2015 - 3	GGFZH01	峨眉冷杉林	10	37.2	5	0.07
2015 - 4	GGFZH01	峨眉冷杉林	10	38.8	5	0.08
2015 - 5	GGFZH01	峨眉冷杉林	10	38.6	5	0.08
2015 - 6	GGFZH01	峨眉冷杉林	10	38.3	5	0.07
2015 - 7	GGFZH01	峨眉冷杉林	10	37.9	5	0.07
2015 - 8	GGFZH01	峨眉冷杉林	10	37.7	5	0.08
2015 - 9	GGFZH01	峨眉冷杉林	10	38.2	5	0.08
2015 - 10	GGFZH01	峨眉冷杉林	10	37.2	5	0.08
2015 - 11	GGFZH01	峨眉冷杉林	10	37.1	5	0.08
2015 - 12	GGFZH01	峨眉冷杉林	10	37.1	5	0.08
2015 - 1	GGFZH01	峨眉冷杉林	20	33.6	5	0.13
2015 - 2	GGFZH01	峨眉冷杉林	20	28.3	5	0.13
2015 - 3	GGFZH01	峨眉冷杉林	20	32.0	5	0.12
2015 - 4	GGFZH01	峨眉冷杉林	20	33.7	5	0.12
2015 - 5	GGFZH01	峨眉冷杉林	20	29.6	5	0.15
2015 - 6	GGFZH01	峨眉冷杉林	20	33.1	5	0.13
2015 - 7	GGFZH01	峨眉冷杉林	20	32.2	5	0.13
2015 - 8	GGFZH01	峨眉冷杉林	20	32.4	5	0.13
2015 - 9	GGFZH01	峨眉冷杉林	20	33.2	5	0.13
2015 - 10	GGFZH01	峨眉冷杉林	20	33.7	5	0.14
2015 - 11	GGFZH01	峨眉冷杉林	20	34.4	5	0.17
2015 - 12	GGFZH01	峨眉冷杉林	20	31.7	5	0.18
2015 - 1	GGFZH01	峨眉冷杉林	30	24.5	5	0.10
2015 - 2	GGFZH01	峨眉冷杉林	30	24.2	5	0.10
2015 - 3	GGFZH01	峨眉冷杉林	30	25.1	5	0.10
2015 - 4	GGFZH01	峨眉冷杉林	30	26.8	5	0.10
2015 - 5	GGFZH01	峨眉冷杉林	30	26.8	5	0.10
2015 - 6	GGFZH01	峨眉冷杉林	30	27.2	5	0.11
2015 - 7	GGFZH01	峨眉冷杉林	30	26.9	5	0.10
2015 - 8	GGFZH01	峨眉冷杉林	30	27.1	5	0.10
2015 - 9	GGFZH01	峨眉冷杉林	30	28.2	5	0.11
2015 - 10	GGFZH01	峨眉冷杉林	30	27.4	5	0.10
2015 - 11	GGFZH01	峨眉冷杉林	30	27.2	5	0.10
2015 - 12	GGFZH01	峨眉冷杉林	30	27.4	5	0.11

（续）

年-月	样地代码	植被类型	探测深度/cm	体积含水量/%	重复数	标准差
2015 - 1	GGFZH01	峨眉冷杉林	40	27.4	5	0.11
2015 - 2	GGFZH01	峨眉冷杉林	40	27.1	5	0.11
2015 - 3	GGFZH01	峨眉冷杉林	40	28.0	5	0.11
2015 - 4	GGFZH01	峨眉冷杉林	40	29.9	5	0.12
2015 - 5	GGFZH01	峨眉冷杉林	40	29.9	5	0.12
2015 - 6	GGFZH01	峨眉冷杉林	40	30.3	5	0.12
2015 - 7	GGFZH01	峨眉冷杉林	40	30.0	5	0.12
2015 - 8	GGFZH01	峨眉冷杉林	40	30.3	5	0.12
2015 - 9	GGFZH01	峨眉冷杉林	40	31.6	5	0.12
2015 - 10	GGFZH01	峨眉冷杉林	40	30.7	5	0.12
2015 - 11	GGFZH01	峨眉冷杉林	40	30.7	5	0.12
2015 - 12	GGFZH01	峨眉冷杉林	40	30.6	5	0.12
2015 - 1	GGFZH01	峨眉冷杉林	60	26.3	5	0.09
2015 - 2	GGFZH01	峨眉冷杉林	60	26.2	5	0.09
2015 - 3	GGFZH01	峨眉冷杉林	60	27.1	5	0.08
2015 - 4	GGFZH01	峨眉冷杉林	60	28.3	5	0.08
2015 - 5	GGFZH01	峨眉冷杉林	60	28.3	5	0.08
2015 - 6	GGFZH01	峨眉冷杉林	60	28.5	5	0.09
2015 - 7	GGFZH01	峨眉冷杉林	60	27.9	5	0.09
2015 - 8	GGFZH01	峨眉冷杉林	60	28.1	5	0.09
2015 - 9	GGFZH01	峨眉冷杉林	60	28.6	5	0.09
2015 - 10	GGFZH01	峨眉冷杉林	60	28.2	5	0.09
2015 - 11	GGFZH01	峨眉冷杉林	60	28.2	5	0.08
2015 - 12	GGFZH01	峨眉冷杉林	60	28.7	5	0.08
2015 - 1	GGFZH01	峨眉冷杉林	100	20.9	5	0.08
2015 - 2	GGFZH01	峨眉冷杉林	100	20.5	5	0.08
2015 - 3	GGFZH01	峨眉冷杉林	100	21.0	5	0.08
2015 - 4	GGFZH01	峨眉冷杉林	100	22.1	5	0.08
2015 - 5	GGFZH01	峨眉冷杉林	100	22.3	5	0.08
2015 - 6	GGFZH01	峨眉冷杉林	100	22.6	5	0.08
2015 - 7	GGFZH01	峨眉冷杉林	100	22.2	5	0.08
2015 - 8	GGFZH01	峨眉冷杉林	100	22.2	5	0.08
2015 - 9	GGFZH01	峨眉冷杉林	100	22.5	5	0.08
2015 - 10	GGFZH01	峨眉冷杉林	100	21.7	5	0.08
2015 - 11	GGFZH01	峨眉冷杉林	100	21.5	5	0.08
2015 - 12	GGFZH01	峨眉冷杉林	100	21.6	5	0.08
2016 - 1	GGFZH01	峨眉冷杉林	10	35.6	5	0.09
2016 - 2	GGFZH01	峨眉冷杉林	10	35.5	5	0.10

（续）

年-月	样地代码	植被类型	探测深度/cm	体积含水量/%	重复数	标准差
2016 - 3	GGFZH01	峨眉冷杉林	10	39.0	5	0.09
2016 - 4	GGFZH01	峨眉冷杉林	10	39.0	5	0.11
2016 - 5	GGFZH01	峨眉冷杉林	10	37.9	5	0.10
2016 - 6	GGFZH01	峨眉冷杉林	10	38.8	5	0.10
2016 - 7	GGFZH01	峨眉冷杉林	10	37.9	5	0.10
2016 - 8	GGFZH01	峨眉冷杉林	10	36.9	5	0.10
2016 - 9	GGFZH01	峨眉冷杉林	10	38.5	5	0.10
2016 - 10	GGFZH01	峨眉冷杉林	10	37.8	5	0.10
2016 - 11	GGFZH01	峨眉冷杉林	10	37.0	5	0.10
2016 - 12	GGFZH01	峨眉冷杉林	10	36.4	5	0.10
2016 - 1	GGFZH01	峨眉冷杉林	20	34.9	5	0.16
2016 - 2	GGFZH01	峨眉冷杉林	20	33.9	5	0.15
2016 - 3	GGFZH01	峨眉冷杉林	20	37.0	5	0.16
2016 - 4	GGFZH01	峨眉冷杉林	20	39.1	5	0.18
2016 - 5	GGFZH01	峨眉冷杉林	20	38.3	5	0.16
2016 - 6	GGFZH01	峨眉冷杉林	20	38.1	5	0.17
2016 - 7	GGFZH01	峨眉冷杉林	20	36.3	5	0.15
2016 - 8	GGFZH01	峨眉冷杉林	20	34.8	5	0.14
2016 - 9	GGFZH01	峨眉冷杉林	20	36.5	5	0.14
2016 - 10	GGFZH01	峨眉冷杉林	20	35.6	5	0.13
2016 - 11	GGFZH01	峨眉冷杉林	20	37.1	5	0.16
2016 - 12	GGFZH01	峨眉冷杉林	20	35.2	5	0.14
2016 - 1	GGFZH01	峨眉冷杉林	30	26.2	5	0.11
2016 - 2	GGFZH01	峨眉冷杉林	30	26.7	5	0.13
2016 - 3	GGFZH01	峨眉冷杉林	30	28.4	5	0.12
2016 - 4	GGFZH01	峨眉冷杉林	30	29.6	5	0.13
2016 - 5	GGFZH01	峨眉冷杉林	30	29.0	5	0.12
2016 - 6	GGFZH01	峨眉冷杉林	30	28.9	5	0.12
2016 - 7	GGFZH01	峨眉冷杉林	30	29.0	5	0.12
2016 - 8	GGFZH01	峨眉冷杉林	30	28.2	5	0.11
2016 - 9	GGFZH01	峨眉冷杉林	30	30.1	5	0.13
2016 - 10	GGFZH01	峨眉冷杉林	30	29.7	5	0.12
2016 - 11	GGFZH01	峨眉冷杉林	30	28.8	5	0.12
2016 - 12	GGFZH01	峨眉冷杉林	30	28.3	5	0.12
2016 - 1	GGFZH01	峨眉冷杉林	40	29.3	5	0.12
2016 - 2	GGFZH01	峨眉冷杉林	40	28.7	5	0.11
2016 - 3	GGFZH01	峨眉冷杉林	40	30.6	5	0.11
2016 - 4	GGFZH01	峨眉冷杉林	40	32.1	5	0.12

（续）

年-月	样地代码	植被类型	探测深度/cm	体积含水量/%	重复数	标准差
2016 - 5	GGFZH01	峨眉冷杉林	40	31.9	5	0.12
2016 - 6	GGFZH01	峨眉冷杉林	40	32.2	5	0.12
2016 - 7	GGFZH01	峨眉冷杉林	40	32.3	5	0.12
2016 - 8	GGFZH01	峨眉冷杉林	40	31.4	5	0.12
2016 - 9	GGFZH01	峨眉冷杉林	40	33.1	5	0.13
2016 - 10	GGFZH01	峨眉冷杉林	40	32.6	5	0.12
2016 - 11	GGFZH01	峨眉冷杉林	40	32.0	5	0.12
2016 - 12	GGFZH01	峨眉冷杉林	40	31.1	5	0.12
2016 - 1	GGFZH01	峨眉冷杉林	60	27.8	5	0.08
2016 - 2	GGFZH01	峨眉冷杉林	60	27.6	5	0.08
2016 - 3	GGFZH01	峨眉冷杉林	60	29.1	5	0.08
2016 - 4	GGFZH01	峨眉冷杉林	60	29.8	5	0.09
2016 - 5	GGFZH01	峨眉冷杉林	60	29.7	5	0.09
2016 - 6	GGFZH01	峨眉冷杉林	60	29.7	5	0.09
2016 - 7	GGFZH01	峨眉冷杉林	60	29.3	5	0.10
2016 - 8	GGFZH01	峨眉冷杉林	60	28.9	5	0.09
2016 - 9	GGFZH01	峨眉冷杉林	60	29.6	5	0.10
2016 - 10	GGFZH01	峨眉冷杉林	60	29.4	5	0.10
2016 - 11	GGFZH01	峨眉冷杉林	60	29.8	5	0.09
2016 - 12	GGFZH01	峨眉冷杉林	60	28.6	5	0.10
2016 - 1	GGFZH01	峨眉冷杉林	100	20.8	5	0.08
2016 - 2	GGFZH01	峨眉冷杉林	100	20.5	5	0.08
2016 - 3	GGFZH01	峨眉冷杉林	100	21.9	5	0.08
2016 - 4	GGFZH01	峨眉冷杉林	100	22.6	5	0.08
2016 - 5	GGFZH01	峨眉冷杉林	100	22.7	5	0.08
2016 - 6	GGFZH01	峨眉冷杉林	100	22.8	5	0.08
2016 - 7	GGFZH01	峨眉冷杉林	100	22.8	5	0.08
2016 - 8	GGFZH01	峨眉冷杉林	100	22.1	5	0.08
2016 - 9	GGFZH01	峨眉冷杉林	100	22.7	5	0.08
2016 - 10	GGFZH01	峨眉冷杉林	100	22.3	5	0.08
2016 - 11	GGFZH01	峨眉冷杉林	100	22.0	5	0.08
2016 - 12	GGFZH01	峨眉冷杉林	100	21.6	5	0.08
2017 - 1	GGFZH01	峨眉冷杉林	10	36.1	5	0.10
2017 - 2	GGFZH01	峨眉冷杉林	10	36.7	5	0.10
2017 - 3	GGFZH01	峨眉冷杉林	10	37.8	5	0.10
2017 - 4	GGFZH01	峨眉冷杉林	10	38.4	5	0.10
2017 - 5	GGFZH01	峨眉冷杉林	10	39.0	5	0.10
2017 - 6	GGFZH01	峨眉冷杉林	10	39.1	5	0.10

（续）

年-月	样地代码	植被类型	探测深度/cm	体积含水量/%	重复数	标准差
2017 - 7	GGFZH01	峨眉冷杉林	10	37.8	5	0.10
2017 - 8	GGFZH01	峨眉冷杉林	10	38.8	5	0.10
2017 - 9	GGFZH01	峨眉冷杉林	10	39.2	5	0.09
2017 - 10	GGFZH01	峨眉冷杉林	10	39.8	5	0.09
2017 - 11	GGFZH01	峨眉冷杉林	10	39.2	5	0.09
2017 - 12	GGFZH01	峨眉冷杉林	10	38.7	5	0.09
2017 - 1	GGFZH01	峨眉冷杉林	20	34.5	5	0.14
2017 - 2	GGFZH01	峨眉冷杉林	20	35.2	5	0.14
2017 - 3	GGFZH01	峨眉冷杉林	20	36.5	5	0.14
2017 - 4	GGFZH01	峨眉冷杉林	20	37.3	5	0.13
2017 - 5	GGFZH01	峨眉冷杉林	20	37.2	5	0.13
2017 - 6	GGFZH01	峨眉冷杉林	20	38.4	5	0.14
2017 - 7	GGFZH01	峨眉冷杉林	20	39.4	5	0.16
2017 - 8	GGFZH01	峨眉冷杉林	20	41.8	5	0.16
2017 - 9	GGFZH01	峨眉冷杉林	20	39.9	5	0.16
2017 - 10	GGFZH01	峨眉冷杉林	20	41.6	5	0.18
2017 - 11	GGFZH01	峨眉冷杉林	20	42.4	5	0.22
2017 - 12	GGFZH01	峨眉冷杉林	20	42.9	5	0.24
2017 - 1	GGFZH01	峨眉冷杉林	30	28.3	5	0.13
2017 - 2	GGFZH01	峨眉冷杉林	30	28.8	5	0.13
2017 - 3	GGFZH01	峨眉冷杉林	30	29.7	5	0.13
2017 - 4	GGFZH01	峨眉冷杉林	30	30.7	5	0.13
2017 - 5	GGFZH01	峨眉冷杉林	30	31.0	5	0.13
2017 - 6	GGFZH01	峨眉冷杉林	30	31.0	5	0.13
2017 - 7	GGFZH01	峨眉冷杉林	30	30.2	5	0.13
2017 - 8	GGFZH01	峨眉冷杉林	30	30.6	5	0.13
2017 - 9	GGFZH01	峨眉冷杉林	30	31.4	5	0.14
2017 - 10	GGFZH01	峨眉冷杉林	30	32.2	5	0.15
2017 - 11	GGFZH01	峨眉冷杉林	30	30.5	5	0.13
2017 - 12	GGFZH01	峨眉冷杉林	30	30.1	5	0.13
2017 - 1	GGFZH01	峨眉冷杉林	40	30.7	5	0.12
2017 - 2	GGFZH01	峨眉冷杉林	40	31.7	5	0.11
2017 - 3	GGFZH01	峨眉冷杉林	40	33.1	5	0.11
2017 - 4	GGFZH01	峨眉冷杉林	40	35.8	5	0.12
2017 - 5	GGFZH01	峨眉冷杉林	40	36.1	5	0.12
2017 - 6	GGFZH01	峨眉冷杉林	40	36.0	5	0.12
2017 - 7	GGFZH01	峨眉冷杉林	40	34.4	5	0.12
2017 - 8	GGFZH01	峨眉冷杉林	40	35.2	5	0.12

（续）

年-月	样地代码	植被类型	探测深度/cm	体积含水量/%	重复数	标准差
2017 - 9	GGFZH01	峨眉冷杉林	40	30.9	5	0.13
2017 - 10	GGFZH01	峨眉冷杉林	40	27.8	5	0.19
2017 - 11	GGFZH01	峨眉冷杉林	40	27.0	5	0.19
2017 - 12	GGFZH01	峨眉冷杉林	40	26.4	5	0.18
2017 - 1	GGFZH01	峨眉冷杉林	60	28.8	5	0.09
2017 - 2	GGFZH01	峨眉冷杉林	60	28.9	5	0.10
2017 - 3	GGFZH01	峨眉冷杉林	60	29.4	5	0.10
2017 - 4	GGFZH01	峨眉冷杉林	60	31.0	5	0.10
2017 - 5	GGFZH01	峨眉冷杉林	60	31.7	5	0.11
2017 - 6	GGFZH01	峨眉冷杉林	60	31.7	5	0.12
2017 - 7	GGFZH01	峨眉冷杉林	60	31.6	5	0.12
2017 - 8	GGFZH01	峨眉冷杉林	60	32.4	5	0.12
2017 - 9	GGFZH01	峨眉冷杉林	60	32.6	5	0.12
2017 - 10	GGFZH01	峨眉冷杉林	60	32.7	5	0.12
2017 - 11	GGFZH01	峨眉冷杉林	60	32.5	5	0.11
2017 - 12	GGFZH01	峨眉冷杉林	60	32.0	5	0.11
2017 - 1	GGFZH01	峨眉冷杉林	100	21.4	5	0.08
2017 - 2	GGFZH01	峨眉冷杉林	100	21.3	5	0.08
2017 - 3	GGFZH01	峨眉冷杉林	100	22.0	5	0.08
2017 - 4	GGFZH01	峨眉冷杉林	100	22.9	5	0.08
2017 - 5	GGFZH01	峨眉冷杉林	100	23.1	5	0.08
2017 - 6	GGFZH01	峨眉冷杉林	100	23.3	5	0.08
2017 - 7	GGFZH01	峨眉冷杉林	100	22.5	5	0.08
2017 - 8	GGFZH01	峨眉冷杉林	100	23.0	5	0.08
2017 - 9	GGFZH01	峨眉冷杉林	100	23.1	5	0.08
2017 - 10	GGFZH01	峨眉冷杉林	100	23.3	5	0.08
2017 - 11	GGFZH01	峨眉冷杉林	100	22.9	5	0.08
2017 - 12	GGFZH01	峨眉冷杉林	100	22.6	5	0.08

表 3 - 32　贡嘎山站峨眉冷杉演替中龄林干河坝站区长期采样点土壤含水量

年-月	样地代码	植被类型	探测深度/cm	体积含水量/%	重复数	标准差
2008 - 5	GGFZQ01	峨眉冷杉演替中龄林	10	32.2	3	0.08
2008 - 6	GGFZQ01	峨眉冷杉演替中龄林	10	29.7	3	0.09
2008 - 7	GGFZQ01	峨眉冷杉演替中龄林	10	29.5	3	0.08
2008 - 8	GGFZQ01	峨眉冷杉演替中龄林	10	31.1	3	0.09
2008 - 9	GGFZQ01	峨眉冷杉演替中龄林	10	31.4	3	0.05
2008 - 5	GGFZQ01	峨眉冷杉演替中龄林	20	32.9	3	0.06

（续）

年-月	样地代码	植被类型	探测深度/cm	体积含水量/%	重复数	标准差
2008 - 6	GGFZQ01	峨眉冷杉演替中龄林	20	31.2	3	0.08
2008 - 7	GGFZQ01	峨眉冷杉演替中龄林	20	32.4	3	0.06
2008 - 8	GGFZQ01	峨眉冷杉演替中龄林	20	33.5	3	0.02
2008 - 9	GGFZQ01	峨眉冷杉演替中龄林	20	35.8	3	0.08
2008 - 5	GGFZQ01	峨眉冷杉演替中龄林	30	42.5	3	0.06
2008 - 6	GGFZQ01	峨眉冷杉演替中龄林	30	40.3	3	0.09
2008 - 7	GGFZQ01	峨眉冷杉演替中龄林	30	42.9	3	0.06
2008 - 8	GGFZQ01	峨眉冷杉演替中龄林	30	44.9	3	0.07
2008 - 9	GGFZQ01	峨眉冷杉演替中龄林	30	44.5	3	0.01
2008 - 5	GGFZQ01	峨眉冷杉演替中龄林	40	45.2	3	0.06
2008 - 6	GGFZQ01	峨眉冷杉演替中龄林	40	39.4	3	0.07
2008 - 7	GGFZQ01	峨眉冷杉演替中龄林	40	41.4	3	0.06
2008 - 8	GGFZQ01	峨眉冷杉演替中龄林	40	43.9	3	0.06
2008 - 9	GGFZQ01	峨眉冷杉演替中龄林	40	40.4	3	0.03
2008 - 5	GGFZQ01	峨眉冷杉演替中龄林	60	40.2	3	0.04
2008 - 6	GGFZQ01	峨眉冷杉演替中龄林	60	39.6	3	0.05
2008 - 7	GGFZQ01	峨眉冷杉演替中龄林	60	41.1	3	0.03
2008 - 8	GGFZQ01	峨眉冷杉演替中龄林	60	44.1	3	0.02
2008 - 9	GGFZQ01	峨眉冷杉演替中龄林	60	42.2	3	0.06
2008 - 5	GGFZQ01	峨眉冷杉演替中龄林	100	46.2	3	0.02
2008 - 6	GGFZQ01	峨眉冷杉演替中龄林	100	48.1	3	0.03
2008 - 7	GGFZQ01	峨眉冷杉演替中龄林	100	57.2	3	0.01
2008 - 8	GGFZQ01	峨眉冷杉演替中龄林	100	53.3	3	0.07
2008 - 9	GGFZQ01	峨眉冷杉演替中龄林	100	51.3	3	0.12
2009 - 6	GGFZQ01	峨眉冷杉演替中龄林	10	18.4	3	0.01
2009 - 7	GGFZQ01	峨眉冷杉演替中龄林	10	15.7	3	0.01
2009 - 8	GGFZQ01	峨眉冷杉演替中龄林	10	20.3	3	0.01
2009 - 9	GGFZQ01	峨眉冷杉演替中龄林	10	15.2	3	0.01
2009 - 10	GGFZQ01	峨眉冷杉演替中龄林	10	18.6	3	0.01
2009 - 11	GGFZQ01	峨眉冷杉演替中龄林	10	15.1	3	0.02
2009 - 6	GGFZQ01	峨眉冷杉演替中龄林	20	24.4	3	0.05
2009 - 7	GGFZQ01	峨眉冷杉演替中龄林	20	22.1	3	0.03
2009 - 8	GGFZQ01	峨眉冷杉演替中龄林	20	26.6	3	0.04
2009 - 9	GGFZQ01	峨眉冷杉演替中龄林	20	21.6	3	0.06
2009 - 10	GGFZQ01	峨眉冷杉演替中龄林	20	25.7	3	0.04
2009 - 11	GGFZQ01	峨眉冷杉演替中龄林	20	21.1	3	0.07
2009 - 6	GGFZQ01	峨眉冷杉演替中龄林	30	25.4	3	0.08
2009 - 7	GGFZQ01	峨眉冷杉演替中龄林	30	25.1	3	0.06

（续）

年-月	样地代码	植被类型	探测深度/cm	体积含水量/%	重复数	标准差
2009 - 8	GGFZQ01	峨眉冷杉演替中龄林	30	30.5	3	0.05
2009 - 9	GGFZQ01	峨眉冷杉演替中龄林	30	25.8	3	0.08
2009 - 10	GGFZQ01	峨眉冷杉演替中龄林	30	35.2	3	0.05
2009 - 11	GGFZQ01	峨眉冷杉演替中龄林	30	24.5	3	0.07
2009 - 6	GGFZQ01	峨眉冷杉演替中龄林	40	32.8	3	0.09
2009 - 7	GGFZQ01	峨眉冷杉演替中龄林	40	31.2	3	0.08
2009 - 8	GGFZQ01	峨眉冷杉演替中龄林	40	34.4	3	0.07
2009 - 9	GGFZQ01	峨眉冷杉演替中龄林	40	28.6	3	0.09
2009 - 10	GGFZQ01	峨眉冷杉演替中龄林	40	35.8	3	0.07
2009 - 11	GGFZQ01	峨眉冷杉演替中龄林	40	26.8	3	0.09
2009 - 6	GGFZQ01	峨眉冷杉演替中龄林	60	33.8	3	0.05
2009 - 7	GGFZQ01	峨眉冷杉演替中龄林	60	31.8	3	0.03
2009 - 8	GGFZQ01	峨眉冷杉演替中龄林	60	37.0	3	0.05
2009 - 9	GGFZQ01	峨眉冷杉演替中龄林	60	29.3	3	0.03
2009 - 10	GGFZQ01	峨眉冷杉演替中龄林	60	39.6	3	0.02
2009 - 11	GGFZQ01	峨眉冷杉演替中龄林	60	28.1	3	0.03
2009 - 6	GGFZQ01	峨眉冷杉演替中龄林	100	31.7	3	0.05
2009 - 7	GGFZQ01	峨眉冷杉演替中龄林	100	38.3	3	0.03
2009 - 8	GGFZQ01	峨眉冷杉演替中龄林	100	44.1	3	0.04
2009 - 9	GGFZQ01	峨眉冷杉演替中龄林	100	38.3	3	0.06
2009 - 10	GGFZQ01	峨眉冷杉演替中龄林	100	39.4	3	0.09
2009 - 11	GGFZQ01	峨眉冷杉演替中龄林	100	36.1	3	0.01
2010 - 5	GGFZQ01	峨眉冷杉演替中龄林	10	18.2	3	0.02
2010 - 6	GGFZQ01	峨眉冷杉演替中龄林	10	18.9	3	0.01
2010 - 7	GGFZQ01	峨眉冷杉演替中龄林	10	15.9	3	0.01
2010 - 8	GGFZQ01	峨眉冷杉演替中龄林	10	17.6	3	0.01
2010 - 9	GGFZQ01	峨眉冷杉演替中龄林	10	16.5	3	0.02
2010 - 10	GGFZQ01	峨眉冷杉演替中龄林	10	16.8	3	0.02
2010 - 5	GGFZQ01	峨眉冷杉演替中龄林	20	23.7	3	0.02
2010 - 6	GGFZQ01	峨眉冷杉演替中龄林	20	23.7	3	0.03
2010 - 7	GGFZQ01	峨眉冷杉演替中龄林	20	21.2	3	0.08
2010 - 8	GGFZQ01	峨眉冷杉演替中龄林	20	19.2	3	0.03
2010 - 9	GGFZQ01	峨眉冷杉演替中龄林	20	22.8	3	0.08
2010 - 10	GGFZQ01	峨眉冷杉演替中龄林	20	21.3	3	0.06
2010 - 5	GGFZQ01	峨眉冷杉演替中龄林	30	28.5	3	0.06
2010 - 6	GGFZQ01	峨眉冷杉演替中龄林	30	29.9	3	0.09
2010 - 7	GGFZQ01	峨眉冷杉演替中龄林	30	25.8	3	0.09
2010 - 8	GGFZQ01	峨眉冷杉演替中龄林	30	25.3	3	0.05

（续）

年-月	样地代码	植被类型	探测深度/cm	体积含水量/%	重复数	标准差
2010 - 9	GGFZQ01	峨眉冷杉演替中龄林	30	25.7	3	0.09
2010 - 10	GGFZQ01	峨眉冷杉演替中龄林	30	24.8	3	0.06
2010 - 5	GGFZQ01	峨眉冷杉演替中龄林	40	33.3	3	0.06
2010 - 6	GGFZQ01	峨眉冷杉演替中龄林	40	33.5	3	0.07
2010 - 7	GGFZQ01	峨眉冷杉演替中龄林	40	30.8	3	0.09
2010 - 8	GGFZQ01	峨眉冷杉演替中龄林	40	31.4	3	0.01
2010 - 9	GGFZQ01	峨眉冷杉演替中龄林	40	29.2	3	0.11
2010 - 10	GGFZQ01	峨眉冷杉演替中龄林	40	28.1	3	0.08
2010 - 5	GGFZQ01	峨眉冷杉演替中龄林	60	33.0	3	0.03
2010 - 6	GGFZQ01	峨眉冷杉演替中龄林	60	35.2	3	0.03
2010 - 7	GGFZQ01	峨眉冷杉演替中龄林	60	32.2	3	0.03
2010 - 8	GGFZQ01	峨眉冷杉演替中龄林	60	30.8	3	0.04
2010 - 9	GGFZQ01	峨眉冷杉演替中龄林	60	31.9	3	0.03
2010 - 10	GGFZQ01	峨眉冷杉演替中龄林	60	30.7	3	0.04
2010 - 5	GGFZQ01	峨眉冷杉演替中龄林	100	40.9	3	0.03
2010 - 6	GGFZQ01	峨眉冷杉演替中龄林	100	42.6	3	0.04
2010 - 7	GGFZQ01	峨眉冷杉演替中龄林	100	40.7	3	0.03
2010 - 8	GGFZQ01	峨眉冷杉演替中龄林	100	40.3	3	0.06
2010 - 9	GGFZQ01	峨眉冷杉演替中龄林	100	41.0	3	0.06
2010 - 10	GGFZQ01	峨眉冷杉演替中龄林	100	42.4	3	0.03
2011 - 5	GGFZQ01	峨眉冷杉演替中龄林	10	12.6	3	0.02
2011 - 6	GGFZQ01	峨眉冷杉演替中龄林	10	8.5	3	0.00
2011 - 7	GGFZQ01	峨眉冷杉演替中龄林	10	10.0	3	0.03
2011 - 8	GGFZQ01	峨眉冷杉演替中龄林	10	8.6	3	0.02
2011 - 9	GGFZQ01	峨眉冷杉演替中龄林	10	8.6	3	0.03
2011 - 10	GGFZQ01	峨眉冷杉演替中龄林	10	11.9	3	0.02
2011 - 11	GGFZQ01	峨眉冷杉演替中龄林	10	10.1	3	0.02
2011 - 5	GGFZQ01	峨眉冷杉演替中龄林	20	16.4	3	0.06
2011 - 6	GGFZQ01	峨眉冷杉演替中龄林	20	14.4	3	0.04
2011 - 7	GGFZQ01	峨眉冷杉演替中龄林	20	15.6	3	0.08
2011 - 8	GGFZQ01	峨眉冷杉演替中龄林	20	12.9	3	0.06
2011 - 9	GGFZQ01	峨眉冷杉演替中龄林	20	14.0	3	0.07
2011 - 10	GGFZQ01	峨眉冷杉演替中龄林	20	17.6	3	0.05
2011 - 11	GGFZQ01	峨眉冷杉演替中龄林	20	14.8	3	0.06
2011 - 5	GGFZQ01	峨眉冷杉演替中龄林	30	20.6	3	0.06
2011 - 6	GGFZQ01	峨眉冷杉演替中龄林	30	20.1	3	0.05
2011 - 7	GGFZQ01	峨眉冷杉演替中龄林	30	19.8	3	0.09
2011 - 8	GGFZQ01	峨眉冷杉演替中龄林	30	18.5	3	0.07

（续）

年-月	样地代码	植被类型	探测深度/cm	体积含水量/%	重复数	标准差
2011－9	GGFZQ01	峨眉冷杉演替中龄林	30	18.6	3	0.07
2011－10	GGFZQ01	峨眉冷杉演替中龄林	30	21.3	3	0.05
2011－11	GGFZQ01	峨眉冷杉演替中龄林	30	19.3	3	0.08
2011－5	GGFZQ01	峨眉冷杉演替中龄林	40	29.6	3	0.03
2011－6	GGFZQ01	峨眉冷杉演替中龄林	40	28.3	3	0.07
2011－7	GGFZQ01	峨眉冷杉演替中龄林	40	28.6	3	0.07
2011－8	GGFZQ01	峨眉冷杉演替中龄林	40	27.3	3	0.08
2011－9	GGFZQ01	峨眉冷杉演替中龄林	40	28.0	3	0.06
2011－10	GGFZQ01	峨眉冷杉演替中龄林	40	28.4	3	0.09
2011－11	GGFZQ01	峨眉冷杉演替中龄林	40	27.2	3	0.10
2011－5	GGFZQ01	峨眉冷杉演替中龄林	60	37.5	3	0.01
2011－6	GGFZQ01	峨眉冷杉演替中龄林	60	31.5	3	0.04
2011－7	GGFZQ01	峨眉冷杉演替中龄林	60	31.7	3	0.04
2011－8	GGFZQ01	峨眉冷杉演替中龄林	60	31.8	3	0.08
2011－9	GGFZQ01	峨眉冷杉演替中龄林	60	32.0	3	0.06
2011－10	GGFZQ01	峨眉冷杉演替中龄林	60	31.0	3	0.03
2011－11	GGFZQ01	峨眉冷杉演替中龄林	60	30.6	3	0.05
2011－5	GGFZQ01	峨眉冷杉演替中龄林	100	49.1	3	0.03
2011－6	GGFZQ01	峨眉冷杉演替中龄林	100	48.7	3	0.05
2011－7	GGFZQ01	峨眉冷杉演替中龄林	100	44.0	3	0.03
2011－8	GGFZQ01	峨眉冷杉演替中龄林	100	40.6	3	0.02
2011－9	GGFZQ01	峨眉冷杉演替中龄林	100	40.5	3	0.01
2011－10	GGFZQ01	峨眉冷杉演替中龄林	100	43.6	3	0.01
2011－11	GGFZQ01	峨眉冷杉演替中龄林	100	46.9	3	0.01
2012－5	GGFZQ01	峨眉冷杉演替中龄林	10	11.0	3	0.04
2012－6	GGFZQ01	峨眉冷杉演替中龄林	10	11.6	3	0.04
2012－7	GGFZQ01	峨眉冷杉演替中龄林	10	11.7	3	0.03
2012－8	GGFZQ01	峨眉冷杉演替中龄林	10	10.9	3	0.03
2012－9	GGFZQ01	峨眉冷杉演替中龄林	10	14.1	3	0.04
2012－10	GGFZQ01	峨眉冷杉演替中龄林	10	11.6	3	0.03
2012－5	GGFZQ01	峨眉冷杉演替中龄林	20	14.5	3	0.05
2012－6	GGFZQ01	峨眉冷杉演替中龄林	20	14.7	3	0.05
2012－7	GGFZQ01	峨眉冷杉演替中龄林	20	16.8	3	0.05
2012－8	GGFZQ01	峨眉冷杉演替中龄林	20	17.5	3	0.06
2012－9	GGFZQ01	峨眉冷杉演替中龄林	20	19.1	3	0.02
2012－10	GGFZQ01	峨眉冷杉演替中龄林	20	16.6	3	0.08
2012－5	GGFZQ01	峨眉冷杉演替中龄林	30	20.5	3	0.05
2012－6	GGFZQ01	峨眉冷杉演替中龄林	30	21.7	3	0.07

138

（续）

年-月	样地代码	植被类型	探测深度/cm	体积含水量/%	重复数	标准差
2012 - 7	GGFZQ01	峨眉冷杉演替中龄林	30	22.7	3	0.05
2012 - 8	GGFZQ01	峨眉冷杉演替中龄林	30	21.5	3	0.07
2012 - 9	GGFZQ01	峨眉冷杉演替中龄林	30	22.8	3	0.02
2012 - 10	GGFZQ01	峨眉冷杉演替中龄林	30	20.7	3	0.08
2012 - 5	GGFZQ01	峨眉冷杉演替中龄林	40	27.9	3	0.07
2012 - 6	GGFZQ01	峨眉冷杉演替中龄林	40	32.6	3	0.13
2012 - 7	GGFZQ01	峨眉冷杉演替中龄林	40	28.9	3	0.07
2012 - 8	GGFZQ01	峨眉冷杉演替中龄林	40	31.5	3	0.09
2012 - 9	GGFZQ01	峨眉冷杉演替中龄林	40	28.7	3	0.07
2012 - 10	GGFZQ01	峨眉冷杉演替中龄林	40	28.0	3	0.09
2012 - 5	GGFZQ01	峨眉冷杉演替中龄林	60	31.2	3	0.06
2012 - 6	GGFZQ01	峨眉冷杉演替中龄林	60	36.8	3	0.09
2012 - 7	GGFZQ01	峨眉冷杉演替中龄林	60	34.4	3	0.06
2012 - 8	GGFZQ01	峨眉冷杉演替中龄林	60	36.0	3	0.08
2012 - 9	GGFZQ01	峨眉冷杉演替中龄林	60	33.5	3	0.04
2012 - 10	GGFZQ01	峨眉冷杉演替中龄林	60	31.3	3	0.05
2012 - 5	GGFZQ01	峨眉冷杉演替中龄林	100	42.0	3	0.02
2012 - 6	GGFZQ01	峨眉冷杉演替中龄林	100	43.2	3	0.08
2012 - 7	GGFZQ01	峨眉冷杉演替中龄林	100	45.6	3	0.04
2012 - 8	GGFZQ01	峨眉冷杉演替中龄林	100	42.3	3	0.02
2012 - 9	GGFZQ01	峨眉冷杉演替中龄林	100	43.9	3	0.06
2012 - 10	GGFZQ01	峨眉冷杉演替中龄林	100	38.0	3	0.06
2013 - 5	GGFZQ01	峨眉冷杉演替中龄林	10	10.4	3	0.05
2013 - 6	GGFZQ01	峨眉冷杉演替中龄林	10	9.3	3	0.01
2013 - 7	GGFZQ01	峨眉冷杉演替中龄林	10	16.1	3	0.03
2013 - 8	GGFZQ01	峨眉冷杉演替中龄林	10	16.2	3	0.02
2013 - 9	GGFZQ01	峨眉冷杉演替中龄林	10	16.3	3	0.01
2013 - 10	GGFZQ01	峨眉冷杉演替中龄林	10	29.6	3	0.10
2013 - 5	GGFZQ01	峨眉冷杉演替中龄林	20	14.7	3	0.08
2013 - 6	GGFZQ01	峨眉冷杉演替中龄林	20	13.6	3	0.07
2013 - 7	GGFZQ01	峨眉冷杉演替中龄林	20	20.2	3	0.04
2013 - 8	GGFZQ01	峨眉冷杉演替中龄林	20	21.0	3	0.05
2013 - 9	GGFZQ01	峨眉冷杉演替中龄林	20	22.1	3	0.07
2013 - 10	GGFZQ01	峨眉冷杉演替中龄林	20	32.9	3	0.03
2013 - 5	GGFZQ01	峨眉冷杉演替中龄林	30	20.0	3	0.05
2013 - 6	GGFZQ01	峨眉冷杉演替中龄林	30	21.1	3	0.09
2013 - 7	GGFZQ01	峨眉冷杉演替中龄林	30	25.8	3	0.03
2013 - 8	GGFZQ01	峨眉冷杉演替中龄林	30	26.0	3	0.04

（续）

年-月	样地代码	植被类型	探测深度/cm	体积含水量/%	重复数	标准差
2013 - 9	GGFZQ01	峨眉冷杉演替中龄林	30	26.9	3	0.05
2013 - 10	GGFZQ01	峨眉冷杉演替中龄林	30	41.9	3	0.08
2013 - 5	GGFZQ01	峨眉冷杉演替中龄林	40	26.6	3	0.09
2013 - 6	GGFZQ01	峨眉冷杉演替中龄林	40	29.0	3	0.10
2013 - 7	GGFZQ01	峨眉冷杉演替中龄林	40	27.3	3	0.11
2013 - 8	GGFZQ01	峨眉冷杉演替中龄林	40	26.0	3	0.08
2013 - 9	GGFZQ01	峨眉冷杉演替中龄林	40	35.1	3	0.05
2013 - 10	GGFZQ01	峨眉冷杉演替中龄林	40	41.1	3	0.10
2013 - 5	GGFZQ01	峨眉冷杉演替中龄林	60	28.1	3	0.04
2013 - 6	GGFZQ01	峨眉冷杉演替中龄林	60	32.5	3	0.07
2013 - 7	GGFZQ01	峨眉冷杉演替中龄林	60	30.5	3	0.09
2013 - 8	GGFZQ01	峨眉冷杉演替中龄林	60	34.0	3	0.06
2013 - 9	GGFZQ01	峨眉冷杉演替中龄林	60	37.2	3	0.03
2013 - 10	GGFZQ01	峨眉冷杉演替中龄林	60	42.0	3	0.05
2013 - 5	GGFZQ01	峨眉冷杉演替中龄林	100	44.6	3	0.16
2013 - 6	GGFZQ01	峨眉冷杉演替中龄林	100	49.1	3	0.05
2013 - 7	GGFZQ01	峨眉冷杉演替中龄林	100	44.7	3	0.08
2013 - 8	GGFZQ01	峨眉冷杉演替中龄林	100	44.3	3	0.04
2013 - 9	GGFZQ01	峨眉冷杉演替中龄林	100	44.1	3	0.00
2013 - 10	GGFZQ01	峨眉冷杉演替中龄林	100	53.7	3	0.06
2014 - 6	GGFZQ01	峨眉冷杉演替中龄林	10	27.7	3	0.24
2014 - 7	GGFZQ01	峨眉冷杉演替中龄林	10	21.5	3	0.21
2014 - 8	GGFZQ01	峨眉冷杉演替中龄林	10	24.8	3	0.24
2014 - 9	GGFZQ01	峨眉冷杉演替中龄林	10	23.9	3	0.23
2014 - 10	GGFZQ01	峨眉冷杉演替中龄林	10	23.0	3	0.23
2014 - 11	GGFZQ01	峨眉冷杉演替中龄林	10	21.7	3	0.00
2014 - 6	GGFZQ01	峨眉冷杉演替中龄林	20	50.5	3	0.21
2014 - 7	GGFZQ01	峨眉冷杉演替中龄林	20	46.8	3	0.22
2014 - 8	GGFZQ01	峨眉冷杉演替中龄林	20	47.9	3	0.21
2014 - 9	GGFZQ01	峨眉冷杉演替中龄林	20	47.1	3	0.21
2014 - 10	GGFZQ01	峨眉冷杉演替中龄林	20	46.4	3	0.20
2014 - 11	GGFZQ01	峨眉冷杉演替中龄林	20	47.8	3	0.00
2014 - 6	GGFZQ01	峨眉冷杉演替中龄林	30	58.5	3	0.09
2014 - 7	GGFZQ01	峨眉冷杉演替中龄林	30	52.7	3	0.07
2014 - 8	GGFZQ01	峨眉冷杉演替中龄林	30	54.7	3	0.09
2014 - 9	GGFZQ01	峨眉冷杉演替中龄林	30	52.9	3	0.08
2014 - 10	GGFZQ01	峨眉冷杉演替中龄林	30	49.1	3	0.05
2014 - 11	GGFZQ01	峨眉冷杉演替中龄林	30	45.4	3	0.00

（续）

年-月	样地代码	植被类型	探测深度/cm	体积含水量/%	重复数	标准差
2014 - 6	GGFZQ01	峨眉冷杉演替中龄林	40	60.1	3	0.14
2014 - 7	GGFZQ01	峨眉冷杉演替中龄林	40	54.8	3	0.13
2014 - 8	GGFZQ01	峨眉冷杉演替中龄林	40	55.3	3	0.14
2014 - 9	GGFZQ01	峨眉冷杉演替中龄林	40	53.4	3	0.13
2014 - 10	GGFZQ01	峨眉冷杉演替中龄林	40	50.9	3	0.12
2014 - 11	GGFZQ01	峨眉冷杉演替中龄林	40	41.4	3	0.00
2014 - 6	GGFZQ01	峨眉冷杉演替中龄林	60	52.7	3	0.34
2014 - 7	GGFZQ01	峨眉冷杉演替中龄林	60	56.7	3	0.25
2014 - 8	GGFZQ01	峨眉冷杉演替中龄林	60	55.9	3	0.25
2014 - 9	GGFZQ01	峨眉冷杉演替中龄林	60	54.1	3	0.25
2014 - 10	GGFZQ01	峨眉冷杉演替中龄林	60	52.6	3	0.24
2014 - 11	GGFZQ01	峨眉冷杉演替中龄林	60	23.9	3	0.00
2014 - 6	GGFZQ01	峨眉冷杉演替中龄林	100	80.1	3	0.03
2014 - 7	GGFZQ01	峨眉冷杉演替中龄林	100	77.5	3	0.04
2014 - 8	GGFZQ01	峨眉冷杉演替中龄林	100	79.6	3	0.06
2014 - 9	GGFZQ01	峨眉冷杉演替中龄林	100	78.1	3	0.07
2014 - 10	GGFZQ01	峨眉冷杉演替中龄林	100	76.3	3	0.10
2014 - 11	GGFZQ01	峨眉冷杉演替中龄林	100	62.2	3	0.00
2015 - 1	GGFZQ01	峨眉冷杉演替中龄林	10	12.4	3	0.11
2015 - 2	GGFZQ01	峨眉冷杉演替中龄林	10	11.7	3	0.11
2015 - 3	GGFZQ01	峨眉冷杉演替中龄林	10	16.0	3	0.17
2015 - 4	GGFZQ01	峨眉冷杉演替中龄林	10	20.9	3	0.24
2015 - 5	GGFZQ01	峨眉冷杉演替中龄林	10	21.3	3	0.24
2015 - 6	GGFZQ01	峨眉冷杉演替中龄林	10	23.9	3	0.26
2015 - 7	GGFZQ01	峨眉冷杉演替中龄林	10	23.9	3	0.20
2015 - 8	GGFZQ01	峨眉冷杉演替中龄林	10	24.8	3	0.19
2015 - 9	GGFZQ01	峨眉冷杉演替中龄林	10	31.4	3	0.20
2015 - 10	GGFZQ01	峨眉冷杉演替中龄林	10	29.2	3	0.20
2015 - 11	GGFZQ01	峨眉冷杉演替中龄林	10	25.4	3	0.24
2015 - 12	GGFZQ01	峨眉冷杉演替中龄林	10	23.9	3	0.26
2015 - 1	GGFZQ01	峨眉冷杉演替中龄林	20	26.1	3	0.10
2015 - 2	GGFZQ01	峨眉冷杉演替中龄林	20	19.9	3	0.07
2015 - 3	GGFZQ01	峨眉冷杉演替中龄林	20	26.8	3	0.09
2015 - 4	GGFZQ01	峨眉冷杉演替中龄林	20	40.1	3	0.17
2015 - 5	GGFZQ01	峨眉冷杉演替中龄林	20	40.6	3	0.17
2015 - 6	GGFZQ01	峨眉冷杉演替中龄林	20	43.4	3	0.18
2015 - 7	GGFZQ01	峨眉冷杉演替中龄林	20	43.0	3	0.17
2015 - 8	GGFZQ01	峨眉冷杉演替中龄林	20	43.4	3	0.17

（续）

年-月	样地代码	植被类型	探测深度/cm	体积含水量/%	重复数	标准差
2015 - 9	GGFZQ01	峨眉冷杉演替中龄林	20	45.7	3	0.17
2015 - 10	GGFZQ01	峨眉冷杉演替中龄林	20	42.7	3	0.16
2015 - 11	GGFZQ01	峨眉冷杉演替中龄林	20	40.3	3	0.16
2015 - 12	GGFZQ01	峨眉冷杉演替中龄林	20	40.0	3	0.16
2015 - 1	GGFZQ01	峨眉冷杉演替中龄林	30	37.7	3	0.02
2015 - 2	GGFZQ01	峨眉冷杉演替中龄林	30	31.0	3	0.04
2015 - 3	GGFZQ01	峨眉冷杉演替中龄林	30	36.4	3	0.02
2015 - 4	GGFZQ01	峨眉冷杉演替中龄林	30	49.1	3	0.04
2015 - 5	GGFZQ01	峨眉冷杉演替中龄林	30	51.3	3	0.05
2015 - 6	GGFZQ01	峨眉冷杉演替中龄林	30	57.2	3	0.09
2015 - 7	GGFZQ01	峨眉冷杉演替中龄林	30	54.4	3	0.07
2015 - 8	GGFZQ01	峨眉冷杉演替中龄林	30	54.2	3	0.07
2015 - 9	GGFZQ01	峨眉冷杉演替中龄林	30	58.8	3	0.10
2015 - 10	GGFZQ01	峨眉冷杉演替中龄林	30	49.9	3	0.06
2015 - 11	GGFZQ01	峨眉冷杉演替中龄林	30	45.3	3	0.07
2015 - 12	GGFZQ01	峨眉冷杉演替中龄林	30	44.8	3	0.07
2015 - 1	GGFZQ01	峨眉冷杉演替中龄林	40	43.1	3	0.05
2015 - 2	GGFZQ01	峨眉冷杉演替中龄林	40	38.8	3	0.06
2015 - 3	GGFZQ01	峨眉冷杉演替中龄林	40	42.2	3	0.05
2015 - 4	GGFZQ01	峨眉冷杉演替中龄林	40	54.4	3	0.04
2015 - 5	GGFZQ01	峨眉冷杉演替中龄林	40	57.2	3	0.06
2015 - 6	GGFZQ01	峨眉冷杉演替中龄林	40	61.2	3	0.08
2015 - 7	GGFZQ01	峨眉冷杉演替中龄林	40	60.0	3	0.06
2015 - 8	GGFZQ01	峨眉冷杉演替中龄林	40	58.5	3	0.05
2015 - 9	GGFZQ01	峨眉冷杉演替中龄林	40	60.9	3	0.08
2015 - 10	GGFZQ01	峨眉冷杉演替中龄林	40	55.0	3	0.04
2015 - 11	GGFZQ01	峨眉冷杉演替中龄林	40	51.0	3	0.01
2015 - 12	GGFZQ01	峨眉冷杉演替中龄林	40	51.2	3	0.01
2015 - 1	GGFZQ01	峨眉冷杉演替中龄林	60	53.0	3	0.03
2015 - 2	GGFZQ01	峨眉冷杉演替中龄林	60	49.2	3	0.04
2015 - 3	GGFZQ01	峨眉冷杉演替中龄林	60	51.2	3	0.03
2015 - 4	GGFZQ01	峨眉冷杉演替中龄林	60	63.7	3	0.01
2015 - 5	GGFZQ01	峨眉冷杉演替中龄林	60	64.8	3	0.03
2015 - 6	GGFZQ01	峨眉冷杉演替中龄林	60	69.6	3	0.00
2015 - 7	GGFZQ01	峨眉冷杉演替中龄林	60	66.6	3	0.03
2015 - 8	GGFZQ01	峨眉冷杉演替中龄林	60	67.1	3	0.01
2015 - 9	GGFZQ01	峨眉冷杉演替中龄林	60	68.6	3	0.03
2015 - 10	GGFZQ01	峨眉冷杉演替中龄林	60	62.5	3	0.04

（续）

年-月	样地代码	植被类型	探测深度/cm	体积含水量/%	重复数	标准差
2015 - 11	GGFZQ01	峨眉冷杉演替中龄林	60	57.3	3	0.02
2015 - 12	GGFZQ01	峨眉冷杉演替中龄林	60	56.4	3	0.01
2015 - 1	GGFZQ01	峨眉冷杉演替中龄林	100	56.5	3	0.07
2015 - 2	GGFZQ01	峨眉冷杉演替中龄林	100	52.0	3	0.06
2015 - 3	GGFZQ01	峨眉冷杉演替中龄林	100	53.6	3	0.07
2015 - 4	GGFZQ01	峨眉冷杉演替中龄林	100	66.1	3	0.08
2015 - 5	GGFZQ01	峨眉冷杉演替中龄林	100	71.7	3	0.10
2015 - 6	GGFZQ01	峨眉冷杉演替中龄林	100	76.6	3	0.16
2015 - 7	GGFZQ01	峨眉冷杉演替中龄林	100	73.4	3	0.11
2015 - 8	GGFZQ01	峨眉冷杉演替中龄林	100	74.3	3	0.15
2015 - 9	GGFZQ01	峨眉冷杉演替中龄林	100	77.5	3	0.15
2015 - 10	GGFZQ01	峨眉冷杉演替中龄林	100	70.9	3	0.13
2015 - 11	GGFZQ01	峨眉冷杉演替中龄林	100	61.8	3	0.10
2015 - 12	GGFZQ01	峨眉冷杉演替中龄林	100	60.6	3	0.10
2016 - 1	GGFZQ01	峨眉冷杉演替中龄林	10	16.2	3	0.17
2016 - 2	GGFZQ01	峨眉冷杉演替中龄林	10	11.6	3	0.11
2016 - 3	GGFZQ01	峨眉冷杉演替中龄林	10	20.1	3	0.16
2016 - 4	GGFZQ01	峨眉冷杉演替中龄林	10	29.7	3	0.19
2016 - 5	GGFZQ01	峨眉冷杉演替中龄林	10	27.9	3	0.20
2016 - 6	GGFZQ01	峨眉冷杉演替中龄林	10	31.2	3	0.23
2016 - 7	GGFZQ01	峨眉冷杉演替中龄林	10	34.0	3	0.22
2016 - 8	GGFZQ01	峨眉冷杉演替中龄林	10	30.0	3	0.26
2016 - 9	GGFZQ01	峨眉冷杉演替中龄林	10	33.7	3	0.24
2016 - 10	GGFZQ01	峨眉冷杉演替中龄林	10	31.0	3	0.23
2016 - 11	GGFZQ01	峨眉冷杉演替中龄林	10	26.6	3	0.27
2016 - 12	GGFZQ01	峨眉冷杉演替中龄林	10	25.4	3	0.28
2016 - 1	GGFZQ01	峨眉冷杉演替中龄林	20	25.9	3	0.10
2016 - 2	GGFZQ01	峨眉冷杉演替中龄林	20	18.3	3	0.07
2016 - 3	GGFZQ01	峨眉冷杉演替中龄林	20	28.0	3	0.05
2016 - 4	GGFZQ01	峨眉冷杉演替中龄林	20	42.4	3	0.15
2016 - 5	GGFZQ01	峨眉冷杉演替中龄林	20	42.6	3	0.17
2016 - 6	GGFZQ01	峨眉冷杉演替中龄林	20	44.5	3	0.17
2016 - 7	GGFZQ01	峨眉冷杉演替中龄林	20	45.5	3	0.17
2016 - 8	GGFZQ01	峨眉冷杉演替中龄林	20	43.1	3	0.16
2016 - 9	GGFZQ01	峨眉冷杉演替中龄林	20	46.6	3	0.16
2016 - 10	GGFZQ01	峨眉冷杉演替中龄林	20	44.6	3	0.16
2016 - 11	GGFZQ01	峨眉冷杉演替中龄林	20	39.3	3	0.12
2016 - 12	GGFZQ01	峨眉冷杉演替中龄林	20	35.3	3	0.10

（续）

年-月	样地代码	植被类型	探测深度/cm	体积含水量/%	重复数	标准差
2016 - 1	GGFZQ01	峨眉冷杉演替中龄林	30	36.2	3	0.01
2016 - 2	GGFZQ01	峨眉冷杉演替中龄林	30	28.4	3	0.06
2016 - 3	GGFZQ01	峨眉冷杉演替中龄林	30	38.3	3	0.04
2016 - 4	GGFZQ01	峨眉冷杉演替中龄林	30	56.6	3	0.06
2016 - 5	GGFZQ01	峨眉冷杉演替中龄林	30	53.1	3	0.05
2016 - 6	GGFZQ01	峨眉冷杉演替中龄林	30	55.2	3	0.06
2016 - 7	GGFZQ01	峨眉冷杉演替中龄林	30	56.3	3	0.07
2016 - 8	GGFZQ01	峨眉冷杉演替中龄林	30	51.6	3	0.06
2016 - 9	GGFZQ01	峨眉冷杉演替中龄林	30	59.2	3	0.09
2016 - 10	GGFZQ01	峨眉冷杉演替中龄林	30	54.1	3	0.06
2016 - 11	GGFZQ01	峨眉冷杉演替中龄林	30	49.1	3	0.04
2016 - 12	GGFZQ01	峨眉冷杉演替中龄林	30	47.1	3	0.05
2016 - 1	GGFZQ01	峨眉冷杉演替中龄林	40	46.2	3	0.04
2016 - 2	GGFZQ01	峨眉冷杉演替中龄林	40	40.1	3	0.08
2016 - 3	GGFZQ01	峨眉冷杉演替中龄林	40	46.6	3	0.05
2016 - 4	GGFZQ01	峨眉冷杉演替中龄林	40	61.9	3	0.07
2016 - 5	GGFZQ01	峨眉冷杉演替中龄林	40	58.7	3	0.05
2016 - 6	GGFZQ01	峨眉冷杉演替中龄林	40	60.0	3	0.06
2016 - 7	GGFZQ01	峨眉冷杉演替中龄林	40	61.6	3	0.05
2016 - 8	GGFZQ01	峨眉冷杉演替中龄林	40	56.5	3	0.04
2016 - 9	GGFZQ01	峨眉冷杉演替中龄林	40	62.6	3	0.07
2016 - 10	GGFZQ01	峨眉冷杉演替中龄林	40	58.3	3	0.05
2016 - 11	GGFZQ01	峨眉冷杉演替中龄林	40	53.9	3	0.01
2016 - 12	GGFZQ01	峨眉冷杉演替中龄林	40	52.6	3	0.02
2016 - 1	GGFZQ01	峨眉冷杉演替中龄林	60	51.3	3	0.03
2016 - 2	GGFZQ01	峨眉冷杉演替中龄林	60	47.2	3	0.04
2016 - 3	GGFZQ01	峨眉冷杉演替中龄林	60	51.7	3	0.04
2016 - 4	GGFZQ01	峨眉冷杉演替中龄林	60	69.2	3	0.04
2016 - 5	GGFZQ01	峨眉冷杉演替中龄林	60	65.1	3	0.04
2016 - 6	GGFZQ01	峨眉冷杉演替中龄林	60	67.5	3	0.02
2016 - 7	GGFZQ01	峨眉冷杉演替中龄林	60	68.9	3	0.01
2016 - 8	GGFZQ01	峨眉冷杉演替中龄林	60	63.3	3	0.03
2016 - 9	GGFZQ01	峨眉冷杉演替中龄林	60	68.1	3	0.01
2016 - 10	GGFZQ01	峨眉冷杉演替中龄林	60	63.5	3	0.03
2016 - 11	GGFZQ01	峨眉冷杉演替中龄林	60	61.9	3	0.05
2016 - 12	GGFZQ01	峨眉冷杉演替中龄林	60	59.9	3	0.07
2016 - 1	GGFZQ01	峨眉冷杉演替中龄林	100	54.8	3	0.08
2016 - 2	GGFZQ01	峨眉冷杉演替中龄林	100	51.0	3	0.07

（续）

年-月	样地代码	植被类型	探测深度/cm	体积含水量/%	重复数	标准差
2016 - 3	GGFZQ01	峨眉冷杉演替中龄林	100	53.9	3	0.08
2016 - 4	GGFZQ01	峨眉冷杉演替中龄林	100	76.5	3	0.20
2016 - 5	GGFZQ01	峨眉冷杉演替中龄林	100	73.0	3	0.12
2016 - 6	GGFZQ01	峨眉冷杉演替中龄林	100	71.0	3	0.07
2016 - 7	GGFZQ01	峨眉冷杉演替中龄林	100	71.4	3	0.07
2016 - 8	GGFZQ01	峨眉冷杉演替中龄林	100	68.0	3	0.08
2016 - 9	GGFZQ01	峨眉冷杉演替中龄林	100	76.0	3	0.16
2016 - 10	GGFZQ01	峨眉冷杉演替中龄林	100	68.7	3	0.10
2016 - 11	GGFZQ01	峨眉冷杉演替中龄林	100	63.9	3	0.12
2016 - 12	GGFZQ01	峨眉冷杉演替中龄林	100	59.5	3	0.10
2017 - 1	GGFZQ01	峨眉冷杉演替中龄林	10	19.4	3	0.20
2017 - 2	GGFZQ01	峨眉冷杉演替中龄林	10	16.2	3	0.15
2017 - 3	GGFZQ01	峨眉冷杉演替中龄林	10	18.6	3	0.18
2017 - 4	GGFZQ01	峨眉冷杉演替中龄林	10	28.5	3	0.28
2017 - 5	GGFZQ01	峨眉冷杉演替中龄林	10	31.9	3	0.25
2017 - 6	GGFZQ01	峨眉冷杉演替中龄林	10	34.5	3	0.22
2017 - 7	GGFZQ01	峨眉冷杉演替中龄林	10	33.6	3	0.22
2017 - 8	GGFZQ01	峨眉冷杉演替中龄林	10	36.0	3	0.23
2017 - 9	GGFZQ01	峨眉冷杉演替中龄林	10	31.7	3	0.20
2017 - 10	GGFZQ01	峨眉冷杉演替中龄林	10	35.7	3	0.23
2017 - 11	GGFZQ01	峨眉冷杉演替中龄林	10	31.3	3	0.23
2017 - 12	GGFZQ01	峨眉冷杉演替中龄林	10	24.8	3	0.26
2017 - 1	GGFZQ01	峨眉冷杉演替中龄林	20	32.0	3	0.10
2017 - 2	GGFZQ01	峨眉冷杉演替中龄林	20	27.3	3	0.04
2017 - 3	GGFZQ01	峨眉冷杉演替中龄林	20	33.7	3	0.08
2017 - 4	GGFZQ01	峨眉冷杉演替中龄林	20	46.3	3	0.15
2017 - 5	GGFZQ01	峨眉冷杉演替中龄林	20	47.7	3	0.16
2017 - 6	GGFZQ01	峨眉冷杉演替中龄林	20	48.4	3	0.16
2017 - 7	GGFZQ01	峨眉冷杉演替中龄林	20	45.7	3	0.15
2017 - 8	GGFZQ01	峨眉冷杉演替中龄林	20	49.2	3	0.16
2017 - 9	GGFZQ01	峨眉冷杉演替中龄林	20	48.9	3	0.15
2017 - 10	GGFZQ01	峨眉冷杉演替中龄林	20	48.7	3	0.14
2017 - 11	GGFZQ01	峨眉冷杉演替中龄林	20	45.6	3	0.14
2017 - 12	GGFZQ01	峨眉冷杉演替中龄林	20	43.8	3	0.13
2017 - 1	GGFZQ01	峨眉冷杉演替中龄林	30	41.5	3	0.03
2017 - 2	GGFZQ01	峨眉冷杉演替中龄林	30	39.7	3	0.03
2017 - 3	GGFZQ01	峨眉冷杉演替中龄林	30	43.2	3	0.05
2017 - 4	GGFZQ01	峨眉冷杉演替中龄林	30	57.5	3	0.08

（续）

年-月	样地代码	植被类型	探测深度/cm	体积含水量/%	重复数	标准差
2017-5	GGFZQ01	峨眉冷杉演替中龄林	30	60.8	3	0.10
2017-6	GGFZQ01	峨眉冷杉演替中龄林	30	61.1	3	0.09
2017-7	GGFZQ01	峨眉冷杉演替中龄林	30	54.2	3	0.05
2017-8	GGFZQ01	峨眉冷杉演替中龄林	30	60.9	3	0.08
2017-9	GGFZQ01	峨眉冷杉演替中龄林	30	60.4	3	0.09
2017-10	GGFZQ01	峨眉冷杉演替中龄林	30	59.1	3	0.08
2017-11	GGFZQ01	峨眉冷杉演替中龄林	30	52.0	3	0.05
2017-12	GGFZQ01	峨眉冷杉演替中龄林	30	47.8	3	0.05
2017-1	GGFZQ01	峨眉冷杉演替中龄林	40	47.9	3	0.04
2017-2	GGFZQ01	峨眉冷杉演替中龄林	40	45.6	3	0.04
2017-3	GGFZQ01	峨眉冷杉演替中龄林	40	48.7	3	0.07
2017-4	GGFZQ01	峨眉冷杉演替中龄林	40	62.6	3	0.09
2017-5	GGFZQ01	峨眉冷杉演替中龄林	40	64.0	3	0.08
2017-6	GGFZQ01	峨眉冷杉演替中龄林	40	63.8	3	0.08
2017-7	GGFZQ01	峨眉冷杉演替中龄林	40	58.5	3	0.05
2017-8	GGFZQ01	峨眉冷杉演替中龄林	40	65.5	3	0.06
2017-9	GGFZQ01	峨眉冷杉演替中龄林	40	62.3	3	0.09
2017-10	GGFZQ01	峨眉冷杉演替中龄林	40	60.6	3	0.10
2017-11	GGFZQ01	峨眉冷杉演替中龄林	40	56.4	3	0.10
2017-12	GGFZQ01	峨眉冷杉演替中龄林	40	52.8	3	0.09
2017-1	GGFZQ01	峨眉冷杉演替中龄林	60	52.9	3	0.02
2017-2	GGFZQ01	峨眉冷杉演替中龄林	60	50.9	3	0.03
2017-3	GGFZQ01	峨眉冷杉演替中龄林	60	53.1	3	0.05
2017-4	GGFZQ01	峨眉冷杉演替中龄林	60	67.7	3	0.03
2017-5	GGFZQ01	峨眉冷杉演替中龄林	60	69.1	3	0.03
2017-6	GGFZQ01	峨眉冷杉演替中龄林	60	70.1	3	0.02
2017-7	GGFZQ01	峨眉冷杉演替中龄林	60	63.0	3	0.02
2017-8	GGFZQ01	峨眉冷杉演替中龄林	60	69.0	3	0.01
2017-9	GGFZQ01	峨眉冷杉演替中龄林	60	67.1	3	0.03
2017-10	GGFZQ01	峨眉冷杉演替中龄林	60	65.3	3	0.05
2017-11	GGFZQ01	峨眉冷杉演替中龄林	60	59.9	3	0.02
2017-12	GGFZQ01	峨眉冷杉演替中龄林	60	55.9	3	0.02
2017-1	GGFZQ01	峨眉冷杉演替中龄林	100	56.3	3	0.08
2017-2	GGFZQ01	峨眉冷杉演替中龄林	100	54.9	3	0.09
2017-3	GGFZQ01	峨眉冷杉演替中龄林	100	56.7	3	0.09
2017-4	GGFZQ01	峨眉冷杉演替中龄林	100	74.8	3	0.15
2017-5	GGFZQ01	峨眉冷杉演替中龄林	100	73.4	3	0.11
2017-6	GGFZQ01	峨眉冷杉演替中龄林	100	72.7	3	0.09

（续）

年-月	样地代码	植被类型	探测深度/cm	体积含水量/%	重复数	标准差
2017 - 7	GGFZQ01	峨眉冷杉演替中龄林	100	67.4	3	0.08
2017 - 8	GGFZQ01	峨眉冷杉演替中龄林	100	73.3	3	0.09
2017 - 9	GGFZQ01	峨眉冷杉演替中龄林	100	72.0	3	0.09
2017 - 10	GGFZQ01	峨眉冷杉演替中龄林	100	70.7	3	0.09
2017 - 11	GGFZQ01	峨眉冷杉演替中龄林	100	64.9	3	0.10
2017 - 12	GGFZQ01	峨眉冷杉演替中龄林	100	62.6	3	0.13

表 3 - 33　贡嘎山站峨眉冷杉冬瓜杨演替林辅助观测场土壤含水量

年-月	样地代码	植被类型	探测深度/cm	体积含水量/%	重复数	标准差
2008 - 5	GGFFZ01	峨眉冷杉冬瓜杨演替林	10	30.6	3	0.06
2008 - 6	GGFFZ01	峨眉冷杉冬瓜杨演替林	10	25.8	3	0.07
2008 - 7	GGFFZ01	峨眉冷杉冬瓜杨演替林	10	25.9	3	0.03
2008 - 8	GGFFZ01	峨眉冷杉冬瓜杨演替林	10	26.9	3	0.03
2008 - 9	GGFFZ01	峨眉冷杉冬瓜杨演替林	10	39.4	3	0.09
2008 - 5	GGFFZ01	峨眉冷杉冬瓜杨演替林	20	34.8	3	0.05
2008 - 6	GGFFZ01	峨眉冷杉冬瓜杨演替林	20	29.3	3	0.06
2008 - 7	GGFFZ01	峨眉冷杉冬瓜杨演替林	20	31.8	3	0.04
2008 - 8	GGFFZ01	峨眉冷杉冬瓜杨演替林	20	32.1	3	0.04
2008 - 9	GGFFZ01	峨眉冷杉冬瓜杨演替林	20	41.1	3	0.11
2008 - 5	GGFFZ01	峨眉冷杉冬瓜杨演替林	30	43.5	3	0.03
2008 - 6	GGFFZ01	峨眉冷杉冬瓜杨演替林	30	37.6	3	0.05
2008 - 7	GGFFZ01	峨眉冷杉冬瓜杨演替林	30	41.3	3	0.03
2008 - 8	GGFFZ01	峨眉冷杉冬瓜杨演替林	30	40.8	3	0.04
2008 - 9	GGFFZ01	峨眉冷杉冬瓜杨演替林	30	40.7	3	0.07
2008 - 5	GGFFZ01	峨眉冷杉冬瓜杨演替林	40	48.1	3	0.08
2008 - 6	GGFFZ01	峨眉冷杉冬瓜杨演替林	40	44.2	3	0.07
2008 - 7	GGFFZ01	峨眉冷杉冬瓜杨演替林	40	44.6	3	0.02
2008 - 8	GGFFZ01	峨眉冷杉冬瓜杨演替林	40	47.7	3	0.05
2008 - 9	GGFFZ01	峨眉冷杉冬瓜杨演替林	40	46.7	3	0.08
2008 - 5	GGFFZ01	峨眉冷杉冬瓜杨演替林	60	42.5	3	0.17
2008 - 6	GGFFZ01	峨眉冷杉冬瓜杨演替林	60	41.6	3	0.18
2008 - 7	GGFFZ01	峨眉冷杉冬瓜杨演替林	60	44.0	3	0.16
2008 - 8	GGFFZ01	峨眉冷杉冬瓜杨演替林	60	43.3	3	0.18
2008 - 9	GGFFZ01	峨眉冷杉冬瓜杨演替林	60	42.0	3	0.15
2008 - 5	GGFFZ01	峨眉冷杉冬瓜杨演替林	100	47.4	3	0.11
2008 - 6	GGFFZ01	峨眉冷杉冬瓜杨演替林	100	46.4	3	0.11
2008 - 7	GGFFZ01	峨眉冷杉冬瓜杨演替林	100	56.9	3	0.04

（续）

年-月	样地代码	植被类型	探测深度/cm	体积含水量/%	重复数	标准差
2008 - 8	GGFFZ01	峨眉冷杉冬瓜杨演替林	100	51.2	3	0.11
2008 - 9	GGFFZ01	峨眉冷杉冬瓜杨演替林	100	35.1	3	0.12
2009 - 6	GGFFZ01	峨眉冷杉冬瓜杨演替林	10	16.0	3	0.02
2009 - 7	GGFFZ01	峨眉冷杉冬瓜杨演替林	10	15.3	3	0.01
2009 - 8	GGFFZ01	峨眉冷杉冬瓜杨演替林	10	17.0	3	0.00
2009 - 9	GGFFZ01	峨眉冷杉冬瓜杨演替林	10	14.3	3	0.01
2009 - 10	GGFFZ01	峨眉冷杉冬瓜杨演替林	10	17.9	3	0.01
2009 - 11	GGFFZ01	峨眉冷杉冬瓜杨演替林	10	14.4	3	0.03
2009 - 6	GGFFZ01	峨眉冷杉冬瓜杨演替林	20	22.3	3	0.02
2009 - 7	GGFFZ01	峨眉冷杉冬瓜杨演替林	20	21.0	3	0.02
2009 - 8	GGFFZ01	峨眉冷杉冬瓜杨演替林	20	23.9	3	0.03
2009 - 9	GGFFZ01	峨眉冷杉冬瓜杨演替林	20	20.2	3	0.02
2009 - 10	GGFFZ01	峨眉冷杉冬瓜杨演替林	20	24.1	3	0.02
2009 - 11	GGFFZ01	峨眉冷杉冬瓜杨演替林	20	19.8	3	0.01
2009 - 6	GGFFZ01	峨眉冷杉冬瓜杨演替林	30	28.9	3	0.01
2009 - 7	GGFFZ01	峨眉冷杉冬瓜杨演替林	30	26.3	3	0.02
2009 - 8	GGFFZ01	峨眉冷杉冬瓜杨演替林	30	29.7	3	0.00
2009 - 9	GGFFZ01	峨眉冷杉冬瓜杨演替林	30	26.2	3	0.04
2009 - 10	GGFFZ01	峨眉冷杉冬瓜杨演替林	30	28.7	3	0.01
2009 - 11	GGFFZ01	峨眉冷杉冬瓜杨演替林	30	25.4	3	0.02
2009 - 6	GGFFZ01	峨眉冷杉冬瓜杨演替林	40	25.1	3	0.04
2009 - 7	GGFFZ01	峨眉冷杉冬瓜杨演替林	40	25.7	3	0.05
2009 - 8	GGFFZ01	峨眉冷杉冬瓜杨演替林	40	28.8	3	0.08
2009 - 9	GGFFZ01	峨眉冷杉冬瓜杨演替林	40	24.0	3	0.08
2009 - 10	GGFFZ01	峨眉冷杉冬瓜杨演替林	40	26.8	3	0.05
2009 - 11	GGFFZ01	峨眉冷杉冬瓜杨演替林	40	23.1	3	0.10
2009 - 6	GGFFZ01	峨眉冷杉冬瓜杨演替林	60	35.9	3	0.11
2009 - 7	GGFFZ01	峨眉冷杉冬瓜杨演替林	60	34.1	3	0.11
2009 - 8	GGFFZ01	峨眉冷杉冬瓜杨演替林	60	37.0	3	0.06
2009 - 9	GGFFZ01	峨眉冷杉冬瓜杨演替林	60	33.7	3	0.11
2009 - 10	GGFFZ01	峨眉冷杉冬瓜杨演替林	60	38.5	3	0.07
2009 - 11	GGFFZ01	峨眉冷杉冬瓜杨演替林	60	36.3	3	0.16
2009 - 6	GGFFZ01	峨眉冷杉冬瓜杨演替林	100	30.4	3	0.03
2009 - 7	GGFFZ01	峨眉冷杉冬瓜杨演替林	100	30.7	3	0.02
2009 - 8	GGFFZ01	峨眉冷杉冬瓜杨演替林	100	33.4	3	0.04
2009 - 9	GGFFZ01	峨眉冷杉冬瓜杨演替林	100	37.5	3	0.15
2009 - 10	GGFFZ01	峨眉冷杉冬瓜杨演替林	100	36.4	3	0.06
2009 - 11	GGFFZ01	峨眉冷杉冬瓜杨演替林	100	28.4	3	0.06

（续）

年-月	样地代码	植被类型	探测深度/cm	体积含水量/%	重复数	标准差
2010 - 5	GGFFZ01	峨眉冷杉冬瓜杨演替林	10	15.7	3	0.01
2010 - 6	GGFFZ01	峨眉冷杉冬瓜杨演替林	10	14.7	3	0.01
2010 - 7	GGFFZ01	峨眉冷杉冬瓜杨演替林	10	14.0	3	0.00
2010 - 8	GGFFZ01	峨眉冷杉冬瓜杨演替林	10	15.7	3	0.01
2010 - 9	GGFFZ01	峨眉冷杉冬瓜杨演替林	10	14.1	3	0.01
2010 - 10	GGFFZ01	峨眉冷杉冬瓜杨演替林	10	14.7	3	0.02
2010 - 5	GGFFZ01	峨眉冷杉冬瓜杨演替林	20	21.9	3	0.02
2010 - 6	GGFFZ01	峨眉冷杉冬瓜杨演替林	20	21.3	3	0.01
2010 - 7	GGFFZ01	峨眉冷杉冬瓜杨演替林	20	20.3	3	0.03
2010 - 8	GGFFZ01	峨眉冷杉冬瓜杨演替林	20	21.4	3	0.01
2010 - 9	GGFFZ01	峨眉冷杉冬瓜杨演替林	20	20.6	3	0.02
2010 - 10	GGFFZ01	峨眉冷杉冬瓜杨演替林	20	19.4	3	0.01
2010 - 5	GGFFZ01	峨眉冷杉冬瓜杨演替林	30	27.5	3	0.04
2010 - 6	GGFFZ01	峨眉冷杉冬瓜杨演替林	30	27.7	3	0.04
2010 - 7	GGFFZ01	峨眉冷杉冬瓜杨演替林	30	26.7	3	0.03
2010 - 8	GGFFZ01	峨眉冷杉冬瓜杨演替林	30	27.8	3	0.05
2010 - 9	GGFFZ01	峨眉冷杉冬瓜杨演替林	30	27.1	3	0.02
2010 - 10	GGFFZ01	峨眉冷杉冬瓜杨演替林	30	26.6	3	0.03
2010 - 5	GGFFZ01	峨眉冷杉冬瓜杨演替林	40	26.6	3	0.08
2010 - 6	GGFFZ01	峨眉冷杉冬瓜杨演替林	40	27.0	3	0.08
2010 - 7	GGFFZ01	峨眉冷杉冬瓜杨演替林	40	26.3	3	0.09
2010 - 8	GGFFZ01	峨眉冷杉冬瓜杨演替林	40	25.7	3	0.08
2010 - 9	GGFFZ01	峨眉冷杉冬瓜杨演替林	40	26.1	3	0.08
2010 - 10	GGFFZ01	峨眉冷杉冬瓜杨演替林	40	23.3	3	0.08
2010 - 5	GGFFZ01	峨眉冷杉冬瓜杨演替林	60	33.5	3	0.11
2010 - 6	GGFFZ01	峨眉冷杉冬瓜杨演替林	60	34.3	3	0.03
2010 - 7	GGFFZ01	峨眉冷杉冬瓜杨演替林	60	34.4	3	0.12
2010 - 8	GGFFZ01	峨眉冷杉冬瓜杨演替林	60	33.4	3	0.02
2010 - 9	GGFFZ01	峨眉冷杉冬瓜杨演替林	60	34.9	3	0.10
2010 - 10	GGFFZ01	峨眉冷杉冬瓜杨演替林	60	34.4	3	0.01
2010 - 5	GGFFZ01	峨眉冷杉冬瓜杨演替林	100	32.3	3	0.06
2010 - 6	GGFFZ01	峨眉冷杉冬瓜杨演替林	100	35.6	3	0.05
2010 - 7	GGFFZ01	峨眉冷杉冬瓜杨演替林	100	33.8	3	0.08
2010 - 8	GGFFZ01	峨眉冷杉冬瓜杨演替林	100	36.3	3	0.05
2010 - 9	GGFFZ01	峨眉冷杉冬瓜杨演替林	100	31.8	3	0.04
2010 - 10	GGFFZ01	峨眉冷杉冬瓜杨演替林	100	32.7	3	0.04
2011 - 5	GGFFZ01	峨眉冷杉冬瓜杨演替林	10	16.2	3	0.03
2011 - 6	GGFFZ01	峨眉冷杉冬瓜杨演替林	10	13.3	3	0.03

（续）

年-月	样地代码	植被类型	探测深度/cm	体积含水量/%	重复数	标准差
2011 - 7	GGFFZ01	峨眉冷杉冬瓜杨演替林	10	13.5	3	0.02
2011 - 8	GGFFZ01	峨眉冷杉冬瓜杨演替林	10	12.2	3	0.02
2011 - 9	GGFFZ01	峨眉冷杉冬瓜杨演替林	10	13.0	3	0.03
2011 - 10	GGFFZ01	峨眉冷杉冬瓜杨演替林	10	13.2	3	0.02
2011 - 11	GGFFZ01	峨眉冷杉冬瓜杨演替林	10	13.1	3	0.02
2011 - 5	GGFFZ01	峨眉冷杉冬瓜杨演替林	20	21.4	3	0.03
2011 - 6	GGFFZ01	峨眉冷杉冬瓜杨演替林	20	19.0	3	0.02
2011 - 7	GGFFZ01	峨眉冷杉冬瓜杨演替林	20	19.7	3	0.02
2011 - 8	GGFFZ01	峨眉冷杉冬瓜杨演替林	20	17.7	3	0.02
2011 - 9	GGFFZ01	峨眉冷杉冬瓜杨演替林	20	18.5	3	0.02
2011 - 10	GGFFZ01	峨眉冷杉冬瓜杨演替林	20	19.0	3	0.01
2011 - 11	GGFFZ01	峨眉冷杉冬瓜杨演替林	20	18.7	3	0.02
2011 - 5	GGFFZ01	峨眉冷杉冬瓜杨演替林	30	25.4	3	0.06
2011 - 6	GGFFZ01	峨眉冷杉冬瓜杨演替林	30	25.6	3	0.03
2011 - 7	GGFFZ01	峨眉冷杉冬瓜杨演替林	30	25.9	3	0.04
2011 - 8	GGFFZ01	峨眉冷杉冬瓜杨演替林	30	25.5	3	0.03
2011 - 9	GGFFZ01	峨眉冷杉冬瓜杨演替林	30	25.2	3	0.03
2011 - 10	GGFFZ01	峨眉冷杉冬瓜杨演替林	30	26.4	3	0.02
2011 - 11	GGFFZ01	峨眉冷杉冬瓜杨演替林	30	24.0	3	0.03
2011 - 5	GGFFZ01	峨眉冷杉冬瓜杨演替林	40	27.0	3	0.07
2011 - 6	GGFFZ01	峨眉冷杉冬瓜杨演替林	40	23.8	3	0.10
2011 - 7	GGFFZ01	峨眉冷杉冬瓜杨演替林	40	25.1	3	0.09
2011 - 8	GGFFZ01	峨眉冷杉冬瓜杨演替林	40	22.2	3	0.09
2011 - 9	GGFFZ01	峨眉冷杉冬瓜杨演替林	40	23.9	3	0.08
2011 - 10	GGFFZ01	峨眉冷杉冬瓜杨演替林	40	23.8	3	0.10
2011 - 11	GGFFZ01	峨眉冷杉冬瓜杨演替林	40	24.9	3	0.07
2011 - 5	GGFFZ01	峨眉冷杉冬瓜杨演替林	60	35.0	3	0.06
2011 - 6	GGFFZ01	峨眉冷杉冬瓜杨演替林	60	33.1	3	0.09
2011 - 7	GGFFZ01	峨眉冷杉冬瓜杨演替林	60	33.1	3	0.10
2011 - 8	GGFFZ01	峨眉冷杉冬瓜杨演替林	60	32.1	3	0.09
2011 - 9	GGFFZ01	峨眉冷杉冬瓜杨演替林	60	31.0	3	0.08
2011 - 10	GGFFZ01	峨眉冷杉冬瓜杨演替林	60	34.3	3	0.07
2011 - 11	GGFFZ01	峨眉冷杉冬瓜杨演替林	60	31.7	3	0.11
2011 - 5	GGFFZ01	峨眉冷杉冬瓜杨演替林	100	29.4	3	0.04
2011 - 6	GGFFZ01	峨眉冷杉冬瓜杨演替林	100	34.6	3	0.06
2011 - 7	GGFFZ01	峨眉冷杉冬瓜杨演替林	100	35.2	3	0.06
2011 - 8	GGFFZ01	峨眉冷杉冬瓜杨演替林	100	33.9	3	0.07
2011 - 9	GGFFZ01	峨眉冷杉冬瓜杨演替林	100	35.9	3	0.05

（续）

年-月	样地代码	植被类型	探测深度/cm	体积含水量/%	重复数	标准差
2011 - 10	GGFFZ01	峨眉冷杉冬瓜杨演替林	100	33.5	3	0.05
2011 - 11	GGFFZ01	峨眉冷杉冬瓜杨演替林	100	35.3	3	0.06
2012 - 5	GGFFZ01	峨眉冷杉冬瓜杨演替林	10	13.1	3	0.01
2012 - 6	GGFFZ01	峨眉冷杉冬瓜杨演替林	10	14.0	3	0.01
2012 - 7	GGFFZ01	峨眉冷杉冬瓜杨演替林	10	13.5	3	0.02
2012 - 8	GGFFZ01	峨眉冷杉冬瓜杨演替林	10	13.4	3	0.02
2012 - 9	GGFFZ01	峨眉冷杉冬瓜杨演替林	10	13.7	3	0.02
2012 - 10	GGFFZ01	峨眉冷杉冬瓜杨演替林	10	12.3	3	0.02
2012 - 5	GGFFZ01	峨眉冷杉冬瓜杨演替林	20	19.3	3	0.01
2012 - 6	GGFFZ01	峨眉冷杉冬瓜杨演替林	20	21.4	3	0.01
2012 - 7	GGFFZ01	峨眉冷杉冬瓜杨演替林	20	20.2	3	0.02
2012 - 8	GGFFZ01	峨眉冷杉冬瓜杨演替林	20	20.3	3	0.02
2012 - 9	GGFFZ01	峨眉冷杉冬瓜杨演替林	20	20.3	3	0.02
2012 - 10	GGFFZ01	峨眉冷杉冬瓜杨演替林	20	18.2	3	0.02
2012 - 5	GGFFZ01	峨眉冷杉冬瓜杨演替林	30	24.7	3	0.03
2012 - 6	GGFFZ01	峨眉冷杉冬瓜杨演替林	30	27.1	3	0.04
2012 - 7	GGFFZ01	峨眉冷杉冬瓜杨演替林	30	25.9	3	0.05
2012 - 8	GGFFZ01	峨眉冷杉冬瓜杨演替林	30	25.0	3	0.04
2012 - 9	GGFFZ01	峨眉冷杉冬瓜杨演替林	30	26.9	3	0.01
2012 - 10	GGFFZ01	峨眉冷杉冬瓜杨演替林	30	24.6	3	0.04
2012 - 5	GGFFZ01	峨眉冷杉冬瓜杨演替林	40	22.9	3	0.05
2012 - 6	GGFFZ01	峨眉冷杉冬瓜杨演替林	40	26.1	3	0.07
2012 - 7	GGFFZ01	峨眉冷杉冬瓜杨演替林	40	26.3	3	0.07
2012 - 8	GGFFZ01	峨眉冷杉冬瓜杨演替林	40	25.8	3	0.08
2012 - 9	GGFFZ01	峨眉冷杉冬瓜杨演替林	40	23.7	3	0.08
2012 - 10	GGFFZ01	峨眉冷杉冬瓜杨演替林	40	22.1	3	0.09
2012 - 5	GGFFZ01	峨眉冷杉冬瓜杨演替林	60	31.2	3	0.05
2012 - 6	GGFFZ01	峨眉冷杉冬瓜杨演替林	60	33.9	3	0.04
2012 - 7	GGFFZ01	峨眉冷杉冬瓜杨演替林	60	33.9	3	0.08
2012 - 8	GGFFZ01	峨眉冷杉冬瓜杨演替林	60	33.3	3	0.09
2012 - 9	GGFFZ01	峨眉冷杉冬瓜杨演替林	60	28.7	3	0.08
2012 - 10	GGFFZ01	峨眉冷杉冬瓜杨演替林	60	32.2	3	0.08
2012 - 5	GGFFZ01	峨眉冷杉冬瓜杨演替林	100	34.5	3	0.02
2012 - 6	GGFFZ01	峨眉冷杉冬瓜杨演替林	100	34.6	3	0.03
2012 - 7	GGFFZ01	峨眉冷杉冬瓜杨演替林	100	42.5	3	0.10
2012 - 8	GGFFZ01	峨眉冷杉冬瓜杨演替林	100	33.8	3	0.04
2012 - 9	GGFFZ01	峨眉冷杉冬瓜杨演替林	100	31.3	3	0.00
2012 - 10	GGFFZ01	峨眉冷杉冬瓜杨演替林	100	32.5	3	0.04

（续）

年-月	样地代码	植被类型	探测深度/cm	体积含水量/%	重复数	标准差
2013 - 5	GGFFZ01	峨眉冷杉冬瓜杨演替林	10	12.4	3	0.03
2013 - 6	GGFFZ01	峨眉冷杉冬瓜杨演替林	10	15.3	3	0.02
2013 - 7	GGFFZ01	峨眉冷杉冬瓜杨演替林	10	15.8	3	0.06
2013 - 8	GGFFZ01	峨眉冷杉冬瓜杨演替林	10	16.5	3	0.05
2013 - 9	GGFFZ01	峨眉冷杉冬瓜杨演替林	10	17.3	3	0.03
2013 - 10	GGFFZ01	峨眉冷杉冬瓜杨演替林	10	28.3	3	0.02
2013 - 5	GGFFZ01	峨眉冷杉冬瓜杨演替林	20	19.0	3	0.02
2013 - 6	GGFFZ01	峨眉冷杉冬瓜杨演替林	20	21.1	3	0.04
2013 - 7	GGFFZ01	峨眉冷杉冬瓜杨演替林	20	20.0	3	0.06
2013 - 8	GGFFZ01	峨眉冷杉冬瓜杨演替林	20	23.0	3	0.05
2013 - 9	GGFFZ01	峨眉冷杉冬瓜杨演替林	20	25.5	3	0.03
2013 - 10	GGFFZ01	峨眉冷杉冬瓜杨演替林	20	33.0	3	0.03
2013 - 5	GGFFZ01	峨眉冷杉冬瓜杨演替林	30	23.7	3	0.03
2013 - 6	GGFFZ01	峨眉冷杉冬瓜杨演替林	30	27.5	3	0.01
2013 - 7	GGFFZ01	峨眉冷杉冬瓜杨演替林	30	27.9	3	0.02
2013 - 8	GGFFZ01	峨眉冷杉冬瓜杨演替林	30	29.0	3	0.02
2013 - 9	GGFFZ01	峨眉冷杉冬瓜杨演替林	30	30.3	3	0.01
2013 - 10	GGFFZ01	峨眉冷杉冬瓜杨演替林	30	44.9	3	0.01
2013 - 5	GGFFZ01	峨眉冷杉冬瓜杨演替林	40	21.4	3	0.10
2013 - 6	GGFFZ01	峨眉冷杉冬瓜杨演替林	40	24.9	3	0.06
2013 - 7	GGFFZ01	峨眉冷杉冬瓜杨演替林	40	30.0	3	0.11
2013 - 8	GGFFZ01	峨眉冷杉冬瓜杨演替林	40	29.0	3	0.09
2013 - 9	GGFFZ01	峨眉冷杉冬瓜杨演替林	40	28.5	3	0.08
2013 - 10	GGFFZ01	峨眉冷杉冬瓜杨演替林	40	46.9	3	0.03
2013 - 5	GGFFZ01	峨眉冷杉冬瓜杨演替林	60	30.7	3	0.08
2013 - 6	GGFFZ01	峨眉冷杉冬瓜杨演替林	60	33.3	3	0.10
2013 - 7	GGFFZ01	峨眉冷杉冬瓜杨演替林	60	30.4	3	0.10
2013 - 8	GGFFZ01	峨眉冷杉冬瓜杨演替林	60	33.0	3	0.08
2013 - 9	GGFFZ01	峨眉冷杉冬瓜杨演替林	60	36.4	3	0.05
2013 - 10	GGFFZ01	峨眉冷杉冬瓜杨演替林	60	46.9	3	0.11
2013 - 5	GGFFZ01	峨眉冷杉冬瓜杨演替林	100	28.6	3	0.03
2013 - 6	GGFFZ01	峨眉冷杉冬瓜杨演替林	100	39.7	3	0.06
2013 - 7	GGFFZ01	峨眉冷杉冬瓜杨演替林	100	42.3	3	0.02
2013 - 8	GGFFZ01	峨眉冷杉冬瓜杨演替林	100	40.0	3	0.02
2013 - 9	GGFFZ01	峨眉冷杉冬瓜杨演替林	100	38.8	3	0.03
2013 - 10	GGFFZ01	峨眉冷杉冬瓜杨演替林	100	55.3	3	0.04
2014 - 6	GGFFZ01	峨眉冷杉冬瓜杨演替林	10	25.9	3	0.23
2014 - 7	GGFFZ01	峨眉冷杉冬瓜杨演替林	10	18.7	3	0.13

（续）

年-月	样地代码	植被类型	探测深度/cm	体积含水量/%	重复数	标准差
2014-8	GGFFZ01	峨眉冷杉冬瓜杨演替林	10	21.0	3	0.12
2014-9	GGFFZ01	峨眉冷杉冬瓜杨演替林	10	23.3	3	0.07
2014-10	GGFFZ01	峨眉冷杉冬瓜杨演替林	10	23.2	3	0.05
2014-11	GGFFZ01	峨眉冷杉冬瓜杨演替林	10	24.4	3	0.03
2014-6	GGFFZ01	峨眉冷杉冬瓜杨演替林	20	39.1	3	0.16
2014-7	GGFFZ01	峨眉冷杉冬瓜杨演替林	20	35.6	3	0.15
2014-8	GGFFZ01	峨眉冷杉冬瓜杨演替林	20	38.2	3	0.15
2014-9	GGFFZ01	峨眉冷杉冬瓜杨演替林	20	38.9	3	0.15
2014-10	GGFFZ01	峨眉冷杉冬瓜杨演替林	20	37.5	3	0.15
2014-11	GGFFZ01	峨眉冷杉冬瓜杨演替林	20	36.2	3	0.14
2014-6	GGFFZ01	峨眉冷杉冬瓜杨演替林	30	42.4	3	0.21
2014-7	GGFFZ01	峨眉冷杉冬瓜杨演替林	30	37.1	3	0.16
2014-8	GGFFZ01	峨眉冷杉冬瓜杨演替林	30	37.8	3	0.16
2014-9	GGFFZ01	峨眉冷杉冬瓜杨演替林	30	37.4	3	0.16
2014-10	GGFFZ01	峨眉冷杉冬瓜杨演替林	30	35.3	3	0.15
2014-11	GGFFZ01	峨眉冷杉冬瓜杨演替林	30	33.6	3	0.14
2014-6	GGFFZ01	峨眉冷杉冬瓜杨演替林	40	40.5	3	0.13
2014-7	GGFFZ01	峨眉冷杉冬瓜杨演替林	40	42.7	3	0.04
2014-8	GGFFZ01	峨眉冷杉冬瓜杨演替林	40	44.1	3	0.03
2014-9	GGFFZ01	峨眉冷杉冬瓜杨演替林	40	41.8	3	0.03
2014-10	GGFFZ01	峨眉冷杉冬瓜杨演替林	40	41.6	3	0.03
2014-11	GGFFZ01	峨眉冷杉冬瓜杨演替林	40	40.9	3	0.04
2014-6	GGFFZ01	峨眉冷杉冬瓜杨演替林	60	18.1	3	0.08
2014-7	GGFFZ01	峨眉冷杉冬瓜杨演替林	60	22.7	3	0.07
2014-8	GGFFZ01	峨眉冷杉冬瓜杨演替林	60	22.9	3	0.07
2014-9	GGFFZ01	峨眉冷杉冬瓜杨演替林	60	22.2	3	0.06
2014-10	GGFFZ01	峨眉冷杉冬瓜杨演替林	60	21.5	3	0.06
2014-11	GGFFZ01	峨眉冷杉冬瓜杨演替林	60	20.6	3	0.05
2014-6	GGFFZ01	峨眉冷杉冬瓜杨演替林	100	60.6	3	0.20
2014-7	GGFFZ01	峨眉冷杉冬瓜杨演替林	100	57.0	3	0.14
2014-8	GGFFZ01	峨眉冷杉冬瓜杨演替林	100	57.4	3	0.15
2014-9	GGFFZ01	峨眉冷杉冬瓜杨演替林	100	55.1	3	0.14
2014-10	GGFFZ01	峨眉冷杉冬瓜杨演替林	100	51.0	3	0.14
2014-11	GGFFZ01	峨眉冷杉冬瓜杨演替林	100	50.8	3	0.14
2015-1	GGFFZ01	峨眉冷杉冬瓜杨演替林	10	15.5	3	0.10
2015-2	GGFFZ01	峨眉冷杉冬瓜杨演替林	10	15.3	3	0.10
2015-3	GGFFZ01	峨眉冷杉冬瓜杨演替林	10	15.3	3	0.13
2015-4	GGFFZ01	峨眉冷杉冬瓜杨演替林	10	18.2	3	0.12

（续）

年-月	样地代码	植被类型	探测深度/cm	体积含水量/%	重复数	标准差
2015 - 5	GGFFZ01	峨眉冷杉冬瓜杨演替林	10	19.8	3	0.10
2015 - 6	GGFFZ01	峨眉冷杉冬瓜杨演替林	10	23.7	3	0.06
2015 - 7	GGFFZ01	峨眉冷杉冬瓜杨演替林	10	21.4	3	0.10
2015 - 8	GGFFZ01	峨眉冷杉冬瓜杨演替林	10	20.7	3	0.11
2015 - 9	GGFFZ01	峨眉冷杉冬瓜杨演替林	10	27.8	3	0.03
2015 - 10	GGFFZ01	峨眉冷杉冬瓜杨演替林	10	23.2	3	0.04
2015 - 11	GGFFZ01	峨眉冷杉冬瓜杨演替林	10	20.4	3	0.06
2015 - 12	GGFFZ01	峨眉冷杉冬瓜杨演替林	10	18.9	3	0.08
2015 - 1	GGFFZ01	峨眉冷杉冬瓜杨演替林	20	27.9	3	0.14
2015 - 2	GGFFZ01	峨眉冷杉冬瓜杨演替林	20	26.9	3	0.18
2015 - 3	GGFFZ01	峨眉冷杉冬瓜杨演替林	20	32.3	3	0.16
2015 - 4	GGFFZ01	峨眉冷杉冬瓜杨演替林	20	35.9	3	0.14
2015 - 5	GGFFZ01	峨眉冷杉冬瓜杨演替林	20	37.2	3	0.15
2015 - 6	GGFFZ01	峨眉冷杉冬瓜杨演替林	20	38.2	3	0.14
2015 - 7	GGFFZ01	峨眉冷杉冬瓜杨演替林	20	37.7	3	0.14
2015 - 8	GGFFZ01	峨眉冷杉冬瓜杨演替林	20	38.3	3	0.15
2015 - 9	GGFFZ01	峨眉冷杉冬瓜杨演替林	20	38.8	3	0.15
2015 - 10	GGFFZ01	峨眉冷杉冬瓜杨演替林	20	37.5	3	0.15
2015 - 11	GGFFZ01	峨眉冷杉冬瓜杨演替林	20	35.7	3	0.15
2015 - 12	GGFFZ01	峨眉冷杉冬瓜杨演替林	20	37.2	3	0.17
2015 - 1	GGFFZ01	峨眉冷杉冬瓜杨演替林	30	27.4	3	0.10
2015 - 2	GGFFZ01	峨眉冷杉冬瓜杨演替林	30	25.3	3	0.10
2015 - 3	GGFFZ01	峨眉冷杉冬瓜杨演替林	30	31.5	3	0.11
2015 - 4	GGFFZ01	峨眉冷杉冬瓜杨演替林	30	35.5	3	0.12
2015 - 5	GGFFZ01	峨眉冷杉冬瓜杨演替林	30	36.9	3	0.11
2015 - 6	GGFFZ01	峨眉冷杉冬瓜杨演替林	30	38.7	3	0.15
2015 - 7	GGFFZ01	峨眉冷杉冬瓜杨演替林	30	37.7	3	0.13
2015 - 8	GGFFZ01	峨眉冷杉冬瓜杨演替林	30	38.8	3	0.13
2015 - 9	GGFFZ01	峨眉冷杉冬瓜杨演替林	30	39.6	3	0.14
2015 - 10	GGFFZ01	峨眉冷杉冬瓜杨演替林	30	36.3	3	0.12
2015 - 11	GGFFZ01	峨眉冷杉冬瓜杨演替林	30	33.7	3	0.10
2015 - 12	GGFFZ01	峨眉冷杉冬瓜杨演替林	30	32.8	3	0.10
2015 - 1	GGFFZ01	峨眉冷杉冬瓜杨演替林	40	32.4	3	0.03
2015 - 2	GGFFZ01	峨眉冷杉冬瓜杨演替林	40	32.1	3	0.03
2015 - 3	GGFFZ01	峨眉冷杉冬瓜杨演替林	40	36.3	3	0.03
2015 - 4	GGFFZ01	峨眉冷杉冬瓜杨演替林	40	40.1	3	0.03
2015 - 5	GGFFZ01	峨眉冷杉冬瓜杨演替林	40	38.9	3	0.03
2015 - 6	GGFFZ01	峨眉冷杉冬瓜杨演替林	40	43.4	3	0.03

（续）

年-月	样地代码	植被类型	探测深度/cm	体积含水量/%	重复数	标准差
2015 - 7	GGFFZ01	峨眉冷杉冬瓜杨演替林	40	42.3	3	0.03
2015 - 8	GGFFZ01	峨眉冷杉冬瓜杨演替林	40	43.1	3	0.02
2015 - 9	GGFFZ01	峨眉冷杉冬瓜杨演替林	40	44.3	3	0.03
2015 - 10	GGFFZ01	峨眉冷杉冬瓜杨演替林	40	41.8	3	0.04
2015 - 11	GGFFZ01	峨眉冷杉冬瓜杨演替林	40	39.7	3	0.05
2015 - 12	GGFFZ01	峨眉冷杉冬瓜杨演替林	40	38.1	3	0.03
2015 - 1	GGFFZ01	峨眉冷杉冬瓜杨演替林	60	18.3	3	0.02
2015 - 2	GGFFZ01	峨眉冷杉冬瓜杨演替林	60	17.4	3	0.02
2015 - 3	GGFFZ01	峨眉冷杉冬瓜杨演替林	60	19.5	3	0.03
2015 - 4	GGFFZ01	峨眉冷杉冬瓜杨演替林	60	22.2	3	0.04
2015 - 5	GGFFZ01	峨眉冷杉冬瓜杨演替林	60	22.5	3	0.03
2015 - 6	GGFFZ01	峨眉冷杉冬瓜杨演替林	60	25.2	3	0.05
2015 - 7	GGFFZ01	峨眉冷杉冬瓜杨演替林	60	23.6	3	0.05
2015 - 8	GGFFZ01	峨眉冷杉冬瓜杨演替林	60	24.5	3	0.04
2015 - 9	GGFFZ01	峨眉冷杉冬瓜杨演替林	60	24.9	3	0.04
2015 - 10	GGFFZ01	峨眉冷杉冬瓜杨演替林	60	23.3	3	0.03
2015 - 11	GGFFZ01	峨眉冷杉冬瓜杨演替林	60	22.5	3	0.02
2015 - 12	GGFFZ01	峨眉冷杉冬瓜杨演替林	60	22.8	3	0.01
2015 - 1	GGFFZ01	峨眉冷杉冬瓜杨演替林	100	43.2	3	0.13
2015 - 2	GGFFZ01	峨眉冷杉冬瓜杨演替林	100	43.0	3	0.15
2015 - 3	GGFFZ01	峨眉冷杉冬瓜杨演替林	100	45.1	3	0.15
2015 - 4	GGFFZ01	峨眉冷杉冬瓜杨演替林	100	51.6	3	0.11
2015 - 5	GGFFZ01	峨眉冷杉冬瓜杨演替林	100	51.5	3	0.12
2015 - 6	GGFFZ01	峨眉冷杉冬瓜杨演替林	100	60.6	3	0.13
2015 - 7	GGFFZ01	峨眉冷杉冬瓜杨演替林	100	54.9	3	0.12
2015 - 8	GGFFZ01	峨眉冷杉冬瓜杨演替林	100	57.1	3	0.11
2015 - 9	GGFFZ01	峨眉冷杉冬瓜杨演替林	100	57.1	3	0.12
2015 - 10	GGFFZ01	峨眉冷杉冬瓜杨演替林	100	50.8	3	0.12
2015 - 11	GGFFZ01	峨眉冷杉冬瓜杨演替林	100	47.0	3	0.14
2015 - 12	GGFFZ01	峨眉冷杉冬瓜杨演替林	100	46.4	3	0.14
2016 - 1	GGFFZ01	峨眉冷杉冬瓜杨演替林	10	13.6	3	0.12
2016 - 2	GGFFZ01	峨眉冷杉冬瓜杨演替林	10	13.9	3	0.12
2016 - 3	GGFFZ01	峨眉冷杉冬瓜杨演替林	10	16.6	3	0.14
2016 - 4	GGFFZ01	峨眉冷杉冬瓜杨演替林	10	21.2	3	0.10
2016 - 5	GGFFZ01	峨眉冷杉冬瓜杨演替林	10	19.5	3	0.12
2016 - 6	GGFFZ01	峨眉冷杉冬瓜杨演替林	10	20.3	3	0.14
2016 - 7	GGFFZ01	峨眉冷杉冬瓜杨演替林	10	21.4	3	0.11
2016 - 8	GGFFZ01	峨眉冷杉冬瓜杨演替林	10	19.2	3	0.12

（续）

年-月	样地代码	植被类型	探测深度/cm	体积含水量/%	重复数	标准差
2016 - 9	GGFFZ01	峨眉冷杉冬瓜杨演替林	10	25.1	3	0.07
2016 - 10	GGFFZ01	峨眉冷杉冬瓜杨演替林	10	20.3	3	0.11
2016 - 11	GGFFZ01	峨眉冷杉冬瓜杨演替林	10	18.2	3	0.16
2016 - 12	GGFFZ01	峨眉冷杉冬瓜杨演替林	10	18.5	3	0.16
2016 - 1	GGFFZ01	峨眉冷杉冬瓜杨演替林	20	21.3	3	0.05
2016 - 2	GGFFZ01	峨眉冷杉冬瓜杨演替林	20	19.7	3	0.06
2016 - 3	GGFFZ01	峨眉冷杉冬瓜杨演替林	20	25.3	3	0.07
2016 - 4	GGFFZ01	峨眉冷杉冬瓜杨演替林	20	32.8	3	0.10
2016 - 5	GGFFZ01	峨眉冷杉冬瓜杨演替林	20	32.0	3	0.09
2016 - 6	GGFFZ01	峨眉冷杉冬瓜杨演替林	20	34.2	3	0.10
2016 - 7	GGFFZ01	峨眉冷杉冬瓜杨演替林	20	34.8	3	0.11
2016 - 8	GGFFZ01	峨眉冷杉冬瓜杨演替林	20	33.4	3	0.10
2016 - 9	GGFFZ01	峨眉冷杉冬瓜杨演替林	20	36.0	3	0.11
2016 - 10	GGFFZ01	峨眉冷杉冬瓜杨演替林	20	33.5	3	0.10
2016 - 11	GGFFZ01	峨眉冷杉冬瓜杨演替林	20	33.3	3	0.11
2016 - 12	GGFFZ01	峨眉冷杉冬瓜杨演替林	20	33.4	3	0.12
2016 - 1	GGFFZ01	峨眉冷杉冬瓜杨演替林	30	26.1	3	0.09
2016 - 2	GGFFZ01	峨眉冷杉冬瓜杨演替林	30	25.5	3	0.08
2016 - 3	GGFFZ01	峨眉冷杉冬瓜杨演替林	30	33.7	3	0.10
2016 - 4	GGFFZ01	峨眉冷杉冬瓜杨演替林	30	40.2	3	0.11
2016 - 5	GGFFZ01	峨眉冷杉冬瓜杨演替林	30	37.6	3	0.12
2016 - 6	GGFFZ01	峨眉冷杉冬瓜杨演替林	30	40.3	3	0.12
2016 - 7	GGFFZ01	峨眉冷杉冬瓜杨演替林	30	41.1	3	0.11
2016 - 8	GGFFZ01	峨眉冷杉冬瓜杨演替林	30	38.1	3	0.11
2016 - 9	GGFFZ01	峨眉冷杉冬瓜杨演替林	30	41.9	3	0.14
2016 - 10	GGFFZ01	峨眉冷杉冬瓜杨演替林	30	37.9	3	0.12
2016 - 11	GGFFZ01	峨眉冷杉冬瓜杨演替林	30	35.6	3	0.10
2016 - 12	GGFFZ01	峨眉冷杉冬瓜杨演替林	30	33.8	3	0.10
2016 - 1	GGFFZ01	峨眉冷杉冬瓜杨演替林	40	32.7	3	0.02
2016 - 2	GGFFZ01	峨眉冷杉冬瓜杨演替林	40	32.0	3	0.02
2016 - 3	GGFFZ01	峨眉冷杉冬瓜杨演替林	40	38.8	3	0.03
2016 - 4	GGFFZ01	峨眉冷杉冬瓜杨演替林	40	44.8	3	0.05
2016 - 5	GGFFZ01	峨眉冷杉冬瓜杨演替林	40	41.8	3	0.03
2016 - 6	GGFFZ01	峨眉冷杉冬瓜杨演替林	40	46.1	3	0.05
2016 - 7	GGFFZ01	峨眉冷杉冬瓜杨演替林	40	47.6	3	0.05
2016 - 8	GGFFZ01	峨眉冷杉冬瓜杨演替林	40	43.8	3	0.04
2016 - 9	GGFFZ01	峨眉冷杉冬瓜杨演替林	40	47.6	3	0.05
2016 - 10	GGFFZ01	峨眉冷杉冬瓜杨演替林	40	44.5	3	0.05

（续）

年-月	样地代码	植被类型	探测深度/cm	体积含水量/%	重复数	标准差
2016 - 11	GGFFZ01	峨眉冷杉冬瓜杨演替林	40	38.6	3	0.05
2016 - 12	GGFFZ01	峨眉冷杉冬瓜杨演替林	40	33.8	3	0.07
2016 - 1	GGFFZ01	峨眉冷杉冬瓜杨演替林	60	25.8	3	0.12
2016 - 2	GGFFZ01	峨眉冷杉冬瓜杨演替林	60	26.6	3	0.13
2016 - 3	GGFFZ01	峨眉冷杉冬瓜杨演替林	60	30.3	3	0.13
2016 - 4	GGFFZ01	峨眉冷杉冬瓜杨演替林	60	35.5	3	0.12
2016 - 5	GGFFZ01	峨眉冷杉冬瓜杨演替林	60	33.5	3	0.13
2016 - 6	GGFFZ01	峨眉冷杉冬瓜杨演替林	60	36.8	3	0.14
2016 - 7	GGFFZ01	峨眉冷杉冬瓜杨演替林	60	39.2	3	0.12
2016 - 8	GGFFZ01	峨眉冷杉冬瓜杨演替林	60	34.3	3	0.12
2016 - 9	GGFFZ01	峨眉冷杉冬瓜杨演替林	60	37.6	3	0.12
2016 - 10	GGFFZ01	峨眉冷杉冬瓜杨演替林	60	34.1	3	0.12
2016 - 11	GGFFZ01	峨眉冷杉冬瓜杨演替林	60	38.3	3	0.13
2016 - 12	GGFFZ01	峨眉冷杉冬瓜杨演替林	60	40.9	3	0.18
2016 - 1	GGFFZ01	峨眉冷杉冬瓜杨演替林	100	41.7	3	0.13
2016 - 2	GGFFZ01	峨眉冷杉冬瓜杨演替林	100	43.2	3	0.15
2016 - 3	GGFFZ01	峨眉冷杉冬瓜杨演替林	100	49.8	3	0.16
2016 - 4	GGFFZ01	峨眉冷杉冬瓜杨演替林	100	59.4	3	0.11
2016 - 5	GGFFZ01	峨眉冷杉冬瓜杨演替林	100	55.2	3	0.14
2016 - 6	GGFFZ01	峨眉冷杉冬瓜杨演替林	100	59.3	3	0.13
2016 - 7	GGFFZ01	峨眉冷杉冬瓜杨演替林	100	60.0	3	0.10
2016 - 8	GGFFZ01	峨眉冷杉冬瓜杨演替林	100	53.2	3	0.12
2016 - 9	GGFFZ01	峨眉冷杉冬瓜杨演替林	100	60.4	3	0.11
2016 - 10	GGFFZ01	峨眉冷杉冬瓜杨演替林	100	51.9	3	0.13
2016 - 11	GGFFZ01	峨眉冷杉冬瓜杨演替林	100	51.5	3	0.17
2016 - 12	GGFFZ01	峨眉冷杉冬瓜杨演替林	100	51.0	3	0.19
2017 - 1	GGFFZ01	峨眉冷杉冬瓜杨演替林	10	15.5	3	0.14
2017 - 2	GGFFZ01	峨眉冷杉冬瓜杨演替林	10	15.3	3	0.13
2017 - 3	GGFFZ01	峨眉冷杉冬瓜杨演替林	10	17.0	3	0.15
2017 - 4	GGFFZ01	峨眉冷杉冬瓜杨演替林	10	18.6	3	0.16
2017 - 5	GGFFZ01	峨眉冷杉冬瓜杨演替林	10	19.1	3	0.17
2017 - 6	GGFFZ01	峨眉冷杉冬瓜杨演替林	10	19.9	3	0.17
2017 - 7	GGFFZ01	峨眉冷杉冬瓜杨演替林	10	19.0	3	0.15
2017 - 8	GGFFZ01	峨眉冷杉冬瓜杨演替林	10	22.8	3	0.15
2017 - 9	GGFFZ01	峨眉冷杉冬瓜杨演替林	10	19.6	3	0.17
2017 - 10	GGFFZ01	峨眉冷杉冬瓜杨演替林	10	21.7	3	0.12
2017 - 11	GGFFZ01	峨眉冷杉冬瓜杨演替林	10	19.1	3	0.13
2017 - 12	GGFFZ01	峨眉冷杉冬瓜杨演替林	10	16.5	3	0.14

（续）

年-月	样地代码	植被类型	探测深度/cm	体积含水量/%	重复数	标准差
2017 - 1	GGFFZ01	峨眉冷杉冬瓜杨演替林	20	23.6	3	0.04
2017 - 2	GGFFZ01	峨眉冷杉冬瓜杨演替林	20	21.2	3	0.02
2017 - 3	GGFFZ01	峨眉冷杉冬瓜杨演替林	20	29.1	3	0.09
2017 - 4	GGFFZ01	峨眉冷杉冬瓜杨演替林	20	32.2	3	0.10
2017 - 5	GGFFZ01	峨眉冷杉冬瓜杨演替林	20	33.0	3	0.10
2017 - 6	GGFFZ01	峨眉冷杉冬瓜杨演替林	20	33.5	3	0.10
2017 - 7	GGFFZ01	峨眉冷杉冬瓜杨演替林	20	32.1	3	0.10
2017 - 8	GGFFZ01	峨眉冷杉冬瓜杨演替林	20	34.6	3	0.10
2017 - 9	GGFFZ01	峨眉冷杉冬瓜杨演替林	20	33.5	3	0.10
2017 - 10	GGFFZ01	峨眉冷杉冬瓜杨演替林	20	32.8	3	0.10
2017 - 11	GGFFZ01	峨眉冷杉冬瓜杨演替林	20	30.6	3	0.09
2017 - 12	GGFFZ01	峨眉冷杉冬瓜杨演替林	20	28.6	3	0.08
2017 - 1	GGFFZ01	峨眉冷杉冬瓜杨演替林	30	31.8	3	0.09
2017 - 2	GGFFZ01	峨眉冷杉冬瓜杨演替林	30	32.0	3	0.07
2017 - 3	GGFFZ01	峨眉冷杉冬瓜杨演替林	30	35.9	3	0.10
2017 - 4	GGFFZ01	峨眉冷杉冬瓜杨演替林	30	41.6	3	0.10
2017 - 5	GGFFZ01	峨眉冷杉冬瓜杨演替林	30	41.7	3	0.11
2017 - 6	GGFFZ01	峨眉冷杉冬瓜杨演替林	30	42.9	3	0.10
2017 - 7	GGFFZ01	峨眉冷杉冬瓜杨演替林	30	39.8	3	0.10
2017 - 8	GGFFZ01	峨眉冷杉冬瓜杨演替林	30	43.7	3	0.11
2017 - 9	GGFFZ01	峨眉冷杉冬瓜杨演替林	30	41.5	3	0.10
2017 - 10	GGFFZ01	峨眉冷杉冬瓜杨演替林	30	40.4	3	0.10
2017 - 11	GGFFZ01	峨眉冷杉冬瓜杨演替林	30	37.2	3	0.09
2017 - 12	GGFFZ01	峨眉冷杉冬瓜杨演替林	30	34.5	3	0.08
2017 - 1	GGFFZ01	峨眉冷杉冬瓜杨演替林	40	37.7	3	0.04
2017 - 2	GGFFZ01	峨眉冷杉冬瓜杨演替林	40	37.3	3	0.04
2017 - 3	GGFFZ01	峨眉冷杉冬瓜杨演替林	40	41.3	3	0.05
2017 - 4	GGFFZ01	峨眉冷杉冬瓜杨演替林	40	46.1	3	0.05
2017 - 5	GGFFZ01	峨眉冷杉冬瓜杨演替林	40	47.3	3	0.05
2017 - 6	GGFFZ01	峨眉冷杉冬瓜杨演替林	40	48.1	3	0.05
2017 - 7	GGFFZ01	峨眉冷杉冬瓜杨演替林	40	44.9	3	0.05
2017 - 8	GGFFZ01	峨眉冷杉冬瓜杨演替林	40	48.0	3	0.05
2017 - 9	GGFFZ01	峨眉冷杉冬瓜杨演替林	40	46.2	3	0.04
2017 - 10	GGFFZ01	峨眉冷杉冬瓜杨演替林	40	45.7	3	0.05
2017 - 11	GGFFZ01	峨眉冷杉冬瓜杨演替林	40	42.8	3	0.05
2017 - 12	GGFFZ01	峨眉冷杉冬瓜杨演替林	40	40.2	3	0.04
2017 - 1	GGFFZ01	峨眉冷杉冬瓜杨演替林	60	29.1	3	0.11
2017 - 2	GGFFZ01	峨眉冷杉冬瓜杨演替林	60	28.7	3	0.12

（续）

年-月	样地代码	植被类型	探测深度/cm	体积含水量/%	重复数	标准差
2017 - 3	GGFFZ01	峨眉冷杉冬瓜杨演替林	60	30.3	3	0.10
2017 - 4	GGFFZ01	峨眉冷杉冬瓜杨演替林	60	36.6	3	0.11
2017 - 5	GGFFZ01	峨眉冷杉冬瓜杨演替林	60	38.1	3	0.13
2017 - 6	GGFFZ01	峨眉冷杉冬瓜杨演替林	60	39.1	3	0.13
2017 - 7	GGFFZ01	峨眉冷杉冬瓜杨演替林	60	33.7	3	0.10
2017 - 8	GGFFZ01	峨眉冷杉冬瓜杨演替林	60	37.5	3	0.10
2017 - 9	GGFFZ01	峨眉冷杉冬瓜杨演替林	60	35.5	3	0.10
2017 - 10	GGFFZ01	峨眉冷杉冬瓜杨演替林	60	35.3	3	0.11
2017 - 11	GGFFZ01	峨眉冷杉冬瓜杨演替林	60	33.4	3	0.12
2017 - 12	GGFFZ01	峨眉冷杉冬瓜杨演替林	60	30.8	3	0.12
2017 - 1	GGFFZ01	峨眉冷杉冬瓜杨演替林	100	44.7	3	0.14
2017 - 2	GGFFZ01	峨眉冷杉冬瓜杨演替林	100	44.5	3	0.14
2017 - 3	GGFFZ01	峨眉冷杉冬瓜杨演替林	100	46.3	3	0.13
2017 - 4	GGFFZ01	峨眉冷杉冬瓜杨演替林	100	57.4	3	0.11
2017 - 5	GGFFZ01	峨眉冷杉冬瓜杨演替林	100	61.0	3	0.12
2017 - 6	GGFFZ01	峨眉冷杉冬瓜杨演替林	100	60.7	3	0.12
2017 - 7	GGFFZ01	峨眉冷杉冬瓜杨演替林	100	51.4	3	0.13
2017 - 8	GGFFZ01	峨眉冷杉冬瓜杨演替林	100	57.2	3	0.11
2017 - 9	GGFFZ01	峨眉冷杉冬瓜杨演替林	100	54.0	3	0.12
2017 - 10	GGFFZ01	峨眉冷杉冬瓜杨演替林	100	53.3	3	0.13
2017 - 11	GGFFZ01	峨眉冷杉冬瓜杨演替林	100	50.8	3	0.14
2017 - 12	GGFFZ01	峨眉冷杉冬瓜杨演替林	100	46.9	3	0.14

表 3 - 34　贡嘎山站 3 000 m 综合气象要素观测场土壤含水量

年-月	样地代码	植被类型	探测深度/cm	体积含水量/%	重复数	标准差
2007 - 5	GGFQX01	双裂蟹甲草，零星灌木和乔木幼树	10	36.4	3	0.13
2007 - 6	GGFQX01	双裂蟹甲草，零星灌木和乔木幼树	10	39.0	3	0.10
2007 - 7	GGFQX01	双裂蟹甲草，零星灌木和乔木幼树	10	40.6	3	0.13
2007 - 8	GGFQX01	双裂蟹甲草，零星灌木和乔木幼树	10	40.4	3	0.13
2007 - 9	GGFQX01	双裂蟹甲草，零星灌木和乔木幼树	10	39.6	3	0.13
2007 - 10	GGFQX01	双裂蟹甲草，零星灌木和乔木幼树	10	37.6	3	0.14
2007 - 5	GGFQX01	双裂蟹甲草，零星灌木和乔木幼树	20	35.8	3	0.07
2007 - 6	GGFQX01	双裂蟹甲草，零星灌木和乔木幼树	20	36.3	3	0.09
2007 - 7	GGFQX01	双裂蟹甲草，零星灌木和乔木幼树	20	40.2	3	0.08
2007 - 8	GGFQX01	双裂蟹甲草，零星灌木和乔木幼树	20	42.6	3	0.06
2007 - 9	GGFQX01	双裂蟹甲草，零星灌木和乔木幼树	20	40.7	3	0.09
2007 - 10	GGFQX01	双裂蟹甲草，零星灌木和乔木幼树	20	36.0	3	0.16

（续）

年-月	样地代码	植被类型	探测深度/ cm	体积含 水量/%	重复数	标准差
2007－5	GGFQX01	双裂蟹甲草，零星灌木和乔木幼树	30	59.0	3	0.04
2007－6	GGFQX01	双裂蟹甲草，零星灌木和乔木幼树	30	60.4	3	0.04
2007－7	GGFQX01	双裂蟹甲草，零星灌木和乔木幼树	30	61.0	3	0.05
2007－8	GGFQX01	双裂蟹甲草，零星灌木和乔木幼树	30	61.6	3	0.05
2007－9	GGFQX01	双裂蟹甲草，零星灌木和乔木幼树	30	61.2	3	0.06
2007－10	GGFQX01	双裂蟹甲草，零星灌木和乔木幼树	30	58.5	3	0.07
2007－5	GGFQX01	双裂蟹甲草，零星灌木和乔木幼树	40	39.9	3	0.19
2007－6	GGFQX01	双裂蟹甲草，零星灌木和乔木幼树	40	44.8	3	0.16
2007－7	GGFQX01	双裂蟹甲草，零星灌木和乔木幼树	40	35.7	3	0.16
2007－8	GGFQX01	双裂蟹甲草，零星灌木和乔木幼树	40	45.1	3	0.22
2007－9	GGFQX01	双裂蟹甲草，零星灌木和乔木幼树	40	43.1	3	0.21
2007－10	GGFQX01	双裂蟹甲草，零星灌木和乔木幼树	40	43.3	3	0.23
2007－5	GGFQX01	双裂蟹甲草，零星灌木和乔木幼树	60	45.1	3	0.12
2007－6	GGFQX01	双裂蟹甲草，零星灌木和乔木幼树	60	46.8	3	0.13
2007－7	GGFQX01	双裂蟹甲草，零星灌木和乔木幼树	60	47.3	3	0.15
2007－8	GGFQX01	双裂蟹甲草，零星灌木和乔木幼树	60	45.1	3	0.13
2007－9	GGFQX01	双裂蟹甲草，零星灌木和乔木幼树	60	46.7	3	0.13
2007－10	GGFQX01	双裂蟹甲草，零星灌木和乔木幼树	60	45.6	3	0.14
2007－5	GGFQX01	双裂蟹甲草，零星灌木和乔木幼树	100	65.5	3	0.12
2007－6	GGFQX01	双裂蟹甲草，零星灌木和乔木幼树	100	65.5	3	0.08
2007－7	GGFQX01	双裂蟹甲草，零星灌木和乔木幼树	100	67.6	3	0.13
2007－8	GGFQX01	双裂蟹甲草，零星灌木和乔木幼树	100	73.8	3	0.09
2007－9	GGFQX01	双裂蟹甲草，零星灌木和乔木幼树	100	70.8	3	0.11
2007－10	GGFQX01	双裂蟹甲草，零星灌木和乔木幼树	100	69.5	3	0.11
2008－5	GGFQX01	双裂蟹甲草，零星灌木和乔木幼树	10	39.9	3	0.14
2008－6	GGFQX01	双裂蟹甲草，零星灌木和乔木幼树	10	36.1	3	0.11
2008－7	GGFQX01	双裂蟹甲草，零星灌木和乔木幼树	10	40.7	3	0.10
2008－8	GGFQX01	双裂蟹甲草，零星灌木和乔木幼树	10	40.1	3	0.12
2008－9	GGFQX01	双裂蟹甲草，零星灌木和乔木幼树	10	35.9	3	0.09
2008－5	GGFQX01	双裂蟹甲草，零星灌木和乔木幼树	20	43.6	3	0.09
2008－6	GGFQX01	双裂蟹甲草，零星灌木和乔木幼树	20	35.4	3	0.15
2008－7	GGFQX01	双裂蟹甲草，零星灌木和乔木幼树	20	42.2	3	0.06
2008－8	GGFQX01	双裂蟹甲草，零星灌木和乔木幼树	20	37.3	3	0.17
2008－9	GGFQX01	双裂蟹甲草，零星灌木和乔木幼树	20	43.1	3	0.08
2008－5	GGFQX01	双裂蟹甲草，零星灌木和乔木幼树	30	64.4	3	0.05
2008－6	GGFQX01	双裂蟹甲草，零星灌木和乔木幼树	30	58.3	3	0.09
2008－7	GGFQX01	双裂蟹甲草，零星灌木和乔木幼树	30	61.2	3	0.05
2008－8	GGFQX01	双裂蟹甲草，零星灌木和乔木幼树	30	61.5	3	0.08

（续）

年-月	样地代码	植被类型	探测深度/cm	体积含水量/%	重复数	标准差
2008 - 9	GGFQX01	双裂蟹甲草，零星灌木和乔木幼树	30	45.5	3	0.07
2008 - 5	GGFQX01	双裂蟹甲草，零星灌木和乔木幼树	40	48.9	3	0.24
2008 - 6	GGFQX01	双裂蟹甲草，零星灌木和乔木幼树	40	46.8	3	0.20
2008 - 7	GGFQX01	双裂蟹甲草，零星灌木和乔木幼树	40	47.7	3	0.13
2008 - 8	GGFQX01	双裂蟹甲草，零星灌木和乔木幼树	40	42.9	3	0.22
2008 - 9	GGFQX01	双裂蟹甲草，零星灌木和乔木幼树	40	38.4	3	0.07
2008 - 5	GGFQX01	双裂蟹甲草，零星灌木和乔木幼树	60	52.0	3	0.18
2008 - 6	GGFQX01	双裂蟹甲草，零星灌木和乔木幼树	60	57.9	3	0.12
2008 - 7	GGFQX01	双裂蟹甲草，零星灌木和乔木幼树	60	50.0	3	0.08
2008 - 8	GGFQX01	双裂蟹甲草，零星灌木和乔木幼树	60	51.0	3	0.15
2008 - 9	GGFQX01	双裂蟹甲草，零星灌木和乔木幼树	60	35.3	3	0.07
2008 - 5	GGFQX01	双裂蟹甲草，零星灌木和乔木幼树	100	67.4	3	0.16
2008 - 6	GGFQX01	双裂蟹甲草，零星灌木和乔木幼树	100	75.4	3	0.08
2008 - 7	GGFQX01	双裂蟹甲草，零星灌木和乔木幼树	100	64.5	3	0.02
2008 - 8	GGFQX01	双裂蟹甲草，零星灌木和乔木幼树	100	66.5	3	0.08
2008 - 9	GGFQX01	双裂蟹甲草，零星灌木和乔木幼树	100	41.8	3	0.03
2009 - 6	GGFQX01	双裂蟹甲草，零星灌木和乔木幼树	10	31.2	3	0.04
2009 - 7	GGFQX01	双裂蟹甲草，零星灌木和乔木幼树	10	29.6	3	0.03
2009 - 8	GGFQX01	双裂蟹甲草，零星灌木和乔木幼树	10	33.3	3	0.03
2009 - 9	GGFQX01	双裂蟹甲草，零星灌木和乔木幼树	10	27.0	3	0.03
2009 - 10	GGFQX01	双裂蟹甲草，零星灌木和乔木幼树	10	32.5	3	0.04
2009 - 11	GGFQX01	双裂蟹甲草，零星灌木和乔木幼树	10	28.2	3	0.04
2009 - 6	GGFQX01	双裂蟹甲草，零星灌木和乔木幼树	20	30.0	3	0.05
2009 - 7	GGFQX01	双裂蟹甲草，零星灌木和乔木幼树	20	30.9	3	0.06
2009 - 8	GGFQX01	双裂蟹甲草，零星灌木和乔木幼树	20	34.7	3	0.01
2009 - 9	GGFQX01	双裂蟹甲草，零星灌木和乔木幼树	20	29.0	3	0.05
2009 - 10	GGFQX01	双裂蟹甲草，零星灌木和乔木幼树	20	33.5	3	0.08
2009 - 11	GGFQX01	双裂蟹甲草，零星灌木和乔木幼树	20	27.8	3	0.07
2009 - 6	GGFQX01	双裂蟹甲草，零星灌木和乔木幼树	30	35.8	3	0.09
2009 - 7	GGFQX01	双裂蟹甲草，零星灌木和乔木幼树	30	38.2	3	0.04
2009 - 8	GGFQX01	双裂蟹甲草，零星灌木和乔木幼树	30	41.2	3	0.03
2009 - 9	GGFQX01	双裂蟹甲草，零星灌木和乔木幼树	30	34.3	3	0.07
2009 - 10	GGFQX01	双裂蟹甲草，零星灌木和乔木幼树	30	35.7	3	0.09
2009 - 11	GGFQX01	双裂蟹甲草，零星灌木和乔木幼树	30	34.0	3	0.13
2009 - 6	GGFQX01	双裂蟹甲草，零星灌木和乔木幼树	40	32.5	3	0.14
2009 - 7	GGFQX01	双裂蟹甲草，零星灌木和乔木幼树	40	31.5	3	0.15
2009 - 8	GGFQX01	双裂蟹甲草，零星灌木和乔木幼树	40	37.9	3	0.11
2009 - 9	GGFQX01	双裂蟹甲草，零星灌木和乔木幼树	40	31.1	3	0.16

森林生态系统卷

（续）

年-月	样地代码	植被类型	探测深度/cm	体积含水量/%	重复数	标准差
2009 - 10	GGFQX01	双裂蟹甲草，零星灌木和乔木幼树	40	33.2	3	0.12
2009 - 11	GGFQX01	双裂蟹甲草，零星灌木和乔木幼树	40	32.3	3	0.12
2009 - 6	GGFQX01	双裂蟹甲草，零星灌木和乔木幼树	60	39.5	3	0.08
2009 - 7	GGFQX01	双裂蟹甲草，零星灌木和乔木幼树	60	36.8	3	0.06
2009 - 8	GGFQX01	双裂蟹甲草，零星灌木和乔木幼树	60	46.9	3	0.15
2009 - 9	GGFQX01	双裂蟹甲草，零星灌木和乔木幼树	60	36.2	3	0.04
2009 - 10	GGFQX01	双裂蟹甲草，零星灌木和乔木幼树	60	42.8	3	0.05
2009 - 11	GGFQX01	双裂蟹甲草，零星灌木和乔木幼树	60	38.1	3	0.02
2009 - 6	GGFQX01	双裂蟹甲草，零星灌木和乔木幼树	100	49.7	3	0.04
2009 - 7	GGFQX01	双裂蟹甲草，零星灌木和乔木幼树	100	48.3	3	0.04
2009 - 8	GGFQX01	双裂蟹甲草，零星灌木和乔木幼树	100	50.7	3	0.04
2009 - 9	GGFQX01	双裂蟹甲草，零星灌木和乔木幼树	100	48.1	3	0.07
2009 - 10	GGFQX01	双裂蟹甲草，零星灌木和乔木幼树	100	54.1	3	0.04
2009 - 11	GGFQX01	双裂蟹甲草，零星灌木和乔木幼树	100	47.1	3	0.07
2010 - 5	GGFQX01	双裂蟹甲草，零星灌木和乔木幼树	10	32.3	3	0.03
2010 - 6	GGFQX01	双裂蟹甲草，零星灌木和乔木幼树	10	31.6	3	0.02
2010 - 7	GGFQX01	双裂蟹甲草，零星灌木和乔木幼树	10	30.8	3	0.02
2010 - 8	GGFQX01	双裂蟹甲草，零星灌木和乔木幼树	10	31.7	3	0.02
2010 - 9	GGFQX01	双裂蟹甲草，零星灌木和乔木幼树	10	31.1	3	0.02
2010 - 10	GGFQX01	双裂蟹甲草，零星灌木和乔木幼树	10	30.2	3	0.04
2010 - 5	GGFQX01	双裂蟹甲草，零星灌木和乔木幼树	20	34.2	3	0.00
2010 - 6	GGFQX01	双裂蟹甲草，零星灌木和乔木幼树	20	35.6	3	0.05
2010 - 7	GGFQX01	双裂蟹甲草，零星灌木和乔木幼树	20	32.2	3	0.05
2010 - 8	GGFQX01	双裂蟹甲草，零星灌木和乔木幼树	20	36.2	3	0.04
2010 - 9	GGFQX01	双裂蟹甲草，零星灌木和乔木幼树	20	33.3	3	0.03
2010 - 10	GGFQX01	双裂蟹甲草，零星灌木和乔木幼树	20	32.1	3	0.04
2010 - 5	GGFQX01	双裂蟹甲草，零星灌木和乔木幼树	30	43.2	3	0.03
2010 - 6	GGFQX01	双裂蟹甲草，零星灌木和乔木幼树	30	43.6	3	0.05
2010 - 7	GGFQX01	双裂蟹甲草，零星灌木和乔木幼树	30	36.7	3	0.08
2010 - 8	GGFQX01	双裂蟹甲草，零星灌木和乔木幼树	30	40.8	3	0.01
2010 - 9	GGFQX01	双裂蟹甲草，零星灌木和乔木幼树	30	41.1	3	0.04
2010 - 10	GGFQX01	双裂蟹甲草，零星灌木和乔木幼树	30	36.5	3	0.08
2010 - 5	GGFQX01	双裂蟹甲草，零星灌木和乔木幼树	40	37.4	3	0.18
2010 - 6	GGFQX01	双裂蟹甲草，零星灌木和乔木幼树	40	34.9	3	0.13
2010 - 7	GGFQX01	双裂蟹甲草，零星灌木和乔木幼树	40	33.6	3	0.16
2010 - 8	GGFQX01	双裂蟹甲草，零星灌木和乔木幼树	40	35.3	3	0.15
2010 - 9	GGFQX01	双裂蟹甲草，零星灌木和乔木幼树	40	35.0	3	0.15
2010 - 10	GGFQX01	双裂蟹甲草，零星灌木和乔木幼树	40	33.0	3	0.15

（续）

年-月	样地代码	植被类型	探测深度/cm	体积含水量/%	重复数	标准差
2010 - 5	GGFQX01	双裂蟹甲草，零星灌木和乔木幼树	60	46.6	3	0.12
2010 - 6	GGFQX01	双裂蟹甲草，零星灌木和乔木幼树	60	46.0	3	0.12
2010 - 7	GGFQX01	双裂蟹甲草，零星灌木和乔木幼树	60	39.1	3	0.07
2010 - 8	GGFQX01	双裂蟹甲草，零星灌木和乔木幼树	60	44.5	3	0.13
2010 - 9	GGFQX01	双裂蟹甲草，零星灌木和乔木幼树	60	43.5	3	0.09
2010 - 10	GGFQX01	双裂蟹甲草，零星灌木和乔木幼树	60	40.4	3	0.08
2010 - 5	GGFQX01	双裂蟹甲草，零星灌木和乔木幼树	100	59.1	3	0.07
2010 - 6	GGFQX01	双裂蟹甲草，零星灌木和乔木幼树	100	52.4	3	0.06
2010 - 7	GGFQX01	双裂蟹甲草，零星灌木和乔木幼树	100	53.0	3	0.04
2010 - 8	GGFQX01	双裂蟹甲草，零星灌木和乔木幼树	100	50.9	3	0.03
2010 - 9	GGFQX01	双裂蟹甲草，零星灌木和乔木幼树	100	54.2	3	0.04
2010 - 10	GGFQX01	双裂蟹甲草，零星灌木和乔木幼树	100	54.9	3	0.02
2011 - 5	GGFQX01	双裂蟹甲草，零星灌木和乔木幼树	10	28.4	3	0.04
2011 - 6	GGFQX01	双裂蟹甲草，零星灌木和乔木幼树	10	27.0	3	0.02
2011 - 7	GGFQX01	双裂蟹甲草，零星灌木和乔木幼树	10	27.1	3	0.03
2011 - 8	GGFQX01	双裂蟹甲草，零星灌木和乔木幼树	10	25.6	3	0.01
2011 - 9	GGFQX01	双裂蟹甲草，零星灌木和乔木幼树	10	28.7	3	0.01
2011 - 10	GGFQX01	双裂蟹甲草，零星灌木和乔木幼树	10	28.1	3	0.01
2011 - 11	GGFQX01	双裂蟹甲草，零星灌木和乔木幼树	10	26.4	3	0.02
2011 - 5	GGFQX01	双裂蟹甲草，零星灌木和乔木幼树	20	30.2	3	0.03
2011 - 6	GGFQX01	双裂蟹甲草，零星灌木和乔木幼树	20	30.4	3	0.08
2011 - 7	GGFQX01	双裂蟹甲草，零星灌木和乔木幼树	20	32.5	3	0.02
2011 - 8	GGFQX01	双裂蟹甲草，零星灌木和乔木幼树	20	30.6	3	0.06
2011 - 9	GGFQX01	双裂蟹甲草，零星灌木和乔木幼树	20	32.8	3	0.04
2011 - 10	GGFQX01	双裂蟹甲草，零星灌木和乔木幼树	20	30.3	3	0.05
2011 - 11	GGFQX01	双裂蟹甲草，零星灌木和乔木幼树	20	31.6	3	0.06
2011 - 5	GGFQX01	双裂蟹甲草，零星灌木和乔木幼树	30	33.9	3	0.08
2011 - 6	GGFQX01	双裂蟹甲草，零星灌木和乔木幼树	30	31.6	3	0.14
2011 - 7	GGFQX01	双裂蟹甲草，零星灌木和乔木幼树	30	35.9	3	0.02
2011 - 8	GGFQX01	双裂蟹甲草，零星灌木和乔木幼树	30	32.4	3	0.15
2011 - 9	GGFQX01	双裂蟹甲草，零星灌木和乔木幼树	30	29.9	3	0.10
2011 - 10	GGFQX01	双裂蟹甲草，零星灌木和乔木幼树	30	32.6	3	0.15
2011 - 11	GGFQX01	双裂蟹甲草，零星灌木和乔木幼树	30	33.8	3	0.14
2011 - 5	GGFQX01	双裂蟹甲草，零星灌木和乔木幼树	40	30.9	3	0.09
2011 - 6	GGFQX01	双裂蟹甲草，零星灌木和乔木幼树	40	27.0	3	0.09
2011 - 7	GGFQX01	双裂蟹甲草，零星灌木和乔木幼树	40	32.6	3	0.08
2011 - 8	GGFQX01	双裂蟹甲草，零星灌木和乔木幼树	40	30.0	3	0.08
2011 - 9	GGFQX01	双裂蟹甲草，零星灌木和乔木幼树	40	32.4	3	0.06
2011 - 10	GGFQX01	双裂蟹甲草，零星灌木和乔木幼树	40	29.0	3	0.07

（续）

年-月	样地代码	植被类型	探测深度/ cm	体积含 水量/%	重复数	标准差
2011 - 11	GGFQX01	双裂蟹甲草，零星灌木和乔木幼树	40	30.6	3	0.07
2011 - 5	GGFQX01	双裂蟹甲草，零星灌木和乔木幼树	60	35.7	3	0.04
2011 - 6	GGFQX01	双裂蟹甲草，零星灌木和乔木幼树	60	34.0	3	0.03
2011 - 7	GGFQX01	双裂蟹甲草，零星灌木和乔木幼树	60	43.0	3	0.06
2011 - 8	GGFQX01	双裂蟹甲草，零星灌木和乔木幼树	60	41.6	3	0.06
2011 - 9	GGFQX01	双裂蟹甲草，零星灌木和乔木幼树	60	39.8	3	0.09
2011 - 10	GGFQX01	双裂蟹甲草，零星灌木和乔木幼树	60	37.5	3	0.09
2011 - 11	GGFQX01	双裂蟹甲草，零星灌木和乔木幼树	60	38.8	3	0.12
2011 - 5	GGFQX01	双裂蟹甲草，零星灌木和乔木幼树	100	53.5	3	0.02
2011 - 6	GGFQX01	双裂蟹甲草，零星灌木和乔木幼树	100	65.8	3	0.04
2011 - 7	GGFQX01	双裂蟹甲草，零星灌木和乔木幼树	100	55.1	3	0.09
2011 - 8	GGFQX01	双裂蟹甲草，零星灌木和乔木幼树	100	67.1	3	0.11
2011 - 9	GGFQX01	双裂蟹甲草，零星灌木和乔木幼树	100	49.8	3	0.07
2011 - 10	GGFQX01	双裂蟹甲草，零星灌木和乔木幼树	100	63.9	3	0.17
2011 - 11	GGFQX01	双裂蟹甲草，零星灌木和乔木幼树	100	53.7	3	0.14
2012 - 5	GGFQX01	双裂蟹甲草，零星灌木和乔木幼树	10	26.4	3	0.01
2012 - 6	GGFQX01	双裂蟹甲草，零星灌木和乔木幼树	10	32.1	3	0.03
2012 - 7	GGFQX01	双裂蟹甲草，零星灌木和乔木幼树	10	30.3	3	0.01
2012 - 8	GGFQX01	双裂蟹甲草，零星灌木和乔木幼树	10	27.5	3	0.07
2012 - 9	GGFQX01	双裂蟹甲草，零星灌木和乔木幼树	10	29.8	3	0.05
2012 - 10	GGFQX01	双裂蟹甲草，零星灌木和乔木幼树	10	27.1	3	0.00
2012 - 5	GGFQX01	双裂蟹甲草，零星灌木和乔木幼树	20	29.9	3	0.09
2012 - 6	GGFQX01	双裂蟹甲草，零星灌木和乔木幼树	20	33.2	3	0.07
2012 - 7	GGFQX01	双裂蟹甲草，零星灌木和乔木幼树	20	32.4	3	0.05
2012 - 8	GGFQX01	双裂蟹甲草，零星灌木和乔木幼树	20	32.7	3	0.08
2012 - 9	GGFQX01	双裂蟹甲草，零星灌木和乔木幼树	20	31.9	3	0.05
2012 - 10	GGFQX01	双裂蟹甲草，零星灌木和乔木幼树	20	31.4	3	0.06
2012 - 5	GGFQX01	双裂蟹甲草，零星灌木和乔木幼树	30	31.8	3	0.16
2012 - 6	GGFQX01	双裂蟹甲草，零星灌木和乔木幼树	30	47.3	3	0.18
2012 - 7	GGFQX01	双裂蟹甲草，零星灌木和乔木幼树	30	34.4	3	0.13
2012 - 8	GGFQX01	双裂蟹甲草，零星灌木和乔木幼树	30	38.8	3	0.07
2012 - 9	GGFQX01	双裂蟹甲草，零星灌木和乔木幼树	30	35.1	3	0.12
2012 - 10	GGFQX01	双裂蟹甲草，零星灌木和乔木幼树	30	30.2	3	0.17
2012 - 5	GGFQX01	双裂蟹甲草，零星灌木和乔木幼树	40	29.9	3	0.07
2012 - 6	GGFQX01	双裂蟹甲草，零星灌木和乔木幼树	40	39.1	3	0.19
2012 - 7	GGFQX01	双裂蟹甲草，零星灌木和乔木幼树	40	32.7	3	0.09
2012 - 8	GGFQX01	双裂蟹甲草，零星灌木和乔木幼树	40	28.9	3	0.12
2012 - 9	GGFQX01	双裂蟹甲草，零星灌木和乔木幼树	40	31.7	3	0.12
2012 - 10	GGFQX01	双裂蟹甲草，零星灌木和乔木幼树	40	26.5	3	0.07
2012 - 5	GGFQX01	双裂蟹甲草，零星灌木和乔木幼树	60	39.6	3	0.09

（续）

年-月	样地代码	植被类型	探测深度/cm	体积含水量/%	重复数	标准差
2012 - 6	GGFQX01	双裂蟹甲草，零星灌木和乔木幼树	60	52.0	3	0.19
2012 - 7	GGFQX01	双裂蟹甲草，零星灌木和乔木幼树	60	43.7	3	0.09
2012 - 8	GGFQX01	双裂蟹甲草，零星灌木和乔木幼树	60	43.6	3	0.07
2012 - 9	GGFQX01	双裂蟹甲草，零星灌木和乔木幼树	60	42.8	3	0.09
2012 - 10	GGFQX01	双裂蟹甲草，零星灌木和乔木幼树	60	37.1	3	0.06
2012 - 5	GGFQX01	双裂蟹甲草，零星灌木和乔木幼树	100	57.7	3	0.02
2012 - 6	GGFQX01	双裂蟹甲草，零星灌木和乔木幼树	100	58.6	3	0.06
2012 - 7	GGFQX01	双裂蟹甲草，零星灌木和乔木幼树	100	62.4	3	0.04
2012 - 8	GGFQX01	双裂蟹甲草，零星灌木和乔木幼树	100	60.9	3	0.04
2012 - 9	GGFQX01	双裂蟹甲草，零星灌木和乔木幼树	100	54.9	3	0.01
2012 - 10	GGFQX01	双裂蟹甲草，零星灌木和乔木幼树	100	52.5	3	0.04
2013 - 5	GGFQX01	双裂蟹甲草，零星灌木和乔木幼树	10	19.5	3	0.07
2013 - 6	GGFQX01	双裂蟹甲草，零星灌木和乔木幼树	10	27.4	3	0.03
2013 - 7	GGFQX01	双裂蟹甲草，零星灌木和乔木幼树	10	19.8	3	0.13
2013 - 8	GGFQX01	双裂蟹甲草，零星灌木和乔木幼树	10	22.5	3	0.08
2013 - 9	GGFQX01	双裂蟹甲草，零星灌木和乔木幼树	10	25.3	3	0.03
2013 - 10	GGFQX01	双裂蟹甲草，零星灌木和乔木幼树	10	39.5	3	0.14
2013 - 5	GGFQX01	双裂蟹甲草，零星灌木和乔木幼树	20	28.5	3	0.09
2013 - 6	GGFQX01	双裂蟹甲草，零星灌木和乔木幼树	20	31.2	3	0.09
2013 - 7	GGFQX01	双裂蟹甲草，零星灌木和乔木幼树	20	37.2	3	0.03
2013 - 8	GGFQX01	双裂蟹甲草，零星灌木和乔木幼树	20	34.0	3	0.03
2013 - 9	GGFQX01	双裂蟹甲草，零星灌木和乔木幼树	20	30.9	3	0.04
2013 - 10	GGFQX01	双裂蟹甲草，零星灌木和乔木幼树	20	37.9	3	0.17
2013 - 5	GGFQX01	双裂蟹甲草，零星灌木和乔木幼树	30	33.4	3	0.11
2013 - 6	GGFQX01	双裂蟹甲草，零星灌木和乔木幼树	30	32.0	3	0.15
2013 - 7	GGFQX01	双裂蟹甲草，零星灌木和乔木幼树	30	32.2	3	0.10
2013 - 8	GGFQX01	双裂蟹甲草，零星灌木和乔木幼树	30	30.0	3	0.11
2013 - 9	GGFQX01	双裂蟹甲草，零星灌木和乔木幼树	30	28.4	3	0.12
2013 - 10	GGFQX01	双裂蟹甲草，零星灌木和乔木幼树	30	58.8	3	0.10
2013 - 5	GGFQX01	双裂蟹甲草，零星灌木和乔木幼树	40	25.6	3	0.09
2013 - 6	GGFQX01	双裂蟹甲草，零星灌木和乔木幼树	40	27.1	3	0.09
2013 - 7	GGFQX01	双裂蟹甲草，零星灌木和乔木幼树	40	37.1	3	0.06
2013 - 8	GGFQX01	双裂蟹甲草，零星灌木和乔木幼树	40	37.0	3	0.06
2013 - 9	GGFQX01	双裂蟹甲草，零星灌木和乔木幼树	40	37.0	3	0.06
2013 - 10	GGFQX01	双裂蟹甲草，零星灌木和乔木幼树	40	41.6	3	0.20
2013 - 5	GGFQX01	双裂蟹甲草，零星灌木和乔木幼树	60	44.6	3	0.10
2013 - 6	GGFQX01	双裂蟹甲草，零星灌木和乔木幼树	60	34.6	3	0.04
2013 - 7	GGFQX01	双裂蟹甲草，零星灌木和乔木幼树	60	57.2	3	0.07
2013 - 8	GGFQX01	双裂蟹甲草，零星灌木和乔木幼树	60	51.0	3	0.05
2013 - 9	GGFQX01	双裂蟹甲草，零星灌木和乔木幼树	60	45.9	3	0.02

（续）

年-月	样地代码	植被类型	探测深度/cm	体积含水量/%	重复数	标准差
2013 - 10	GGFQX01	双裂蟹甲草，零星灌木和乔木幼树	60	45.7	3	0.15
2013 - 5	GGFQX01	双裂蟹甲草，零星灌木和乔木幼树	100	58.2	3	0.19
2013 - 6	GGFQX01	双裂蟹甲草，零星灌木和乔木幼树	100	67.1	3	0.04
2013 - 7	GGFQX01	双裂蟹甲草，零星灌木和乔木幼树	100	70.3	3	0.07
2013 - 8	GGFQX01	双裂蟹甲草，零星灌木和乔木幼树	100	65.0	3	0.06
2013 - 9	GGFQX01	双裂蟹甲草，零星灌木和乔木幼树	100	59.5	3	0.05
2013 - 10	GGFQX01	双裂蟹甲草，零星灌木和乔木幼树	100	69.8	3	0.11
2014 - 6	GGFQX01	双裂蟹甲草，零星灌木和乔木幼树	10	61.0	3	0.07
2014 - 7	GGFQX01	双裂蟹甲草，零星灌木和乔木幼树	10	52.4	3	0.03
2014 - 8	GGFQX01	双裂蟹甲草，零星灌木和乔木幼树	10	53.4	3	0.03
2014 - 9	GGFQX01	双裂蟹甲草，零星灌木和乔木幼树	10	53.1	3	0.03
2014 - 10	GGFQX01	双裂蟹甲草，零星灌木和乔木幼树	10	52.0	3	0.04
2014 - 11	GGFQX01	双裂蟹甲草，零星灌木和乔木幼树	10	51.0	3	0.05
2014 - 6	GGFQX01	双裂蟹甲草，零星灌木和乔木幼树	20	40.3	3	0.17
2014 - 7	GGFQX01	双裂蟹甲草，零星灌木和乔木幼树	20	31.6	3	0.13
2014 - 8	GGFQX01	双裂蟹甲草，零星灌木和乔木幼树	20	35.4	3	0.19
2014 - 9	GGFQX01	双裂蟹甲草，零星灌木和乔木幼树	20	35.6	3	0.18
2014 - 10	GGFQX01	双裂蟹甲草，零星灌木和乔木幼树	20	35.8	3	0.17
2014 - 11	GGFQX01	双裂蟹甲草，零星灌木和乔木幼树	20	35.3	3	0.16
2014 - 6	GGFQX01	双裂蟹甲草，零星灌木和乔木幼树	30	61.2	3	0.11
2014 - 7	GGFQX01	双裂蟹甲草，零星灌木和乔木幼树	30	52.8	3	0.07
2014 - 8	GGFQX01	双裂蟹甲草，零星灌木和乔木幼树	30	54.4	3	0.09
2014 - 9	GGFQX01	双裂蟹甲草，零星灌木和乔木幼树	30	53.2	3	0.08
2014 - 10	GGFQX01	双裂蟹甲草，零星灌木和乔木幼树	30	51.7	3	0.07
2014 - 11	GGFQX01	双裂蟹甲草，零星灌木和乔木幼树	30	50.6	3	0.06
2014 - 6	GGFQX01	双裂蟹甲草，零星灌木和乔木幼树	40	54.7	3	0.22
2014 - 7	GGFQX01	双裂蟹甲草，零星灌木和乔木幼树	40	48.3	3	0.19
2014 - 8	GGFQX01	双裂蟹甲草，零星灌木和乔木幼树	40	49.2	3	0.20
2014 - 9	GGFQX01	双裂蟹甲草，零星灌木和乔木幼树	40	47.0	3	0.18
2014 - 10	GGFQX01	双裂蟹甲草，零星灌木和乔木幼树	40	43.9	3	0.15
2014 - 11	GGFQX01	双裂蟹甲草，零星灌木和乔木幼树	40	41.9	3	0.13
2014 - 6	GGFQX01	双裂蟹甲草，零星灌木和乔木幼树	60	75.3	3	0.04
2014 - 7	GGFQX01	双裂蟹甲草，零星灌木和乔木幼树	60	70.8	3	0.03
2014 - 8	GGFQX01	双裂蟹甲草，零星灌木和乔木幼树	60	71.6	3	0.06
2014 - 9	GGFQX01	双裂蟹甲草，零星灌木和乔木幼树	60	69.5	3	0.04
2014 - 10	GGFQX01	双裂蟹甲草，零星灌木和乔木幼树	60	65.8	3	0.01
2014 - 11	GGFQX01	双裂蟹甲草，零星灌木和乔木幼树	60	62.9	3	0.01
2014 - 6	GGFQX01	双裂蟹甲草，零星灌木和乔木幼树	100	76.6	3	0.06
2014 - 7	GGFQX01	双裂蟹甲草，零星灌木和乔木幼树	100	74.6	3	0.13
2014 - 8	GGFQX01	双裂蟹甲草，零星灌木和乔木幼树	100	75.8	3	0.12

（续）

年-月	样地代码	植被类型	探测深度/ cm	体积含 水量/%	重复数	标准差
2014 - 9	GGFQX01	双裂蟹甲草，零星灌木和乔木幼树	100	72.4	3	0.12
2014 - 10	GGFQX01	双裂蟹甲草，零星灌木和乔木幼树	100	68.2	3	0.14
2014 - 11	GGFQX01	双裂蟹甲草，零星灌木和乔木幼树	100	65.2	3	0.13
2015 - 1	GGFQX01	双裂蟹甲草，零星灌木和乔木幼树	10	47.6	3	0.04
2015 - 2	GGFQX02	双裂蟹甲草，零星灌木和乔木幼树	10	47.2	3	0.04
2015 - 3	GGFQX03	双裂蟹甲草，零星灌木和乔木幼树	10	47.1	3	0.05
2015 - 4	GGFQX04	双裂蟹甲草，零星灌木和乔木幼树	10	51.2	3	0.02
2015 - 5	GGFQX05	双裂蟹甲草，零星灌木和乔木幼树	10	52.5	3	0.02
2015 - 6	GGFQX06	双裂蟹甲草，零星灌木和乔木幼树	10	55.3	3	0.02
2015 - 7	GGFQX07	双裂蟹甲草，零星灌木和乔木幼树	10	54.2	3	0.02
2015 - 8	GGFQX08	双裂蟹甲草，零星灌木和乔木幼树	10	54.7	3	0.02
2015 - 9	GGFQX09	双裂蟹甲草，零星灌木和乔木幼树	10	55.7	3	0.03
2015 - 10	GGFQX10	双裂蟹甲草，零星灌木和乔木幼树	10	53.8	3	0.04
2015 - 11	GGFQX11	双裂蟹甲草，零星灌木和乔木幼树	10	51.9	3	0.06
2015 - 12	GGFQX12	双裂蟹甲草，零星灌木和乔木幼树	10	51.6	3	0.06
2015 - 1	GGFQX13	双裂蟹甲草，零星灌木和乔木幼树	20	33.5	3	0.15
2015 - 2	GGFQX14	双裂蟹甲草，零星灌木和乔木幼树	20	34.0	3	0.14
2015 - 3	GGFQX15	双裂蟹甲草，零星灌木和乔木幼树	20	34.8	3	0.14
2015 - 4	GGFQX16	双裂蟹甲草，零星灌木和乔木幼树	20	38.4	3	0.15
2015 - 5	GGFQX17	双裂蟹甲草，零星灌木和乔木幼树	20	40.6	3	0.16
2015 - 6	GGFQX18	双裂蟹甲草，零星灌木和乔木幼树	20	44.3	3	0.17
2015 - 7	GGFQX19	双裂蟹甲草，零星灌木和乔木幼树	20	45.2	3	0.15
2015 - 8	GGFQX20	双裂蟹甲草，零星灌木和乔木幼树	20	47.9	3	0.15
2015 - 9	GGFQX21	双裂蟹甲草，零星灌木和乔木幼树	20	52.1	3	0.17
2015 - 10	GGFQX22	双裂蟹甲草，零星灌木和乔木幼树	20	50.3	3	0.15
2015 - 11	GGFQX23	双裂蟹甲草，零星灌木和乔木幼树	20	44.3	3	0.10
2015 - 12	GGFQX24	双裂蟹甲草，零星灌木和乔木幼树	20	44.6	3	0.10
2015 - 1	GGFQX25	双裂蟹甲草，零星灌木和乔木幼树	30	50.2	3	0.02
2015 - 2	GGFQX26	双裂蟹甲草，零星灌木和乔木幼树	30	49.8	3	0.02
2015 - 3	GGFQX27	双裂蟹甲草，零星灌木和乔木幼树	30	50.5	3	0.03
2015 - 4	GGFQX28	双裂蟹甲草，零星灌木和乔木幼树	30	53.8	3	0.05
2015 - 5	GGFQX29	双裂蟹甲草，零星灌木和乔木幼树	30	54.6	3	0.05
2015 - 6	GGFQX30	双裂蟹甲草，零星灌木和乔木幼树	30	58.9	3	0.07
2015 - 7	GGFQX31	双裂蟹甲草，零星灌木和乔木幼树	30	56.6	3	0.06
2015 - 8	GGFQX32	双裂蟹甲草，零星灌木和乔木幼树	30	56.9	3	0.06
2015 - 9	GGFQX33	双裂蟹甲草，零星灌木和乔木幼树	30	58.2	3	0.05
2015 - 10	GGFQX34	双裂蟹甲草，零星灌木和乔木幼树	30	52.8	3	0.04
2015 - 11	GGFQX35	双裂蟹甲草，零星灌木和乔木幼树	30	50.0	3	0.04
2015 - 12	GGFQX36	双裂蟹甲草，零星灌木和乔木幼树	30	49.8	3	0.04
2015 - 1	GGFQX37	双裂蟹甲草，零星灌木和乔木幼树	40	37.8	3	0.11

（续）

年-月	样地代码	植被类型	探测深度/cm	体积含水量/%	重复数	标准差
2015 - 2	GGFQX38	双裂蟹甲草，零星灌木和乔木幼树	40	37.4	3	0.11
2015 - 3	GGFQX39	双裂蟹甲草，零星灌木和乔木幼树	40	37.8	3	0.11
2015 - 4	GGFQX40	双裂蟹甲草，零星灌木和乔木幼树	40	45.4	3	0.17
2015 - 5	GGFQX41	双裂蟹甲草，零星灌木和乔木幼树	40	45.6	3	0.16
2015 - 6	GGFQX42	双裂蟹甲草，零星灌木和乔木幼树	40	50.3	3	0.20
2015 - 7	GGFQX43	双裂蟹甲草，零星灌木和乔木幼树	40	47.9	3	0.17
2015 - 8	GGFQX44	双裂蟹甲草，零星灌木和乔木幼树	40	48.9	3	0.17
2015 - 9	GGFQX45	双裂蟹甲草，零星灌木和乔木幼树	40	49.4	3	0.17
2015 - 10	GGFQX46	双裂蟹甲草，零星灌木和乔木幼树	40	44.2	3	0.13
2015 - 11	GGFQX47	双裂蟹甲草，零星灌木和乔木幼树	40	41.0	3	0.11
2015 - 12	GGFQX48	双裂蟹甲草，零星灌木和乔木幼树	40	40.6	3	0.11
2015 - 1	GGFQX49	双裂蟹甲草，零星灌木和乔木幼树	60	56.9	3	0.02
2015 - 2	GGFQX50	双裂蟹甲草，零星灌木和乔木幼树	60	56.3	3	0.02
2015 - 3	GGFQX51	双裂蟹甲草，零星灌木和乔木幼树	60	56.6	3	0.03
2015 - 4	GGFQX52	双裂蟹甲草，零星灌木和乔木幼树	60	66.5	3	0.04
2015 - 5	GGFQX53	双裂蟹甲草，零星灌木和乔木幼树	60	67.9	3	0.04
2015 - 6	GGFQX54	双裂蟹甲草，零星灌木和乔木幼树	60	72.5	3	0.05
2015 - 7	GGFQX55	双裂蟹甲草，零星灌木和乔木幼树	60	70.0	3	0.03
2015 - 8	GGFQX56	双裂蟹甲草，零星灌木和乔木幼树	60	70.5	3	0.03
2015 - 9	GGFQX57	双裂蟹甲草，零星灌木和乔木幼树	60	71.8	3	0.03
2015 - 10	GGFQX58	双裂蟹甲草，零星灌木和乔木幼树	60	65.0	3	0.02
2015 - 11	GGFQX59	双裂蟹甲草，零星灌木和乔木幼树	60	60.8	3	0.04
2015 - 12	GGFQX60	双裂蟹甲草，零星灌木和乔木幼树	60	60.1	3	0.04
2015 - 1	GGFQX61	双裂蟹甲草，零星灌木和乔木幼树	100	58.1	3	0.12
2015 - 2	GGFQX62	双裂蟹甲草，零星灌木和乔木幼树	100	57.5	3	0.12
2015 - 3	GGFQX63	双裂蟹甲草，零星灌木和乔木幼树	100	57.3	3	0.13
2015 - 4	GGFQX64	双裂蟹甲草，零星灌木和乔木幼树	100	67.2	3	0.09
2015 - 5	GGFQX65	双裂蟹甲草，零星灌木和乔木幼树	100	67.8	3	0.11
2015 - 6	GGFQX66	双裂蟹甲草，零星灌木和乔木幼树	100	72.4	3	0.07
2015 - 7	GGFQX67	双裂蟹甲草，零星灌木和乔木幼树	100	69.7	3	0.10
2015 - 8	GGFQX68	双裂蟹甲草，零星灌木和乔木幼树	100	70.7	3	0.08
2015 - 9	GGFQX69	双裂蟹甲草，零星灌木和乔木幼树	100	71.1	3	0.09
2015 - 10	GGFQX70	双裂蟹甲草，零星灌木和乔木幼树	100	64.5	3	0.11
2015 - 11	GGFQX71	双裂蟹甲草，零星灌木和乔木幼树	100	59.9	3	0.12
2015 - 12	GGFQX72	双裂蟹甲草，零星灌木和乔木幼树	100	58.9	3	0.12
2016 - 1	GGFQX01	双裂蟹甲草，零星灌木和乔木幼树	10	50.6	3	0.06
2016 - 2	GGFQX02	双裂蟹甲草，零星灌木和乔木幼树	10	50.5	3	0.06
2016 - 3	GGFQX03	双裂蟹甲草，零星灌木和乔木幼树	10	54.7	3	0.06
2016 - 4	GGFQX04	双裂蟹甲草，零星灌木和乔木幼树	10	58.2	3	0.04
2016 - 5	GGFQX05	双裂蟹甲草，零星灌木和乔木幼树	10	56.9	3	0.05

（续）

年-月	样地代码	植被类型	探测深度/cm	体积含水量/%	重复数	标准差
2016-6	GGFQX06	双裂蟹甲草，零星灌木和乔木幼树	10	59.0	3	0.05
2016-7	GGFQX07	双裂蟹甲草，零星灌木和乔木幼树	10	59.9	3	0.06
2016-8	GGFQX08	双裂蟹甲草，零星灌木和乔木幼树	10	57.6	3	0.07
2016-9	GGFQX09	双裂蟹甲草，零星灌木和乔木幼树	10	62.3	3	0.06
2016-10	GGFQX10	双裂蟹甲草，零星灌木和乔木幼树	10	59.8	3	0.09
2016-11	GGFQX11	双裂蟹甲草，零星灌木和乔木幼树	10	57.0	3	0.09
2016-12	GGFQX12	双裂蟹甲草，零星灌木和乔木幼树	10	55.2	3	0.09
2016-1	GGFQX13	双裂蟹甲草，零星灌木和乔木幼树	20	43.2	3	0.09
2016-2	GGFQX14	双裂蟹甲草，零星灌木和乔木幼树	20	43.7	3	0.09
2016-3	GGFQX15	双裂蟹甲草，零星灌木和乔木幼树	20	47.6	3	0.10
2016-4	GGFQX16	双裂蟹甲草，零星灌木和乔木幼树	20	49.9	3	0.09
2016-5	GGFQX17	双裂蟹甲草，零星灌木和乔木幼树	20	49.5	3	0.09
2016-6	GGFQX18	双裂蟹甲草，零星灌木和乔木幼树	20	52.4	3	0.09
2016-7	GGFQX19	双裂蟹甲草，零星灌木和乔木幼树	20	54.3	3	0.10
2016-8	GGFQX20	双裂蟹甲草，零星灌木和乔木幼树	20	51.4	3	0.09
2016-9	GGFQX21	双裂蟹甲草，零星灌木和乔木幼树	20	56.6	3	0.11
2016-10	GGFQX22	双裂蟹甲草，零星灌木和乔木幼树	20	52.7	3	0.07
2016-11	GGFQX23	双裂蟹甲草，零星灌木和乔木幼树	20	49.1	3	0.05
2016-12	GGFQX24	双裂蟹甲草，零星灌木和乔木幼树	20	49.2	3	0.05
2016-1	GGFQX25	双裂蟹甲草，零星灌木和乔木幼树	30	48.7	3	0.04
2016-2	GGFQX26	双裂蟹甲草，零星灌木和乔木幼树	30	49.4	3	0.04
2016-3	GGFQX27	双裂蟹甲草，零星灌木和乔木幼树	30	53.3	3	0.05
2016-4	GGFQX28	双裂蟹甲草，零星灌木和乔木幼树	30	55.9	3	0.07
2016-5	GGFQX29	双裂蟹甲草，零星灌木和乔木幼树	30	54.2	3	0.06
2016-6	GGFQX30	双裂蟹甲草，零星灌木和乔木幼树	30	56.1	3	0.06
2016-7	GGFQX31	双裂蟹甲草，零星灌木和乔木幼树	30	57.0	3	0.05
2016-8	GGFQX32	双裂蟹甲草，零星灌木和乔木幼树	30	53.7	3	0.04
2016-9	GGFQX33	双裂蟹甲草，零星灌木和乔木幼树	30	59.1	3	0.05
2016-10	GGFQX34	双裂蟹甲草，零星灌木和乔木幼树	30	55.6	3	0.02
2016-11	GGFQX35	双裂蟹甲草，零星灌木和乔木幼树	30	53.7	3	0.01
2016-12	GGFQX36	双裂蟹甲草，零星灌木和乔木幼树	30	52.0	3	0.01
2016-1	GGFQX37	双裂蟹甲草，零星灌木和乔木幼树	40	39.7	3	0.11
2016-2	GGFQX38	双裂蟹甲草，零星灌木和乔木幼树	40	39.7	3	0.11
2016-3	GGFQX39	双裂蟹甲草，零星灌木和乔木幼树	40	45.9	3	0.15
2016-4	GGFQX40	双裂蟹甲草，零星灌木和乔木幼树	40	51.2	3	0.20
2016-5	GGFQX41	双裂蟹甲草，零星灌木和乔木幼树	40	46.9	3	0.15
2016-6	GGFQX42	双裂蟹甲草，零星灌木和乔木幼树	40	49.6	3	0.15
2016-7	GGFQX43	双裂蟹甲草，零星灌木和乔木幼树	40	51.0	3	0.16
2016-8	GGFQX44	双裂蟹甲草，零星灌木和乔木幼树	40	46.0	3	0.12
2016-9	GGFQX45	双裂蟹甲草，零星灌木和乔木幼树	40	52.8	3	0.18

（续）

年-月	样地代码	植被类型	探测深度/cm	体积含水量/%	重复数	标准差
2016 - 10	GGFQX46	双裂蟹甲草，零星灌木和乔木幼树	40	46.2	3	0.12
2016 - 11	GGFQX47	双裂蟹甲草，零星灌木和乔木幼树	40	43.1	3	0.10
2016 - 12	GGFQX48	双裂蟹甲草，零星灌木和乔木幼树	40	41.6	3	0.09
2016 - 1	GGFQX49	双裂蟹甲草，零星灌木和乔木幼树	60	59.4	3	0.04
2016 - 2	GGFQX50	双裂蟹甲草，零星灌木和乔木幼树	60	58.8	3	0.03
2016 - 3	GGFQX51	双裂蟹甲草，零星灌木和乔木幼树	60	68.4	3	0.03
2016 - 4	GGFQX52	双裂蟹甲草，零星灌木和乔木幼树	60	72.6	3	0.06
2016 - 5	GGFQX53	双裂蟹甲草，零星灌木和乔木幼树	60	68.5	3	0.03
2016 - 6	GGFQX54	双裂蟹甲草，零星灌木和乔木幼树	60	70.8	3	0.03
2016 - 7	GGFQX55	双裂蟹甲草，零星灌木和乔木幼树	60	71.7	3	0.03
2016 - 8	GGFQX56	双裂蟹甲草，零星灌木和乔木幼树	60	66.5	3	0.00
2016 - 9	GGFQX57	双裂蟹甲草，零星灌木和乔木幼树	60	74.2	3	0.05
2016 - 10	GGFQX58	双裂蟹甲草，零星灌木和乔木幼树	60	66.6	3	0.00
2016 - 11	GGFQX59	双裂蟹甲草，零星灌木和乔木幼树	60	62.3	3	0.03
2016 - 12	GGFQX60	双裂蟹甲草，零星灌木和乔木幼树	60	60.3	3	0.04
2016 - 1	GGFQX61	双裂蟹甲草，零星灌木和乔木幼树	100	57.8	3	0.12
2016 - 2	GGFQX62	双裂蟹甲草，零星灌木和乔木幼树	100	57.3	3	0.11
2016 - 3	GGFQX63	双裂蟹甲草，零星灌木和乔木幼树	100	67.5	3	0.08
2016 - 4	GGFQX64	双裂蟹甲草，零星灌木和乔木幼树	100	71.5	3	0.06
2016 - 5	GGFQX65	双裂蟹甲草，零星灌木和乔木幼树	100	68.4	3	0.11
2016 - 6	GGFQX66	双裂蟹甲草，零星灌木和乔木幼树	100	71.0	3	0.08
2016 - 7	GGFQX67	双裂蟹甲草，零星灌木和乔木幼树	100	72.3	3	0.07
2016 - 8	GGFQX68	双裂蟹甲草，零星灌木和乔木幼树	100	67.0	3	0.09
2016 - 9	GGFQX69	双裂蟹甲草，零星灌木和乔木幼树	100	72.7	3	0.05
2016 - 10	GGFQX70	双裂蟹甲草，零星灌木和乔木幼树	100	66.1	3	0.10
2016 - 11	GGFQX71	双裂蟹甲草，零星灌木和乔木幼树	100	61.6	3	0.11
2016 - 12	GGFQX72	双裂蟹甲草，零星灌木和乔木幼树	100	59.0	3	0.11
2017 - 1	GGFQX01	双裂蟹甲草，零星灌木和乔木幼树	10	54.3	3	0.08
2017 - 2	GGFQX02	双裂蟹甲草，零星灌木和乔木幼树	10	53.2	3	0.08
2017 - 3	GGFQX03	双裂蟹甲草，零星灌木和乔木幼树	10	57.4	3	0.07
2017 - 4	GGFQX04	双裂蟹甲草，零星灌木和乔木幼树	10	61.7	3	0.08
2017 - 5	GGFQX05	双裂蟹甲草，零星灌木和乔木幼树	10	62.1	3	0.07
2017 - 6	GGFQX06	双裂蟹甲草，零星灌木和乔木幼树	10	63.0	3	0.08
2017 - 7	GGFQX07	双裂蟹甲草，零星灌木和乔木幼树	10	60.9	3	0.08
2017 - 8	GGFQX08	双裂蟹甲草，零星灌木和乔木幼树	10	64.9	3	0.07
2017 - 9	GGFQX09	双裂蟹甲草，零星灌木和乔木幼树	10	62.8	3	0.08
2017 - 10	GGFQX10	双裂蟹甲草，零星灌木和乔木幼树	10	61.9	3	0.08
2017 - 11	GGFQX11	双裂蟹甲草，零星灌木和乔木幼树	10	58.9	3	0.08
2017 - 12	GGFQX12	双裂蟹甲草，零星灌木和乔木幼树	10	56.7	3	0.07
2017 - 1	GGFQX13	双裂蟹甲草，零星灌木和乔木幼树	20	49.0	3	0.06

（续）

年-月	样地代码	植被类型	探测深度/cm	体积含水量/%	重复数	标准差
2017 - 2	GGFQX14	双裂蟹甲草，零星灌木和乔木幼树	20	47.7	3	0.06
2017 - 3	GGFQX15	双裂蟹甲草，零星灌木和乔木幼树	20	54.3	3	0.07
2017 - 4	GGFQX16	双裂蟹甲草，零星灌木和乔木幼树	20	57.7	3	0.05
2017 - 5	GGFQX17	双裂蟹甲草，零星灌木和乔木幼树	20	58.6	3	0.07
2017 - 6	GGFQX18	双裂蟹甲草，零星灌木和乔木幼树	20	60.3	3	0.07
2017 - 7	GGFQX19	双裂蟹甲草，零星灌木和乔木幼树	20	58.4	3	0.07
2017 - 8	GGFQX20	双裂蟹甲草，零星灌木和乔木幼树	20	65.1	3	0.10
2017 - 9	GGFQX21	双裂蟹甲草，零星灌木和乔木幼树	20	64.4	3	0.10
2017 - 10	GGFQX22	双裂蟹甲草，零星灌木和乔木幼树	20	62.0	3	0.09
2017 - 11	GGFQX23	双裂蟹甲草，零星灌木和乔木幼树	20	56.9	3	0.08
2017 - 12	GGFQX24	双裂蟹甲草，零星灌木和乔木幼树	20	55.8	3	0.08
2017 - 1	GGFQX25	双裂蟹甲草，零星灌木和乔木幼树	30	51.2	3	0.02
2017 - 2	GGFQX26	双裂蟹甲草，零星灌木和乔木幼树	30	50.7	3	0.01
2017 - 3	GGFQX27	双裂蟹甲草，零星灌木和乔木幼树	30	54.4	3	0.03
2017 - 4	GGFQX28	双裂蟹甲草，零星灌木和乔木幼树	30	58.6	3	0.04
2017 - 5	GGFQX29	双裂蟹甲草，零星灌木和乔木幼树	30	59.6	3	0.04
2017 - 6	GGFQX30	双裂蟹甲草，零星灌木和乔木幼树	30	61.9	3	0.06
2017 - 7	GGFQX31	双裂蟹甲草，零星灌木和乔木幼树	30	57.8	3	0.03
2017 - 8	GGFQX32	双裂蟹甲草，零星灌木和乔木幼树	30	61.3	3	0.04
2017 - 9	GGFQX33	双裂蟹甲草，零星灌木和乔木幼树	30	60.1	3	0.03
2017 - 10	GGFQX34	双裂蟹甲草，零星灌木和乔木幼树	30	61.0	3	0.06
2017 - 11	GGFQX35	双裂蟹甲草，零星灌木和乔木幼树	30	57.5	3	0.04
2017 - 12	GGFQX36	双裂蟹甲草，零星灌木和乔木幼树	30	53.7	3	0.01
2017 - 1	GGFQX37	双裂蟹甲草，零星灌木和乔木幼树	40	41.1	3	0.09
2017 - 2	GGFQX38	双裂蟹甲草，零星灌木和乔木幼树	40	40.3	3	0.09
2017 - 3	GGFQX39	双裂蟹甲草，零星灌木和乔木幼树	40	45.3	3	0.13
2017 - 4	GGFQX40	双裂蟹甲草，零星灌木和乔木幼树	40	52.3	3	0.17
2017 - 5	GGFQX41	双裂蟹甲草，零星灌木和乔木幼树	40	52.6	3	0.15
2017 - 6	GGFQX42	双裂蟹甲草，零星灌木和乔木幼树	40	54.1	3	0.13
2017 - 7	GGFQX43	双裂蟹甲草，零星灌木和乔木幼树	40	50.6	3	0.10
2017 - 8	GGFQX44	双裂蟹甲草，零星灌木和乔木幼树	40	56.5	3	0.13
2017 - 9	GGFQX45	双裂蟹甲草，零星灌木和乔木幼树	40	52.0	3	0.09
2017 - 10	GGFQX46	双裂蟹甲草，零星灌木和乔木幼树	40	51.1	3	0.08
2017 - 11	GGFQX47	双裂蟹甲草，零星灌木和乔木幼树	40	48.0	3	0.05
2017 - 12	GGFQX48	双裂蟹甲草，零星灌木和乔木幼树	40	46.0	3	0.05
2017 - 1	GGFQX49	双裂蟹甲草，零星灌木和乔木幼树	60	59.9	3	0.04
2017 - 2	GGFQX50	双裂蟹甲草，零星灌木和乔木幼树	60	58.7	3	0.04
2017 - 3	GGFQX51	双裂蟹甲草，零星灌木和乔木幼树	60	65.8	3	0.01
2017 - 4	GGFQX52	双裂蟹甲草，零星灌木和乔木幼树	60	73.0	3	0.05
2017 - 5	GGFQX53	双裂蟹甲草，零星灌木和乔木幼树	60	73.2	3	0.06

（续）

年-月	样地代码	植被类型	探测深度/cm	体积含水量/%	重复数	标准差
2017 - 6	GGFQX54	双裂蟹甲草，零星灌木和乔木幼树	60	73.1	3	0.04
2017 - 7	GGFQX55	双裂蟹甲草，零星灌木和乔木幼树	60	68.7	3	0.01
2017 - 8	GGFQX56	双裂蟹甲草，零星灌木和乔木幼树	60	75.2	3	0.04
2017 - 9	GGFQX57	双裂蟹甲草，零星灌木和乔木幼树	60	71.1	3	0.02
2017 - 10	GGFQX58	双裂蟹甲草，零星灌木和乔木幼树	60	69.5	3	0.01
2017 - 11	GGFQX59	双裂蟹甲草，零星灌木和乔木幼树	60	64.0	3	0.03
2017 - 12	GGFQX60	双裂蟹甲草，零星灌木和乔木幼树	60	61.6	3	0.04
2017 - 1	GGFQX61	双裂蟹甲草，零星灌木和乔木幼树	100	58.3	3	0.11
2017 - 2	GGFQX62	双裂蟹甲草，零星灌木和乔木幼树	100	56.8	3	0.12
2017 - 3	GGFQX63	双裂蟹甲草，零星灌木和乔木幼树	100	64.0	3	0.08
2017 - 4	GGFQX64	双裂蟹甲草，零星灌木和乔木幼树	100	70.8	3	0.06
2017 - 5	GGFQX65	双裂蟹甲草，零星灌木和乔木幼树	100	70.9	3	0.06
2017 - 6	GGFQX66	双裂蟹甲草，零星灌木和乔木幼树	100	71.2	3	0.06
2017 - 7	GGFQX67	双裂蟹甲草，零星灌木和乔木幼树	100	67.3	3	0.05
2017 - 8	GGFQX68	双裂蟹甲草，零星灌木和乔木幼树	100	72.6	3	0.05
2017 - 9	GGFQX69	双裂蟹甲草，零星灌木和乔木幼树	100	69.8	3	0.08
2017 - 10	GGFQX70	双裂蟹甲草，零星灌木和乔木幼树	100	68.7	3	0.09
2017 - 11	GGFQX71	双裂蟹甲草，零星灌木和乔木幼树	100	63.2	3	0.10
2017 - 12	GGFQX72	双裂蟹甲草，零星灌木和乔木幼树	100	60.1	3	0.10

3.3.2 地表水、地下水水质数据集

3.3.2.1 概述

水质观测主要是监测生态系统中自由水体元素含量的变化。水质观测的采样点和采样时间需要从长期生态过程和水环境监测的长期目标出发科学地进行选取，采样点、采样时间和采样方法必须相对固定并具有代表性。同时，水样保存的困难也给水质检测方法的选取和数据质量的控制带来巨大挑战。

贡嘎山站地表水、地下水水质分别在峨眉冷杉冬瓜杨演替林辅助观测场、峨眉冷杉成熟林辅助观测场、黄崩溜沟三营水文站采样点、贡嘎山站 3 000 m 气象观测场、峨眉冷杉成熟林观景台综合观测场、峨眉冷杉演替中龄林干河坝站区采样点、冰川河水文站采样点 7 个长期监测样地或长期监测采样点开展监测。贡嘎山站地表水、地下水水质数据集为地表水、地下水、土壤水、穿透雨和树干径流在 2007—2017 年共 11 年的水质监测数据，包括样地代码、采样日期、水温、pH、钙离子（Ca^{2+}）、镁离子（Mg^{2+}）、钾离子（K^+）、钠离子（Na^+）、碳酸根离子（CO_3^{2-}）、重碳酸根离子（HCO_3^-）、氯离子（Cl^-）、硫酸根离子（SO_4^{2-}）、磷酸根离子（PO_4^{3-}）、硝酸根离子（NO_3^-）、矿化度、化学需氧量（COD）、总氮、总磷、电导率等多项指标。枯水期（4 月）、丰水期（7 月）各采样一次，原始数据观测频率及出版数据频率均为 2 次/年。

3.3.2.2　数据采集和处理方法

　　贡嘎山站地表水、地下水水质监测在 7 个长期监测样地或长期监测采样点进行，地表水采样点数 6 个，地下水采样点数 2 个，土壤水采样点数 14 个，穿透雨采样点数 2 个，树干径流采样点数 1 个。部分时段由于河道断流、地下水干涸、入冬后地面封冻或降雨稀少等原因而导致实际采样个数相应减少以至于出现数据缺失。

　　流动地表水水质监测采样分别在黄崩溜沟、观景台沟、马道沟、冰川河、干河坝、峨眉冷杉冬瓜杨演替林辅助观测场饮用水源头等 6 处进行。

　　地下水监测分别在综合观测场和气象场 2 个地下水监测点同时进行，其中贡嘎山站峨眉冷杉成熟林观景台综合观测场地下水位观测井地面高程 3 100.00 m，井深 2.5 m；贡嘎山站 3 000 m 气象场地下水位辅助观测井地面高程 2 950.00 m，井深 3.3 m。

　　土壤水在峨眉冷杉冬瓜杨演替林辅助观测场标准径流试验场（5 cm、200 cm 深度采样，各 3 个重复）、峨眉冷杉成熟林辅助观测场径流试验场（5 cm 深度采样 1 个重复，15 cm 深度采样 2 个重复）、蒸渗仪观测点（100 cm 深度采样，5 个重复）实施采集。其中标准径流试验场的构造方法已经申请专利：一种土壤径流观测小区构造（ZL 201720910989.9；ZL 201710615450.5）。

　　穿透雨采用贡嘎山站自主专利产品林下穿透雨采集器（ZL 201020106026.1）实施采集。该穿透雨采集器包括集水槽，集水槽安装在多个支架上，每个支架分别固定在用作地面埋设的一个立柱上，不锈钢过滤网设置在集水槽安装高度较低一端的邻近位置处而形成过滤仓，水嘴旋接在过滤仓的底部最低位置处，具有结构简单实用、方便维护、防堵塞、观测数据比较具有可靠性和代表性的特点。

　　树干径流采用工厂化生产的 U 型开口橡胶管作收集槽，该收集槽与水平面呈 30°角螺旋缠绕在树干下部，并通过与软管相连，将雨水收集到一收集瓶中以实施采集。

　　水样采集点布设及采样方法见表 3 - 35。

表 3 - 35　贡嘎山站水样采集点布设及采样方法一览表

样地代码	地表水采样点	地下水采样点	土壤水采样点	穿透雨采样点	树干径流采样点
GGFFZ01	流动地表水采样点		标准径流试验场 5 cm、200 cm 深度采样，各 3 个重复	穿透雨观测点	树干径流观测点-峨眉冷杉
GGFFZ02			径流试验场 5 cm 深度采样，1 个重复，15 cm 深度采样，2 个重复；蒸渗仪观测点 100 cm 深度采样，5 个重复	穿透雨观测点	
GGFFZ10	流动地表水采样点				
GGFQX01		地下水位辅助观测井			
GGFZH01	马道沟流动地表水采样点；观景台沟流动地表水采样点	地下水位观测井			
GGFZQ01	流动地表水采样点				
GGFZQ02	流动地表水采样点				
采样方法	涉水采样	深度采样	出水口采样	出水口采样	出水口采样
采样点数	6	2	14	2	1

3.3.2.3　数据质量控制和评估

　　为确保数据质量，贡嘎山站地表水、地下水水质数据质量控制参考"中国生态系统研究网络（CERN）长期观测质量管理规范"丛书《陆地生态系统水环境观测质量保证与质量控制》相关规定进行，样品采集和运输过程增加采样空白和运输空白，实验室分析测定时插入国家标准样品进行质控。同时，采用八大离子加和法、阴阳离子平衡法、电导率校核、pH 校核等方法分析数据正确性。

　　数据质量控制过程同胸径数据集（3.1.4.3）。

3.3.2.4　数据价值/数据使用方法和建议

　　同 3.2.1.4。

3.3.2.5　数据

　　各分析指标单位、小数位数及获取方法见表 3 - 36。数据见表 3 - 37，表 3 - 38，表 3 - 39，表 3 - 40，表 3 - 41。

表 3 - 36　贡嘎山站水质数据计量单位、小数位数、获取方法一览表

分析指标名称	计量单位	小数位数	数据获取方法	参照标准编号
水温	℃	2	水温表测定法	
pH		2	玻璃电极法	GB 6920—1986
钙离子	mg/L	3	离子色谱法	
镁离子	mg/L	3	离子色谱法	
钾离子	mg/L	3	离子色谱法	
钠离子	mg/L	3	离子色谱法	
碳酸根离子	mg/L	4	酸碱滴定法	
重碳酸根离子	mg/L	4	酸碱滴定法	
氯离子	mg/L	4	硝酸银滴定法	GB 11896—1989
硫酸根离子	mg/L	4	离子色谱法	
磷酸根离子	mg/L	4	分光光度法	
硝酸根离子	mg/L	4	紫外分光光度法	GB 7480—1987
矿化度	mg/L	2	重量法	SL 79—1994
化学需氧量（高锰酸盐指数）	mg/L	4	酸性高锰酸钾法	
总氮	mg/L	4	紫外分光光度法	
总磷	mg/L	4	分光光度法	GB 11893—1989
电导率	dS/m	3	电极法	

表 3 - 37　地表水水质状况表

样地代码	采样日期	水温/℃	pH	Ca²⁺/(mg/L)	Mg²⁺/(mg/L)	K⁺/(mg/L)	Na⁺/(mg/L)	CO₃²⁻/(mg/L)	HCO₃⁻/(mg/L)	Cl⁻/(mg/L)	SO₄²⁻/(mg/L)	PO₄³⁻/(mg/L)	NO₃⁻/(mg/L)	矿化度/(mg/L)	COD/(mg/L)	总氮/(mg/L)	总磷/(mg/L)	电导率/(dS/m)
GGFFZ01	2007-4-23	5.5	7.19	49.260	3.452	4.339	1.687	痕量	35.060 4	0.875 6	143.330 8	痕量	1.602 9	228.00	1.204 6	0.362 1	痕量	
GGFZQ01	2007-4-23	3.8	7.50	33.501	3.121	1.643	0.819	痕量	50.433 0	0.618 4	54.485 1	痕量	1.459 6	136.00	1.532 6	0.329 7	痕量	
GGFZQ02	2007-4-23	0.8	8.08	19.369	4.295	1.014	1.168	痕量	54.478 4	0.720 0	17.548 9	痕量	1.222 5	154.00	1.846 1	0.276 2	0.183 1	
GGFZH01	2007-4-23	3.2	7.33	13.478	2.200	1.630	0.703	痕量	32.902 8	0.724 7	7.106 5	痕量	4.897 9	70.00	7.408 2	1.294 8	0.019 1	
GGFFZ10	2007-4-23	6.5	7.32	49.982	3.060	4.048	2.247	痕量	45.308 8	1.006 8	108.193 0	痕量	1.327 2	222.00	1.516 2	1.333 8	0.086 4	
GGFZH01	2007-4-23	5.6	7.90	35.240	2.305	1.992	2.649	痕量	80.908 5	1.042 2	36.101 4	痕量	1.927 9	146.00	1.650 9	0.435 5	痕量	
GGFFZ01	2007-7-9		7.15	27.790	2.510	3.021	1.692	痕量	31.426 2	0.635 0	66.708 2	痕量	0.877 7	138.00	2.007 0	0.309 7	0.009 4	
GGFZQ01	2007-7-9		7.46	42.520	2.585	4.157	1.887	痕量	47.401 2	0.632 7	91.539 3	痕量	0.870 3	176.00	1.861 3	0.281 4	0.012 5	
GGFZQ02	2007-7-9		8.40	13.740	0.910	3.681	1.168	痕量	44.520 4	0.736 8	11.975 5	0.116 8	0.948 3	118.00	3.172 5	0.272 0	0.078 6	
GGFZH01	2007-7-9		7.44	17.960	1.985	2.599	1.156	痕量	52.900 8	0.435 6	13.156 6	痕量	1.895 4	76.00	1.573 3	0.545 0	0.012 5	
GGFFZ10	2007-7-9		7.29	29.610	2.300	3.166	2.190	痕量	41.901 6	0.866 6	63.797 0	痕量	1.103 1	136.00	2.844 2	0.450 9	0.009 4	
GGFZH10	2007-7-9		7.72	32.325	1.955	3.087	3.482	痕量	83.803 2	1.214 4	37.032 6	0.059 8	1.663 8	170.00	1.627 4	0.488 5	0.006 3	
GGFFZ01	2008-4-24	5.5	7.32	31.040	3.240	2.880	1.874	痕迹	30.813 6	1.012 4	74.474 8	0.037 2	1.263 7	156.00	2.652 7	0.285 5	0.018 0	
GGFZQ01	2008-4-24	3.8	7.55	37.740	2.000	3.241	1.457	痕迹	46.836 7	0.498 9	67.061 0	痕迹	1.447 9	194.00	1.406 9	0.327 1	0.016 2	
GGFZQ02	2008-4-24	0.8	7.72	22.910	1.720	5.190	2.307	痕迹	57.436 6	0.936 3	25.373 7	0.050 6	1.565 1	118.00	1.738 0	0.353 6	0.048 0	
GGFZH10	2008-4-24	6.5	7.53	37.750	2.600	3.101	2.483	痕迹	51.766 9	0.809 9	61.978 7	0.046 5	1.601 6	270.00	3.513 8	0.603 9	0.026 8	
GGFZH01	2008-4-24	5.6	7.75	37.690	1.930	2.852	3.333	痕迹	79.375 9	0.962 1	36.673 0	0.037 2	1.974 5	198.00	1.572 5	0.451 2	0.016 2	
GGFFZ01	2008-7-11		7.18	19.295	2.530	2.487	1.523	未检出	21.970 0	1.127 8	46.498 8	未检出	1.122 0	122.00	9.411 2	0.290 7	0.012 4	
GGFZQ01	2008-7-11		7.38	44.390	3.585	3.598	1.691	未检出	41.667 3	1.126 1	92.891 4	未检出	1.897 0	190.00	18.073 2	0.428 5	未检出	
GGFZQ02	2008-7-11		7.62	12.460	1.180	3.337	0.985	未检出	34.162 4	1.189 8	13.035 9	未检出	1.401 9	134.00	19.341 6	0.318 4	0.041 1	
GGFZH01	2008-7-11		7.26	18.760	2.730	2.383	1.135	未检出	53.551 9	1.132 2	16.878 8	未检出	2.535 5	148.00	4.554 3	0.572 8	0.012 4	
GGFFZ10	2008-7-11		7.35	27.040	2.803	2.778	1.782	未检出	32.079 1	1.180 7	55.084 7	未检出	1.515 3	234.00	3.503 0	0.342 3	0.012 4	
GGFZH01	2008-7-11		7.78	38.645	2.635	2.971	3.815	未检出	80.848 8	1.713 3	46.203 8	未检出	2.434 6	230.00	5.018 6	0.550 0	0.012 4	
GGFFZ01	2009-4-30		7.79	32.800	2.850	3.072	2.049	未检出	29.983 7	0.591 1	73.832 4	未检出	1.623 8	140.00	4.252 2	0.366 6	未检出	
GGFZQ02	2009-4-30		7.83	16.220	1.075	4.743	1.817	未检出	47.474 2	0.895 5	18.438 5	未检出	1.793 8	66.00	1.627 9	0.405 2	0.046 7	
GGFFZ10	2009-4-30		7.47	35.050	2.555	3.422	2.640	未检出	45.927 4	0.950 0	71.552 0	0.070 2	2.478 3	134.00	2.425 6	0.626 9	0.026 5	

（续）

样地代码	采样日期	水温/℃	pH	Ca²⁺/(mg/L)	Mg²⁺/(mg/L)	K⁺/(mg/L)	Na⁺/(mg/L)	CO₃²⁻/(mg/L)	HCO₃⁻/(mg/L)	Cl⁻/(mg/L)	SO₄²⁻/(mg/L)	PO₄³⁻/(mg/L)	NO₃⁻/(mg/L)	矿化度/(mg/L)	COD/(mg/L)	总氮/(mg/L)	总磷/(mg/L)	电导率/(dS/m)
GGFZH01	2009-4-30		7.97	36.355	2.155	3.171	3.908	未检出	78.267 0	1.364 7	41.964 1	未检出	3.462 7	128.00	1.909 4	0.782 2		0.007 0
GGFFZ01	2009-7-17		7.13	25.465	2.580	2.696	1.911	未检出	25.224 4	0.649 2	60.200 6	未检出	0.938 7	136.00	2.335 0	0.224 4		0.057 2
GGFZQ01	2009-7-17		7.47	38.530	2.630	3.386	1.654	未检出	43.785 7	0.627 2	80.851 3	未检出	0.890 2	156.00	2.258 6	0.224 4		0.075 0
GGFZQ02	2009-7-17		7.86	10.290	0.790	2.884	0.889	未检出	32.958 3	0.696 5	8.862 4	未检出	0.881 3	86.00	3.400 1	0.365 8		0.178 2
GGFZH01	2009-7-17		7.35	12.405	1.995	2.485	1.027	未检出	42.833 9	0.632 5	10.700 5	未检出	1.893 9	54.00	3.739 3	0.460 1		0.081 0
GGFFZ10	2009-7-17		7.45	25.380	2.340	2.886	2.039	未检出	35.932 9	0.923 4	55.714 3	未检出	0.969 2	134.00	1.185 8	0.328 1		0.069 0
GGFZH01	2009-7-17		7.69	31.580	1.980	2.810	3.307	2.310 4	74.269 2	1.255 6	37.875 0	未检出	1.630 3	124.00	1.466 7	0.375 2		0.075 0
GGFFZ01	2010-4-26		7.49	45.920	4.420	3.603	2.384	<检出限	33.102 9	0.659 1	132.619 6	<检出限	1.615 6	228.00	3.295 6	0.009 2		0.365 0
GGFZQ01	2010-4-26		7.50	48.590	2.900	3.682	1.710	<检出限	51.466 6	0.644 8	116.640 8	<检出限	1.644 1	96.00	2.926 2	0.041 7		0.371 4
GGFZQ02	2010-4-26		7.74	15.200	1.730	4.575	1.722	<检出限	40.110 1	0.883 2	19.253 1	<检出限	1.559 2	58.00	2.870 9	0.082 2		0.352 2
GGFZH10	2010-4-26		6.94	48.090	4.690	4.356	4.406	<检出限	42.768 0	3.537 3	134.934 0	0.139 3	1.493 9	280.00	2.790 3	0.211 5		2.162 2
GGFFZ01	2010-4-26		7.78	33.790	2.240	2.834	3.339	<检出限	76.837 4	1.406 5	45.598 3	<检出限	2.090	132.00	3.672 0	0.013 0		0.472 1
GGFZQ01	2010-7-28		7.29	19.000	2.215	1.693	0.831	<检出限	25.370 8	0.970 9	46.793 1	0.042 7	1.371	94.00	8.272 5	0.039 2		0.171 8
GGFZQ02	2010-7-28		7.87	34.200	2.105	2.117	1.808	<检出限	78.188 3	1.987 0	39.769 2	0.042 7	1.508 7	108.00	5.617 2	0.016 2		0.349 1
GGFZH10	2010-7-28		7.71	13.620	1.060	2.573	0.572	<检出限	39.440 1	1.077 2	15.183 4	0.074 1	0.512 6	96.00	2.599 8	0.312 2		0.115 8
GGFFZ01	2010-7-28		7.79	18.905	2.025	1.706	0.570	<检出限	54.893 3	1.238 9	16.841 9	0.049 0	1.710 5	76.00	1.951 0	0.027 7		0.386 5
GGFFZ10	2010-7-28		7.59	24.050	2.235	1.947	0.908	<检出限	37.825 6	1.184 9	54.590 5	0.049 0	1.421 4	114.00	1.353 3	0.023 8		0.321 1
GGFZH01	2010-7-28		7.89	40.470	2.675	2.987	0.971	<检出限	48.896 5	1.167 1	97.829 1	0.055 3	1.141 6	190.00	3.256 1	0.027 7		0.265 1
GGFFZ01	2011-4-27		7.35	44.515	4.915	3.266	1.375	未检出	32.292 7	0.428 6	143.364 3	0.047 1	1.283 9	234.00	2.150 0	0.834 1		0.024 9
GGFZQ01	2011-4-27		7.24	47.165	2.940	4.152	1.406	未检出	64.092 3	0.398 9	112.903 7	未检出	1.521 0	214.00	7.750 0	1.120 5		0.024 9
GGFZQ02	2011-4-27		7.91	25.395	2.370	6.108	1.940	未检出	65.324 9	1.102 2	40.802 1	0.061 0	1.549 4	166.00	3.650 0	1.010 9		0.069 2
GGFFZ10	2011-4-27		7.64	39.700	3.640	3.253	1.886	未检出	49.794 8	0.722 4	103.008 9	0.163 6	1.669 8	214.00	6.650 0	0.648 9		0.115 2
GGFZH01	2011-4-27		7.56	39.175	2.395	2.789	2.405	未检出	97.617 6	1.108 1	44.448 1	未检出	2.192 4	170.00	无水样	0.684 7		0.024 9

（续）

样地代码	采样日期	水温/℃	pH	Ca²⁺/(mg/L)	Mg²⁺/(mg/L)	K⁺/(mg/L)	Na⁺/(mg/L)	CO₃²⁻/(mg/L)	HCO₃⁻/(mg/L)	Cl⁻/(mg/L)	SO₄²⁻/(mg/L)	PO₄³⁻/(mg/L)	NO₃⁻/(mg/L)	矿化度/(mg/L)	COD/(mg/L)	总氮/(mg/L)	总磷/(mg/L)	电导率/(dS/m)
GGFFZ01	2011-7-28		7.33	24.253	1.869	2.171	1.013	未检出	24.404 4	0.422 5	52.301 2	0.010 6	1.051 1	58.00	12.000 0	0.588 0	0.049 9	
GGFZQ01	2011-7-28		7.50	38.157	2.122	3.175	1.046	未检出	36.976 4	0.407 2	78.642 9	未检出	0.955 8	116.00	20.000 0	0.708 8	0.037 7	
GGFZQ01	2011-7-28		7.77	18.041	1.083	3.400	0.802	未检出	38.208 9	0.537 2	18.135 1	未检出	0.978 7	78.00	6.000 0	0.568 1	0.087 2	
GGFZH01	2011-7-28		7.48	3.266	0.453	0.773	0.234	未检出	36.976 4	0.406 8	12.668 3	0.043 6	2.043 5	36.00	16.000 0	0.870 3	0.043 8	
GGFFZ01	2011-7-28		7.42	22.814	1.740	2.299	1.091	未检出	25.883 4	0.571 1	46.169 5	0.032 1	1.038 6	72.00	9.000 0	0.699 2	0.049 9	
GGFZH01	2011-7-28		7.80	32.646	1.783	2.525	2.591	未检出	52.999 4	1.106 0	39.849 9	0.091 0	1.830 0	102.00	4.000 0	1.001 3	0.043 8	
GGFFZ01	2012-4-24	7.2	7.39	38.416	3.558	3.011	1.240	未检出	31.233 9	1.139 0	91.287 1	0.003 9	1.440 3	124.00	未检出	8.555 0	0.037 3	
GGFZQ01	2012-4-24	7.2	7.69	40.711	2.310	2.704	0.822	未检出	48.652 7	1.027 8	75.885 0	0.005 7	1.745 3	168.00	40.800 0	0.428 6	0.062 2	
GGFZQ02	2012-4-24	1.0	7.90	1.553	0.205	0.262	0.067	未检出	54.058 6	1.412 9	31.778 8	0.012 8	1.375 1	68.00	未检出	0.310 6	0.174 1	
GGFFZ10	2012-4-24	8.1	7.03	32.979	3.350	2.778	1.224	未检出	34.237 1	1.154 4	77.049 8	0.030 8	1.683 9	56.00	4.400 0	0.380 4	0.062 2	
GGFZH01	2012-4-24	7.1	7.71	36.981	2.478	2.769	2.449	未检出	78.084 6	1.713 9	45.917 9	0.003 9	2.248 6	152.00	未检出	0.508 0	0.049 7	
GGFZH01	2012-7-19	8.2	5.59	21.308	2.366	2.349	0.810	未检出	30.032 6	0.086 0	49.903 6	无样品	1.188 2	91.00	56.800 0	未检出	0.026 1	
GGFZQ01	2012-7-19	7.0	6.12	2.046	0.213	0.192	0.058	未检出	48.052 0	0.100 8	93.979 1	无样品	1.101 3	191.00	未检出	未检出	无样品	
GGFZQ02	2012-7-19	1.2	6.82	2.051	0.218	0.198	0.062	未检出	48.052 1	0.180 2	16.148 6	无样品	1.194 6	42.00	未检出	未检出	0.037 4	
GGFZH01	2012-7-19	6.4	6.33	26.270	2.610	2.642	1.011	未检出	54.058 6	0.216 1	18.372 1	无样品	2.111 4	76.00	未检出	0.220 0	0.033 7	
GGFFZ10	2012-7-19	10.0	6.21	2.681	0.651	0.604	0.072	未检出	40.243 6	0.217 8	52.792 1	无样品	1.233 5	112.00	未检出	0.060 0	0.007 3	
GGFZH01	2012-7-19	6.4	6.54	38.909	2.549	2.785	2.716	未检出	81.688 5	0.996 7	51.348 2	无样品	3.387 0	121.00	14.400 0	0.160 0	0.022 4	
GGFFZ01	2013-4-24		7.07	41.434	3.695	2.673	1.164	0.000 0	29.780 0	0.090 3	53.819 5	0.054 0	2.684 2	318.00	36.600 0	1.245 0	0.011 8	
GGFZQ01	2013-4-24		7.37	40.324	2.265	2.914	0.699	0.000 0	55.110 0	0.110 0	42.113 6	0.054 0	2.703 2	218.00	31.000 0	0.712 5	0.002 5	
GGFZQ02	2013-4-24		7.39	40.269	2.390	4.031	0.707	0.000 0	55.280 0	0.344 8	16.543 2	0.163 0	2.788 3	216.00	40.000 0	未检出	0.003 6	
GGFFZ01	2013-4-24		7.24	26.615	2.175	1.405	0.444	0.000 0	35.390 0	0.134 9	35.799 9	0.068 0	2.867 2	246.00	24.800 0	1.480 0	0.007 5	
GGFZH01	2013-4-24		7.60	32.191	1.933	2.151	2.016	0.000 0	82.490 0	0.475 2	23.771 9	0.054 0	2.926 2	242.00	未检出	2.012 5	0.010 6	
GGFFZ01	2013-7-19		5.97	20.167	1.263	1.648	0.620	0.000 0	21.233 9	0.461 4	32.585 0	0.023 0	5.630 6	226.00	86.000 0	1.252 3	0.067 5	

（续）

样地代码	采样日期	水温/℃	pH	Ca²⁺/(mg/L)	Mg²⁺/(mg/L)	K⁺/(mg/L)	Na⁺/(mg/L)	CO₃²⁻/(mg/L)	HCO₃⁻/(mg/L)	Cl⁻/(mg/L)	SO₄²⁻/(mg/L)	PO₄³⁻/(mg/L)	NO₃⁻/(mg/L)	矿化度/(mg/L)	COD/(mg/L)	总氮/(mg/L)	总磷/(mg/L)	电导率/(dS/m)
GGFZQ01	2013-7-19		6.47	46.705	2.081	3.285	0.858	0.000 0	54.183 1	0.458 4	67.243 8	0.011 0	3.150 9	292.00	18.000 0	0.546 0	0.045 0	
GGFZQQ02	2013-7-19		7.79	44.130	1.065	5.914	0.636	0.000 0	113.491 6	0.611 9	16.499 2	0.129 0	5.070 5	240.00	40.000 0	0.784 1	0.085 0	
GGFZH01	2013-7-19		6.75	21.225	1.481	1.823	0.488	0.000 0	56.135 6	0.492 0	12.121 6	0.029 0	4.427 3	188.00	90.000 0	0.665 0	0.037 5	
GGFFZ10	2013-7-19		7.25	28.056	1.611	2.078	0.836	0.000 0	39.539 0	0.536 8	37.983 5	0.017 0	4.325 0	232.00	76.000 0	0.792 0	0.037 5	
GGFZH01	2013-7-19		6.75	45.903	1.710	2.363	2.582	0.000 0	97.627 2	1.169 0	35.396 4	0.011 0	4.056 1	268.00	54.000 0	0.704 7	0.052 5	
GGFFZ01	2014-4-22		7.63	55.040	5.073	3.497	3.410	0.000 0	35.237 3	未检出	125.494 4	0.028 0	9.647 3	318.00	60.000 0	13.450 0	0.027 0	
GGFZQ01	2014-4-22		7.76	22.622	1.282	2.269	0.732	0.000 0	57.661 1	0.324 6	40.583 0	0.132 0	0.978 0	218.00	88.000 0	6.640 0	0.088 0	
GGFZQ02	2014-4-22		9.11	10.872	0.717	2.602	0.777	0.840 1	20.501 7	0.475 8	17.087 6	未检出	未检出	216.00	24.000 0	1.170 0	0.012 0	
GGFFZ10	2014-4-22		7.79	56.384	5.263	3.527	4.381	0.000 0	36.305 1	0.438 4	136.230 2	0.025 0	8.410 8	246.00	40.000 0	10.550 0	0.008 0	
GGFZH01	2014-4-22		7.85	38.421	2.232	2.865	3.011	0.000 0	87.559 4	1.133 4	41.500 6	0.035 0	13.147 9	242.00	28.000 0	13.730 0	0.021 0	
GGFFZ01	2014-7-21		7.41	31.523	2.974	2.311	1.138	0.000 0	29.710 0	0.410 9	67.796 6	0.006 0	1.198 3	269.00	未检出	0.242 7	0.010 0	
GGFZQ01	2014-7-21		8.12	47.349	3.206	3.402	0.956	0.000 0	44.100 0	0.786 7	89.040 8	0.013 0	未检出	232.00	未检出	0.053 1	0.030 0	
GGFZQ02	2014-7-21		9.35	10.402	0.928	31.549	0.607	6.160 0	17.610 0	2.080 0	16.167 3	0.174 0	7.972 3	122.00	未检出	0.169 4	3.000 0	
GGFZH10	2014-7-21		7.79	21.668	2.355	1.946	0.703	0.000 0	51.140 1	0.409 8	14.570 3	0.005 0	2.301 3	91.00	未检出	0.333 6	0.010 0	
GGFFZ01	2014-7-21		7.45	30.836	2.840	2.508	1.180	0.000 0	36.336 4	0.497 6	56.428 7	0.016 0	1.284 3	137.00	348.000 0	0.160 3	0.030 0	
GGFZH01	2014-7-21		7.62	40.145	2.467	2.568	2.881	0.000 0	112.149 2	1.266 1	43.549 5	0.049 0	1.989 4	247.00	未检出	0.304 8	0.060 0	
GGFFZ01	2015-4-22		7.21	62.254	5.544	10.038	2.037	未检出	36.317 2	6.147 9	141.650 0	0.040 0	1.050 3	264.00	2.200 0	0.590 0	0.030 0	362.000
GGFZQ02	2015-4-22		7.57	29.725	1.506	15.407	1.942	未检出	60.977 0	1.005 9	39.529 3	0.100 0	1.068 6	113.00	44.000 0	0.260 0	0.060 0	185.700
GGFFZ10	2015-4-22		7.16	61.227	6.069	9.751	1.834	未检出	35.644 6	未检出	1.902 4	0.050 0	未检出	268.00	12.600 0	0.620 0	0.040 0	370.000
GGFZH01	2015-4-22		7.61	34.007	1.811	2.907	3.437	未检出	74.203 6	1.277 8	38.633 2	0.050 0	1.658 8	134.00	2.200 0	0.400 0	0.040 0	188.500
GGFFZ01	2015-7-21		7.18	33.740	3.715	2.524	1.196	未检出	28.878 1	0.358 8	83.058 5	0.003 1	0.008 4	113.00	8.000 0	0.176 0	0.013 0	221.000
GGFZQ01	2015-7-21		7.45	47.908	3.726	3.516	1.403	未检出	48.731 8	0.226 2	105.048 0	0.012 3	0.093 7	165.00	3.450 0	0.100 7	0.011 0	281.000
GGFZQ02	2015-7-21		7.54	12.959	1.131	3.319	0.835	4.141 9	34.292 8	0.412 7	15.966 8	0.052 1	未检出	37.00	1.450 0	0.206 4	0.031 0	95.500

（续）

样地代码	采样日期	水温/℃	pH	Ca²⁺/(mg/L)	Mg²⁺/(mg/L)	K⁺/(mg/L)	Na⁺/(mg/L)	CO₃²⁻/(mg/L)	HCO₃⁻/(mg/L)	Cl⁻/(mg/L)	SO₄²⁻/(mg/L)	PO₄³⁻/(mg/L)	NO₃⁻/(mg/L)	矿化度/(mg/L)	COD/(mg/L)	总氮/(mg/L)	总磷/(mg/L)	电导率/(dS/m)
GGFZH01	2015-7-21		7.33	12.574	2.023	2.117	0.835	未检出	47.528 6	0.553 5	9.913 6	0.003 1	1.264 7	49.00	7.400 0	0.536 0	0.018 0	94.400
GGFFZ10	2015-7-21		7.71	31.419	3.153	2.608	1.568	未检出	43.317 2	0.470 2	65.132 9	0.003 1	0.157 3	109.00	0.250 0	0.324 7	0.018 0	201.700
GGFFZH01	2015-7-21		7.54	34.073	2.266	2.640	2.546	16.567 6	38.504 2	1.025 6	39.134 0	0.006 1	1.024 0	1 090.00	3.000 0	0.464 3	0.018 0	204.700
GGFFZ10	2016-4-29	9.3	7.65	37.503	3.691	3.007	1.553	0.000 0	53.685 2	1.136 7	2.999 7	0.061 3	1.146 7	140.00	21.000 0	0.277 7	0.037 0	212.800
GGFZQ01	2016-4-29	8.4	8.19	51.015	3.258	3.730	1.322	0.000 0	37.396 1	2.894 2	88.174 2	0.067 4	1.740 0	234.00	22.000 0	0.176 1	0.029 0	272.000
GGFZH01	2016-4-29	8.3	8.07	42.030	2.735	2.849	1.906	0.000 0	54.602 9	1.829 8	28.186 0	0.058 2	3.689 6	170.00	22.000 0	0.329 7	0.027 0	223.000
GGFZQ02	2016-4-29	2.7	8.08	20.118	1.505	4.222	1.058	0.000 0	45.425 9	1.507 9	19.611 9	0.091 9	1.857 0	68.00	31.000 0	0.248 4	0.034 0	112.400
GGFFZ01	2016-4-29	6.4	7.45	58.795	5.068	3.120	1.641	0.000 0	9.635 8	1.185 9	112.842 2	0.046 0	2.070 1	92.00	32.000 0	0.167 1	0.047 0	294.000
GGFZH01	2016-7-11	10.2	8.63	42.520	2.631	2.609	2.730	0.000 0	82.592 6	2.077 3	47.887 3	0.058 2	3.120 3	171.00	17.802 0	0.399 7	0.036 0	221.000
GGFFZ10	2016-7-11	11.2	7.74	36.083	3.222	2.536	1.165	0.000 0	38.084 4	2.696 7	70.219 8	0.168 5	2.296 2	139.00	29.799 0	0.223 5	0.102 0	194.400
GGFZQ01	2016-7-11	15.6	7.93	54.063	5.316	3.413	1.109	0.000 0	49.555 6	3.602 8	110.557 6	0.076 6	20.371 1	216.00	30.573 0	0.185 2	0.067 0	282.000
GGFZH01	2016-7-11	8.8	7.83	21.613	2.698	1.968	0.637	0.000 0	50.932 1	1.129 7	16.506 8	0.088 9	2.974 0	74.00	23.607 0	0.347 7	0.049 0	109.700
GGFZQ02	2016-7-11	2.6	8.67	15.448	1.100	2.647	0.574	0.000 0	33.495 9	1.315 7	12.337 5	0.113 4	2.036 1	93.00	19.350 0	0.169 4	0.213 0	71.600
GGFFZ01	2016-7-11	10.1	7.80	35.269	3.628	2.342	1.129	0.000 0	31.660 5	1.225 7	76.949 3	0.036 8	2.303 9	128.00	21.285 0	0.205 5	0.041 0	197.700
GGFFZ10	2017-4-22	6.4	7.02	31.710	1.776	2.633	2.648	未检出	76.982 2	1.541 3	5.146 3	0.114 0	4.597 1	156.00	未检出	0.330 0	0.039 0	207.700
GGFZQ01	2017-4-22	6.4	6.83	55.780	5.247	3.369	2.153	未检出	38.981 4	0.970 9	155.985 8	0.196 0	1.513 9	234.00	0.600 0	0.630 0	0.066 0	363.000
GGFZQ01	2017-4-22	6.9	7.11	40.610	2.402	3.042	1.274	未检出	46.826 8	0.626 0	92.847 4	0.133 0	1.122 8	168.00	3.600 0	0.290 0	0.049 0	264.000
GGFZQ02	2017-4-22	2.2	7.31	22.480	2.215	5.230	2.112	未检出	63.498 1	1.354 8	36.911 5	0.150 0	1.096 2	148.00	1.400 0	0.280 0	0.052 0	175.200
GGFFZ01	2017-4-22	6.1	7.26	53.780	5.064	3.252	2.099	未检出	30.400 6	0.693 4	155.242 5	0.149 0	1.385 2	270.00	2.400 0	0.300 0	0.053 0	359.000
GGFZH01	2017-7-31	8.8	7.70	34.970	1.963	2.286	1.974	未检出	76.001 6	1.390 4	42.186 5	0.030 0	1.060 0	128.00	5.400 0	0.011 0	0.280 0	214.300
GGFFZ10	2017-7-31	10.2	7.26	36.000	2.925	2.575	1.153	未检出	40.697 6	0.914 8	80.895 8	0.026 0	0.590 0	156.00	6.400 0	0.010 0	0.210 0	234.000
GGFZQ01	2017-7-31	10.7	7.70	51.610	3.628	3.405	1.016	未检出	46.336 4	0.739 7	115.674 5	0.012 0	0.200 0	206.00	8.000 0	0.006 0	0.160 0	316.000
GGFZQ02	2017-7-31	3	7.90	14.410	1.005	3.160	0.427	未检出	42.658 9	0.846 3	15.742 2	0.011 0	0.450 0	22.00	2.800 0	0.022 0	0.160 0	96.500
GGFZH01	2017-7-31	9.2	7.73	17.810	1.854	1.724	0.439	未检出	51.484 9	0.737 9	16.631 3	0.014 0	1.200 0	18.00	12.400 0	0.009 0	0.300 0	114.700
GGFFZ01	2017-7-31		7.51	32.740	2.843	2.345	1.007	未检出	8.090 5	0.785 4	78.813 6	0.035 0	0.540 0	128.00	6.400 0	0.012 0	0.230 0	214.200

表 3 - 38　地下水水质状况表

样地代码	采样日期	水温/℃	pH	Ca^{2+}/(mg/L)	Mg^{2+}/(mg/L)	K^+/(mg/L)	Na^+/(mg/L)	CO_3^{2-}/(mg/L)	HCO_3^-/(mg/L)	Cl^-/(mg/L)	SO_4^{2-}/(mg/L)	PO_4^{3-}/(mg/L)	NO_3^-/(mg/L)	矿化度/(mg/L)	COD/(mg/L)	总氮/(mg/L)	总磷/(mg/L)	电导率/(dS/m)
GGFZH01	2007-4-23	3.3	6.68	17.231	1.080	1.366	0.687	痕量	48.545 1	0.602 7	6.582 9	痕量	7.354 6	94.00	3.350 8	1.868 9	0.022 2	
GGFQX01	2007-4-23	4.4	7.01	135.748	12.663	5.272	2.197	痕量	339.815 7	0.842 7	97.101 4	痕量	8.757 6	456.00	8.251 8	2.394 2	0.086 4	
GGFZH01	2007-7-9		6.36	12.910	1.120	1.873	0.989	痕量	45.829 9	0.791 8	6.682 9	0.183 1	3.449 2	66.00	5.520 9	1.505 1	0.061 4	
GGFQX01	2007-7-9		6.66	138.460	4.150	9.839	2.088	痕量	392.827 5	0.684 8	16.545 2	0.223 3	0.497 5	392.00	15.628 0	0.563 8	0.075 0	
GGFZH01	2008-4-24	3.3	7.39	12.780	0.990	1.304	0.744	痕迹	32.046 2	0.545 7	4.084 1	0.037 2	6.041 3	96.00	5.549 7	1.653 2	0.032 7	
GGFZH01	2008-7-11		7.36	16.260	1.660	2.158	0.904	未检出	51.847 4	1.249 6	7.633 5	0.190 8	2.168 8	194.00	8.036 5	0.835 2	0.110 1	
GGFQX01	2008-7-11		7.17	114.360	3.800	8.624	1.734	未检出	334.048 6	1.206 3	17.655 7	0.184 8	2.332 4	520.00	15.120 2	0.973 6	0.147 7	
GGFZH01	2009-4-30		7.41	16.990	1.225	1.455	0.808	1.428 0	48.188 1	0.778 4	8.310 3	未检出	5.640 0	92.00	2.330 8	1.274 1	0.007 0	
GGFZH01	2009-7-17		6.53	12.855	1.145	1.937	0.896	未检出	44.023 7	0.748 8	5.231 7	0.133 0	3.160 4	66.00	4.113 7	1.450 1	0.139 8	
GGFQX01	2009-7-17		7.29	105.960	3.380	9.414	3.647	未检出	384.077 1	4.356 7	19.197 7	1.410 5	0.729 4	394.00	24.936 5	5.956 8	1.381 9	
GGFZH01	2010-4-26		6.63	14.800	1.360	1.353	0.760	≤检出限	43.009 6	0.784 9	8.448 1	≤检出限	3.758 4	86.00	4.783 6	0.257 6	0.849 0	
GGFZH01	2010-7-28		7.03	8.710	0.840	1.918	0.379	≤检出限	27.907 9	2.500 3	5.462 1	0.281 5	3.508 6	62.00	11.171 4	0.104 6	0.806 5	
GGFQX01	2010-7-28		7.68	89.655	2.440	5.153	0.813	≤检出限	304.911 4	1.483 1	17.688 0	0.382 0	1.958 1	302.00	无水样	0.127 7	1.301 3	
GGFZH01	2011-4-27		6.60	13.960	1.400	1.483	0.705	未检出	40.181 0	0.518 5	8.221 8	0.155 4	6.026 0	86.00	6.650 0	1.415 8	0.062 8	
GGFZH01	2011-7-28		7.08	6.693	0.666	1.385	0.575	未检出	8.627 8	0.661 5	4.450 6	0.067 8	1.996 2	16.00	22.000 0	1.484 7	0.125 7	
GGFQX01	2011-7-28		8.40	73.236	1.992	6.967	0.922	未检出	194.742 1	0.620 3	11.587 8	0.139 4	0.911 2	242.00	18.000 0	1.031 2	0.199 6	
GGFZH01	2012-4-24	2.8	6.73	14.196	1.271	0.917	0.416	未检出	42.646 2	0.985 8	6.798 3	0.155 9	4.841 1	106.00	14.200 0	1.109 7	0.124 1	
GGFQX01	2012-4-24	4.0	7.07	113.911	2.907	7.640	1.033	未检出	294.318 9	1.274 3	40.889 1	0.111 8	1.192 4	360.00	19.600 0	0.269 4	0.100 5	
GGFZH01	2012-7-19	6.7	4.16	1.451	0.568	0.604	0.058	未检出	34.837 8	0.672 5	6.040 1	无样品	未检出	26.00	5.000 0	1.960 0	0.550 4	
GGFQX01	2012-7-19	8.1	6.40	98.726	2.702	9.243	1.490	未检出	299.124 2	0.349 3	11.209 1	无样品	2.611 9	222.00	17.200 0	1.730 0	0.184 5	
GGFZH01	2013-4-24		6.77	11.027	0.849	23.214	0.277	0.000 0	64.430 0	0.118 4	5.664 1	0.453 0	2.513 2	158.00	未检出	6.087 5	0.249 7	
GGFZH01	2013-7-19		7.26	12.937	0.601	2.357	0.689	0.000 0	23.430 5	1.341 3	4.992 4	1.153 0	14.971 8	206.00	22.000 0	2.823 7	0.382 5	
GGFQX01	2013-7-19		6.73	104.740	1.727	7.666	0.959	0.000 0	269.451 1	0.945 1	11.475 3	1.048 0	10.155 1	442.00	未检出	2.395 2	0.417 5	

（续）

样地代码	采样日期	水温/℃	pH	Ca²⁺/(mg/L)	Mg²⁺/(mg/L)	K⁺/(mg/L)	Na⁺/(mg/L)	CO₃²⁻/(mg/L)	HCO₃⁻/(mg/L)	Cl⁻/(mg/L)	SO₄²⁻/(mg/L)	PO₄³⁻/(mg/L)	NO₃⁻/(mg/L)	矿化度/(mg/L)	COD/(mg/L)	总氮/(mg/L)	总磷/(mg/L)	电导率/(dS/m)
GGFZH01	2014-4-22		6.54	18.421	1.412	1.979	0.627	0.000 0	57.661 1	1.126 6	2.576 0	0.039 0	34.746 4	158.00	44.000 0	38.445 0	0.016 0	
GGFZH01	2014-7-21		7.11	10.574	0.985	1.465	0.278	0.000 0	56.870 0	0.964 9	3.736 7	0.491 0	9.982 6	122.00	未检出	1.049 4	0.220 0	
GGFQX01	2014-7-21		6.84	104.720	2.726	8.595	1.235	0.000 0	302.578 7	1.553 1	5.459 0	0.858 0	1.172 7	452.00	564.000 0	3.722 9	0.600 0	
GGFZH01	2015-4-22		6.96	15.281	0.931	1.140	0.909	未检出	45.956 9	0.478 0	8.532 5	0.130 0	5.894 8	64.00	43.400 0	1.450 0	0.070 0	86.800
GGFZH01	2015-7-21		7.24	12.384	1.249	1.141	1.730	未检出	48.731 8	0.345 5	6.988 0	0.266 6	4.620 4	115.00	0.350 0	1.548 5	0.113 0	93.200
GGFQX01	2015-7-21		6.97	85.514	2.295	9.034	1.431	未检出	28.878 1	1.309 3	3.875 4	2.022 6	未检出	415.00	11.100 0	4.119 8	0.669 0	431.000
GGFZH01	2016-4-29	5.3	6.10	11.356	1.397	0.888	0.704	0.000 0	20.189 3	1.420 2	6.626 8	0.039 8	5.421 0	80.00	20.000 0	1.183 2	0.039 0	51.000
GGFQX01	2016-4-29	6.1	7.07	74.843	2.292	5.999	0.907	0.000 0	205.105 0	1.237 6	21.520 2	0.052 1	1.515 3	234.00	24.000 0	0.379 4	0.042 0	352.000
GGFZH01	2016-7-11	9	6.91	12.263	1.287	1.051	0.428	0.000 0	27.989 7	1.323 5	6.559 8	0.232 9	3.990 2	82.00	21.672 0	0.611 9	0.093 0	55.900
GGFQX01	2016-7-11	9	6.79	81.411	2.606	8.063	1.402	0.000 0	285.862 2	1.815 2	2.230 8	5.910 0	2.263 4	320.00	45.279 0	8.800 0	2.050 0	456.000
GGFZH01	2017-4-22	4.8	6.59	10.840	0.973	1.410	0.799	未检出	44.129 9	0.681 0	5.541 6	0.181 0	4.653 7	60.00	16.800 0	1.240 0	0.061 0	85.800
GGFQX01	2017-4-22	4.7	6.85	59.120	1.508	4.920	1.063	未检出	177.745 6	0.668 2	18.096 2	0.128 0	0.602 9	198.00	16.400 0	0.380 0	0.045 0	312.000
GGFZH01	2017-7-31	8.7	6.28	12.750	1.063	0.888	0.250	未检出	38.736 3	0.765 1	5.573 8	0.104 0	2.750 0	42.00	6.200 0	0.035 0	0.670 0	76.600

表 3 - 39　土壤水水质状况表

样地代码	采样日期	采样深度	pH	Ca²⁺/(mg/L)	Mg²⁺/(mg/L)	K⁺/(mg/L)	Na⁺/(mg/L)	CO₃²⁻/(mg/L)	HCO₃⁻/(mg/L)	Cl⁻/(mg/L)	SO₄²⁻/(mg/L)	PO₄³⁻/(mg/L)	NO₃⁻/(mg/L)	矿化度/(mg/L)	COD/(mg/L)	总氮/(mg/L)	总磷/(mg/L)	电导率/(dS/m)
GGFFZ02	2007 - 4 - 23	100	7.06	18.886	3.168	1.802	0.834	痕量	24.272 6	1.011 3	15.061 0	痕量	19.549 2	72.00	4.886 8	4.495 6	0.019 1	
GGFFZ02	2007 - 4 - 23	100	7.03	18.873	4.314	1.926	0.913	痕量	26.969 5	0.845 4	8.044 2	痕量	25.100 7	94.00	7.499 1	5.670 2	0.016 1	
GGFFZ02	2007 - 4 - 23	100	6.87	6.549	2.461	1.058	0.753	痕量	13.215 0	0.657 0	2.711 2	痕量	7.477 2	36.00	0.946 4	1.689 0	0.016 1	
GGFFZ02	2007 - 4 - 23	100	7.02	11.634	2.925	1.098	0.828	痕量	24.272 6	0.758 5	4.088 8	痕量	7.705 9	32.00	0.945 2	1.740 8	0.016 1	
GGFFZ02	2007 - 4 - 23	100	7.39	35.815	3.280	1.602	0.785	痕量	73.626 7	0.906 2	8.080 3	痕量	17.490 6	118.00	3.478 7	3.951 1	0.019 1	
GGFFZ02	2007 - 4 - 23	15	6.26	9.200	6.927	1.208	0.519	痕量	1.887 8	1.001 8	6.253 9	0.079 0	23.843 4	138.00	47.760 4	6.674 9	0.195 3	
GGFFZ02	2007 - 4 - 23	15	6.68	7.084	4.057	0.975	0.501	痕量	8.630 2	1.046 5	5.684 0	痕量	24.319 4	76.00	7.323 1	5.493 7	0.025 2	
GGFFZ02	2007 - 4 - 23	15	6.36	8.560	2.053	1.438	0.466	痕量	5.933 3	1.074 2	6.265 9	痕量	33.482 3	94.00	7.272 8	7.563 7	0.022 2	
GGFFZ02	2007 - 4 - 23	5	7.15	14.524	1.816	0.423	0.587	痕量	29.666 4	0.641 4	8.468 1	痕量	8.129 8	106.00	15.878 4	2.121 9	0.028 3	
GGFFZ02	2007 - 7 - 9	100	7.11	12.390	0.755	3.146	0.689	痕量	33.259 4	0.675 0	5.154 1	痕量	3.986 4	70.00	18.612 4	1.514 6	0.015 6	
GGFFZ02	2007 - 7 - 9	100	7.25	14.085	0.865	3.806	0.672	痕量	33.783 2	0.671 1	4.125 4	痕量	9.191 0	100.00	16.385 4	2.681 6	0.015 6	
GGFFZ02	2007 - 7 - 9	100	6.80	6.920	0.460	2.579	0.671	痕量	15.713 1	0.639 3	3.706 7	痕量	7.421 7	52.00	1.513 9	1.891 0	0.009 4	
GGFFZ02	2007 - 7 - 9	100	7.33	14.170	0.450	2.461	0.523	痕量	38.759 0	0.633 6	3.516 0	痕量	7.644 9	70.00	3.087 6	1.862 7	0.009 4	
GGFFZ02	2007 - 7 - 9	100	7.35	14.700	0.475	2.650	0.628	痕量	104.230 0	0.725 0	3.804 2	痕量	7.645 9	150.00	7.193 2	2.013 3	0.006 3	
GGFFZ02	2007 - 7 - 9	15	5.25	8.660	1.290	2.949	0.472	痕量	2.357 0	0.699 9	2.138 4	0.195 0	11.700 0	176.00	108.288 0	4.338 3	0.180 6	
GGFFZ02	2007 - 7 - 9	15	6.25	3.490	0.425	3.090	0.457	痕量	10.475 4	0.616 5	1.413 9	0.059 8	1.725 6	80.00	36.676 0	1.119 2	0.015 6	
GGFFZ02	2007 - 7 - 9	15	6.50	5.400	0.690	1.806	0.504	痕量	13.356 0	1.032 5	1.777 8	0.059 8	3.181 0	78.00	36.630 0	1.505 1	0.021 9	
GGFFZ02	2007 - 7 - 9	5	7.00	10.600	0.410	0.457	0.822	痕量	35.092 4	0.660 1	2.071 1	0.059 8	0.872 2	90.00	5.074 3	0.714 4	0.021 9	
GGFFZ02	2008 - 4 - 24	100	6.81	11.470	0.840	2.845	0.480	痕迹	19.474 2	1.107 8	8.950 0	0.058 7	11.230 2	76.00	5.711 3	2.883 8	0.020 9	
GGFFZ02	2008 - 4 - 24	100	7.00	16.590	1.240	3.046	0.704	痕迹	22.185 8	1.060 5	6.714 8	0.058 7	29.147 9	114.00	9.602 3	8.321 5	0.023 9	
GGFFZ02	2008 - 4 - 24	100	7.17	11.640	0.820	2.488	0.597	痕迹	23.664 9	1.032 5	3.312 5	痕迹	16.625 1	74.00	1.489 7	3.755 6	0.018 0	
GGFFZ02	2008 - 4 - 24	100	7.09	11.680	0.680	2.634	0.370	痕迹	27.116 0	1.062 2	3.163 7	痕迹	14.733 7	156.00	0.882 6	3.328 3	痕迹	
GGFFZ02	2008 - 4 - 24	100	7.56	39.970	1.130	3.157	0.413	痕迹	84.799 1	1.422 8	10.389 7	0.054 6	33.650 0	192.00	4.386 9	7.601 5	0.020 9	
GGFFZ02	2008 - 4 - 24	15	5.23	6.340	1.120	4.046	0.383	痕迹	5.916 2	1.032 3	3.941 3	0.262 4	17.241 0	186.00	59.458 7	7.033 6	0.102 9	
GGFFZ02	2008 - 4 - 24	15	6.16	4.530	0.790	2.313	0.465	痕迹	4.930 2	1.047 1	3.324 7	0.034 7	14.480 0	128.00	11.615 8	3.271 0	0.020 9	
GGFFZ02	2008 - 4 - 24	15	6.16	10.220	0.930	1.975	0.497	痕迹	7.395 3	1.057 3	4.636 4	0.037 2	15.052 9	90.00	12.057 3	3.400 5	0.018 0	

（续）

样地代码	采样日期	采样深度	pH	Ca²⁺/(mg/L)	Mg²⁺/(mg/L)	K⁺/(mg/L)	Na⁺/(mg/L)	CO₃²⁻/(mg/L)	HCO₃⁻/(mg/L)	Cl⁻/(mg/L)	SO₄²⁻/(mg/L)	PO₄³⁻/(mg/L)	NO₃⁻/(mg/L)	矿化度/(mg/L)	COD/(mg/L)	总氮/(mg/L)	总磷/(mg/L)	电导率/(dS/m)
GGFFZ02	2008-4-24	5	6.85	5.840	0.270	2.352	0.355	痕迹	14.544 0	0.050 0	2.175 8	0.042 6	3.146 2	70.00	18.401 7	1.004 5	0.035 1	
GGFFZ02	2008-7-11	100	7.56	10.440	0.900	2.699	0.490	未检出	30.303 5	1.122 2	4.013 1	未检出	1.978 0	104.00	10.685 4	0.770 5	0.009 2	
GGFFZ02	2008-7-11	100	7.26	10.230	0.955	2.791	0.491	未检出	31.842 3	1.144 0	4.056 0	未检出	2.331 1	60.00	12.233 5	0.715 2	0.012 4	
GGFFZ02	2008-7-11	100	6.93	4.885	0.710	2.564	0.446	未检出	10.606 2	1.129 8	2.987 7	未检出	9.251 4	54.00	4.740 6	2.293 2	0.012 4	
GGFFZ02	2008-7-11	100	7.09	11.090	0.710	2.777	0.408	未检出	28.883 0	1.129 1	3.538 7	未检出	8.293 3	138.00	2.168 6	2.015 0	未检出	
GGFFZ02	2008-7-11	100	7.54	27.530	0.975	3.129	0.354	未检出	76.469 0	1.111 6	4.580 5	未检出	6.320 7	106.00	4.629 1	1.711 8	0.009 2	
GGFFZ02	2008-7-11	15	6.30	10.380	1.745	2.434	0.341	未检出	10.298 4	1.187 7	3.055 2	0.155 3	11.564 6	248.00	64.414 0	3.086 8	0.111 9	
GGFFZ02	2008-7-11	15	6.47	3.965	0.765	2.354	0.318	未检出	8.286 1	1.120 5	2.281 6	未检出	4.366 0	160.00	11.926 2	1.536 5	0.015 5	
GGFFZ02	2008-7-11	15	6.38	5.565	1.160	2.423	0.432	未检出	10.061 7	1.122 4	2.731 9	未检出	10.262 2	108.00	26.798 3	2.911 4	0.015 5	
GGFFZ02	2008-7-11	5	7.14	9.715	0.465	0.190	0.327	未检出	23.674 6	1.060 0	2.472 4	未检出	1.428 9	76.00	28.882 6	0.825 9	0.018 6	
GGFFZ01	2008-7-11	5	9.28	7.025	0.745	245.450	40.050	65.377 4	423.744 0	1.368 3	32.465 0	0.431 5	6.518 6	1 288.00	16.367 5	1.472 6	0.440 4	
GGFFZ01	2008-7-11	200	8.16	11.440	0.650	69.010	17.231	未检出	191.328 7	1.254 5	12.605 5	未检出	2.619 5	598.00	12.969 7	0.733 6	0.267 4	
GGFFZ01	2008-7-11	200	8.39	104.360	9.270	63.550	13.676	未检出	453.792 4	1.273 5	43.558 4	未检出	21.185 2	640.00	13.554 0	4.785 7	0.015 5	
GGFFZ02	2009-4-30	100	7.10	11.465	0.825	3.117	0.525	未检出	27.009 1	0.713 4	8.379 8	未检出	8.703 5	2.00	8.781 3	2.114 0	0.000 6	
GGFFZ02	2009-4-30	100	7.11	13.810	0.965	2.478	0.516	未检出	41.406 1	0.679 3	9.083 9	0.053 0	4.455 5	58.00	4.581 4	1.483 4	0.033 2	
GGFFZ02	2009-4-30	100	6.57	5.905	0.580	2.236	0.659	未检出	17.609 5	0.686 2	3.174 4	未检出	5.935 7	未检出	3.269 0	1.634 0	0.007 0	
GGFFZ02	2009-4-30	100	7.02	13.225	0.620	2.219	0.503	未检出	35.694 9	0.613 6	3.857 6	未检出	7.696 6	56.00	1.432 0	1.822 3	0.003 8	
GGFFZ02	2009-4-30	100	7.58	29.300	0.735	2.821	0.319	未检出	72.817 6	0.756 8	6.694 4	未检出	15.371 1	114.00	4.137 1	3.472 3	0.016 7	
GGFFZ02	2009-4-30	15	7.15	20.700	1.490	4.302	0.402	未检出	41.882 0	0.832 1	5.217 0	0.276 0	20.639 0	150.00	55.931 7	5.370 8	0.103 9	
GGFFZ02	2009-4-30	15	7.11	5.200	0.760	2.768	0.518	未检出	9.042 7	0.614 6	4.530 0	未检出	13.525 9	102.00	5.769 8	3.083 5	0.003 8	
GGFFZ02	2009-4-30	15	6.66	5.760	0.650	2.924	0.557	未检出	6.663 0	0.844 1	3.772 2	未检出	21.502 1	60.00	13.418 3	4.857 3	0.010 2	
GGFFZ01	2009-4-30	200	8.29	97.345	5.745	54.990	13.849	39.786 6	311.735 5	0.917 6	44.590 9	0.036 2	31.846 4	396.00	6.101 3	7.194 1	0.013 3	

（续）

样地代码	采样日期	采样深度	pH	Ca²⁺/(mg/L)	Mg²⁺/(mg/L)	K⁺/(mg/L)	Na⁺/(mg/L)	CO₃²⁻/(mg/L)	HCO₃⁻/(mg/L)	Cl⁻/(mg/L)	SO₄²⁻/(mg/L)	PO₄³⁻/(mg/L)	NO₃⁻/(mg/L)	矿化度/(mg/L)	COD/(mg/L)	总氮/(mg/L)	总磷/(mg/L)	电导率/(dS/m)
GGFFZ01	2009-4-30	5	8.32	48.580	4.535	73.800	14.526	40.020 7	341.957 1	0.913 6	43.624 3	未检出	18.003 0	496.00	无样	4.066 9	0.019 9	
GGFFZ02	2009-7-17	100	7.07	10.110	0.665	2.371	0.754	未检出	32.601 3	0.616 0	3.070 1	未检出	1.887 1	68.00	18.416 0	0.938 0	未检出	
GGFFZ02	2009-7-17	100	7.04	13.205	0.625	2.430	0.507	未检出	43.309 8	0.630 0	3.351 9	0.067 6	4.453 0	58.00	3.142 0	1.025 8	0.093 0	
GGFFZ02	2009-7-17	100	7.01	6.040	0.530	2.300	0.467	未检出	19.037 3	0.623 4	2.849 9	0.052 0	4.889 4	36.00	1.663 9	1.157 8	0.069 0	
GGFFZ02	2009-7-17	100	7.12	16.995	1.250	2.642	0.498	未检出	62.775 4	0.660 2	3.565 6	0.067 6	痕迹	76.00	9.633 1	1.063 5	0.093 0	
GGFFZ02	2009-7-17	100	7.54	31.530	0.795	3.112	0.421	未检出	94.948 4	1.129 0	3.905 3	0.055 9	痕迹	122.00	4.958 8	1.600 0	0.081 0	
GGFFZ02	2009-7-17	15	5.03	7.145	1.135	1.922	0.350	未检出	5.711 2	0.652 9	1.771 6	0.300 5	6.944 3	184.00	77.839 4	2.920 9	0.227 4	
GGFFZ02	2009-7-17	15	6.02	4.360	0.610	2.258	0.421	未检出	10.946 4	0.640 3	2.138 6	0.055 9	4.761 9	36.00	38.395 7	1.600 0	0.099 0	
GGFFZ02	2009-7-17	15	6.24	3.400	0.460	2.064	0.389	未检出	9.042 7	0.631 5	1.517 9	未检出	2.083 1	44.00	26.323 7	0.865 5	0.075 0	
GGFFZ02	2009-7-17	5	6.75	8.065	0.275	0.349	0.191	未检出	19.989 1	0.210 0	1.313 6	未检出	0.832 1	72.00	37.757 7	0.629 8	未检出	
GGFFZ02	2009-7-17	5	8.54	2.930	0.310	154.350	29.400	25.744 3	302.811 7	0.717 8	5.332 7	0.191 2	3.250 1	482.00	49.401 6	1.299 2	0.290 3	
GGFFZ01	2009-7-17	200	7.75	87.625	5.750	40.840	4.417	7.489 2	348.929 5	0.674 8	22.608 4	未检出	8.969 2	412.00	6.078 3	2.025 2	0.099 0	
GGFFZ01	2009-7-17	5	8.14	87.550	5.535	46.770	5.794	25.510 2	376.938 1	0.671 1	26.786 0	未检出	8.095 4	422.00	6.274 7	1.836 6	未检出	
GGFFZ01	2009-7-17	200	8.04	109.520	5.190	48.980	4.794	36.042 0	371.940 8	0.730 8	57.794 5	未检出	8.847 3	482.00	3.794 4	2.194 9	0.078 7	
GGFFZ02	2010-4-26	100	7.20	11.540	0.930	2.396	0.658	＜检出限	16.430 6	1.086 8	10.739 0	＜检出限	15.812 9	32.00	3.089 2	未检出	3.572 1	
GGFFZ02	2010-4-26	100	7.40	10.520	0.830	1.781	0.391	＜检出限	28.512 0	0.773 0	7.457 9	＜检出限	3.382 2	26.00	2.108 2	0.022 2	0.764 0	
GGFFZ02	2010-4-26	100	6.80	4.840	0.550	1.832	0.347	＜检出限	13.289 5	0.604 1	2.579 3	＜检出限	6.071 3	16.00	2.039 7	0.015 7	1.371 5	
GGFFZ02	2010-4-26	100	7.24	17.050	0.770	1.998	0.376	＜检出限	49.291 9	0.732 9	3.295 5	＜检出限	9.847 4	24.00	1.772 8	0.009 2	2.224 5	
GGFFZ02	2010-4-26	100	7.47	24.440	0.790	2.423	0.304	＜检出限	70.555 1	0.800 8	5.146 2	＜检出限	9.535 3	52.00	2.628 8	0.015 7	2.154 0	
GGFFZ02	2010-4-26	15	6.83	6.880	1.230	4.855	0.469	＜检出限	9.665 1	0.821 7	3.314 9	＜检出限	21.494 2	24.00	2.673 4	0.041 7	4.855 5	
GGFFZ02	2010-4-26	15	6.75	7.260	1.340	3.544	0.591	＜检出限	5.074 2	0.875 7	3.250 4	＜检出限	31.648 9	18.00	7.990 8	0.015 7	7.149 5	
GGFFZ02	2010-4-26	5	7.32	14.270	0.560	2.876	0.508	＜检出限	29.961 7	1.040 0	2.681 5	＜检出限	1.534 2	无水样	29.121 8	0.041 7	2.890 9	

（续）

样地代码	采样日期	采样深度	pH	Ca²⁺/(mg/L)	Mg²⁺/(mg/L)	K⁺/(mg/L)	Na⁺/(mg/L)	CO₃²⁻/(mg/L)	HCO₃⁻/(mg/L)	Cl⁻/(mg/L)	SO₄²⁻/(mg/L)	PO₄³⁻/(mg/L)	NO₃⁻/(mg/L)	矿化度/(mg/L)	COD/(mg/L)	总氮/(mg/L)	总磷/(mg/L)	电导率/(dS/m)
GGFFZ02	2010-7-28	100	7.24	9.560	0.635	1.729	0.376	<检出限	28.599 8	5.863 5	10.983 5	0.130 7	4.107 6	58.00	12.064 8	0.042 6	0.927 9	
GGFFZ02	2010-7-28	100	7.46	15.705	1.100	1.919	0.405	<检出限	55.354 5	1.447 0	3.201 3	0.162 1	1.366 9	110.00	31.274 0	0.052 9	0.806 5	
GGFFZ02	2010-7-28	100	6.60	6.145	0.510	1.486	0.320	<检出限	20.066 0	0.965 5	3.550 6	0.049 0	3.968 5	24.00	3.364 3	0.027 7	0.871 9	
GGFFZ02	2010-7-28	100	7.10	5.860	0.335	1.277	0.243	<检出限	20.988 6	1.194 8	2.608 6	0.042 7	1.519 7	12.00	4.295 0	0.016 2	0.358 5	
GGFFZ02	2010-7-28	100	7.18	24.900	0.660	2.157	0.320	<检出限	80.033 5	1.004 4	3.225 2	0.042 7	3.451 8	82.00	31.780 0	0.016 2	0.787 8	
GGFFZ02	2010-7-28	15	6.62	4.050	0.500	1.454	0.262	<检出限	10.379 0	12.139 5	16.727 8	0.721 3	3.953 9	58.00	49.859 5	0.235 2	0.993 2	
GGFFZ02	2010-7-28	15	6.67	6.290	0.420	0.841	0.223	<检出限	12.454 8	11.612 1	14.093 8	0.419 7	3.481 0	52.00	36.268 1	0.136 9	0.806 5	
GGFFZ02	2010-7-28	5	6.65	3.100	0.425	1.421	0.256	<检出限	10.609 6	7.393 3	9.292 5	0.281 5	3.692 7	68.00	51.400 0	0.091 8	0.843 9	
GGFFZ01	2010-7-28	5	8.17	49.680	2.325	3.912	3.029	<检出限	249.556 8	1.062 6	10.957 8	0.111 8	3.507 1	318.00	30.512 1	0.043 1	0.881 2	
GGFFZ01	2010-7-28	200	8.31	53.730	2.525	6.070	5.927	6.805 1	318.980 6	4.618 3	27.187 8	0.312 9	6.445 6	406.00	28.030 9	0.102 0	1.245 3	
GGFFZ01	2010-7-28	5	8.12	40.760	1.875	7.620	7.918	<检出限	335.817 7	3.876 8	25.494 7	0.363 2	6.251 3	378.00	23.860 8	0.118 4	1.235 9	
GGFFZ01	2010-7-28	200	8.00	93.275	4.365	2.052	1.476	2.268 4	337.893 5	1.016 0	19.833 9	0.080 4	4.204 3	288.00	7.714 5	0.035 4	0.955 9	
GGFFZ01	2010-7-28	5	8.22	85.055	4.365	2.391	2.124	14.744 5	355.883 7	1.031 6	26.374 1	0.042 7	3.078 2	352.00	16.005 3	0.016 2	0.703 8	
GGFFZ01	2010-7-28	200	8.28	85.545	3.100	2.142	1.488	12.702 9	313.445 2	0.964 8	39.296 4	0.042 7	2.924 9	304.00	5.626 4	0.020 0	0.638 5	
GGFFZ02	2011-4-27	100	6.92	12.049	0.960	2.062	0.644	未检出	23.418 4	0.825 5	11.712 4	0.026 8	20.089 0	90.00	19.650 0	4.719 0	0.034 9	
GGFFZ02	2011-4-27	100	7.64	16.480	0.995	2.471	0.574	未检出	40.674 0	0.745 3	9.787 5	未检出	18.015 9	100.00	14.400 0	4.601 0	0.062 8	
GGFFZ02	2011-4-27	15	6.77	7.380	0.795	5.096	2.121	未检出	22.678 8	2.094 0	9.741 5	0.216 8	7.576 5	76.00	17.850 0	2.013 9	0.212 7	
GGFFZ02	2011-4-27	5	6.66	7.520	0.775	7.086	2.056	未检出	26.130 0	1.946 5	10.350 0	0.242 3	10.653 5	108.00	无水样	无水样	0.337 7	
GGFFZ01	2011-4-27	5	7.64	11.470	1.030	21.783	5.546	未检出	无水样	0.569 7	13.360 9	0.030 1	1.480 6	无水样	无水样	0.842 6	0.060 2	
GGFFZ01	2011-4-27	200	无水样	无水样	无水样	无水样	无水样	无水样	无水样	无水样	无水样	0.030 1	无水样	无水样	无水样	无水样	0.373 5	
GGFFZ02	2011-7-28	100	6.76	3.669	0.381	1.754	0.377	未检出	8.627 8	0.627 3	1.669 3	未检出	1.589 2	8.00	28.000 0	1.727 0	0.087 2	
GGFFZ02	2011-7-28	100	7.12	10.327	0.605	2.530	0.395	未检出	21.692 8	0.439 5	3.635 0	未检出	6.283 0	20.00	7.000 0	2.674 1	0.062 2	

（续）

样地代码	采样日期	采样深度	pH	Ca²⁺/(mg/L)	Mg²⁺/(mg/L)	K⁺/(mg/L)	Na⁺/(mg/L)	CO₃²⁻/(mg/L)	HCO₃⁻/(mg/L)	Cl⁻/(mg/L)	SO₄²⁻/(mg/L)	PO₄³⁻/(mg/L)	NO₃⁻/(mg/L)	矿化度/(mg/L)	COD/(mg/L)	总氮/(mg/L)	总磷/(mg/L)	电导率/(dS/m)
GGFFZ02	2011-7-28	100	7.51	13.526	0.526	1.836	0.361	未检出	37.4694	0.3896	3.4374	未检出	2.0750	14.00	12.0000	1.1527	0.0499	
GGFFZ02	2011-7-28	100	7.41	15.023	0.560	1.872	0.324	未检出	38.2089	0.3939	2.9771	0.0365	1.6549	12.00	1.000	1.2232	0.0684	
GGFFZ02	2011-7-28	100	7.66	23.803	0.586	2.453	0.355	未检出	62.8598	0.4330	3.1220	未检出	2.6097	46.00	8.0000	1.5254	0.0499	
GGFFZ02	2011-7-28	15	6.92	3.486	0.386	2.796	0.315	未检出	1.9721	0.4020	1.1820	未检出	2.1520	26.00	25.0000	1.4751	0.0622	
GGFFZ02	2011-7-28	15	7.12	7.238	0.456	1.971	0.324	未检出	10.3534	0.3866	1.4408	未检出	2.6218	24.00	28.0000	1.5152	0.0499	
GGFFZ01	2011-7-28	5	8.54	19.987	0.685	84.783	11.080	无水样	无水样	0.8940	5.3938	无水样	1.2530	无水样	无水样	无水样	无水样	
GGFFZ01	2011-7-28	200	7.81	0.329	5.565	13.603	94.882	未检出	260.0670	1.1910	4.4899	0.0155	3.9885	82.00	65.600	7.7200	0.1297	
GGFFZ01	2011-7-28	5	7.29	0.288	3.523	5.470	36.936	未检出	72.9667	2.4296	3.8433	0.0076	0.9246	342.00	69.400	3.1825	0.1033	
GGFFZ01	2011-7-28	200	8.15	21.311	1.694	8.927	1.236	未检出	62.8598	0.4585	7.9574	0.0278	1.3718	78.00	11.000	0.7997	0.0746	
GGFFZ01	2011-7-28	5	8.12	101.470	2.487	18.365	2.255	未检出	252.6717	0.3759	23.8536	未检出	1.5398	290.00	8.000	0.7088	0.0377	
GGFFZ01	2011-7-28	200	7.96	83.080	1.870	19.096	2.002	未检出	209.5326	0.4147	22.1302	0.0234	1.6446	264.00	9.000	1.0516	0.0622	
GGFFZ02	2012-4-24	100	7.28	9.965	0.687	2.054	0.250	未检出	22.8247	1.4601	7.5610	0.0128	11.6072	38.00	9.800	2.8480	0.0622	
GGFFZ02	2012-4-24	100	7.07	10.891	0.601	2.041	0.209	未检出	30.0326	1.3109	4.2179	0.0128	8.5208	40.00	8.000	2.1263	0.0373	
GGFFZ02	2012-4-24	100	6.45	6.904	0.619	2.402	0.301	未检出	25.8280	1.5951	3.0508	0.0039	2.5401	28.00	18.200	0.8861	0.0373	
GGFFZ02	2012-4-24	100	6.65	11.120	0.585	2.271	0.199	未检出	37.2404	1.6934	3.5248	未检出	2.4899	24.00	7.600	0.7539	0.0622	
GGFFZ02	2012-4-24	100	7.36	19.133	0.572	1.897	0.216	未检出	54.6592	1.6739	4.7598	0.0969	6.6025	74.00	29.400	1.6078	0.0941	
GGFFZ02	2012-4-24	15	6.48	5.635	0.566	2.392	0.192	未检出	22.8247	1.0858	2.8461	0.0039	4.6951	18.00	未检出	1.3029	0.0685	
GGFFZ02	2012-4-24	15	6.29	5.589	0.866	4.782	0.225	未检出	9.6104	3.0843	3.4254	0.0683	14.4242	20.00	22.600	3.4275	0.0876	
GGFFZ01	2012-4-24	200	7.51	82.470	2.618	18.189	3.216	未检出	239.0591	0.9341	25.3937	未检出	5.9430	286.00	未检出	1.4554	0.0311	
GGFFZ01	2012-4-24	5	7.57	92.362	2.267	19.205	2.502	未检出	264.2864	1.0570	34.6001	0.1068	2.1758	310.00	未检出	0.7133	0.1005	
GGFFZ01	2012-4-24	200	7.54	73.246	1.885	16.558	2.874	未检出	219.8383	1.0059	26.0109	未检出	2.7291	250.00	未检出	0.6165	0.0497	
GGFFZ02	2012-7-19	100	6.71	10.209	1.065	2.943	0.226	未检出	43.4687	0.2275	1.6224	无样品	2.5439	14.00	68.400	0.6900	0.0261	

（续）

样地代码	采样日期	采样深度	pH	Ca²⁺/(mg/L)	Mg²⁺/(mg/L)	K⁺/(mg/L)	Na⁺/(mg/L)	CO₃²⁻/(mg/L)	HCO₃⁻/(mg/L)	Cl⁻/(mg/L)	SO₄²⁻/(mg/L)	PO₄³⁻/(mg/L)	NO₃⁻/(mg/L)	矿化度/(mg/L)	COD/(mg/L)	总氮/(mg/L)	总磷/(mg/L)	电导率/(dS/m)
GGFFZ02	2012-7-19	100	5.78	25.207	2.015	4.437	0.257	未检出	84.091 1	未检出	0.040 7	无样品	未检出	62.00	80.800 0	0.860 0	0.033 7	
GGFFZ02	2012-7-19	100	4.50	6.066	0.867	1.773	0.227	未检出	24.026 0	0.067 7	2.435 1	无样品	1.850 9	16.00	36.600 0	0.270 0	0.033 7	
GGFFZ02	2012-7-19	100	5.66	2.404	0.539	0.582	未检出	未检出	60.065 1	0.039 4	2.986 6	无样品	1.850 2	48.00	35.600 0	0.210 0	0.045 0	
GGFFZ02	2012-7-19	100	6.23	27.624	1.070	2.461	0.320	未检出	86.493 7	0.723 4	3.275 6	无样品	3.404 7	79.00	40.200 0	0.580 0	0.037 4	
GGFFZ02	2012-7-19	15	3.32	6.505	1.247	1.561	0.141	未检出	9.009 8	0.077 8	0.746 0	无样品	11.815 2	52.00	75.400 0	3.230 0	0.007 3	
GGFFZ02	2012-7-19	15	4.16	6.746	0.951	2.176	0.760	未检出	15.616 9	0.190 3	0.827 9	无样品	2.016 6	70.00	50.600 0	0.620 0	0.018 6	
GGFFZ02	2012-7-19	15	3.77	1.019	0.539	0.547	未检出	未检出	10.211 1	0.055 2	0.551 2	无样品	2.468 1	24.00	43.200 0	0.610 0	0.078 9	
GGFFZ01	2012-7-19	5	6.84	9.737	0.973	64.195	8.770	未检出	无样品	0.345 7	0.266 6	无样品	未检出	无样品	无样品	0.320 0	无样品	
GGFFZ01	2012-7-19	200	6.66	57.160	1.913	90.103	14.097	未检出	333.961 9	0.155 5	16.082 7	无样品	3.332 5	无样品	2.400 0	0.560 0	0.060 1	
GGFFZ01	2012-7-19	5	6.65	61.214	1.955	85.382	13.422	未检出	341.770 4	0.100 9	15.163 6	无样品	3.270 0	无样品	28.400 0	0.350 0	0.082 7	
GGFFZ01	2012-7-19	200	5.86	4.883	0.603	0.893	0.045	未检出	309.335 3	0.044 8	15.735 2	无样品	3.862 7	214.00	12.400 0	0.320 0	无样品	
GGFFZ01	2012-7-19	5	6.00	112.842	3.029	16.115	2.394	未检出	345.374 3	0.040 7	21.107 8	无样品	3.812 8	274.00	3.200 0	0.060 0	0.033 7	
GGFFZ01	2012-7-19	200	5.98	81.434	2.178	12.958	1.446	未检出	252.273 4	0.033 5	14.809 1	无样品	2.627 4	134.00	0.600 0	0.080 0	0.026 1	
GGFFZ02	2013-4-24	100	6.97	9.636	0.504	0.429	0.278	0.000 0	23.190 0	0.388 0	9.522 3	0.016 0	2.816 7	140.00	37.200 0	8.422 5	0.006 4	
GGFFZ02	2013-4-24	100	7.36	13.657	0.800	2.516	0.144	0.000 0	40.560 0	0.355 6	6.171 2	0.040 0	3.168 3	186.00	未检出	1.982 5	0.004 2	
GGFFZ02	2013-4-24	100	7.18	9.952	0.509	1.222	0.087	0.000 0	30.000 0	0.048 1	4.146 1	0.059 0	3.709 5	78.00	未检出	2.927 5	0.011 5	
GGFFZ02	2013-4-24	100	7.37	14.259	0.691	1.400	0.107	0.000 0	40.270 0	0.156 1	4.812 5	0.030 0	5.487 3	168.00	6.200 0	4.140 0	0.007 7	
GGFFZ02	2013-4-24	100	7.54	23.097	1.457	1.879	0.219	0.000 0	67.120 0	0.292 4	5.912 4	0.021 0	5.756 1	148.00	22.200 0	4.315 0	0.002 4	
GGFFZ02	2013-4-24	15	6.58	4.229	0.484	7.706	0.252	0.000 0	10.490 0	0.175 2	4.711 4	0.044 0	5.484 6	196.00	30.400 0	4.020 0	0.005 1	
GGFFZ02	2013-4-24	15	6.71	8.888	1.198	3.427	0.185	0.000 0	16.110 0	0.191 0	3.824 7	0.054 0	9.251 9	198.00	41.400 0	14.460 0	0.014 4	
GGFFZ01	2013-4-24	5	7.51	1.283	0.232	2.782	未检出	0.000 0	48.810 0	0.180 9	3.731 2	0.097 0	2.585 6	198.00	14.600 0	2.247 5	0.031 9	
GGFFZ01	2013-4-24	200	7.94	8.377	0.587	60.531	8.256	0.000 0	165.230 0	0.141 4	5.021 5	0.078 0	3.044 8	308.00	14.000 0	2.307 5	0.013 1	

（续）

样地代码	采样日期	采样深度	pH	Ca²⁺/(mg/L)	Mg²⁺/(mg/L)	K⁺/(mg/L)	Na⁺/(mg/L)	CO₃²⁻/(mg/L)	HCO₃⁻/(mg/L)	Cl⁻/(mg/L)	SO₄²⁻/(mg/L)	PO₄³⁻/(mg/L)	NO₃⁻/(mg/L)	矿化度/(mg/L)	COD/(mg/L)	总氮/(mg/L)	总磷/(mg/L)	电导率/(dS/m)
GGFFZ01	2013-4-24	5	8.25	82.092	1.731	18.351	3.769	0.000 0	282.630 0	0.264 6	23.298 9	0.054 0	2.673 3	366.00	未检出	1.185 0	0.025 7	
GGFFZ01	2013-4-24	200	7.79	23.514	0.789	14.818	1.600	0.000 0	105.190 0	0.167 4	6.135 3	0.087 0	3.595	232.00	11.000 0	2.247 5	0.045 5	
GGFFZ01	2013-4-24	5	8.06	56.528	1.354	28.155	4.013	0.000 0	227.470 0	0.225 5	16.674 1	0.040 0	3.279 7	304.00	22.000 0	1.865 0	0.019 1	
GGFFZ01	2013-4-24	200	7.99	89.282	1.818	16.662	2.610	0.000 0	299.470 0	0.331 3	25.133 2	0.044 0	3.293 5	380.00	未检出	2.160 0	0.021 2	
GGFFZ02	2013-7-19	100	6.26	未检出	0.093	1.407	未检出	0.000 0	40.759 4	0.855 0	2.825 1	0.022 0	7.501 4	190.00	132.000 0	1.665 0	0.032 5	
GGFFZ02	2013-7-19	100	7.84	43.884	2.165	5.148	0.843	0.000 0	165.966 2	1.072 9	3.539 9	0.001 0	1.250 5	664.00	42.000 0	1.990 4	0.065 0	
GGFFZ02	2013-7-19	100	6.23	14.487	0.094	1.662	0.111	0.000 0	43.200 0	0.443 4	3.128 2	0.011 0	5.707 9	216.00	58.000 0	1.228 5	0.040 0	
GGFFZ02	2013-7-19	100	6.63	25.887	0.142	1.614	0.899	0.000 0	73.708 5	0.451 1	5.016 0	0.007 0	4.926 2	154.00	48.000 0	1.109 5	0.040 0	
GGFFZ02	2013-7-19	100	6.65	未检出	0.619	0.214	0.803	0.000 0	103.973 0	0.566 5	3.330 3	0.046 0	10.607 1	234.00	54.000 0	1.625 3	0.105 0	
GGFFZ02	2013-7-19	15	6.22	4.909	0.010	1.834	0.269	0.000 0	19.769 5	0.514 3	2.018 7	0.035 0	2.582 3	328.00	6.000 0	2.196 8	0.095 0	
GGFFZ02	2013-7-19	15	6.96	13.905	0.342	1.329	0.313	0.000 0	31.728 8	0.493 5	2.428 3	0.042 0	10.764 7	290.00	80.000 0	2.244 4	0.040 0	
GGFFZ02	2013-7-19	5	6.55	2.246	未检出	4.002	未检出	0.000 0	253.830 7	0.481 1	11.410 9	0.047 0	5.718 0	420.00	24.000 0	1.172 9	0.067 5	
GGFFZ01	2013-7-19	200	7.87	13.242	0.053	54.446	8.453	0.000 0	146.928 9	0.444 7	5.267 4	0.050 0	3.770 4	396.00	86.000 0	0.784 1	0.052 5	
GGFFZ01	2013-7-19	5	7.18	7.822	未检出	160.927	26.507	0.000 0	349.505 4	0.551 5	11.212 6	0.144 0	5.326 7	752.00	22.000 0	1.284 1	0.097 5	
GGFFZ01	2013-7-19	200	6.98	85.086	1.449	9.175	1.019	0.000 0	256.271 4	0.444 9	8.115 5	0.016 0	6.052 7	356.00	未检出	1.188 8	0.045 0	
GGFFZ01	2013-7-19	5	6.92	100.265	1.512	9.836	1.439	0.000 0	283.607 0	0.482 5	11.306 9	0.076 0	7.541 2	428.00	36.000 0	1.546 0	0.042 5	
GGFFZ01	2013-7-19	200	7.00	76.570	0.932	9.027	1.072	0.000 0	336.813 8	0.500 1	9.520 1	0.051 0	2.905 6	406.00	26.000 0	0.553 9	0.062 5	
GGFFZ02	2014-4-22	100	7.42	11.626	0.753	2.093	0.745	0.000 0	20.715 3	1.741 9	8.187 3	0.020 0	14.776 2	140.00	32.000 0	18.695 0	0.010 0	
GGFFZ02	2014-4-22	100	7.20	15.154	0.801	2.873	1.531	0.000 0	46.556 0	未检出	8.172 3	0.055 0	5.009 8	186.00	76.000 0	2.540 0	0.237 0	
GGFFZ02	2014-4-22	100	6.53	6.115	0.243	1.530	1.846	0.000 0	17.511 9	0.372 7	5.756 7	0.012 0	1.810 2	78.00	74.000 0	2.540 0	0.009 0	
GGFFZ02	2014-4-22	100	7.11	8.749	0.255	1.553	1.492	0.000 0	24.772 9	0.392 9	4.670 0	未检出	2.175 3	168.00	20.000 0	3.220 0	0.008 0	
GGFFZ02	2014-4-22	100	7.34	14.286	0.569	27.533	2.606	0.000 0	60.864 5	0.943 2	9.090 7	未检出	1.087 5		34.000 0	1.860 0	0.006 0	

（续）

样地代码	采样日期	采样深度	pH	Ca²⁺/(mg/L)	Mg²⁺/(mg/L)	K⁺/(mg/L)	Na⁺/(mg/L)	CO₃²⁻/(mg/L)	HCO₃⁻/(mg/L)	Cl⁻/(mg/L)	SO₄²⁻/(mg/L)	PO₄³⁻/(mg/L)	NO₃⁻/(mg/L)	矿化度/(mg/L)	COD/(mg/L)	总氮/(mg/L)	总磷/(mg/L)	电导率/(dS/m)
GGFFZ02	2014-4-22	15	7.03	7.336	0.473	2.501	2.345	0.000 0	13.454 2	0.386 6	7.823 9	0.083 0	1.092 8	196.00	20.000 0	3.910 0	0.052 0	
GGFFZ02	2014-4-22	15	6.53	2.895	未检出	7.785	0.377	0.000 0	64.067 9	0.509 7	7.905 0	0.005 0	1.168 3	198.00	24.000 0	3.220 0	0.011 0	
GGFFZ01	2014-4-22	200	8.13	69.157	1.435	21.368	7.566	0.000 0	234.915 5	1.071 8	22.450 7	0.166 0	2.011 2	232.00	68.000 0	9.380 0	0.056 0	
GGFFZ01	2014-4-22	200	8.02	83.130	1.550	21.699	9.082	0.630 1	218.599 5	0.625 6	41.399 4	未检出	1.502 2	380.00	15.000 0	3.910 0	0.009 0	
GGFFZ02	2014-7-21	100	9.19	21.306	0.755	1.219	0.230	7.300 0	32.260 0	0.783 1	3.354 1	未检出	7.972 3	79.00	未检出	0.417 7	0.020 0	
GGFFZ02	2014-7-21	100	6.97	13.652	0.827	2.051	0.981	0.000 0	30.953 2	0.444 9	4.723 2	0.230 0	5.184 0	86.00	788.000 0	1.257 7	0.100 0	
GGFFZ02	2014-7-21	100	6.53	7.640	0.715	1.378	1.324	0.000 0	19.289 7	未检出	4.840 7	0.016 0	1.622 7	65.00	702.000 0	0.247 3	0.030 0	
GGFFZ02	2014-7-21	100	6.94	20.657	0.766	1.502	0.593	0.000 0	56.074 6	0.442 8	3.383 8	0.005 0	1.273 9	83.00	未检出	0.315 0	0.010 0	
GGFFZ02	2014-7-21	100	7.31	29.223	0.844	2.202	1.177	0.000 0	79.850 3	0.530 7	4.771 3	0.016 0	2.733 4	166.00	未检出	0.501 8	0.070 0	
GGFFZ02	2014-7-21	15	6.02	6.157	0.815	1.397	0.314	0.000 0	11.663 5	0.421 6	1.620 8	0.034 0	1.781 7	95.00	未检出	0.998 6	0.070 0	
GGFFZ02	2014-7-21	15	6.14	6.895	0.951	2.857	0.758	0.000 0	20.635 5	2.095 6	2.943 8	0.093 0	3.443 1	125.00	116.000 0	5.349 2	0.450 0	
GGFFZ01	2014-7-21	5	7.69	14.154	0.651	51.631	10.909	0.000 0	255.700 3	0.420 9	12.524 5	0.404 0	1.257 9	239.00	434.000 0	0.283 9	0.180 0	
GGFFZ01	2014-7-21	200	7.99	15.795	0.937	90.818	15.215	0.000 0	200.971 4	0.546 7	11.487 8	0.060 0	0.978 4	478.00	708.000 0	0.481 0	0.090 0	
GGFFZ01	2014-7-21	5	7.66	46.556	1.209	78.690	15.069	0.000 0	251.214 3	0.503 0	22.593 7	0.005 0	0.997 0	474.00	750.000 0	0.252 9	0.110 0	
GGFFZ01	2014-7-21	200	7.81	42.281	2.196	9.184	0.822	0.000 0	135.320 0	1.423 8	7.722 3	未检出	8.656 7	278.00	未检出	0.347 7	0.010 0	
GGFFZ01	2014-7-21	5	7.39	114.501	2.433	16.649	2.949	0.000 0	324.335 6	0.388 5	18.785 9	0.024 0	1.422 8	393.00	252.000 0	0.315 0	0.010 0	
GGFFZ01	2014-7-21	200	6.77	49.674	2.092	15.114	1.905	0.000 0	186.840 6	未检出	20.626 2	0.077 0	1.073 2	278.00	258.000 0	0.208 3	0.060 0	
GGFFZ02	2015-4-22	100	6.69	18.858	1.646	4.130	2.991	未检出	17.261 9	3.737 5	11.373 4	0.050 0	46.592 5	93.00	53.200 0	9.200 0	0.080 0	136.500
GGFFZ02	2015-4-22	100	7.12	10.231	0.523	3.701	2.348	未检出	39.007 3	1.637 8	9.379 5	0.040 0	5.509 7	150.00	14.400 0	1.130 0	0.050 0	78.300
GGFFZ02	2015-4-22	100	6.88	3.747	未检出	2.616	2.084	未检出	18.831 1	1.737 2	6.398 2	0.030 0	3.103 5	11.00	13.400 0	0.790 0	0.040 0	35.900
GGFFZ02	2015-4-22	100	7.11	15.060	0.082	1.250	未检出	未检出	47.974 5	0.558 1	2.740 0	0.030 0	3.752 3	41.00	11.800 0	1.140 0	0.060 0	81.500
GGFFZ02	2015-4-22	100	7.32	8.949	未检出	39.839	6.361	未检出	59.183 5	0.930 1	7.396 5	0.040 0	0.650 8	9.00	51.000 0	2.430 0	0.040 0	138.300

（续）

样地代码	采样日期	采样深度	pH	Ca^{2+}/(mg/L)	Mg^{2+}/(mg/L)	K^+/(mg/L)	Na^+/(mg/L)	CO_3^{2-}/(mg/L)	HCO_3^-/(mg/L)	Cl^-/(mg/L)	SO_4^{2-}/(mg/L)	PO_4^{3-}/(mg/L)	NO_3^-/(mg/L)	矿化度/(mg/L)	COD/(mg/L)	总氮/(mg/L)	总磷/(mg/L)	电导率/(dS/m)
GGFFZ02	2015-4-22	15	5.99	3.784	0.561	4.208	0.595	未检出	15.020 1	0.528 1	3.848 1	0.060 0	16.272 1	122.00	133.400	4.180 0	0.050 0	54.800
GGFFZ02	2015-4-22	15	6.35	4.676	0.150	2.233	未检出	未检出	11.881 5	0.503 3	2.699 1	0.050 0	8.949 7	76.00	51.600	2.600 0	0.040 0	41.500
GGFFZ01	2015-4-22	5	7.76	68.512	1.114	26.531	8.437	未检出	137.198 2	0.240 6	31.622 3	0.070 0	5.912	134.00	53.200	1.280 0	0.050 0	257.000
GGFFZ01	2015-4-22	200	7.10	89.903	1.445	35.471	11.196	未检出	65.684 7	0.636 4	40.733 2	0.040 0	1.687	59.00	19.200	0.690 0	0.050 0	126.900
GGFFZ01	2015-4-22	5	7.43	25.852	0.098	2.014	1.488	未检出	91.689 6	1.056 8	9.373 4	0.040 0	12.659 4	93.00	14.400	0.660 0	0.040 0	177.800
GGFFZ01	2015-4-22	200	8.02	10.334	未检出	50.384	16.627	未检出	221.265 7	0.960 1	8.390 1	0.050 0	3.636 3	317.00	0.600	1.290 0	0.040 0	406.000
GGFFZ01	2015-4-22	5	8.05	5.296	未检出	24.717	6.021	未检出	290.313 1	0.400 2	7.051 6	0.040 0	0.711 3	419.00	10.200	0.530 0	0.040 0	520.000
GGFFZ01	2015-4-22	200	8.01	94.259	1.413	33.987	14.373	未检出	314.524 5	0.767 0	50.450 1	0.040 0	1.719 8	366.00	46.000	0.520 0	0.040 0	562.000
GGFFZ02	2015-7-21	100	7.14	8.471	0.631	1.824	0.383	未检出	27.674 9	0.337 8	2.727 3	0.036 8	5.188 9	148.00	7.100	1.498 6	0.017 0	65.300
GGFFZ02	2015-7-21	100	7.04	18.303	1.172	3.613	2.075	未检出	79.414 8	0.413 6	6.359 3	0.058 3	0.025	164.00	28.900	1.401 6	0.036 0	126.700
GGFFZ02	2015-7-21	100	6.89	3.047	0.171	1.139	1.183	未检出	21.658 6	0.240 8	3.258 0	0.015 3	0.404 2	38.00	1.050	0.403 4	0.008 0	38.700
GGFFZ02	2015-7-21	100	7.51	23.715	0.422	1.292	0.323	未检出	84.227 9	0.153 6	3.004 2	0.015 3	0.118 2	94.00	0.750	0.253 8	0.011 0	128.500
GGFFZ02	2015-7-21	100	7.30	22.628	0.380	1.949	0.971	未检出	76.406 7	0.259 1	3.539 8	0.012 3	1.571 8	147.00	3.650	0.642 0	0.012 0	125.900
GGFFZ02	2015-7-21	15	6.47	0.530	0.214	2.772	7.034	未检出	19.853 7	0.482 8	15.558 7	0.067 4	2.540 6	770.00	5.300	1.315 1	0.047 0	60.300
GGFFZ01	2015-7-21	5	8.04	77.872	1.404	21.118	10.486	17.751 0	264.716 2	0.317	30.542 1	0.003 1	未检出	342.00	3.150	0.291 5	0.014 0	439.000
GGFFZ01	2015-7-21	200	8.01	107.838	2.085	26.604	4.804	29.584 9	315.854 5	0.188 1	14.674 4	0.006 1	2.121 0	412.00	0.400	0.822 1	0.011 0	553.000
GGFFZ01	2015-7-21	5	7.94	98.802	1.917	33.656	9.688	16.567 6	317.659 4	0.372 9	23.860 9	0.009 2	1.714 5	366.00	2.450	0.709 3	0.016 0	544.000
GGFFZ01	2015-7-21	200	8.02	108.635	2.238	23.648	4.053	未检出	372.407 5	0.324 5	13.800 5	0.006 1	2.044 5	412.00	3.100	0.765 3	0.015 0	545.000
GGFFZ01	2015-7-21	5	8.11	80.302	1.447	54.966	15.594	未检出	333.301 7	0.310 6	33.331 1	0.012 3	未检出	393.00	3.800	0.431 0	0.031 0	538.000
GGFFZ01	2015-7-21	200	7.83	98.712	1.773	25.057	7.498	未检出	329.691 9	0.355 2	25.743 9	0.006 1	0.096 6	336.00	3.500	0.203 5	0.015 0	513.000
GGFFZ02	2016-4-29	100	7.62	10.775	1.077	3.688	0.864	0.000 0	37.396 1	1.327 3	5.646 7	0.012 3	2.396 0	28.00	20.000	0.636 8	0.022 0	59.600
GGFFZ02	2016-4-29	100	7.56	17.534	1.251	3.390	0.524	0.000 0	45.884 8	1.387 3	7.638 5	0.061 3	1.358 9	52.00	20.000	0.492 3	0.022 0	89.600

（续）

样地代码	采样日期	采样深度	pH	Ca²⁺/(mg/L)	Mg²⁺/(mg/L)	K⁺/(mg/L)	Na⁺/(mg/L)	CO₃²⁻/(mg/L)	HCO₃⁻/(mg/L)	Cl⁻/(mg/L)	SO₄²⁻/(mg/L)	PO₄³⁻/(mg/L)	NO₃⁻/(mg/L)	矿化度/(mg/L)	COD/(mg/L)	总氮/(mg/L)	总磷/(mg/L)	电导率/(dS/m)
GGFFZ02	2016-4-29	100	7.01	6.906	0.702	1.506	0.605	0.000 0	22.942 4	1.253 2	3.623 6	0.039 8	3.899 8	22.00	21.000 0	1.196 8	0.018 0	32.800
GGFFZ02	2016-4-29	100	7.21	11.368	0.655	1.256	0.496	0.000 0	28.448 6	1.261 0	3.693 6	0.027 6	2.683 6	22.00	23.000 0	0.808 4	0.017	50.700
GGFFZ02	2016-4-29	100	7.44	26.725	0.904	2.022	0.483	0.000 0	63.091 6	1.511 2	5.492 5	0.009 2	9.650 6	90.00	21.000 0	1.955 5	0.028 0	124.500
GGFFZ01	2016-4-29	5	7.98	14.314	0.807	71.964	12.417	0.000 0	169.773 7	1.554 6	5.088 9	0.070 5	1.602 2	274.00	30.000 0	0.661 6	0.031 0	285.000
GGFFZ01	2016-4-29	5	7.72	20.487	0.938	29.825	3.396	0.000 0	109.664 6	1.740 6	3.782 5	0.046 0	1.252 3	130.00	23.000 0	1.045 0	0.027	177.400
GGFFZ02	2016-7-11	100	6.95	14.841	1.018	2.804	0.516	0.000 0	32.348 8	1.592 5	4.823 2	0.058 2	6.491 5	96.00	24.381 0	1.379 7	0.043	62.100
GGFFZ02	2016-7-11	100	6.93	27.516	1.702	3.855	0.269	0.000 0	85.116 3	1.330 7	5.725 8	0.628 2	1.810 1	143.00	25.542 0	0.749 7	0.207	127.900
GGFFZ02	2016-7-11	100	7.18	11.555	0.575	1.335	0.312	0.000 0	28.907 4	1.286 2	3.886 5	0.018 4	3.321 3	78.00	25.155 0	0.611 9	0.034	44.100
GGFFZ02	2016-7-11	100	6.75	17.684	0.553	1.235	0.203	0.000 0	44.737 7	1.211 8	4.471 1	0.358 5	2.184 0	110.00	22.059 0	0.681 9	0.144	72.100
GGFFZ02	2016-7-11	100	7.21	25.808	0.726	2.115	0.426	0.000 0	70.203 7	1.534 9	4.707 1	0.401 5	3.604 3	135.00	23.994 0	1.433 9	0.150	115.300
GGFFZ02	2016-7-11	5	7.62	19.978	0.520	19.400	2.305	0.000 0	85.804 5	3.185 7	1.709 6	0.079 7	6.050 0	147.00	27.864 0	0.194 2	0.027	135.600
GGFFZ01	2016-7-11	200	7.58	68.051	1.671	8.230	0.921	0.000 0	195.469 2	1.173 9	9.581 8	0.070 5	2.378 4	237.00	32.508 0	0.388 4	0.085	310.000
GGFFZ01	2016-7-11	5	8.07	26.048	0.987	59.234	7.840	23.015 0	154.172 9	1.283 5	4.628 7	0.067 4	1.764 1	325.00	39.861 0	0.386 1	0.034	293.000
GGFFZ01	2016-7-11	200	7.83	92.267	2.004	8.602	1.230	14.440 8	264.296 4	1.285 6	13.477 6	0.015 3	2.286 3	296.00	28.251 0	0.320 6	0.012	408.000
GGFFZ01	2016-7-11	5	7.69	32.045	0.987	57.588	7.555	0.000 0	184.456 8	1.591 7	6.622 1	0.058 2	1.855 2	311.00	37.539 0	0.417 7	0.027	315.000
GGFFZ01	2016-7-11	200	7.58	72.181	1.614	8.557	1.250	0.000 0	213.364 2	1.193 9	11.457 9	0.012 3	2.261 3	243.00	24.768 0	0.322 9	0.017	331.000
GGFFZ02	2017-4-22	100	7.13	10.770	0.552	2.273	0.853	未检出	27.458 6	1.051 8	4.354 6	0.134 0	23.125 8	190.00	2.800 0	5.040 0	0.060	83.600
GGFFZ02	2017-4-22	100	6.97	9.175	0.527	2.389	1.134	未检出	46.336 4	0.962 0	8.645 1	0.127 0	0.465 7	224.00	13.400 0	1.560 0	0.053	86.600
GGFFZ02	2017-4-22	100	6.51	2.318	0.135	1.113	0.533	未检出	22.555 3	0.688 9	1.502 3	0.102 0	3.299 9	18.00	5.400 0	0.860 0	0.037	32.900
GGFFZ02	2017-4-22	100	6.36	3.365	0.192	1.552	0.643	未检出	26.968 3	0.683 4	1.935 4	0.127 0	8.030 3	92.00	6.000 0	2.270 0	0.094	38.300
GGFFZ02	2017-4-22	100	6.34	5.045	0.262	1.424	0.523	未检出	25.252 1	0.673 6	2.288 8	0.102 0	9.424 2	24.00	0.800 0	2.090 0	0.038	48.900
GGFFZ01	2017-4-22	5	7.17	13.430	0.235	14.420	3.579	未检出	91.937 4	0.571 7	4.342 9	0.104 0	0.271 8	102.00	0.600 0	0.190 0	0.036	150.700

（续）

样地代码	采样日期	采样深度	pH	Ca²⁺/(mg/L)	Mg²⁺/(mg/L)	K⁺/(mg/L)	Na⁺/(mg/L)	CO₃²⁻/(mg/L)	HCO₃⁻/(mg/L)	Cl⁻/(mg/L)	SO₄²⁻/(mg/L)	PO₄³⁻/(mg/L)	NO₃⁻/(mg/L)	矿化度/(mg/L)	COD/(mg/L)	总氮/(mg/L)	总磷/(mg/L)	电导率/(dS/m)
GGFFZ01	2017-4-22	5	7.96	14.110	0.425	48.280	15.890	未检出	159.358 1	0.584 5	9.768 8	0.116 0	0.331 9	240.00	5.000 0	0.430 0	0.039 0	290.000
GGFFZ01	2017-4-22	5	7.53	27.220	0.727	40.210	10.530	未检出	175.784 2	0.773 5	7.530 2	0.108 0	0.499 4	214.00	15.600 0	0.570 0	0.088 0	298.000
GGFFZ01	2017-4-22	200	7.51	51.270	1.158	6.253	1.555	未检出	175.539 1	0.683 5	10.952 7	0.110 0	1.534 3	162.00	9.000 0	0.430 0	0.042 0	280.000
GGFFZ01	2017-4-22	200	7.49	63.340	1.169	7.587	2.881	未检出	209.862 4	0.735 2	18.529 2	0.104 0	1.017 6	208.00	3.600 0	0.420 0	0.038 0	348.000
GGFFZ01	2017-4-22	200	7.45	46.380	0.933	5.907	2.088	未检出	157.396 8	0.652 2	12.074 9	0.111 0	0.654 3	198.00	4.400 0	0.350 0	0.038 0	263.000
GGFFZ02	2017-7-31	100	6.90	11.920	0.804	2.938	0.265	未检出	44.865 4	0.762 9	3.184 1	0.036 0	7.330 0	88.00	9.800 0	0.013 0	1.670 0	78.000
GGFFZ02	2017-7-31	100	6.96	23.050	1.275	3.036	0.142	未检出	88.750 2	0.772 0	2.905 0	0.028 0	0.180 0	32.00	5.200 0	0.011 0	0.850 0	139.800
GGFFZ02	2017-7-31	100	6.48	4.008	0.198	0.966	0.064	未检出	20.103 6	0.680 3	1.932 1	0.012 0	0.640 0	148.00	8.800 0	0.005 0	0.370 0	25.900
GGFFZ02	2017-7-31	100	6.77	10.870	0.263	0.977	0.057	未检出	40.697 6	0.691 5	2.859 1	0.009 0	0.510 0	12.00	14.000 0	0.139 0	0.330 0	61.700
GGFFZ02	2017-7-31	100	6.97	20.900	0.455	1.940	0.248	未检出	67.420 7	0.883 4	2.973 7	0.108 0	4.060 0	24.00	17.600 0	0.051 0	0.970 0	114.900
GGFFZ01	2017-7-31	5	7.37	13.560	0.195	13.140	2.631	未检出	80.659 7	0.796 9	1.742 9	0.026 0	0.050 0	46.00	19.200 0	0.010 0	0.360 0	128.400
GGFFZ01	2017-7-31	5	7.51	15.620	0.335	32.360	6.569	未检出	119.396 0	0.901 1	3.270 2	0.037 0	0.140 0	60.00	8.200 0	0.038 0	0.440 0	214.400
GGFFZ01	2017-7-31	200	5.87	0.879	0.115	1.840	0.069	未检出	9.806 7	0.874 1	1.208 6	0.083 0	0.150 0	158.00	8.600 0	0.053 0	0.530 0	14.220

表 3-40 穿透雨水质状况表

样地代码	采样日期	pH	Ca²⁺/(mg/L)	Mg²⁺/(mg/L)	K⁺/(mg/L)	Na⁺/(mg/L)	CO₃²⁻/(mg/L)	HCO₃⁻/(mg/L)	Cl⁻/(mg/L)	SO₄²⁻/(mg/L)	PO₄³⁻/(mg/L)	NO₃⁻/(mg/L)	矿化度/(mg/L)	COD/(mg/L)	总氮/(mg/L)	总磷/(mg/L)	电导率/(dS/m)
GGFFZ02	2007-4-23	6.32	4.779	3.083	0.404	0.546	痕量	13.484 8	1.340 6	7.763 7	痕量	1.023 4	66.00	12.535 0	0.604 2	0.086 9	
GGFFZ02	2007-4-23	6.36	2.162	1.309	0.306	0.360	痕量	2.697 0	0.852 2	5.979 2	0.079 0	1.146 6	38.00	7.088 7	0.584 7	0.066 8	
GGFFZ02	2007-7-9	6.63	0.520	0.055	0.073	0.221	痕量	3.142 6	0.410 0	0.780 5	痕量	0.649 4	8.00	5.962 0	0.309 7	0.015 6	
GGFFZ02	2007-7-9	5.75	1.255	0.175	2.057	0.522	痕量	5.237 7	0.726 7	2.307 3	痕量	0.582 7	32.00	8.329 8	0.290 8	0.028 3	
GGFFZ02	2008-4-24	6.56	2.300	0.280	1.481	0.314	痕迹	8.874 3	1.009 3	2.633 3	0.054 6	0.817 3	54.00	11.569 1	0.240 3	0.026 8	
GGFFZ02	2008-4-24	6.57	2.660	0.210	0.742	0.418	痕迹	7.395 3	0.559 5	1.755 1	0.026 5	0.970 3	16.00	3.178 7	0.508 5	0.023 9	
GGFFZ02	2008-7-11	6.68	2.235	0.420	2.287	0.296	未检出	11.600 6	1.274 8	3.024 3	未检出	0.898 8	52.00	12.299 2	0.373 8	0.015 5	
GGFFZ02	2008-7-11	5.77	0.825	0.210	1.794	0.168	未检出	3.787 9	1.124 7	3.236 8	未检出	0.921 2	46.00	8.257 7	0.687 5	0.031 2	
GGFFZ01	2008-7-11	6.91	3.295	0.400	3.156	0.415	未检出	9.566 4	1.144 5	3.767 1	0.007 4	0.996 4	138.00	14.112 8	0.558 3	0.034 6	
GGFFZ02	2009-4-30	6.68	2.370	0.380	2.340	0.274	未检出	12.136 3	0.680 5	2.483 8	未检出	0.990 5	68.00	14.130 7	0.325 7	0.013 3	
GGFFZ02	2009-4-30	5.75	1.050	0.215	1.162	0.277	未检出	3.807 4	0.706 6	3.631 8	0.044 6	未检出	未检出	8.742 1	0.203 3	0.016 7	
GGFFZ01	2009-4-30	7.04	6.760	0.515	2.225	0.358	未检出	11.779 3	0.824 3	10.493 4	0.032 1	1.818 6	122.00	11.186 0	0.410 8	0.029 9	
GGFFZ02	2009-7-17	6.36	2.125	0.225	1.541	0.328	未检出	11.374 8	0.700 0	0.963 3	未检出	痕迹	26.00	53.929 2	0.808 9	0.129 9	
GGFFZ02	2009-7-17	5.76	0.725	0.110	1.224	0.285	未检出	3.807 5	0.643 3	1.349 2	未检出	痕迹	8.00	7.351 7	0.516 7	0.034 2	
GGFFZ02	2009-7-17	6.28	2.015	0.120	0.887	1.409	未检出	6.306 1	0.610 9	2.672 9	0.055 9	0.691 9	2.00	3.952 8	2.025 2	0.093 0	
GGFFZ02	2010-4-26	6.25	1.720	0.330	1.061	0.337	≤检出限	3.866 0	0.698 1	3.926 6	≤检出限	1.572 1	20.00	5.678 6	0.028 7	0.355 1	
GGFFZ01	2010-4-26	6.38	4.660	0.790	2.895	0.840	≤检出限	8.456 9	1.480 6	10.716 4	≤检出限	2.672 3	46.00	9.645 9	0.048 5	1.749 9	
GGFFZ02	2010-7-28	6.04	0.590	0.060	0.369	0.145	≤检出限	5.304 8	0.975 6	1.676 1	0.055 3	0.050 0	4.00	3.400 4	0.035 4	0.125 1	
GGFFZ02	2010-7-28	6.70	1.745	0.095	1.189	0.092	≤检出限	6.919 3	1.364 4	1.415 5	0.118 1	1.235 5	8.00	8.327 8	0.050 8	0.293 1	
GGFFZ02	2011-4-27	5.86	1.780	0.385	1.321	0.467	未检出	6.162 7	0.441 3	5.404 9	0.086 1	1.121 6	24.00	6.950	1.483 0	0.075 7	
GGFFZ02	2011-4-27	6.18	1.735	0.140	1.312	0.536	无水样	5.176 7	0.405 8	3.270 9	未检出	1.046 7	20.00	1.750	0.463 6	0.050 0	
GGFFZ02	2011-7-28	6.73	2.224	0.276	1.313	0.246	未检出	3.697 6	0.465 3	1.176 1	0.144 4	0.652 4	20.00	32.000	1.344 1	0.192 7	
GGFFZ01	2011-7-28	8.02	8.461	0.184	1.229	0.219	未检出	14.790 5	0.375 5	1.009 5	0.110 0	0.643 1	20.00	17.000	0.708 8	0.087 2	
GGFFZ02	2012-4-24	5.77	4.890	0.326	2.455	4.213	未检出	13.214 3	5.512 6	5.361 8	未检出	38.196 5	64.00	15.200	17.423 7	0.237 8	
GGFFZ01	2012-4-24	6.01	1.426	0.198	0.924	0.098	未检出	6.006 5	0.872 4	1.101 7	0.012 8	1.040 6	22.00	12.800	0.235 1	0.044 7	
GGFFZ02	2012-7-19	5.85	1.697	0.544	0.577	0.021	未检出	15.016 3	0.052 0	0.922 3	无样品	0.278 1	11.00	11.000	0.050 0	0.063 8	

（续）

样地代码	采样日期	pH	Ca^{2+}/(mg/L)	Mg^{2+}/(mg/L)	K^+/(mg/L)	Na^+/(mg/L)	CO_3^{2-}/(mg/L)	HCO_3^-/(mg/L)	Cl^-/(mg/L)	SO_4^{2-}/(mg/L)	PO_4^{3-}/(mg/L)	NO_3^-/(mg/L)	矿化度/(mg/L)	COD/(mg/L)	总氮/(mg/L)	总磷/(mg/L)	电导率/(dS/m)
GGFFZ01	2012-7-19	3.31	0.742	0.207	2.432	0.096	未检出	12.013 0	0.062 0	0.687 4	无样品	2.197 4	56.00	0.400 0	0.110 0	无样品	
GGFFZ02	2013-4-24	6.07	42.172	3.906	2.796	1.170	0.000 0	4.390 0	0.520 3	9.792 0	0.044 0	2.780 1	100.00	21.000 0	3.370 0	0.012 8	
GGFFZ01	2013-4-24	6.22	3.548	0.344	1.593	0.073	0.000 0	5.130 0	0.110 9	4.334 9	0.011 0	2.463 7	132.00	20.800 0	1.245 0	0.015 4	
GGFFZ02	2013-7-19	5.14	0.037	未检出	0.466	1.077	0.000 0	7.810 2	0.498 6	3.408 9	0.065 0	1.278 8	180.00	未检出	2.157 5	0.037 5	
GGFFZ01	2013-7-19	5.74	未检出	未检出	0.854	0.093	0.000 0	9.762 7	0.447 2	1.137 2	0.361 0	1.453 2	106.00	未检出	0.926 9	0.147 5	
GGFFZ02	2014-4-22	7.19	11.762	0.374	1.363	1.424	10.501 8	24.559 3	0.706 5	7.898 8	0.028 0	1.091 7	100.00	64.000 0	1.860 0	0.011 0	
GGFFZ01	2014-4-22	7.43	8.535	0.496	1.328	1.555	0.000 0	24.345 8	0.405 2	6.429 7	0.081 0	未检出	132.00	64.000 0	6.640 0	0.057 0	
GGFFZ02	2014-7-21	5.74	2.897	0.505	1.327	8.676	0.000 0	8.971 9	0.585 9	19.787 7	0.093 0	0.930 7	102.00	428.000 0	0.501 8	0.180 0	
GGFFZ01	2014-7-21	5.71	1.447	0.389	2.657	0.927	0.000 0	9.420 5	0.549 1	1.929 2	0.060 0	0.943 9	95.00	90.000 0	0.398 0	0.080 0	
GGFFZ02	2015-4-22	5.83	0.614	未检出	0.612	0.254	未检出	5.380 3	0.286 4	3.137 3	0.060 0	0.627 0	19.00	9.800 0	0.790 0	0.050 0	15.180
GGFFZ01	2015-4-22	5.86	1.247	未检出	0.745	0.988	未检出	6.725 4	0.491 4	7.905 5	0.070 0	0.514 2	26.00	69.200 0	0.780 0	0.060 0	25.900
GGFFZ02	2015-7-21	6.17	未检出	未检出	2.741	0.758	未检出	6.016 3	0.566 6	1.330 9	0.104 2	未检出	11.00	2.600 0	0.280 8	0.050 0	9.800
GGFFZ01	2015-7-21	5.86	未检出	未检出	0.984	0.984	未检出	16.243 9	0.331 5	1.640 7	0.024 5	0.900 4	6.00	0.750 0	0.431 0	0.034 0	9.350
GGFFZ02	2016-4-29	5.36	4.912	0.699	9.321	0.498	0.000 0	4.817 9	1.499 8	3.666 3	0.009 2	2.119 9	142.00	37.000 0	0.587 1	0.029 0	38.500
GGFFZ01	2016-4-29	6.27	2.438	0.373	0.257	0.467	0.000 0	5.047 3	1.278 7	2.813 5	0.003 1	1.274 1	22.00	20.000 0	0.214 5	0.020 0	4.990
GGFFZ02	2016-7-11	5.70	1.931	0.236	1.790	0.144	0.000 0	7.341 6	1.168 4	2.466 3	0.052 1	1.695 5	74.00	19.350 0	0.234 8	0.035 0	5.630
GGFFZ01	2016-7-11	5.51	2.083	0.266	1.527	0.209	0.000 0	7.341 6	1.376 1	2.812 9	0.042 9	1.706 7	62.00	29.412 0	0.426 8	0.066 0	8.560
GGFFZ02	2017-4-22	5.69	0.020	未检出	0.691	0.344	未检出	9.071 2	0.544 1	0.441 8	0.102 0	0.320 2	50.00	1.800 0	0.280 0	0.035 0	4.360
GGFFZ01	2017-4-22	5.40	0.011	未检出	0.720	0.358	未检出	7.845 3	0.637 2	0.456 6	0.111 0	0.409 4	100.00	3.000 0	0.270 0	0.039 0	4.730
GGFFZ01	2017-7-31	7.92	73.120	1.530	17.300	4.002	未检出	253.502 0	0.920 4	15.121 3	0.022 0	1.270 0	140.00	5.600 0	0.017 0	0.540 0	420.000
GGFFZ02	2017-7-31	6.33	2.070	0.329	1.403	0.044	未检出	13.974 5	0.855 6	1.352 4	0.105 0	1.900 0	16.00	7.000 0	0.075 0	0.900 0	22.300

表 3 - 41　树干径流水质状况表

样地代码	采样日期	pH	Ca²⁺/(mg/L)	Mg²⁺/(mg/L)	K⁺/(mg/L)	Na⁺/(mg/L)	CO₃²⁻/(mg/L)	HCO₃⁻/(mg/L)	Cl⁻/(mg/L)	SO₄²⁻/(mg/L)	PO₄³⁻/(mg/L)	NO₃⁻/(mg/L)	矿化度/(mg/L)	COD/(mg/L)	总氮/(mg/L)	总磷/(mg/L)	电导率/(dS/m)
GGFFZ02	2007 - 4 - 23	5.92	8.998	25.900	1.240	0.825	痕量	8.090 8	3.883 6	32.775 2	痕量	1.023 8	224.00	67.686 4	2.783 4	0.143 1	
GGFFZ02	2007 - 7 - 9	5.55	39.000	1.070	3.664	0.705	痕量	11.784 8	0.720 5	5.729 7	0.120 3	14.410 6	318.00	149.116 0	3.265 2	0.118 1	
GGFFZ02	2008 - 4 - 24	5.58	14.590	1.960	43.000	0.972	痕迹	7.395 3	3.904 9	36.043 7	0.096 2	1.030 0	544.00	160.298 3	1.901 3	0.089 4	
GGFFZ02	2008 - 7 - 11	7.61	28.325	0.775	16.148	0.526	无样	无样	2.373 2	9.733 9	无样	3.586 1	无样	无样	1.305 8	无样	
GGFFZ02	2008 - 7 - 11	5.18	2.305	0.720	4.560	0.297	未检出	5.028 5	1.148 1	4.007 8	0.017 1	0.050 0	174.00	58.528 3	0.909 0	0.044 4	
GGFFZ02	2009 - 4 - 30	6.97	7.885	0.500	14.843	0.500	未检出	20.941 0	2.313 3	7.712 6	0.040 4	0.947 9	200.00	64.762 3	1.210 4	0.033 2	
GGFFZ01	2009 - 4 - 30	6.24	3.860	0.445	7.531	0.482	未检出	8.519 2	0.985 5	8.352 0	未检出	未检出	116.00	51.690 8	0.645 7	0.019 9	
GGFFZ02	2009 - 7 - 17	5.64	8.500	0.550	17.428	0.549	未检出	13.802 0	1.143 2	4.073 1	0.055 9	痕迹	194.00	86.971 6	3.269 7	0.142 4	
GGFFZ01	2009 - 7 - 17	5.16	1.875	0.060	5.017	0.561	未检出	4.283 4	0.615 1	1.259 2	未检出	0.694 6	96.00	53.209 7	0.629 8	0.111 3	
GGFFZ01	2010 - 4 - 26	5.01	5.450	1.420	2.855	0.460	<检出限	5.557 4	1.174 1	3.982 6	<检出限	0.471 6	120.00	无水样	0.124 0	1.318 4	
GGFFZ01	2010 - 7 - 28	7.28	22.760	1.080	4.775	0.214	<检出限	59.967 4	9.960 6	21.552 6	0.023 9	3.818 1	146.00	85.078 3	0.039 2	0.862 5	
GGFFZ01	2011 - 4 - 27	4.82	3.490	1.065	17.088	2.286	无水样	9.613 8	1.970 5	20.437 0	0.043 7	2.005 0	188.00	65.600 0	1.247 0	0.075 7	
GGFFZ01	2011 - 7 - 28	5.52	0.719	4.333	0.409	11.299	未检出	7.641 8	1.238 1	1.721 5	0.007 6	0.948 2	290.00	160.000 0	5.592 5	0.090 3	
GGFFZ01	2012 - 4 - 24	5.46	2.580	0.447	7.650	0.337	未检出	10.811 7	1.164 9	4.597 7	0.003 9	1.058 1	98.00	105.000 0	0.327 0	0.062 2	
GGFFZ01	2012 - 7 - 19	2.92	3.227	0.792	6.371	0.211	未检出	10.211 1	0.077 0	0.694 9	无样品	2.297 7	74.00	114.600 0	0.520 0	0.067 6	
GGFFZ01	2013 - 4 - 24	5.51	4.267	0.555	10.032	0.258	0.000 0	11.230 0	0.499 6	6.098 6	0.092 0	未检出	322.00	24.000 0	2.455 0	0.022 4	
GGFFZ01	2013 - 7 - 19	5.32	4.384	0.075	7.397	2.016	0.000 0	28.800 0	0.506 7	4.822 8	0.146 0	1.246 7	208.00	12.000 0	1.149 1	0.050 0	
GGFFZ01	2014 - 4 - 22	5.40	7.932	1.112	10.042	11.907	0.000 0	19.220 4	1.326 9	32.286 1	未检出	未检出	322.00	42.000 0	1.860 0	0.007 0	
GGFFZ01	2014 - 7 - 21	4.97	6.477	0.793	8.962	8.533	0.000 0	8.971 9	0.521 8	20.775 0	0.087 0	0.962 9	—	无样品	1.154 4	无样品	
GGFFZ01	2015 - 4 - 22	4.85	28.039	2.335	28.149	未检出	未检出	31.833 6	5.342 5	25.111 2	0.050 0	0.542 6	330.00	235.400 0	1.440 0	0.070 0	150.200
GGFFZ01	2015 - 7 - 21	4.70	3.965	0.944	15.885	8.865	未检出	15.040 7	0.505 2	19.227 7	0.015 3	未检出	482.00	56.000 0	1.468 7	0.053 0	101.800
GGFFZ01	2016 - 4 - 29	6.27	3.233	0.569	2.244	0.422	0.000 0	5.506 2	1.422 5	3.304 4	0.012 3	1.179 2	50.00	27.000 0	0.582 6	0.023 0	14.630
GGFFZ01	2016 - 7 - 11	5.05	6.068	0.537	8.051	0.179	0.000 0	9.177 0	1.354 8	4.242 9	0.055 2	1.703 4	196.00	55.728 0	0.779 0	0.036 0	38.100
GGFFZ01	2017 - 4 - 22	5.17	3.327	0.356	7.203	0.624	未检出	8.090 5	1.460 6	4.068 2	0.104 0	1.721 9	176.00	17.140 0	1.050 0	0.069 0	53.700

3.3.3　雨水水质数据集

3.3.3.1　概述

雨水水质主要是用来监测雨水的酸度和污染情况。贡嘎山站雨水水质分别在"贡嘎山站 3 000 m 气象观测场""贡嘎山站 1 600 m 气象观测场" 2 个气象观测场开展监测。贡嘎山站雨水水质数据集涵盖了 2007—2017 年共 11 年的雨水水质监测数据，包括了样地代码、pH、矿化度、硫酸根离子（SO_4^{2-}）、非溶性物质总含量、电导率、氧化还原电位等多项指标。每月各采样一次，原始数据观测频率及出版数据频率均为 12 次/年。

3.3.3.2　数据采集和处理方法

雨水取样是雨水监测的难点，贡嘎山站雨水水质监测分别在 1 600 m 基地站和 3 000 m 观测站的气象场逐月采样，以全月所有水量的混合样进行分析，部分月份由于降雨稀少而导致当月水样无法足量采集以至于出现数据缺失。水样采集后定期送往水分分中心集中检测。

3.3.3.3　数据质量控制和评估

为确保数据质量，贡嘎山站雨水水质数据质量控制参考《中国生态系统研究网络（CERN）长期观测质量管理规范》丛书《陆地生态系统水环境观测质量保证与质量控制》相关规定进行，样品采集和运输过程增加采样空白和运输空白，实验室分析测定时插入国家标准样品进行质控。

3.3.3.4　数据价值/数据使用方法和建议

同 3.2.1.4。

3.3.3.5　数据

分析指标单位、小数位数及获取方法见表 3-42。数据见表 3-43。

表 3-42　贡嘎山站雨水水质数据计量单位、小数位数、获取方法一览表

分析指标名称	计量单位	小数位数	数据获取方法
pH	无量纲	2	水分分中心集中检测
矿化度	mg/L	2	水分分中心集中检测
硫酸根离子	mg/L	4	水分分中心集中检测
非溶性物质总含量	mg/L	2	水分分中心集中检测
电导率	mS/cm	3	水分分中心集中检测
氧化还原电位	mV		水分分中心集中检测

表 3-43　雨水水质状况表

年-月	样地代码	pH	矿化度/(mg/L)	硫酸根离子/(mg/L)	非溶性物质总含量/(mg/L)	电导率/(mS/cm)	氧化还原电位/mV	备注
2007-1	GGFQX01	6.31	4.17	24.000 0	痕量			
2007-4	GGFQX01	6.94	1.77	70.000 0	痕量			
2007-7	GGFQX01	7.03	1.27	痕量	痕量			
2007-10	GGFQX01	6.94	2.48	24.000 0	痕量			
2007-1	GGFQX02	5.01	17.14	86.000 0	50.00			
2007-4	GGFQX02	5.18	4.28	168.000 0	痕量			
2007-7	GGFQX02	6.97	2.47	痕量	痕量			

（续）

年-月	样地代码	pH	矿化度/（mg/L）	硫酸根离子/（mg/L）	非溶性物质总含量/（mg/L）	电导率/（mS/cm）	氧化还原电位/mV	备注
2007 - 10	GGFQX02	6.81	5.44	86.000 0	50.00			
2008 - 1	GGFQX01	7.15	8.00	9.141 2	未检出			
2008 - 4	GGFQX01	6.90	60.00	1.762 1	痕迹			
2008 - 7	GGFQX01	6.71	34.00	1.653 3	痕迹			
2008 - 10	GGFQX01	7.00	痕迹	1.234 8	痕迹			
2008 - 1	GGFQX02	6.83	252.00	93.424 9	未检出			
2008 - 4	GGFQX02	6.98	72.00	7.841 0	痕迹			
2008 - 7	GGFQX02	6.99	50.00	2.402 3	痕迹			
2008 - 10	GGFQX02	6.83	痕迹	3.185 1	痕迹			
2009 - 1	GGFQX01							未收集到水样
2009 - 4	GGFQX01	7.10	未检出	2.896 6	未检出			
2009 - 7	GGFQX01	7.13	20.00	2.241 9	痕迹			
2009 - 10	GGFQX01	6.90	44.00	2.538 0	痕迹			
2009 - 1	GGFQX02							未收集到水样
2009 - 4	GGFQX02	7.14	42.00	6.030 3	未检出			
2009 - 7	GGFQX02	7.41	18.00	2.559 0	痕迹			
2009 - 10	GGFQX02	6.96	32.00	10.592 2	痕迹			
2009 - 1	GGFQX01							未收集到水样
2009 - 4	GGFQX01	7.10	未检出	2.896 6	未检出			
2009 - 7	GGFQX01	7.13	20.00	2.241 9	痕迹			
2009 - 10	GGFQX01	6.90	44.00	2.538 0	痕迹			
2009 - 1	GGFQX02							未收集到水样
2009 - 4	GGFQX02	7.14	42.00	6.030 3	未检出			
2009 - 7	GGFQX02	7.41	18.00	2.559 0	痕迹			
2009 - 10	GGFQX02	6.96	32.00	10.592 2	痕迹			
2010 - 1	GGFQX01	7.33	20.00	24.009 2	≤检出限			
2010 - 4	GGFQX01	7.22	6.00	2.131 8	≤检出限			
2010 - 7	GGFQX01	6.67	26.00	2.398 3	≤检出限			
2010 - 10	GGFQX01	8.37	38.00	2.015 4	≤检出限			
2010 - 1	GGFQX02	7.46	18.00	27.634 2	≤检出限			
2010 - 4	GGFQX02	7.24	12.00	5.929 5	≤检出限			
2010 - 7	GGFQX02	6.55	22.00	1.707 9	≤检出限			
2010 - 10	GGFQX02	7.02	12.00	4.284 8	≤检出限			
2011 - 1	GGFQX01	6.64	26.00	3.018 0	≤检出限			
2011 - 4	GGFQX01	6.32	44.00	3.696 5	≤检出限			
2011 - 7	GGFQX01	6.36	64.00	1.268 9	≤检出限			
2011 - 10	GGFQX01	6.84	40.00	1.829 8	≤检出限			
2011 - 1	GGFQX02	6.86	86.00	26.556 9	≤检出限			

（续）

年-月	样地代码	pH	矿化度/ (mg/L)	硫酸根离子/ (mg/L)	非溶性物质 总含量/ (mg/L)	电导率/ (mS/cm)	氧化还原 电位/mV	备注
2011-4	GGFQX02	7.46	108.00	14.428 9	≤检出限			
2011-7	GGFQX02	6.77	64.00	1.928 3	≤检出限			
2011-10	GGFQX02	6.94	48.00	5.538 0	≤检出限			
2012-1	GGFQX01	6.56	44.00	22.520 8	未检出			
2012-4	GGFQX01	6.44	30.00	2.159 0	未检出			
2012-7	GGFQX01	6.47	20.00	0.565 4	未检出			
2012-10	GGFQX01	6.77	30.00	1.112 6	未检出			
2012-1	GGFQX02	6.83	40.00	6.508 8	未检出			
2012-4	GGFQX02	6.86	56.00	7.364 3	未检出			
2012-7	GGFQX02	6.73	15.00	1.274 1	未检出			
2012-10	GGFQX02	6.45	22.00	4.764 3	未检出			
2013-1	GGFQX01	6.19	21.32	10.100 0	68.80	0.043	296	
2013-2	GGFQX01	6.81	49.39	18.500 0	21.80	0.074	286	
2013-3	GGFQX01	6.98	16.82	4.820 0	89.80	0.026	275	
2013-4	GGFQX01	5.93	5.76	2.079 0	4.80	0.009	290	
2013-5	GGFQX01	6.24	4.69	1.410 0	215.80	0.007	284	
2013-6	GGFQX01	6.58	16.17	1.501 0	21.80	0.025	290	
2013-7	GGFQX01	6.12	11.20	1.477 0	43.34	0.017	258	
2013-8	GGFQX01	6.35	16.77	3.387 0	55.80	0.026	261	
2013-9	GGFQX01	5.98	6.66	2.291 0	53.80	0.010	267	
2013-10	GGFQX01	6.39	4.69	0.341 6	43.34	0.007	220	
2013-11	GGFQX01	6.52	19.50	2.709 0	1.30	0.030	228	
2013-12	GGFQX01	6.04	13.83	2.976 0	2.30	0.022	226	
2013-3	GGFQX02	6.78	88.63	13.540 0	350.80	0.135	274	
2013-4	GGFQX02	6.31	74.64	27.040 0	46.80	0.113	276	
2013-5	GGFQX02	6.40	17.68	5.179 0	50.58	0.027	269	
2013-6	GGFQX02	6.05	12.97	4.792 0	50.58	0.020	284	
2013-7	GGFQX02	6.35	5.53	1.569 0	108.80	0.008	248	
2013-8	GGFQX02	6.07	15.26	5.413 0	72.80	0.024	248	
2013-9	GGFQX02	6.54	8.67	0.873 9	103.80	0.013	235	
2013-10	GGFQX02	5.30	15.75	5.321 0	50.58	0.025	249	
2013-11	GGFQX02	5.69	31.50	10.480 0	44.30	0.049	243	
2014-1	GGFQX01	6.14	18.79	6.019 0	12.86	0.030	258	
2014-2	GGFQX01	6.69	17.95	4.190 0	12.86	0.029	252	
2014-3	GGFQX01	6.30	11.89	4.050 0	7.90	0.019	254	
2014-4	GGFQX01	5.97	14.42	3.555 0	50.90	0.023	267	
2014-5	GGFQX01	6.13	7.41	9.382 0	12.86	0.012	262	
2014-6	GGFQX01	7.68	2.45	0.789 1	12.86	0.004	211	

（续）

年-月	样地代码	pH	矿化度/（mg/L）	硫酸根离子/（mg/L）	非溶性物质总含量/（mg/L）	电导率/（mS/cm）	氧化还原电位/mV	备注
2014 - 7	GGFQX01	5.28	3.43	0.848 7	75.47	0.005	334	
2014 - 8	GGFQX01	6.53	32.89	12.030 0	12.86	0.041	335	
2014 - 9	GGFQX01	6.02	7.16	1.069 0	12.86	0.011	305	
2014 - 10	GGFQX01	5.02	6.47	1.616 0	12.47	0.010	328	
2014 - 11	GGFQX01	5.67	2.80	1.718 0	4.67	0.013	329	
2014 - 12	GGFQX01	6.14	18.83	4.024 0	2.87	0.029	339	
2014 - 1	GGFQX02	6.28	75.99	24.360 0	31.90	0.120	286	
2014 - 3	GGFQX02	6.25	23.89	7.929 0	66.90	0.038	253	
2014 - 4	GGFQX02	6.48	34.09	7.909 0	44.90	0.054	247	
2014 - 5	GGFQX02	6.21	22.55	5.525 0	22.39	0.036	251	
2014 - 6	GGFQX02	6.28	11.00	2.594 0	34.90	0.018	244	
2014 - 7	GGFQX02	5.55	9.37	2.721 0	0.00	0.015	332	
2014 - 8	GGFQX02	5.27	3.33	0.000 0	32.27	0.005	335	
2014 - 9	GGFQX02	5.19	7.14	1.918 0	22.39	0.011	350	
2014 - 10	GGFQX02	4.84	5.89	1.423 0	22.39	0.009	346	
2014 - 11	GGFQX02	5.97	20.61	4.526 0	13.07	0.032	343	
2015 - 1	GGFQX01	5.94	21.92	6.316 0	3.60	0.034	294	
2015 - 2	GGFQX01	6.19	38.14	9.626 0	109.60	0.058	289	
2015 - 3	GGFQX01	6.22	20.29	5.343 0	287.60	0.031	286	
2015 - 4	GGFQX01	6.12	8.38	2.523 0	45.60	0.013	283	
2015 - 5	GGFQX01	5.85	7.64	2.791 0	279.60	0.012	294	
2015 - 6	GGFQX01	5.81	7.44	3.403 0	94.00	0.011	293	
2015 - 7	GGFQX01	5.14	3.47	0.849 3	174.00	0.005	253	
2015 - 8	GGFQX01	5.55	2.31	0.344 9	260.00	0.004	250	
2015 - 9	GGFQX01	5.78	3.14	0.335 8	87.56	0.005	234	
2015 - 10	GGFQX01	5.77	5.65	1.520 0	179.40	0.009	280	
2015 - 11	GGFQX01	5.84	13.43	3.641 0	182.00	0.021	283	
2015 - 12	GGFQX01	5.86	13.48	2.723 0	193.56	0.021	284	
2015 - 3	GGFQX02	6.23	78.58	16.190 0	559.60	0.120	292	
2015 - 4	GGFQX02	6.17	17.14	4.744 0	26.80	0.026	291	
2015 - 5	GGFQX02	6.13	19.88	4.966 0	44.00	0.030	290	
2015 - 6	GGFQX02	6.12	5.77	1.733 0	9.60	0.009	282	
2015 - 7	GGFQX02	6.17	8.16	1.907 0	84.80	0.013	281	
2015 - 8	GGFQX02	5.15	3.30	0.838 6	23.56	0.005	254	
2015 - 9	GGFQX02	5.58	7.15	1.760 0	146.00	0.011	220	
2015 - 10	GGFQX02	7.09	16.52	5.850 0	84.80	0.026	261	
2016 - 1	GGFQX01	5.58	16.52	2.969 0	190.67	0.026	204	
2016 - 2	GGFQX01	6.78	15.38	2.884 0	158.67	0.024	211	

（续）

年-月	样地代码	pH	矿化度/ (mg/L)	硫酸根离子/ (mg/L)	非溶性物质 总含量/ (mg/L)	电导率/ (mS/cm)	氧化还原 电位/mV	备注
2016-3	GGFQX01	6.74	7.69	1.600 0	68.00	0.012	221	
2016-4	GGFQX01	5.65	4.78	0.884 8	124.00	0.008	214	
2016-5	GGFQX01	5.43	6.04	1.437 0	156.00	0.009	227	
2016-6	GGFQX01	5.50	4.20	0.938 5	98.67	0.007	224	
2016-7	GGFQX01	7.30	3.02	0.402 8	142.00	0.005	265	
2016-8	GGFQX01	7.18	6.88	1.077 0	488.20	0.011	245	
2016-9	GGFQX01	7.21	2.30	0.173 0	120.20	0.004	277	
2016-10	GGFQX01	6.99	5.32	2.138 0	176.20	0.008	209	
2016-11	GGFQX01	7.22	5.25	3.252 0	352.20	0.008	195	
2016-12	GGFQX01	6.93	6.45	4.319 0	388.20	0.010	208	
2016-2	GGFQX02	6.75	89.76	21.700 0	74.67	0.141	198	
2016-3	GGFQX02	6.97	30.57	4.830 0	278.67	0.048	193	
2016-4	GGFQX02	5.82	8.67	1.525 0	38.67	0.014	193	
2016-5	GGFQX02	5.25	14.41	5.011 0	454.67	0.023	207	
2016-6	GGFQX02	5.35	4.15	1.070 0	172.00	0.007	209	
2016-7	GGFQX02	7.64	3.65	0.978 5	186.00	0.006	269	
2016-8	GGFQX02	7.38	10.21	3.181 0	466.20	0.016	231	
2016-9	GGFQX02	7.40	2.94	0.637 7	466.20	0.005	248	
2016-10	GGFQX02	6.63	23.79	11.800 0	210.20	0.037	208	
2016-11	GGFQX02	6.30	234.70	87.350 0	18.00	0.350	190	
2017-1	GGFQX01	6.51	41.21	4.567 0		0.065	254	
2017-2	GGFQX01	6.57	13.13	1.150 0		0.021	273	
2017-3	GGFQX01	6.48	7.55	0.661 4		0.012	277	
2017-4	GGFQX01	6.52	2.35	0.283 4		0.004	271	
2017-5	GGFQX01	6.90	16.96	1.635 0		0.027	260	
2017-6	GGFQX01	6.37	2.28	0.000 0		0.004	256	
2017-7	GGFQX01	6.28	6.88	0.909 5		0.011	263	
2017-8	GGFQX01	6.38	3.16	0.751 8		0.005	259	
2017-9	GGFQX01	6.22	3.86	0.360 6		0.006	281	
2017-10	GGFQX01	6.18	2.75	0.371 6		0.004	285	
2017-11	GGFQX01	6.02	6.71	1.055 0		0.011	289	
2017-12	GGFQX01	6.04	6.58	1.468 0		0.010	287	
2017-3	GGFQX02	6.65	253.40	78.110 0		0.383	233	
2017-4	GGFQX02	6.50	29.56	6.339 0		0.047	206	
2017-5	GGFQX02	5.99	6.30	2.040 0		0.010	281	
2017-6	GGFQX02	6.58	3.54	0.526 7		0.006	207	
2017-7	GGFQX02	5.89	22.84	10.450 0		0.036	276	
2017-8	GGFQX02	6.25	2.76	0.633 1		0.004	270	

（续）

年-月	样地代码	pH	矿化度/(mg/L)	硫酸根离子/(mg/L)	非溶性物质总含量/(mg/L)	电导率/(mS/cm)	氧化还原电位/mV	备注
2017 - 9	GGFQX02	6.17	3.34	1.192 0		0.005	279	
2017 - 10	GGFQX02	5.81	17.61	2.496 0		0.028	265	
2017 - 11	GGFQX02	5.86	21.65	5.743 0		0.034	262	

3.3.4　蒸发量数据集

3.3.4.1　概述

水面蒸发是水文循环的一个重要环节，是研究陆面蒸发的基本参数。水面蒸发量数据可用于水资源评价、水文模型和地气能量交换过程的研究。贡嘎山站水面蒸发量分别在贡嘎山站 3 000 m 气象观测场、贡嘎山站 1 600 m 气象观测场 2 个气象观测场开展监测。蒸发量数据集涵盖了 2007—2017 年共 11 年的监测数据，包括了样地代码、月蒸发量、水温等多项指标。蒸发量原始数据观测频率为 1 次/日，水温原始数据观测频率为 1 次/小时，出版数据频率均为 1 次/月。

3.3.4.2　数据采集和处理方法

贡嘎山站蒸发量监测在 2 个气象观测场同时进行。蒸发量出版数据选用通过 E601 蒸发皿和测针实施的人工观测数据，水温出版数据选用通过 E601 型水面蒸发自动观测系统连续监测的水温数据。蒸发量数据单位为 mm，水温数据单位为 ℃，均保留 1 位小数。

数据处理方法：①当缺测日的天气状况前后大致相似时，根据前后观测值直线内插；②质控后的日蒸发量数据累加形成月数据，质控后的水温小时观测数据取平均值后获得月平均数据。由于仪器故障、3 000 m 气象观测场入冬后水面封冻停测等原因可能导致数据缺失时间较长，则该时段数据空缺。

3.3.4.3　数据质量控制和评估

原始数据质量控制方法：①严格执行 E601 蒸发器的维护要求，严格按照操作规程采集和处理数据；②将逐日水面蒸发量与逐日降水量对照，对突出的偏大、偏小、确属不合理的水面蒸发量，参照有关因素和邻站资料予以改正。

3.3.4.4　数据价值/数据使用方法和建议

同 3.2.1.4。

3.3.4.4　数据

见表 3 - 44，表 3 - 45。

表 3 - 44　3 000 m 气象站 E601 水面蒸发量

年-月	样地代码	月蒸发量/mm	水温/℃
2007 - 5	GGFQX01	47.7	14.7
2007 - 6	GGFQX01	41.8	13.9
2007 - 7	GGFQX01	38.3	16.1
2007 - 8	GGFQX01	41.2	16.1
2007 - 9	GGFQX01	34.4	14.2
2007 - 10	GGFQX01	27.3	10.4
2008 - 5	GGFQX01	41.3	13.2

（续）

年-月	样地代码	月蒸发量/mm	水温/℃
2008 - 6	GGFQX01	51.9	16.7
2008 - 7	GGFQX01	39.3	16.1
2008 - 8	GGFQX01	26.3	14.1
2008 - 9	GGFQX01	30.0	12.2
2008 - 10	GGFQX01	22.3	10.9
2008 - 11	GGFQX01	30.0	5.5
2009 - 5	GGFQX01	26.9	10.2
2009 - 6	GGFQX01	27.5	13.1
2009 - 7	GGFQX01	27.7	15.7
2009 - 8	GGFQX01	37.2	16.0
2009 - 9	GGFQX01	46.9	16.4
2009 - 10	GGFQX01	20.7	10.8
2009 - 11	GGFQX01	14.3	8.0
2010 - 5	GGFQX01	37.4	11.0
2010 - 6	GGFQX01	23.4	14.0
2010 - 7	GGFQX01	35.0	20.1
2010 - 8	GGFQX01	50.0	17.3
2010 - 9	GGFQX01	29.9	14.7
2010 - 10	GGFQX01	27.2	10.3
2011 - 5	GGFQX01	47.8	9.1
2011 - 6	GGFQX01	29.7	14.2
2011 - 7	GGFQX01	34.2	15.8
2011 - 8	GGFQX01	51.9	16.8
2011 - 9	GGFQX01	30.4	14.2
2011 - 10	GGFQX01	32.6	11.6
2012 - 5	GGFQX01	40.8	11.4
2012 - 6	GGFQX01	21.3	12.3
2012 - 7	GGFQX01	28.9	15.7
2012 - 8	GGFQX01	49.9	17.0
2012 - 9	GGFQX01	31.4	13.0
2012 - 10	GGFQX01	23.6	10.2
2013 - 5	GGFQX01	39.3	11.0
2013 - 6	GGFQX01	41.6	14.0
2013 - 7	GGFQX01	47.2	16.5
2013 - 8	GGFQX01	52.1	16.8
2013 - 9	GGFQX01	34.8	13.9
2013 - 10	GGFQX01	35.3	10.5
2014 - 5	GGFQX01	40.7	12.7

（续）

年-月	样地代码	月蒸发量/mm	水温/℃
2014 - 6	GGFQX01	34.1	13.1
2014 - 7	GGFQX01	36.8	15.6
2014 - 8	GGFQX01	40.2	14.6
2014 - 9	GGFQX01	39.5	15.1
2014 - 10	GGFQX01	33.5	11.1
2015 - 5	GGFQX01	41.8	12.2
2015 - 6	GGFQX01	36.7	14.2
2015 - 7	GGFQX01	48.0	14.5
2015 - 8	GGFQX01	58.2	13.4
2015 - 9	GGFQX01	46.6	12.9
2015 - 10	GGFQX01	46.1	11.5
2015 - 11	GGFQX01	22.5	8.0
2016 - 5	GGFQX01	51.2	11.2
2016 - 6	GGFQX01	45.4	14.1
2016 - 7	GGFQX01	46.9	17.2
2016 - 8	GGFQX01	67.0	18.7
2016 - 9	GGFQX01	45.0	12.9
2016 - 10	GGFQX01	38.8	12.1
2016 - 11	GGFQX01	20.7	8.7
2017 - 5	GGFQX01	41.8	12.2
2017 - 6	GGFQX01	40.7	13.8
2017 - 7	GGFQX01	56.9	16.1
2017 - 8	GGFQX01	54.0	15.9
2017 - 9	GGFQX01	43.6	13.8
2017 - 10	GGFQX01	42.8	11.2

表 3 - 45　1 600 m 气象站 E601 水面蒸发量

年-月	样地代码	月蒸发量/mm	水温/℃
2007 - 1	GGFQX02	46.5	7.1
2007 - 2	GGFQX02	50.9	10.7
2007 - 3	GGFQX02	67.5	12.9
2007 - 4	GGFQX02	72.6	16.0
2007 - 5	GGFQX02	90.2	20.7
2007 - 6	GGFQX02	91.3	23.2
2007 - 7	GGFQX02	83.0	24.3
2007 - 8	GGFQX02	85.2	24.4
2007 - 9	GGFQX02	70.5	21.4
2007 - 10	GGFQX02	62.3	18.2
2007 - 11	GGFQX02	44.4	13.4

（续）

年-月	样地代码	月蒸发量/mm	水温/℃
2007 - 12	GGFQX02	41.5	9.0
2008 - 1	GGFQX02	36.3	
2008 - 2	GGFQX02	47.9	
2008 - 3	GGFQX02	61.1	
2008 - 4	GGFQX02	95.9	
2008 - 5	GGFQX02	84.1	
2008 - 6	GGFQX02	80.2	23.7
2008 - 7	GGFQX02	104.0	24.2
2008 - 8	GGFQX02	55.2	22.4
2008 - 9	GGFQX02	70.6	22.7
2008 - 10	GGFQX02	74.5	20.3
2008 - 11	GGFQX02	45.6	13.0
2008 - 12	GGFQX02	37.6	
2009 - 1	GGFQX02	35.5	7.0
2009 - 2	GGFQX02	56.8	10.5
2009 - 3	GGFQX02	70.7	13.0
2009 - 4	GGFQX02	66.6	16.9
2009 - 5	GGFQX02	82.9	20.6
2009 - 6	GGFQX02	69.4	
2009 - 7	GGFQX02	78.6	24.5
2009 - 8	GGFQX02	93.4	24.0
2009 - 9	GGFQX02	143.2	21.5
2009 - 10	GGFQX02	58.6	17.7
2009 - 11	GGFQX02	49.4	12.8
2009 - 12	GGFQX02	35.8	
2010 - 1	GGFQX02	46.5	16.5
2010 - 2	GGFQX02	56.1	9.2
2010 - 3	GGFQX02	71.4	12.6
2010 - 4	GGFQX02	76.2	15.3
2010 - 5	GGFQX02	100.0	
2010 - 6	GGFQX02	63.6	
2010 - 7	GGFQX02	90.2	
2010 - 8	GGFQX02	91.1	
2010 - 9	GGFQX02	77.5	
2010 - 10	GGFQX02	58.8	
2010 - 11	GGFQX02	44.2	
2010 - 12	GGFQX02	44.7	
2011 - 1	GGFQX02	42.6	

（续）

年-月	样地代码	月蒸发量/mm	水温/℃
2011 - 2	GGFQX02	51.0	
2011 - 3	GGFQX02	55.0	12.7
2011 - 4	GGFQX02	87.1	16.2
2011 - 5	GGFQX02	100.2	20.1
2011 - 6	GGFQX02	74.0	22.7
2011 - 7	GGFQX02	82.2	23.8
2011 - 8	GGFQX02	120.9	24.1
2011 - 9	GGFQX02	73.3	21.3
2011 - 10	GGFQX02	63.9	17.2
2011 - 11	GGFQX02	47.2	13.3
2011 - 12	GGFQX02	33.7	7.9
2012 - 1	GGFQX02	42.9	5.9
2012 - 2	GGFQX02	44.5	6.6
2012 - 3	GGFQX02	65.6	11.3
2012 - 4	GGFQX02	71.1	16.0
2012 - 5	GGFQX02	87.8	20.6
2012 - 6	GGFQX02	42.2	20.8
2012 - 7	GGFQX02	76.1	23.5
2012 - 8	GGFQX02	90.2	24.1
2012 - 9	GGFQX02	56.0	20.7
2012 - 10	GGFQX02	59.8	17.2
2012 - 11	GGFQX02	52.3	12.5
2012 - 12	GGFQX02	39.8	7.5
2013 - 1	GGFQX02	48.5	6.6
2013 - 2	GGFQX02	58.7	9.1
2013 - 3	GGFQX02	77.6	12.6
2013 - 4	GGFQX02	72.4	16.5
2013 - 5	GGFQX02	79.2	19.8
2013 - 6	GGFQX02	78.1	24.1
2013 - 7	GGFQX02	95.8	24.7
2013 - 8	GGFQX02	124.0	25.1
2013 - 9	GGFQX02	74.5	20.8
2013 - 10	GGFQX02	52.3	16.7
2013 - 11	GGFQX02	48.8	14.1
2013 - 12	GGFQX02	36.9	7.3
2014 - 1	GGFQX02	40.2	6.6
2014 - 2	GGFQX02	53.8	8.5
2014 - 3	GGFQX02	66.3	12.1

（续）

年-月	样地代码	月蒸发量/mm	水温/℃
2014 - 4	GGFQX02	87.4	17.6
2014 - 5	GGFQX02	87.4	19.0
2014 - 6	GGFQX02	67.0	
2014 - 7	GGFQX02	90.8	
2014 - 8	GGFQX02	58.5	
2014 - 9	GGFQX02	89.3	
2014 - 10	GGFQX02	60.3	
2014 - 11	GGFQX02	42.3	
2014 - 12	GGFQX02	39.0	
2015 - 1	GGFQX02	41.8	
2015 - 2	GGFQX02	48.7	
2015 - 3	GGFQX02	62.3	
2015 - 4	GGFQX02	74.2	
2015 - 5	GGFQX02	92.7	
2015 - 6	GGFQX02	93.6	
2015 - 7	GGFQX02	99.9	
2015 - 8	GGFQX02	93.9	
2015 - 9	GGFQX02	71.1	
2015 - 10	GGFQX02	69.5	
2015 - 11	GGFQX02	48.9	
2015 - 12	GGFQX02	39.5	8.0
2016 - 1	GGFQX02	36.6	6.5
2016 - 2	GGFQX02	44.4	7.7
2016 - 3	GGFQX02	68.0	12.5
2016 - 4	GGFQX02	68.9	16.7
2016 - 5	GGFQX02	99.6	20.7
2016 - 6	GGFQX02	91.4	23.2
2016 - 7	GGFQX02	71.5	24.1
2016 - 8	GGFQX02	122.4	25.2
2016 - 9	GGFQX02	61.9	20.0
2016 - 10	GGFQX02	79.3	18.2
2016 - 11	GGFQX02	46.6	11.8
2016 - 12	GGFQX02	42.9	7.5
2017 - 1	GGFQX02	44.2	8.2
2017 - 2	GGFQX02	42.9	8.4
2017 - 3	GGFQX02	51.5	10.9
2017 - 4	GGFQX02	77.8	16.3
2017 - 5	GGFQX02	85.8	18.5

（续）

年-月	样地代码	月蒸发量/mm	水温/℃
2017 - 6	GGFQX02	80.7	20.3
2017 - 7	GGFQX02	110.8	24.0
2017 - 8	GGFQX02	93.2	24.5
2017 - 9	GGFQX02	76.2	19.6
2017 - 10	GGFQX02	49.4	16.4
2017 - 11	GGFQX02	53.4	12.4
2017 - 12	GGFQX02	37.8	7.7

3.3.5 地下水位数据集

3.3.5.1 概述

贡嘎山站地下水位分别在贡嘎山站峨眉冷杉成熟林观景台综合观测场地下水位观测井、贡嘎山站3 000 m气象场地下水位辅助观测井2个监测点开展监测。贡嘎山站地下水位数据集为2007—2017年共11年的地下水位监测数据，包括样地代码、观测点名称、植被名称、地下水埋深、标准差、有效数据等多项指标。地下水位监测频率为每3—5天监测1次，出版数据频率为1次/月。

3.3.5.2 数据采集和处理方法

贡嘎山站地貌地形复杂，地下水位的高低在不同地点差别很大，科学地选择观测点就显得极为重要。结合站区具体情况，贡嘎山站地下水位监测分别在综合观测场和气象场2个地下水位监测点同时进行，其中贡嘎山站峨眉冷杉成熟林观景台综合观测场地下水位观测井地面高程3 100.00 m、井深2.5 m；贡嘎山站3 000 m气象场地下水位辅助观测井地面高程2 950.00 m、井深3.3 m。地下水位每3～5天监测1次（连续大雨时观测时间可能有变），采用测钟、吊索和钢卷尺进行人工观测。由于枯水期地下水干涸停测导致数据缺失，则该时段数据空缺。

数据处理方法：根据质控后的数据计算月平均数据，同时标明样本数及标准差。地下水埋深的数据单位为m，保留2位小数。

3.3.5.3 数据质量控制和评估

数据质量控制过程包括了对源数据的检查整理以及对单个数据点的检查，并将多年原始数据进行比对，删除异常值或标注说明。

3.3.5.4 数据价值/数据使用方法和建议

同3.2.1.4。

3.3.5.4 数据

见表3-46，表3-47。

表3-46 贡嘎山站峨眉冷杉成熟林观景台综合观测场地下水位观测井地下水位表

年-月	样地代码	观测点名称	植被名称	地下水埋深/m	标准差	有效数据/条
2007 - 1	GGFZH01	综合观测场地下水位观测井	峨眉冷杉林	1.71	0.02	6
2007 - 2	GGFZH01	综合观测场地下水位观测井	峨眉冷杉林	1.71	0.01	6
2007 - 3	GGFZH01	综合观测场地下水位观测井	峨眉冷杉林	1.61	0.11	6
2007 - 4	GGFZH01	综合观测场地下水位观测井	峨眉冷杉林	1.25	0.16	6
2007 - 5	GGFZH01	综合观测场地下水位观测井	峨眉冷杉林	1.07	0.31	7

（续）

年-月	样地代码	观测点名称	植被名称	地下水埋深/m	标准差	有效数据/条
2007 - 6	GGFZH01	综合观测场地下水位观测井	峨眉冷杉林	0.68	0.46	5
2007 - 7	GGFZH01	综合观测场地下水位观测井	峨眉冷杉林	0.97	0.16	7
2007 - 8	GGFZH01	综合观测场地下水位观测井	峨眉冷杉林	1.10	0.14	7
2007 - 9	GGFZH01	综合观测场地下水位观测井	峨眉冷杉林	0.92	0.22	5
2007 - 10	GGFZH01	综合观测场地下水位观测井	峨眉冷杉林	1.35	0.05	7
2007 - 11	GGFZH01	综合观测场地下水位观测井	峨眉冷杉林	1.40	0.13	5
2007 - 12	GGFZH01	综合观测场地下水位观测井	峨眉冷杉林	1.70	0.10	6
2008 - 1	GGFZH01	综合观测场地下水位观测井	峨眉冷杉林	1.70	0.02	7
2008 - 2	GGFZH01	综合观测场地下水位观测井	峨眉冷杉林	1.89	0.07	5
2008 - 3	GGFZH01	综合观测场地下水位观测井	峨眉冷杉林	1.63	0.03	6
2008 - 4	GGFZH01	综合观测场地下水位观测井	峨眉冷杉林	1.66	0.14	5
2008 - 5	GGFZH01	综合观测场地下水位观测井	峨眉冷杉林	1.07	0.14	5
2008 - 6	GGFZH01	综合观测场地下水位观测井	峨眉冷杉林	1.10	0.17	10
2008 - 7	GGFZH01	综合观测场地下水位观测井	峨眉冷杉林	0.70	0.13	6
2008 - 8	GGFZH01	综合观测场地下水位观测井	峨眉冷杉林	1.02	0.19	8
2008 - 9	GGFZH01	综合观测场地下水位观测井	峨眉冷杉林	1.15	0.13	10
2008 - 10	GGFZH01	综合观测场地下水位观测井	峨眉冷杉林	1.29	0.10	7
2008 - 11	GGFZH01	综合观测场地下水位观测井	峨眉冷杉林	1.43	0.14	6
2008 - 12	GGFZH01	综合观测场地下水位观测井	峨眉冷杉林	1.64	0.03	5
2009 - 1	GGFZH01	综合观测场地下水位观测井	峨眉冷杉林	1.74	0.03	7
2009 - 2	GGFZH01	综合观测场地下水位观测井	峨眉冷杉林	1.74	0.05	6
2009 - 3	GGFZH01	综合观测场地下水位观测井	峨眉冷杉林	1.78	0.02	7
2009 - 4	GGFZH01	综合观测场地下水位观测井	峨眉冷杉林	1.63	0.10	6
2009 - 5	GGFZH01	综合观测场地下水位观测井	峨眉冷杉林	1.41	0.12	5
2009 - 6	GGFZH01	综合观测场地下水位观测井	峨眉冷杉林	1.42	0.18	6
2009 - 7	GGFZH01	综合观测场地下水位观测井	峨眉冷杉林	1.22	0.13	5
2009 - 8	GGFZH01	综合观测场地下水位观测井	峨眉冷杉林	0.61	0.20	6
2009 - 9	GGFZH01	综合观测场地下水位观测井	峨眉冷杉林	1.27	0.03	3
2009 - 10	GGFZH01	综合观测场地下水位观测井	峨眉冷杉林	1.26	0.12	4
2009 - 11	GGFZH01	综合观测场地下水位观测井	峨眉冷杉林	1.57	0.07	5
2009 - 12	GGFZH01	综合观测场地下水位观测井	峨眉冷杉林	1.60	0.10	4
2010 - 1	GGFZH01	综合观测场地下水位观测井	峨眉冷杉林	1.66	0.10	5
2010 - 2	GGFZH01	综合观测场地下水位观测井	峨眉冷杉林	1.79	0.03	4
2010 - 3	GGFZH01	综合观测场地下水位观测井	峨眉冷杉林	1.71	0.03	8
2010 - 4	GGFZH01	综合观测场地下水位观测井	峨眉冷杉林	1.69	0.08	7
2010 - 5	GGFZH01	综合观测场地下水位观测井	峨眉冷杉林	1.45	0.34	7
2010 - 6	GGFZH01	综合观测场地下水位观测井	峨眉冷杉林	0.93	0.10	8
2010 - 7	GGFZH01	综合观测场地下水位观测井	峨眉冷杉林	1.00	0.07	8

（续）

年-月	样地代码	观测点名称	植被名称	地下水埋深/m	标准差	有效数据/条
2010 - 8	GGFZH01	综合观测场地下水位观测井	峨眉冷杉林	1.19	0.15	8
2010 - 9	GGFZH01	综合观测场地下水位观测井	峨眉冷杉林	1.24	0.16	6
2010 - 10	GGFZH01	综合观测场地下水位观测井	峨眉冷杉林	1.30	0.14	8
2010 - 11	GGFZH01	综合观测场地下水位观测井	峨眉冷杉林	1.53	0.07	6
2010 - 12	GGFZH01	综合观测场地下水位观测井	峨眉冷杉林	1.73	0.06	6
2011 - 1	GGFZH01	综合观测场地下水位观测井	峨眉冷杉林	1.82	0.05	4
2011 - 2	GGFZH01	综合观测场地下水位观测井	峨眉冷杉林	1.79	0.03	5
2011 - 3	GGFZH01	综合观测场地下水位观测井	峨眉冷杉林	1.69	0.08	4
2011 - 4	GGFZH01	综合观测场地下水位观测井	峨眉冷杉林	1.59	0.07	6
2011 - 5	GGFZH01	综合观测场地下水位观测井	峨眉冷杉林	1.06	0.16	7
2011 - 6	GGFZH01	综合观测场地下水位观测井	峨眉冷杉林	1.33	0.06	8
2011 - 7	GGFZH01	综合观测场地下水位观测井	峨眉冷杉林	0.82	0.20	7
2011 - 8	GGFZH01	综合观测场地下水位观测井	峨眉冷杉林	1.60	0.09	7
2011 - 9	GGFZH01	综合观测场地下水位观测井	峨眉冷杉林	1.55	0.22	6
2011 - 10	GGFZH01	综合观测场地下水位观测井	峨眉冷杉林	1.48	0.09	6
2011 - 11	GGFZH01	综合观测场地下水位观测井	峨眉冷杉林	1.72	0.10	7
2011 - 12	GGFZH01	综合观测场地下水位观测井	峨眉冷杉林	1.83	0.04	6
2012 - 1	GGFZH01	综合观测场地下水位观测井	峨眉冷杉林	1.80	0.03	5
2012 - 2	GGFZH01	综合观测场地下水位观测井	峨眉冷杉林	1.96	0.13	5
2012 - 3	GGFZH01	综合观测场地下水位观测井	峨眉冷杉林	1.93	0.06	6
2012 - 4	GGFZH01	综合观测场地下水位观测井	峨眉冷杉林	1.59	0.18	5
2012 - 5	GGFZH01	综合观测场地下水位观测井	峨眉冷杉林	1.16	0.12	6
2012 - 6	GGFZH01	综合观测场地下水位观测井	峨眉冷杉林	1.04	0.20	7
2012 - 7	GGFZH01	综合观测场地下水位观测井	峨眉冷杉林	0.65	0.20	7
2012 - 8	GGFZH01	综合观测场地下水位观测井	峨眉冷杉林	0.84	0.08	4
2012 - 9	GGFZH01	综合观测场地下水位观测井	峨眉冷杉林	0.89	0.20	6
2012 - 10	GGFZH01	综合观测场地下水位观测井	峨眉冷杉林	1.16	0.10	6
2012 - 11	GGFZH01	综合观测场地下水位观测井	峨眉冷杉林	1.57	0.20	5
2012 - 12	GGFZH01	综合观测场地下水位观测井	峨眉冷杉林	1.82	0.04	6
2013 - 1	GGFZH01	综合观测场地下水位观测井	峨眉冷杉林	1.79	0.02	4
2013 - 2	GGFZH01	综合观测场地下水位观测井	峨眉冷杉林	1.83	0.02	5
2013 - 3	GGFZH01	综合观测场地下水位观测井	峨眉冷杉林	1.85	0.08	5
2013 - 4	GGFZH01	综合观测场地下水位观测井	峨眉冷杉林	1.59	0.24	6
2013 - 5	GGFZH01	综合观测场地下水位观测井	峨眉冷杉林	1.37	0.15	5
2013 - 6	GGFZH01	综合观测场地下水位观测井	峨眉冷杉林	1.64	0.14	6
2013 - 7	GGFZH01	综合观测场地下水位观测井	峨眉冷杉林	0.62	0.20	7
2013 - 8	GGFZH01	综合观测场地下水位观测井	峨眉冷杉林	1.37		1
2013 - 9	GGFZH01	综合观测场地下水位观测井	峨眉冷杉林	0.85	0.15	6

（续）

年-月	样地代码	观测点名称	植被名称	地下水埋深/m	标准差	有效数据/条
2013 - 10	GGFZH01	综合观测场地下水位观测井	峨眉冷杉林	1.15	0.05	5
2013 - 11	GGFZH01	综合观测场地下水位观测井	峨眉冷杉林	1.43	0.18	7
2013 - 12	GGFZH01	综合观测场地下水位观测井	峨眉冷杉林	1.79	0.02	5
2014 - 1	GGFZH01	综合观测场地下水位观测井	峨眉冷杉林	1.87	0.06	4
2014 - 2	GGFZH01	综合观测场地下水位观测井	峨眉冷杉林	1.75	0.03	5
2014 - 3	GGFZH01	综合观测场地下水位观测井	峨眉冷杉林	1.76	0.05	8
2014 - 4	GGFZH01	综合观测场地下水位观测井	峨眉冷杉林	1.73	0.05	6
2014 - 5	GGFZH01	综合观测场地下水位观测井	峨眉冷杉林	1.29	0.26	6
2014 - 6	GGFZH01	综合观测场地下水位观测井	峨眉冷杉林	0.92	0.28	6
2014 - 7	GGFZH01	综合观测场地下水位观测井	峨眉冷杉林	0.83	0.15	7
2014 - 8	GGFZH01	综合观测场地下水位观测井	峨眉冷杉林	0.78	0.10	9
2014 - 9	GGFZH01	综合观测场地下水位观测井	峨眉冷杉林	1.00	0.16	5
2014 - 10	GGFZH01	综合观测场地下水位观测井	峨眉冷杉林	1.19	0.02	5
2014 - 11	GGFZH01	综合观测场地下水位观测井	峨眉冷杉林	1.55	0.34	8
2014 - 12	GGFZH01	综合观测场地下水位观测井	峨眉冷杉林	1.71	0.04	5
2015 - 1	GGFZH01	综合观测场地下水位观测井	峨眉冷杉林	1.75	0.09	7
2015 - 2	GGFZH01	综合观测场地下水位观测井	峨眉冷杉林	1.78	0.01	5
2015 - 3	GGFZH01	综合观测场地下水位观测井	峨眉冷杉林	1.82	0.04	10
2015 - 4	GGFZH01	综合观测场地下水位观测井	峨眉冷杉林	1.74	0.18	7
2015 - 5	GGFZH01	综合观测场地下水位观测井	峨眉冷杉林	1.65	0.09	7
2015 - 6	GGFZH01	综合观测场地下水位观测井	峨眉冷杉林	0.95	0.02	7
2015 - 7	GGFZH01	综合观测场地下水位观测井	峨眉冷杉林	1.03	0.22	9
2015 - 8	GGFZH01	综合观测场地下水位观测井	峨眉冷杉林	1.14	0.19	8
2015 - 9	GGFZH01	综合观测场地下水位观测井	峨眉冷杉林	0.98	0.11	8
2015 - 10	GGFZH01	综合观测场地下水位观测井	峨眉冷杉林	1.20	0.05	7
2015 - 11	GGFZH01	综合观测场地下水位观测井	峨眉冷杉林	1.87	0.05	7
2015 - 12	GGFZH01	综合观测场地下水位观测井	峨眉冷杉林	1.76	0.01	7
2016 - 1	GGFZH01	综合观测场地下水位观测井	峨眉冷杉林	1.93	0.04	7
2016 - 2	GGFZH01	综合观测场地下水位观测井	峨眉冷杉林	1.74	0.06	7
2016 - 3	GGFZH01	综合观测场地下水位观测井	峨眉冷杉林	1.79	0.14	7
2016 - 4	GGFZH01	综合观测场地下水位观测井	峨眉冷杉林	1.62	0.06	8
2016 - 5	GGFZH01	综合观测场地下水位观测井	峨眉冷杉林	1.70	0.13	8
2016 - 6	GGFZH01	综合观测场地下水位观测井	峨眉冷杉林	0.84	0.26	7
2016 - 7	GGFZH01	综合观测场地下水位观测井	峨眉冷杉林	0.73	0.22	8
2016 - 8	GGFZH01	综合观测场地下水位观测井	峨眉冷杉林	0.87	0.16	9
2016 - 9	GGFZH01	综合观测场地下水位观测井	峨眉冷杉林	0.85	0.14	7
2016 - 10	GGFZH01	综合观测场地下水位观测井	峨眉冷杉林	1.19	0.09	9
2016 - 11	GGFZH01	综合观测场地下水位观测井	峨眉冷杉林	1.86	0.13	7

（续）

年-月	样地代码	观测点名称	植被名称	地下水埋深/m	标准差	有效数据/条
2016 - 12	GGFZH01	综合观测场地下水位观测井	峨眉冷杉林	1.80	0.11	7
2017 - 1	GGFZH01	综合观测场地下水位观测井	峨眉冷杉林	1.97	0.03	6
2017 - 2	GGFZH01	综合观测场地下水位观测井	峨眉冷杉林	1.79	0.01	7
2017 - 3	GGFZH01	综合观测场地下水位观测井	峨眉冷杉林	1.90	0.08	8
2017 - 4	GGFZH01	综合观测场地下水位观测井	峨眉冷杉林	1.36	0.48	7
2017 - 5	GGFZH01	综合观测场地下水位观测井	峨眉冷杉林	1.51	0.22	7
2017 - 6	GGFZH01	综合观测场地下水位观测井	峨眉冷杉林	0.99	0.15	9
2017 - 7	GGFZH01	综合观测场地下水位观测井	峨眉冷杉林	1.43	0.09	8
2017 - 8	GGFZH01	综合观测场地下水位观测井	峨眉冷杉林	0.93	0.11	8
2017 - 9	GGFZH01	综合观测场地下水位观测井	峨眉冷杉林	1.58	0.13	8
2017 - 10	GGFZH01	综合观测场地下水位观测井	峨眉冷杉林	1.21	0.07	8
2017 - 11	GGFZH01	综合观测场地下水位观测井	峨眉冷杉林	1.83	0.04	6
2017 - 12	GGFZH01	综合观测场地下水位观测井	峨眉冷杉林	1.73	0.03	6

表 3 - 47　贡嘎山站 3 000 m 综合气象要素观测场地下水位辅助观测井地下水位表

年-月	样地代码	观测点名称	植被名称	地下水埋深/m	标准差	有效数据/条
2007 - 4	GGFQX01	3 000 m 气象场地下水位辅助观测井	峨眉冷杉、冬瓜杨、桦树演替林	2.40	0.27	350
2007 - 5	GGFQX01	3 000 m 气象场地下水位辅助观测井	峨眉冷杉、冬瓜杨、桦树演替林	1.83	0.43	744
2007 - 6	GGFQX01	3 000 m 气象场地下水位辅助观测井	峨眉冷杉、冬瓜杨、桦树演替林	1.93	0.49	720
2007 - 7	GGFQX01	3 000 m 气象场地下水位辅助观测井	峨眉冷杉、冬瓜杨、桦树演替林	2.57	0.30	744
2007 - 8	GGFQX01	3 000 m 气象场地下水位辅助观测井	峨眉冷杉、冬瓜杨、桦树演替林	2.61	0.36	744
2007 - 9	GGFQX01	3 000 m 气象场地下水位辅助观测井	峨眉冷杉、冬瓜杨、桦树演替林	2.50	0.46	720
2007 - 10	GGFQX01	3 000 m 气象场地下水位辅助观测井	峨眉冷杉、冬瓜杨、桦树演替林	3.30	0.06	713
2008 - 5	GGFQX01	3 000 m 气象场地下水位辅助观测井	峨眉冷杉、冬瓜杨、桦树演替林	2.23	0.35	6
2008 - 6	GGFQX01	3 000 m 气象场地下水位辅助观测井	峨眉冷杉、冬瓜杨、桦树演替林	2.30	0.03	10
2008 - 7	GGFQX01	3 000 m 气象场地下水位辅助观测井	峨眉冷杉、冬瓜杨、桦树演替林	2.42	0.19	24
2008 - 8	GGFQX01	3 000 m 气象场地下水位辅助观测井	峨眉冷杉、冬瓜杨、桦树演替林	2.18	0.32	31
2008 - 9	GGFQX01	3 000 m 气象场地下水位辅助观测井	峨眉冷杉、冬瓜杨、桦树演替林	2.51	0.43	30

（续）

年-月	样地代码	观测点名称	植被名称	地下水埋深/ m	标准差	有效数据/ 条
2008 - 10	GGFQX01	3 000 m 气象场地下水位辅助观测井	峨眉冷杉、冬瓜杨、桦树演替林	3.19	0.07	7
2008 - 11	GGFQX01	3 000 m 气象场地下水位辅助观测井	峨眉冷杉、冬瓜杨、桦树演替林	3.05	0.22	3
2009 - 5	GGFQX01	3 000 m 气象场地下水位辅助观测井	峨眉冷杉、冬瓜杨、桦树演替林	2.24	0.20	367
2009 - 6	GGFQX01	3 000 m 气象场地下水位辅助观测井	峨眉冷杉、冬瓜杨、桦树演替林	2.53	0.19	720
2009 - 7	GGFQX01	3 000 m 气象场地下水位辅助观测井	峨眉冷杉、冬瓜杨、桦树演替林	2.48	0.23	744
2009 - 8	GGFQX01	3 000 m 气象场地下水位辅助观测井	峨眉冷杉、冬瓜杨、桦树演替林	2.36	0.23	744
2009 - 9	GGFQX01	3 000 m 气象场地下水位辅助观测井	峨眉冷杉、冬瓜杨、桦树演替林	2.89	0.43	720
2009 - 10	GGFQX01	3 000 m 气象场地下水位辅助观测井	峨眉冷杉、冬瓜杨、桦树演替林	2.82	0.16	744
2009 - 11	GGFQX01	3 000 m 气象场地下水位辅助观测井	峨眉冷杉、冬瓜杨、桦树演替林	3.30	0.06	492
2010 - 5	GGFQX01	3 000 m 气象场地下水位辅助观测井	峨眉冷杉、冬瓜杨、桦树演替林	2.54	0.27	655
2010 - 6	GGFQX01	3 000 m 气象场地下水位辅助观测井	峨眉冷杉、冬瓜杨、桦树演替林	2.14	0.24	720
2010 - 7	GGFQX01	3 000 m 气象场地下水位辅助观测井	峨眉冷杉、冬瓜杨、桦树演替林	2.45	0.22	744
2010 - 8	GGFQX01	3 000 m 气象场地下水位辅助观测井	峨眉冷杉、冬瓜杨、桦树演替林	2.17	0.27	744
2010 - 9	GGFQX01	3 000 m 气象场地下水位辅助观测井	峨眉冷杉、冬瓜杨、桦树演替林	2.41	0.21	720
2010 - 10	GGFQX01	3 000 m 气象场地下水位辅助观测井	峨眉冷杉、冬瓜杨、桦树演替林	2.63	0.17	744
2010 - 11	GGFQX01	3 000 m 气象场地下水位辅助观测井	峨眉冷杉、冬瓜杨、桦树演替林	2.79	0.21	301
2011 - 4	GGFQX01	3 000 m 气象场地下水位辅助观测井	峨眉冷杉、冬瓜杨、桦树演替林	2.60	0.82	372
2011 - 5	GGFQX01	3 000 m 气象场地下水位辅助观测井	峨眉冷杉、冬瓜杨、桦树演替林	2.30	0.22	744
2011 - 6	GGFQX01	3 000 m 气象场地下水位辅助观测井	峨眉冷杉、冬瓜杨、桦树演替林	2.41	0.23	720

（续）

年-月	样地代码	观测点名称	植被名称	地下水埋深/ m	标准差	有效数据/ 条
2011 - 7	GGFQX01	3 000 m气象场地下水位辅助观测井	峨眉冷杉、冬瓜杨、桦树演替林	2.38	0.37	744
2011 - 8	GGFQX01	3 000 m气象场地下水位辅助观测井	峨眉冷杉、冬瓜杨、桦树演替林	2.97	0.31	744
2011 - 9	GGFQX01	3 000 m气象场地下水位辅助观测井	峨眉冷杉、冬瓜杨、桦树演替林	2.87	0.24	720
2011 - 10	GGFQX01	3 000 m气象场地下水位辅助观测井	峨眉冷杉、冬瓜杨、桦树演替林	2.97	0.12	399
2012 - 4	GGFQX01	3 000 m气象场地下水位辅助观测井	峨眉冷杉、冬瓜杨、桦树演替林	2.16	0.12	192
2012 - 5	GGFQX01	3 000 m气象场地下水位辅助观测井	峨眉冷杉、冬瓜杨、桦树演替林	2.20	1.11	744
2012 - 6	GGFQX01	3 000 m气象场地下水位辅助观测井	峨眉冷杉、冬瓜杨、桦树演替林	2.30	0.22	720
2012 - 7	GGFQX01	3 000 m气象场地下水位辅助观测井	峨眉冷杉、冬瓜杨、桦树演替林	2.19	0.31	744
2012 - 8	GGFQX01	3 000 m气象场地下水位辅助观测井	峨眉冷杉、冬瓜杨、桦树演替林	2.19	0.14	720
2012 - 9	GGFQX01	3 000 m气象场地下水位辅助观测井	峨眉冷杉、冬瓜杨、桦树演替林	2.16	0.28	718
2012 - 10	GGFQX01	3 000 m气象场地下水位辅助观测井	峨眉冷杉、冬瓜杨、桦树演替林	2.04	0.21	401
2013 - 5	GGFQX01	3 000 m气象场地下水位辅助观测井	峨眉冷杉、冬瓜杨、桦树演替林	2.02	0.31	4
2013 - 6	GGFQX01	3 000 m气象场地下水位辅助观测井	峨眉冷杉、冬瓜杨、桦树演替林	2.55	0.30	6
2013 - 7	GGFQX01	3 000 m气象场地下水位辅助观测井	峨眉冷杉、冬瓜杨、桦树演替林	1.30	0.52	5
2013 - 8	GGFQX01	3 000 m气象场地下水位辅助观测井	峨眉冷杉、冬瓜杨、桦树演替林	3.08	0.08	2
2013 - 9	GGFQX01	3 000 m气象场地下水位辅助观测井	峨眉冷杉、冬瓜杨、桦树演替林	1.95	0.31	7
2013 - 10	GGFQX01	3 000 m气象场地下水位辅助观测井	峨眉冷杉、冬瓜杨、桦树演替林	1.68	0.23	5
2013 - 11	GGFQX01	3 000 m气象场地下水位辅助观测井	峨眉冷杉、冬瓜杨、桦树演替林	1.76	0.33	6
2014 - 4	GGFQX01	3 000 m气象场地下水位辅助观测井	峨眉冷杉、冬瓜杨、桦树演替林	3.21	0.05	127

（续）

年-月	样地代码	观测点名称	植被名称	地下水埋深/m	标准差	有效数据/条
2014 - 5	GGFQX01	3 000 m气象场地下水位辅助观测井	峨眉冷杉、冬瓜杨、桦树演替林	2.46	0.51	401
2014 - 6	GGFQX01	3 000 m气象场地下水位辅助观测井	峨眉冷杉、冬瓜杨、桦树演替林	2.08	0.14	105
2014 - 7	GGFQX01	3 000 m气象场地下水位辅助观测井	峨眉冷杉、冬瓜杨、桦树演替林	2.18	0.23	744
2014 - 8	GGFQX01	3 000 m气象场地下水位辅助观测井	峨眉冷杉、冬瓜杨、桦树演替林	2.46	0.23	744
2014 - 9	GGFQX01	3 000 m气象场地下水位辅助观测井	峨眉冷杉、冬瓜杨、桦树演替林	2.66	0.23	720
2014 - 10	GGFQX01	3 000 m气象场地下水位辅助观测井	峨眉冷杉、冬瓜杨、桦树演替林	2.85	0.13	396
2015 - 4	GGFQX01	3 000 m气象场地下水位辅助观测井	峨眉冷杉、冬瓜杨、桦树演替林	2.30	0.02	2
2015 - 5	GGFQX01	3 000 m气象场地下水位辅助观测井	峨眉冷杉、冬瓜杨、桦树演替林	2.48	0.11	7
2015 - 6	GGFQX01	3 000 m气象场地下水位辅助观测井	峨眉冷杉、冬瓜杨、桦树演替林	2.18	0.17	6
2015 - 7	GGFQX01	3 000 m气象场地下水位辅助观测井	峨眉冷杉、冬瓜杨、桦树演替林	2.22	0.22	9
2015 - 8	GGFQX01	3 000 m气象场地下水位辅助观测井	峨眉冷杉、冬瓜杨、桦树演替林	2.40	0.38	7
2015 - 9	GGFQX01	3 000 m气象场地下水位辅助观测井	峨眉冷杉、冬瓜杨、桦树演替林	2.39	0.20	8
2015 - 10	GGFQX01	3 000 m气象场地下水位辅助观测井	峨眉冷杉、冬瓜杨、桦树演替林	3.01	0.12	5
2016 - 4	GGFQX01	3 000 m气象场地下水位辅助观测井	峨眉冷杉、冬瓜杨、桦树演替林	2.17	0.10	7
2016 - 5	GGFQX01	3 000 m气象场地下水位辅助观测井	峨眉冷杉、冬瓜杨、桦树演替林	2.63	0.28	8
2016 - 6	GGFQX01	3 000 m气象场地下水位辅助观测井	峨眉冷杉、冬瓜杨、桦树演替林	2.17	0.35	8
2016 - 7	GGFQX01	3 000 m气象场地下水位辅助观测井	峨眉冷杉、冬瓜杨、桦树演替林	2.35	0.18	8
2016 - 8	GGFQX01	3 000 m气象场地下水位辅助观测井	峨眉冷杉、冬瓜杨、桦树演替林	2.76	0.32	9
2016 - 9	GGFQX01	3 000 m气象场地下水位辅助观测井	峨眉冷杉、冬瓜杨、桦树演替林	2.21	0.08	7

（续）

年-月	样地代码	观测点名称	植被名称	地下水埋深/m	标准差	有效数据/条
2016-10	GGFQX01	3 000 m 气象场地下水位辅助观测井	峨眉冷杉、冬瓜杨、桦树演替林	3.02	0.13	7
2017-4	GGFQX01	3 000 m 气象场地下水位辅助观测井	峨眉冷杉、冬瓜杨、桦树演替林	2.60	0.73	7
2017-5	GGFQX01	3 000 m 气象场地下水位辅助观测井	峨眉冷杉、冬瓜杨、桦树演替林	2.55	0.14	7
2017-6	GGFQX01	3 000 m 气象场地下水位辅助观测井	峨眉冷杉、冬瓜杨、桦树演替林	2.27	0.21	9
2017-7	GGFQX01	3 000 m 气象场地下水位辅助观测井	峨眉冷杉、冬瓜杨、桦树演替林	2.60	0.22	8
2017-8	GGFQX01	3 000 m 气象场地下水位辅助观测井	峨眉冷杉、冬瓜杨、桦树演替林	2.19	0.36	8
2017-9	GGFQX01	3 000 m 气象场地下水位辅助观测井	峨眉冷杉、冬瓜杨、桦树演替林	2.91	0.11	8
2017-10	GGFQX01	3 000 m 气象场地下水位辅助观测井	峨眉冷杉、冬瓜杨、桦树演替林	3.12	0.10	8

3.4　气象观测数据

本数据集收集整理了贡嘎山站2007—2017年气象观测数据，给出了气温、降水、气压、相对湿度、风速、地表温度、5 cm 土壤温度、10 cm 土壤温度、15 cm 土壤温度、20 cm 土壤温度、40 cm 土壤温度、60 cm 土壤温度、100 cm 土壤温度的数据，选择气温、降水、地表温度这三个重要气象因子进行了趋势分析。

基于2007—2017年人工观测数据，贡嘎山站年均温为 4.6 ℃，波动为 4.0～5.2 ℃，年均温最低值和最高值分别出现在 2012 年和 2015 年，年平均气温呈现出缓慢升高的趋势，速度为每 10 年升高 0.49 ℃（$y = 0.049\,2x - 94.255$，$r^2 = 0.138\,5$）（图 3-8）。贡嘎山站最热月为 8 月，2007—2017 年 8 月平均温度为 12.7 ℃，历史极端高温为 13.8 ℃；最冷月为 1 月，2007—2017 年 1 月平均温度为 -4.4 ℃，历史极端低温为 -7.9 ℃（图 3-9）。

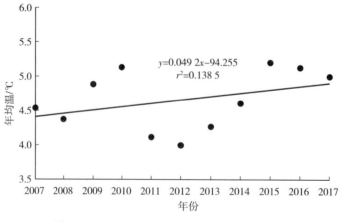

图 3-8　2007—2017 年贡嘎山站气温年际变化

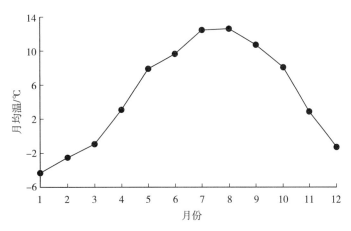

图 3 - 9　2007—2017 年贡嘎山站气温月份变化

　　基于 2007—2017 年人工观测数据，贡嘎山站年均地表温度为 8.0 ℃，波动为 7.3~8.4 ℃，年均地表温度最低值和最高值分别出现在 2012 年和 2008 年，地表温度年际间无显著变化（图 3 - 10）。贡嘎山站月平均地表温度最高月为 7 月，2007—2017 年 8 月平均地表温度为 16.1 ℃，平均地表温度历史极端高温为 18.4 ℃；月平均地表温度最低月为 1 月，2007—2017 年 1 月平均地表温度为 −1.2 ℃，平均地表温度历史极端低温为 −3.6 ℃（图 3 - 11）。

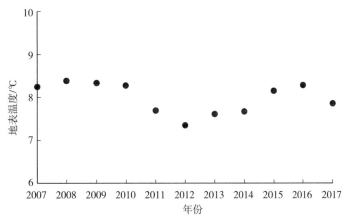

图 3 - 10　2007—2017 年贡嘎山站地表温度年际变化

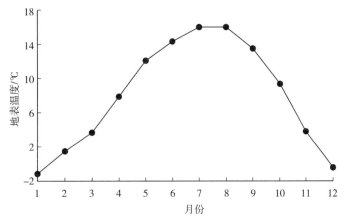

图 3 - 11　2007—2017 年贡嘎山站地表温度月份变化

基于 2007—2017 年人工观测数据，贡嘎山站年均降水量为 1 913.4 mm，波动为 1 585.5～2 062.5 mm，年均降水量最低值和最高值分别出现在 2009 年和 2016 年（图 3 - 12）。贡嘎山站降水量最高月为 7 月，2007—2017 年 7 月降水量为 310.0 mm，历史降水量最高值为 490.1 mm；降水量最低月为 1 月，2007—2017 年 1 月降水量为 20.7 mm，历史降水量最低值为 4.9 mm（图 3 - 13）。

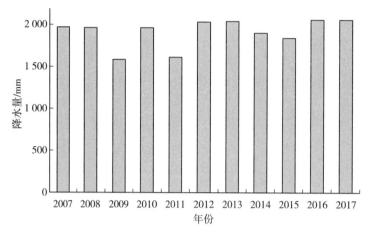

图 3 - 12　2007—2017 年贡嘎山站年均降水量变化

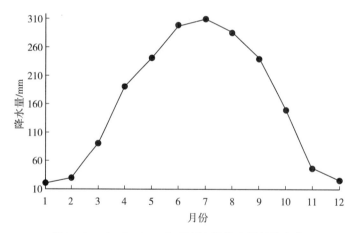

图 3 - 13　2007—2017 年贡嘎山站降水量月份变化

3.4.1　气象人工观测要素——气压数据集

3.4.1.1　概述

本数据集为贡嘎山站 3 000 m 综合气象观测场（25 m×25 m，29°34′34″N，101°59′54″E）人工观测要素——气压数据，使用空盒气压表观测，包括了 2007—2017 年气压日平均值上旬平均、气压日平均值中旬平均、气压日平均值下旬平均、气压日平均值月平均等指标。

3.4.1.2　数据采集和处理方法

原始数据观测频率为每日 3 次（北京时间 8：00，14：00，20：00）；数据产品频率为次/月；数据单位为 hPa；小数位数 1 位；数据产品观测层次为距地面小于 1 m。

数据产品处理方法：对每日质控后的所有 3 个时次观测数据进行平均，计算日平均值。再用日均值合计值除以日数获得月平均值，月上旬（中旬或下旬）日均值合计值除以月上旬（中旬或下旬）日数获得上旬（中旬或下旬）月平均值。每日定时记录缺测 1 次或以上时，该日不做日平均。每月日均值缺测 7 次或以上时，该月不做月统计，按缺测处理。

3.4.1.3　数据质量控制和评估

本数据集采取四级控制：第一级要求数据监测员严格按操作规程采集和处理数据；数据监测人员提交上来的数据经专业负责人（CERN 大气分中心质量控制）审核，此为第二级控制；CERN 气象分中心采用大气监测数据质量控制软件校验数据后，反馈报告给专家（台站负责人）最终审核和修订，此为第三级控制；数据入库前由质量总控制人（数据库管理员）审核，此为第四级控制。且数据库管理人员负责该站自动数据原始资料、纸质资料、报表资料的保管归案工作，对原始数据及报表数据进行入库和备份。根据 CERN《生态系统大气环境观测规范》，气压数据具体质量控制和评估方法为：①超出气候学界限值域 300～1 100 hPa 的数据为错误数据；②海拔高度大于 0 m 时，台站气压小于海平面气压，海拔高度等于 0 m 时，台站气压等于海平面气压，海拔高度小于 0 m 时，台站气压大于海平面气压；③24 h 变压的绝对值小于 50 hPa。

3.4.1.4　数据

见表 3-48。

表 3-48　贡嘎山站 3 000 m 气象场 2007—2017 年人工观测气象要素——气压

年-月	气压日平均值上旬平均/hPa	气压日平均值中旬平均/hPa	气压日平均值下旬平均/hPa	气压日平均值月平均/hPa	有效数据/条
2007-1	713.9	712.9	716.7	714.6	31
2007-2	714.2	709.2	710.3	711.3	28
2007-3	709.5	710.6	711.9	710.7	31
2007-4	714.9	713.4	714.4	714.2	30
2007-5	714.7	715.9	711.8	714.1	31
2007-6	713.8	711.1	712.6	712.5	30
2007-7	711.3	710.5	713.7	711.9	31
2007-8	713.1	713.6	715.2	714.0	31
2007-9	714.7	716.5	716.1	715.8	30
2007-10	714.7	719.3	716.0	716.6	31
2007-11	717.4	715.8	716.3	716.5	30
2007-12	714.1	711.6	712.4	712.7	31
2008-1	712.7	710.2	708.9	710.5	31
2008-2	710.0	713.3	714.0	712.5	29
2008-3	714.6	712.4	712.1	713.0	31
2008-4	710.9	711.0	715.7	712.5	30
2008-5	712.0	714.7	712.7	713.1	31
2008-6	714.1	712.6	713.3	713.4	30
2008-7	713.5	712.9	712.7	713.0	31
2008-8	714.8	713.2	715.0	714.4	31
2008-9	715.8	715.9	715.5	715.7	30
2008-10	716.3	717.6	716.3	716.7	31
2008-11	716.3	714.7	717.5	716.2	30
2008-12	714.4	714.5	713.1	714.0	31
2009-1	714.0	714.3	711.5	713.2	31

（续）

年-月	气压日平均值 上旬平均/hPa	气压日平均值 中旬平均/hPa	气压日平均值 下旬平均/hPa	气压日平均值 月平均/hPa	有效数据/条
2009 - 2	713.2	707.8	707.3	709.6	28
2009 - 3	710.1	712.3	712.2	711.5	31
2009 - 4	713.5	711.6	713.5	712.9	30
2009 - 5	713.2	713.1	714.7	713.7	31
2009 - 6	712.0	712.7	713.4	712.7	30
2009 - 7	712.5	712.8	712.9	712.7	31
2009 - 8	713.8	715.0	715.4	714.7	31
2009 - 9	714.1	715.4	717.8	715.7	30
2009 - 10	716.2	716.5	715.9	716.2	31
2009 - 11	716.0	714.0	715.2	715.1	30
2009 - 12	712.8	714.0	710.9	712.5	31
2010 - 1	712.0	714.7	712.9	713.2	31
2010 - 2	708.0	711.9	708.5	709.6	28
2010 - 3	709.8	715.4	712.2	712.4	31
2010 - 4	712.4	711.2	715.8	713.1	30
2010 - 5	712.1	712.1	713.0	712.4	31
2010 - 6	713.8	714.2	712.5	713.5	30
2010 - 7	713.4	714.2	714.1	713.9	31
2010 - 8	715.1	714.8	715.8	715.2	31
2010 - 9	715.2	715.0	716.1	715.4	30
2010 - 10	715.4	716.6	715.1	715.7	31
2010 - 11	716.8	714.5	713.7	715.0	30
2010 - 12	713.0	709.4	710.2	710.8	31
2011 - 1	708.9	707.1	710.3	708.8	31
2011 - 2	708.7	709.2	708.7	708.8	28
2011 - 3	710.7	709.9	713.8	711.6	31
2011 - 4	712.8	713.0	714.3	713.4	30
2011 - 5	710.0	714.2	713.7	712.7	31
2011 - 6	712.6	711.4	712.1	712.1	30
2011 - 7	711.6	713.6	712.4	712.5	31
2011 - 8	713.5	713.4	715.2	714.1	31
2011 - 9	714.2	713.1	715.2	714.2	30
2011 - 10	717.0	716.8	714.9	716.2	31
2011 - 11	714.4	713.3	714.4	714.0	30
2011 - 12	712.5	712.2	712.8	712.5	31
2012 - 1	711.2	706.2	707.4	708.2	31
2012 - 2	708.1	707.6	705.3	707.1	29
2012 - 3	705.2	710.1	713.6	709.8	31

（续）

年-月	气压日平均值 上旬平均/hPa	气压日平均值 中旬平均/hPa	气压日平均值 下旬平均/hPa	气压日平均值 月平均/hPa	有效数据/条
2012 - 4	713.0	710.8	710.6	711.5	30
2012 - 5	712.1	712.7	713.2	712.7	31
2012 - 6	711.7	712.3	710.8	711.6	30
2012 - 7	710.3	712.8	712.7	712.0	31
2012 - 8	714.0	714.0	715.4	714.5	31
2012 - 9	716.1	715.2	715.6	715.6	30
2012 - 10	716.3	715.2	715.9	715.8	31
2012 - 11	712.2	712.8	709.4	711.5	30
2012 - 12	712.6	709.4	710.7	710.9	31
2013 - 1	708.3	710.1	712.0	710.2	31
2013 - 2	710.8	708.7	712.0	710.4	28
2013 - 3	714.9	710.9	711.4	712.4	31
2013 - 4	711.4	712.0	713.2	712.2	30
2013 - 5	713.6	712.1	712.6	712.8	31
2013 - 6	713.6	711.3	712.4	712.4	30
2013 - 7	710.2	712.6	712.3	711.7	31
2013 - 9	715.7	715.2	716.2	715.7	30
2013 - 10	718.4	717.2	716.1	717.2	31
2013 - 11	715.3	715.2	713.8	714.8	30
2013 - 12	713.6	712.4	712.9	713.0	31
2014 - 1	710.4	713.7	712.2	712.1	31
2014 - 2	708.8	709.8	710.4	709.6	28
2014 - 3	710.1	713.4	712.0	711.8	31
2014 - 4	713.4	711.6	714.4	713.1	30
2014 - 5	713.4	711.8	713.9	713.1	31
2014 - 6	712.7	712.7	713.7	713.0	30
2014 - 7	713.2	714.6	714.6	714.1	31
2014 - 8	713.0	715.2	715.8	714.7	31
2014 - 9	714.9	714.7	715.7	715.1	30
2014 - 10	717.3	717.0	716.4	716.9	31
2014 - 11	715.4	716.1	711.1	714.2	30
2014 - 12	714.4	714.6	713.9	714.3	31
2015 - 1	713.2	714.1	710.1	712.4	31
2015 - 2	712.8	710.6	708.8	710.9	28
2015 - 3	709.8	711.3	714.1	711.8	31
2015 - 4	713.5	713.7	716.0	714.4	30
2015 - 5	712.6	713.0	712.9	712.8	31
2015 - 6	713.2	713.2	710.6	712.3	30

（续）

年-月	气压日平均值 上旬平均/hPa	气压日平均值 中旬平均/hPa	气压日平均值 下旬平均/hPa	气压日平均值 月平均/hPa	有效数据/条
2015 - 7	714.1	713.3	714.5	714.0	31
2015 - 8	714.6	715.2	715.1	715.0	31
2015 - 9	715.3	716.0	714.1	715.1	30
2015 - 10	716.9	718.2	715.5	716.8	31
2015 - 11	714.0	713.0	714.7	713.9	30
2015 - 12	715.0	711.8	714.0	713.6	31
2016 - 1	713.5	712.1	713.1	712.9	31
2016 - 2	715.1	712.8	718.6	715.4	29
2016 - 3	712.6	709.7	714.2	712.2	31
2016 - 4	711.4	711.2	712.5	711.7	30
2016 - 5	712.6	713.3	711.7	712.5	31
2016 - 6	713.8	713.3	713.8	713.6	30
2016 - 7	712.4	712.4	714.1	713.0	31
2016 - 8	714.8	714.2	715.6	714.9	31
2016 - 9	715.1	716.5	716.0	715.8	30
2016 - 10	716.4	716.0	714.4	715.6	31
2016 - 11	715.6	713.6	714.0	714.4	30
2016 - 12	716.4	712.7	713.8	714.3	31
2017 - 1	710.9	710.4	714.8	712.1	31
2017 - 2	711.6	714.9	712.5	713.0	28
2017 - 3	711.4	710.2	712.6	711.4	31
2017 - 4	710.4	712.9	713.8	712.4	30
2017 - 5	714.1	714.3	714.6	714.4	31
2017 - 6	712.4	713.6	713.4	713.1	30
2017 - 7	713.4	713.8	713.8	713.6	31
2017 - 8	713.8	713.4	715.0	714.1	31
2017 - 9	715.0	716.5	714.7	715.4	30
2017 - 10	715.0	716.2	717.6	716.3	31
2017 - 11	716.8	713.5	714.4	714.9	30
2017 - 12	713.1	715.9	713.8	714.3	31

3.4.2 气象人工观测要素——平均风速数据集

3.4.2.1 概述

本数据集为贡嘎山站 3 000 m 综合气象观测场（25 m×25 m，29°34′34″N，101°59′54″E）人工观测要素——平均风速数据，使用电接风向风速计观测，包括了 2007—2017 年 8：00 平均风速、14：00平均风速、20：00平均风速和平均风速等指标。

3.4.2.2 数据采集和处理方法

原始数据观测频率为每日 3 次（北京时间 8：00，14：00，20：00）；数据产品频率为次/月；数据单位为 m/s；小数位数 1 位；数据产品观测层次为 10 m 风杆。

数据产品处理方法：用 8：00（14：00 或 20：00）风速合计值除以日数获得 8：00（14：00 或 20：00）平均风速；对每日质控后的所有 3 个时次观测数据进行平均，计算日平均值。再用日均值合计值除以日数获得月平均值。每日定时记录缺测 1 次或以上时，该日不做日平均。每月日均值缺测 7 次或以上时，该月不做月统计，按缺测处理。

3.4.2.3 数据质量控制和评估

本数据集采取四级控制：同气象人工观测要素——气压数据集（3.4.1.3）。根据 CERN《生态系统大气环境观测规范》，平均风速数据具体质量控制和评估方法为：超出气候学界限值域 0～75 m/s 的数据为错误数据。

3.4.2.4 数据

见表 3-49。

表 3-49 3 000 m 气象场 2007—2017 年人工观测气象要素——平均风速

年-月	8：00 平均风速/（m/s）	14：00 平均风速/（m/s）	20：00 平均风速/（m/s）	平均风速/（m/s）	有效数据/条
2007-1	0.6	1.0	0.7	0.8	31
2007-2	0.6	0.9	0.6	0.7	28
2007-3	0.3	0.9	0.5	0.6	31
2007-4	0.5	1.4	0.7	0.9	30
2007-5	0.4	1.7	0.7	0.9	31
2007-6	0.3	0.9	0.5	0.6	30
2007-7	0.5	1.1	0.6	0.7	31
2007-8	0.5	1.0	0.5	0.6	31
2007-9	0.4	1.0	0.3	0.6	30
2007-10	0.6	1.2	0.6	0.8	31
2007-11	0.6	1.1	0.7	0.8	30
2007-12	0.6	1.2	0.7	0.9	31
2008-1	0.7	0.7	0.8	0.7	31
2008-2	0.5	1.2	0.8	0.8	29
2008-3	0.5	1.3	0.8	0.9	31
2008-4	0.3	1.2	0.9	0.8	30
2008-5	0.6	1.7	0.5	1.0	31
2008-6	0.2	1.5	0.4	0.7	30
2008-7	0.2	0.8	0.6	0.5	31
2008-8	0.5	0.7	0.3	0.5	31
2008-9	0.4	1.1	0.5	0.6	30
2008-10	0.5	0.9	0.6	0.7	31
2008-11	0.5	1.2	0.8	0.8	30
2008-12	0.5	1.0	0.9	0.8	31
2009-1	0.6	1.0	0.8	0.9	31
2009-2	0.9	1.3	0.9	1.0	28
2009-3	0.7	1.5	0.7	1.0	31

（续）

年-月	8：00平均风速/（m/s）	14：00平均风速/（m/s）	20：00平均风速/（m/s）	平均风速/（m/s）	有效数据/条
2009 - 4	0.6	1.1	0.7	0.8	30
2009 - 5	0.7	1.3	0.7	0.9	31
2009 - 6	0.4	0.8	0.6	0.6	30
2009 - 7	0.5	1.2	0.7	0.8	31
2009 - 8	0.6	1.0	0.8	0.8	31
2009 - 9	0.5	1.4	0.5	0.8	30
2009 - 10	0.4	0.9	0.8	0.7	31
2009 - 11	0.7	0.9	0.7	0.7	30
2009 - 12	0.5	0.9	0.8	0.7	31
2010 - 1	0.9	1.0	0.8	0.9	31
2010 - 2	0.8	1.0	1.0	0.9	28
2010 - 3	0.7	1.2	0.7	0.9	31
2010 - 4	0.5	1.0	0.9	0.8	30
2010 - 5	0.8	1.4	0.6	0.9	31
2010 - 6	0.5	1.0	0.9	0.8	30
2010 - 7	0.5	1.1	0.7	0.8	31
2010 - 8	0.9	0.9	1.0	0.9	31
2010 - 9	0.5	1.1	0.5	0.7	30
2010 - 10	0.7	1.0	0.9	0.9	31
2010 - 11	0.5	0.8	0.7	0.6	30
2010 - 12	0.8	1.1	1.0	1.0	31
2011 - 1	0.7	1.1	0.9	0.9	31
2011 - 2	1.1	1.3	0.9	1.1	28
2011 - 3	0.5	0.9	0.8	0.7	31
2011 - 4	0.8	1.3	0.8	1.0	30
2011 - 5	0.9	1.0	0.9	0.9	31
2011 - 6	0.6	1.4	0.6	0.9	30
2011 - 7	0.4	1.1	0.6	0.7	31
2011 - 8	0.6	1.5	0.8	0.9	31
2011 - 9	0.3	1.2	0.5	0.7	30
2011 - 10	0.7	1.3	1.0	1.0	31
2011 - 11	0.6	1.2	0.8	0.9	30
2011 - 12	0.2	1.0	0.7	0.7	31
2012 - 1	0.8	0.9	0.7	0.8	31
2012 - 2	0.6	1.0	0.8	0.8	29
2012 - 3	0.5	1.0	0.8	0.8	31
2012 - 4	0.4	1.1	0.7	0.7	30
2012 - 5	0.2	1.2	0.9	0.8	31

（续）

年-月	8：00平均风速/（m/s）	14：00平均风速/（m/s）	20：00平均风速/（m/s）	平均风速/（m/s）	有效数据/条
2012-6	0.5	0.7	0.4	0.6	30
2012-7	0.0	0.7	0.5	0.4	31
2012-8	0.6	1.3	0.4	0.8	31
2012-9	0.1	0.9	0.5	0.5	30
2012-10	0.4	1.0	0.5	0.6	31
2012-11	0.5	1.1	0.9	0.8	30
2012-12	0.7	1.0	0.8	0.8	31
2013-1	0.4	1.0	1.0	0.8	31
2013-2	0.9	1.1	1.0	1.0	28
2013-3	0.3	1.1	0.9	0.8	31
2013-4	0.4	1.1	0.9	0.8	30
2013-5	0.7	1.1	0.9	0.9	31
2013-6	0.7	1.2	0.8	0.9	30
2013-7	0.2	0.7	0.9	0.6	31
2013-9	0.4	0.9	0.7	0.7	30
2013-10	0.7	1.1	0.7	0.9	31
2013-11	0.3	1.1	0.8	0.7	30
2013-12	0.7	1.0	0.7	0.8	31
2014-1	0.2	1.0	1.0	0.7	31
2014-2	0.8	0.9	0.7	0.8	28
2014-3	0.6	1.0	1.0	0.9	31
2014-4	0.8	1.2	0.8	0.9	30
2014-5	0.9	1.0	0.9	1.0	31
2014-6	0.7	0.8	0.2	0.6	30
2014-7	0.8	0.9	0.9	0.9	31
2014-8	0.4	0.9	0.7	0.7	31
2014-9	0.5	1.0	0.4	0.6	30
2014-10	0.6	1.1	0.5	0.7	31
2014-11	0.3	0.6	0.4	0.4	30
2014-12	0.8	0.9	0.7	0.8	31
2015-1	0.2	0.7	0.5	0.5	31
2015-2	0.6	1.1	1	0.8	28
2015-3	0.4	0.9	0.7	0.7	31
2015-4	0.6	1.2	0.5	0.7	30
2015-5	0.4	0.7	0.5	0.5	31
2015-6	0.7	1.2	0.5	0.8	30
2015-7	0.3	0.7	0.4	0.5	31
2015-8	0.5	1.2	0.5	0.8	31

(续)

年-月	8：00平均风速/（m/s）	14：00平均风速/（m/s）	20：00平均风速/（m/s）	平均风速/（m/s）	有效数据/条
2015 - 9	0.4	0.6	0.4	0.5	30
2015 - 10	0.6	1.1	0.7	0.8	31
2015 - 11	0.4	0.8	0.8	0.7	30
2015 - 12	0.5	1.0	0.7	0.8	31
2016 - 1	0.3	0.6	0.3	0.4	31
2016 - 2	0.4	1.1	0.7	0.7	29
2016 - 3	0.2	0.6	0.5	0.5	31
2016 - 4	0.7	1.2	0.5	0.8	30
2016 - 5	0.6	1.0	0.7	0.8	31
2016 - 6	0.6	1.2	0.5	0.8	30
2016 - 7	0.5	0.7	0.5	0.6	31
2016 - 8	0.7	1.2	0.7	0.8	31
2016 - 9	0.5	0.8	0.4	0.6	30
2016 - 10	0.5	1.5	0.6	0.9	31
2016 - 11	0.3	0.9	0.5	0.6	30
2016 - 12	0.6	1.0	0.6	0.7	31
2017 - 1	0.5	0.9	0.7	0.7	31
2017 - 2	0.5	0.8	0.4	0.6	28
2017 - 3	0.2	0.7	0.4	0.4	31
2017 - 4	0.6	1.0	0.6	0.7	30
2017 - 5	0.5	0.8	0.5	0.6	31
2017 - 6	0.7	1.3	0.7	0.9	30
2017 - 7	0.6	0.9	0.5	0.7	31
2017 - 8	0.6	1.0	0.5	0.7	31
2017 - 9	0.5	0.9	0.3	0.6	30
2017 - 10	0.4	1.0	0.3	0.5	31
2017 - 11	0.6	1.0	0.5	0.7	30
2017 - 12	0.5	1.0	0.5	0.7	31

3.4.3 气象人工观测要素——气温数据集

3.4.3.1 概述

本数据集为贡嘎山站3 000 m综合气象观测场（25 m×25 m，29°34′34″N，101°59′54″E）人工观测要素——气温数据，使用干球温度表观测，包括了2007—2017年气温日平均值上旬平均、气温日平均值中旬平均、气温日平均值下旬平均和气温日平均值月平均等指标。

3.4.3.2 数据采集和处理方法

原始数据观测频率为每日3次（北京时间8：00，14：00，20：00）；数据产品频率为次/月；数据单位为℃；小数位数1位；数据产品观测层次为1.5 m。

数据产品处理方法：①将当日最低气温和前一日20：00气温的平均值作为2：00的插补气温。

若当日最低气温或前一天 20：00 气温也缺测，则 2：00 气温用 8：00 记录代替。对每日质控后的所有 4 个时次观测数据进行平均，计算日平均值。每日定时记录缺测 1 次或以上时，该日不做日平均。②用日均值合计值除以日数获得月平均值，月上旬（中旬或下旬）日均值合计值除以月上旬（中旬或下旬）日数获得月上旬（中旬或下旬）月平均值。每月日均值缺测 7 次或以上时，该月不做月统计，按缺测处理。

3.4.3.3　数据质量控制和评估

本数据集采取四级控制：同气象人工观测要素——气压数据集（3.4.1.3）。根据 CERN《生态系统大气环境观测规范》，气温数据具体质量控制和评估方法为：①超出气候学界限值域－80～60 ℃的数据为错误数据；②气温大于等于露点温度；③24 h 气温变化范围小于 50 ℃；④利用与台站下垫面及周围环境相似的一个或多个邻近站的气温数据计算本台站气温值，比较台站观测值和计算值，如果超出阈值即认为观测数据可疑。

3.4.3.4　数据

见表 3 - 50。

表 3 - 50　3 000 m 气象场 2007—2017 年人工观测气象要素——气温

年-月	气温日平均值上旬平均/℃	气温日平均值中旬平均/℃	气温日平均值下旬平均/℃	气温日平均值月平均/℃	有效数据/条
2007 - 1	－6.0	－7.9	－4.0	－5.9	31
2007 - 2	－2.1	－2.3	1.0	－1.3	28
2007 - 3	－1.2	－0.7	4.2	0.9	31
2007 - 4	0.0	6.9	4.1	3.7	30
2007 - 5	8.3	7.4	10.6	8.8	31
2007 - 6	9.2	10.2	11.9	10.4	30
2007 - 7	13.1	13.2	11.5	12.6	31
2007 - 8	13.0	12.1	12.4	12.5	31
2007 - 9	8.6	8.3	10.1	9.0	30
2007 - 10	10.9	2.0	3.4	5.4	31
2007 - 11	1.1	2.1	－0.4	1.0	30
2007 - 12	－2.0	－2.7	－3.1	－2.6	31
2008 - 1	－1.8	－5.6	－10.2	－6.0	31
2008 - 2	－8.8	－7.0	－4.0	－6.7	29
2008 - 3	－0.6	2.3	1.3	1.0	31
2008 - 4	5.5	6.1	3.9	5.2	30
2008 - 5	8.1	8.4	9.6	8.8	31
2008 - 6	10.4	10.9	11.5	10.9	30
2008 - 7	11.0	12.4	13.5	12.3	31
2008 - 8	11.2	11.6	10.5	11.1	31
2008 - 9	10.3	10.5	11.3	10.7	30
2008 - 10	7.7	7.3	4.7	6.5	31
2008 - 11	3.8	0.5	－2.4	0.6	30
2008 - 12	－1.3	－0.8	－3.7	－2.0	31
2009 - 1	－6.2	－3.0	－3.8	－4.3	31

（续）

年-月	气温日平均值 上旬平均/℃	气温日平均值 中旬平均/℃	气温日平均值 下旬平均/℃	气温日平均值 月平均/℃	有效数据/条
2009 - 2	0.2	1.0	−0.7	0.2	28
2009 - 3	−2.1	2.3	3.2	1.2	31
2009 - 4	1.2	6.8	5.5	4.5	30
2009 - 5	7.9	7.6	7.5	7.6	31
2009 - 6	8.2	10.8	11.4	10.1	30
2009 - 7	11.3	14.3	12.9	12.8	31
2009 - 8	12.0	12.4	12.5	12.3	31
2009 - 9	14.2	12.0	8.7	11.7	30
2009 - 10	7.4	4.4	5.0	5.5	31
2009 - 11	4.7	−3.2	−1.4	0.0	30
2009 - 12	−1.7	−4.0	−3.5	−3.1	31
2010 - 1	−1.7	−2.2	−2.0	−1.9	31
2010 - 2	−0.3	−5.8	3.1	−1.3	28
2010 - 3	0.8	3.4	1.2	1.8	31
2010 - 4	2.7	6.7	3.6	4.3	30
2010 - 5	8.8	8.1	9.4	8.8	31
2010 - 6	7.6	9.7	11.4	9.6	30
2010 - 7	13.6	12.5	14.0	13.4	31
2010 - 8	14.3	14.2	10.3	12.8	31
2010 - 9	10.3	12.7	8.3	10.4	30
2010 - 10	6.2	6.4	3.9	5.4	31
2010 - 11	1.7	0.9	−0.4	0.8	30
2010 - 12	−0.6	−3.4	−3.4	−2.5	31
2011 - 1	−6.7	−9.0	−8.0	−7.9	31
2011 - 2	−0.6	−4.0	2.4	−1.0	28
2011 - 3	−1.2	−1.8	−3.3	−2.1	31
2011 - 4	1.7	4.8	6.3	4.3	30
2011 - 5	10.0	8.2	7.2	8.4	31
2011 - 6	9.3	11.6	12.7	11.2	30
2011 - 7	13.1	9.9	13.8	12.3	31
2011 - 8	11.6	15.1	11.1	12.6	31
2011 - 9	12.2	10.4	5.9	9.5	30
2011 - 10	7.0	5.3	3.6	5.2	31
2011 - 11	2.1	1.5	2.4	2.0	30
2011 - 12	−3.3	−5.8	−6.3	−5.2	31
2012 - 1	−6.6	−6.8	−7.3	−6.9	31
2012 - 2	−4.9	−4.4	−2.8	−4.1	29
2012 - 3	−3.7	0.6	0.4	−0.9	31

（续）

年-月	气温日平均值 上旬平均/℃	气温日平均值 中旬平均/℃	气温日平均值 下旬平均/℃	气温日平均值 月平均/℃	有效数据/条
2012 - 4	2.7	2.6	6.8	4.0	30
2012 - 5	9.5	8.0	8.2	8.6	31
2012 - 6	8.6	9.5	11.4	9.9	30
2012 - 7	13.1	12.1	12.6	12.6	31
2012 - 8	13.0	14.5	10.6	12.7	31
2012 - 9	11.9	7.1	8.2	9.1	30
2012 - 10	6.0	5.7	4.0	5.2	31
2012 - 11	2.3	2.2	−2.0	0.8	30
2012 - 12	−1.7	−1.3	−6.1	−3.1	31
2013 - 1	−7.3	−4.3	−2.7	−4.7	31
2013 - 2	−0.2	−1.5	1.6	−0.1	28
2013 - 3	1.8	3.7	2.6	2.7	31
2013 - 4	2.1	3.4	7.2	4.2	30
2013 - 5	5.0	8.0	10.2	7.8	31
2013 - 6	10.9	13.6	12.7	12.4	30
2013 - 7	13.8	13.3	14.0	13.7	31
2013 - 9	7.7	11.3	9.1	9.4	30
2013 - 10	7.3	5.4	2.6	5.0	31
2013 - 11	3.3	1.6	−0.8	1.4	30
2013 - 12	−0.4	−5.6	−7.4	−4.6	31
2014 - 1	−5.5	−6.2	−0.1	−3.8	31
2014 - 2	−0.4	−6.9	−0.6	−2.8	28
2014 - 3	−2.2	1.1	1.5	0.2	31
2014 - 4	2.4	9.2	5.1	5.6	30
2014 - 5	4.8	7.8	9.8	7.5	31
2014 - 6	11.1	9.8	9.8	10.2	30
2014 - 7	13.0	11.6	13.3	12.6	31
2014 - 8	13.4	10.4	10.3	11.3	31
2014 - 9	11.5	11.7	9.2	10.8	30
2014 - 10	8.4	5.5	5.9	6.6	31
2014 - 11	1.9	−0.4	0.4	0.6	30
2014 - 12	−1.1	−6.1	−3.6	−3.6	31
2015 - 1	−2.2	−4.0	−2.2	−2.8	31
2015 - 2	−5.3	0.2	0.4	−1.7	28
2015 - 3	−1.5	2.9	4.8	2.2	31
2015 - 4	4.1	6.2	4.8	5.0	30
2015 - 5	7.8	9.1	9.1	8.7	31
2015 - 6	9.7	10.0	14.2	11.3	30

（续）

年-月	气温日平均值 上旬平均/℃	气温日平均值 中旬平均/℃	气温日平均值 下旬平均/℃	气温日平均值 月平均/℃	有效数据/条
2015 – 7	10.9	11.3	11.2	11.1	31
2015 – 8	12.0	11.8	10.5	11.4	31
2015 – 9	11.1	7.9	8.9	9.3	30
2015 – 10	6.9	6.6	6.5	6.7	31
2015 – 11	4.3	3.6	2.0	3.3	30
2015 – 12	0.0	−2.6	−3.4	−2.0	31
2016 – 1	−2.9	−4.9	−8.3	−5.5	31
2016 – 2	−5.4	−5.9	−5.7	−5.6	29
2016 – 3	2.3	1.2	1.2	1.5	31
2016 – 4	6.0	6.2	3.6	5.2	30
2016 – 5	10.1	8.1	9.3	9.2	31
2016 – 6	11.7	12.1	12.2	12.0	30
2016 – 7	12.6	14.4	13.6	13.6	31
2016 – 8	13.3	14.8	13.4	13.8	31
2016 – 9	9.4	8.9	9.2	9.2	30
2016 – 10	9.5	7.2	6.5	7.7	31
2016 – 11	2.8	3.2	−0.9	1.7	30
2016 – 12	0.3	−0.9	−2.7	−1.2	31
2017 – 1	−1.3	−6.7	−1.9	−3.3	31
2017 – 2	−0.4	−0.2	−4.3	−1.5	28
2017 – 3	−2.7	−0.7	1.4	−0.6	31
2017 – 4	5.6	5.0	3.4	4.7	30
2017 – 5	7.2	8.1	7.9	7.8	31
2017 – 6	10.5	9.8	10.3	10.2	30
2017 – 7	11.4	13.5	13.3	12.8	31
2017 – 8	14.2	13.3	13.7	13.7	31
2017 – 9	10.9	10.8	10.7	10.8	30
2017 – 10	12.3	5.8	3.6	7.1	31
2017 – 11	4.1	2.9	−4.6	0.8	30
2017 – 12	−2.2	−4.2	−1.6	−2.6	31

3.4.4　气象人工观测要素——相对湿度数据集

3.4.4.1　概述

本数据集为贡嘎山站 3 000 m 综合气象观测场（25 m×25 m，29°34′34″N，101°59′54″E）人工观测要素-相对湿度数据，使用干球温度表和湿球温度表观测，包括了 2007—2017 年相对湿度日平均值上旬平均、相对湿度日平均值中旬平均、相对湿度日平均值下旬平均和相对湿度日平均值月平均等指标。

3.4.4.2　数据采集和处理方法

数据获取方法：非结冰期采用干球温度表和湿球温度表观测，结冰期采用毛发湿度表观测。按照干、湿球温度表的温度差值查《湿度查算表》获得相对湿度；原始数据观测频率为每日 3 次（北京时间 8：00，14：00，20：00）；数据产品频率为次/月；数据单位为％；小数位数 0 位；数据产品观测层次为 1.5 m。

数据产品处理方法：①用 8：00 的相对湿度值代替 2：00 的值，然后对每日质控后的所有 4 个时次观测数据进行平均，计算日平均值。每日定时记录缺测 1 次或以上时，该日不做日平均。②用日均值合计值除以日数获得月平均值，月上旬（中旬或下旬）日均值合计值除以月上旬（中旬或下旬）日数获得上旬（中旬或下旬）月平均值。每月日均值缺测 7 次或以上时，该月不做月统计，按缺测处理。

3.4.4.3　数据质量控制和评估

本数据集采取四级控制：同气象人工观测要素——气压数据集（3.4.1.3）。根据 CERN《生态系统大气环境观测规范》，相对湿度数据具体质量控制和评估方法为：①相对湿度介于 0％～100％；②干球温度大于等于湿球温度（结冰期除外）。

3.4.4.4　数据

见表 3-51。

表 3-51　3 000 m 气象场 2007—2017 年人工观测气象要素——相对湿度

年-月	相对湿度日平均值上旬平均/％	相对湿度日平均值中旬平均/％	相对湿度日平均值下旬平均/％	相对湿度日平均值月平均/％	有效数据/条
2007 - 1	93	93	82	89	31
2007 - 2	88	92	87	89	28
2007 - 3	92	92	83	89	31
2007 - 4	94	78	91	88	30
2007 - 5	81	85	86	84	31
2007 - 6	93	92	88	91	30
2007 - 7	93	91	91	92	31
2007 - 8	92	92	93	93	31
2007 - 9	97	92	92	94	30
2007 - 10	93	97	96	95	31
2007 - 11	93	94	93	94	30
2007 - 12	91	91	92	91	31
2008 - 1	81	94	94	90	31
2008 - 2	87	88	85	87	29
2008 - 3	92	93	93	93	31
2008 - 4	81	90	89	87	30
2008 - 5	89	85	91	88	31
2008 - 6	85	95	93	91	30
2008 - 7	91	93	93	92	31
2008 - 8	98	97	97	97	31
2008 - 9	96	95	96	96	30
2008 - 10	96	94	97	96	31

（续）

年-月	相对湿度日平均值上旬平均/%	相对湿度日平均值中旬平均/%	相对湿度日平均值下旬平均/%	相对湿度日平均值月平均/%	有效数据/条
2008 - 11	92	98	93	95	30
2008 - 12	91	81	94	89	31
2009 - 1	96	88	96	93	31
2009 - 2	89	87	87	88	28
2009 - 3	95	83	90	90	31
2009 - 4	95	88	94	92	30
2009 - 5	93	92	93	93	31
2009 - 6	92	93	95	93	30
2009 - 7	94	93	94	94	31
2009 - 8	95	92	93	93	31
2009 - 9	89	94	94	92	30
2009 - 10	97	96	95	96	31
2009 - 11	86	98	90	91	30
2009 - 12	94	97	86	92	31
2010 - 1	78	84	82	81	31
2010 - 2	80	95	73	84	28
2010 - 3	89	81	92	88	31
2010 - 4	87	85	91	88	30
2010 - 5	89	93	91	91	31
2010 - 6	94	91	92	92	30
2010 - 7	96	95	93	95	31
2010 - 8	90	93	96	93	31
2010 - 9	96	91	98	95	30
2010 - 10	96	94	96	95	31
2010 - 11	93	97	98	96	30
2010 - 12	91	94	88	91	31
2011 - 1	93	93	93	93	31
2011 - 2	80	100	80	87	28
2011 - 3	93	96	92	94	31
2011 - 4	94	90	81	88	30
2011 - 5	83	85	95	88	31
2011 - 6	94	94	92	93	30
2011 - 7	94	95	93	94	31
2011 - 8	93	89	91	91	31
2011 - 9	93	96	98	96	30
2011 - 10	93	94	94	94	31
2011 - 11	92	90	87	90	30
2011 - 12	98	94	93	95	31

（续）

年-月	相对湿度日平均值上旬平均/%	相对湿度日平均值中旬平均/%	相对湿度日平均值下旬平均/%	相对湿度日平均值月平均/%	有效数据/条
2012 - 1	96	95	93	94	31
2012 - 2	93	94	93	93	29
2012 - 3	95	85	93	91	31
2012 - 4	91	93	88	91	30
2012 - 5	88	86	96	90	31
2012 - 6	96	94	95	95	30
2012 - 7	95	94	93	94	31
2012 - 8	92	92	96	93	31
2012 - 9	92	97	96	95	30
2012 - 10	97	95	93	95	31
2012 - 11	92	83	96	90	30
2012 - 12	89	90	91	90	31
2013 - 1	89	90	84	88	31
2013 - 2	81	88	77	83	28
2013 - 3	85	86	91	87	31
2013 - 4	94	88	88	90	30
2013 - 5	93	91	89	91	31
2013 - 6	92	91	96	93	30
2013 - 7	95	95	93	94	31
2013 - 9	97	91	94	94	31
2013 - 10	91	96	95	94	31
2013 - 11	90	89	93	91	30
2013 - 12	81	91	92	88	31
2014 - 1	92	93	79	88	31
2014 - 2	84	92	93	90	28
2014 - 3	97	88	93	93	31
2014 - 4	94	82	92	89	30
2014 - 5	94	94	89	92	31
2014 - 6	95	95	97	96	30
2014 - 7	95	96	93	95	31
2014 - 8	95	95	94	95	31
2014 - 9	94	94	96	95	30
2014 - 10	94	97	92	95	31
2014 - 11	97	97	93	96	30
2014 - 12	98	92	89	93	31
2015 - 1	91	90	90	90	31
2015 - 2	94	82	92	89	28
2015 - 3	92	87	88	89	31

（续）

年-月	相对湿度日平均值上旬平均/%	相对湿度日平均值中旬平均/%	相对湿度日平均值下旬平均/%	相对湿度日平均值月平均/%	有效数据/条
2015 - 4	90	86	90	89	30
2015 - 5	90	91	93	91	31
2015 - 6	97	94	95	95	30
2015 - 7	94	95	93	94	31
2015 - 8	92	95	95	94	31
2015 - 9	96	98	97	97	30
2015 - 10	95	90	93	93	31
2015 - 11	91	91	94	92	30
2015 - 12	91	97	92	93	31
2016 - 1	91	96	97	95	31
2016 - 2	95	96	90	94	29
2016 - 3	83	90	94	89	31
2016 - 4	91	91	97	93	30
2016 - 5	87	92	93	91	31
2016 - 6	90	91	96	92	30
2016 - 7	94	92	93	93	31
2016 - 8	92	90	93	92	31
2016 - 9	97	96	95	96	30
2016 - 10	94	93	93	93	31
2016 - 11	92	86	97	92	30
2016 - 12	87	95	96	93	31
2017 - 1	92	97	90	93	31
2017 - 2	83	88	96	88	28
2017 - 3	97	97	92	95	31
2017 - 4	91	88	94	91	30
2017 - 5	92	89	95	92	31
2017 - 6	91	94	95	94	30
2017 - 7	94	87	94	92	31
2017 - 8	94	95	94	94	31
2017 - 9	95	95	88	93	30
2017 - 10	89	96	96	94	31
2017 - 11	87	94	98	93	30
2017 - 12	97	96	89	94	31

3.4.5 气象人工观测要素——地表温度数据集

3.4.5.1 概述

本数据集为贡嘎山站 3 000 m 综合气象观测场（25 m×25 m，29°34′34″N，101°59′54″E）人工观测要素——地表温度数据，使用水银地温表观测，包括了 2007—2017 年地表温度日平均值上旬平均、地表温度日平均值中旬平均、地表温度日平均值下旬平均和地表温度日平均值月平均等指标。

3.4.5.2 数据采集和处理方法

原始数据观测频率为每日 3 次（北京时间 8：00，14：00，20：00）；数据产品频率为次/月；数据单位为℃；小数位数 1 位；数据产品观测层次为地表面 0 cm 处。

数据产品处理方法：①将当日地面最低温度和前一日 20：00 地表温度的平均值作为 2：00 的地表温度，然后对每日质控后的所有 4 个时次观测数据进行平均，计算日平均值。每日定时记录缺测 1 次或以上时，该日不做日平均。②用日均值合计值除以日数获得月平均值，月上旬（中旬或下旬）日均值合计值除以月上旬（中旬或下旬）日数获得上旬（中旬或下旬）月平均值。每月日均值缺测 7 次或以上时，该月不做月统计，按缺测处理。

3.4.5.3 数据质量控制和评估

本数据集采取四级控制：同气象人工观测要素——气压数据集（3.4.1.3）。根据 CERN《生态系统大气环境观测规范》，地表温度数据具体质量控制和评估方法为：①超出气候学界限值域 −90～90 ℃的数据为错误数据；②地表温度 24 h 变化范围小于 60 ℃。

3.4.5.4 数据

见表 3-52。

表 3-52 　3 000 m 气象场 2007—2017 年人工观测气象要素——地表温度

年-月	地表地温日平均值上旬平均/℃	地表地温日平均值中旬平均/℃	地表地温日平均值下旬平均/℃	地表地温日平均值月平均/℃	有效数据/条
2007-1	−1.5	−0.6	0.3	−0.6	31
2007-2	1.2	1.2	5.1	2.3	28
2007-3	3.2	2.9	7.0	4.5	31
2007-4	3.2	10.9	7.8	7.3	30
2007-5	11.5	11.6	15.0	12.7	31
2007-6	12.5	14.2	16.4	14.4	30
2007-7	16.6	17.0	16.2	16.6	31
2007-8	16.8	16.3	16.3	16.5	31
2007-9	11.8	12.5	14.0	12.8	30
2007-10	14.8	5.4	6.7	8.9	31
2007-11	3.4	5.1	2.2	3.6	30
2007-12	0.0	0.1	−0.1	0.0	31
2008-1	0.6	−1.0	−2.3	−1.0	31
2008-2	−1.1	0.7	1.5	0.3	29
2008-3	2.9	5.8	4.5	4.4	31
2008-4	8.7	9.8	8.0	8.9	30
2008-5	12.0	13.2	13.9	13.0	31
2008-6	14.4	15.4	14.9	14.9	30
2008-7	14.6	16.3	17.7	16.2	31
2008-8	14.1	14.4	13.6	14.0	31
2008-9	13.9	14.1	15.0	14.3	30
2008-10	12.1	11.4	8.2	10.5	31
2008-11	8.0	4.8	1.3	4.7	30

（续）

年-月	地表地温日平均值上旬平均/℃	地表地温日平均值中旬平均/℃	地表地温日平均值下旬平均/℃	地表地温日平均值月平均/℃	有效数据/条
2008 - 12	1.0	0.3	−0.5	0.2	31
2009 - 1	−0.8	−0.2	−0.3	−0.5	31
2009 - 2	3.3	4.0	2.0	3.2	28
2009 - 3	1.3	4.7	6.8	4.4	31
2009 - 4	5.3	10.1	8.7	8.0	30
2009 - 5	10.8	12.0	11.7	11.5	31
2009 - 6	11.7	14.6	14.4	13.6	30
2009 - 7	15.3	18.3	16.4	16.7	31
2009 - 8	15.1	16.2	16.4	15.9	31
2009 - 9	19.1	15.9	13.2	16.1	30
2009 - 10	10.5	7.6	8.4	8.8	31
2009 - 11	7.4	1.2	0.0	2.9	30
2009 - 12	0.9	−0.7	−1.6	−0.5	31
2010 - 1	−1.2	0.1	1.1	0.0	31
2010 - 2	2.5	−0.2	5.3	2.3	28
2010 - 3	3.5	6.1	4.2	4.6	31
2010 - 4	5.7	9.9	6.2	7.2	30
2010 - 5	13.3	12.3	13.1	12.9	31
2010 - 6	11.2	13.4	14.8	13.1	30
2010 - 7	16.7	15.8	17.4	16.7	31
2010 - 8	18.6	17.8	13.5	16.6	31
2010 - 9	13.9	17.1	12.0	14.3	30
2010 - 10	9.4	9.3	7.1	8.5	31
2010 - 11	3.8	3.4	2.4	3.2	30
2010 - 12	0.0	−0.2	−0.6	−0.3	31
2011 - 1	−1.5	−1.7	−1.7	−1.6	31
2011 - 2	1.0	−0.8	6.1	1.8	28
2011 - 3	2.0	1.0	1.4	1.5	31
2011 - 4	4.9	9.0	8.8	7.6	30
2011 - 5	12.5	11.3	10.3	11.3	31
2011 - 6	13.0	15.2	16.3	14.8	30
2011 - 7	16.4	13.0	17.6	15.8	31
2011 - 8	14.8	19.2	15.3	16.4	31
2011 - 9	16.6	13.6	8.8	13.0	30
2011 - 10	10.7	8.6	7.2	8.8	31
2011 - 11	5.3	3.2	2.8	3.8	30
2011 - 12	0.3	−1.3	−1.8	−1.0	31
2012 - 1	−2.1	−2.3	−2.1	−2.2	31

（续）

年-月	地表地温日平均 值上旬平均/℃	地表地温日平均 值中旬平均/℃	地表地温日平均 值下旬平均/℃	地表地温日平均值 月平均/℃	有效数据/条
2012 - 2	−1.3	−1.6	0.7	−0.8	29
2012 - 3	−0.3	3.3	2.9	2.0	31
2012 - 4	6.0	5.4	11.0	7.5	30
2012 - 5	13.5	12.0	11.4	12.3	31
2012 - 6	11.4	12.4	14.6	12.8	30
2012 - 7	16.0	15.1	15.4	15.5	31
2012 - 8	16.8	18.6	14.0	16.4	31
2012 - 9	16.0	10.3	11.6	12.6	30
2012 - 10	9.3	9.2	7.5	8.6	31
2012 - 11	5.2	4.1	1.2	3.5	30
2012 - 12	0.6	0.7	−1.4	−0.1	31
2013 - 1	−2.2	−0.5	1.5	−0.3	31
2013 - 2	3.1	2.9	5.9	3.8	28
2013 - 3	5.5	6.9	5.2	5.8	31
2013 - 4	4.9	5.5	10.9	7.1	30
2013 - 5	8.3	11.6	13.2	11.1	31
2013 - 6	14.6	18.3	16.2	16.4	30
2013 - 7	16.6	16.3	16.8	16.6	31
2013 - 9	10.8	15.7	12.4	13.0	30
2013 - 10	10.3	8.4	5.4	8.0	31
2013 - 11	6.6	4.3	2.0	4.3	30
2013 - 12	−0.7	−2.1	−2.9	−1.9	31
2014 - 1	−4.2	−4.4	0.5	−2.6	31
2014 - 2	3.9	−0.9	3.8	2.2	28
2014 - 3	1.2	3.3	3.8	2.8	31
2014 - 4	4.8	13.1	8.2	8.7	30
2014 - 5	7.5	11.2	13.0	10.6	31
2014 - 6	13.9	12.9	12.6	13.1	30
2014 - 7	15.5	13.8	15.7	15.0	31
2014 - 8	16.0	13.3	13.3	14.2	31
2014 - 9	15.5	15.4	12.3	14.4	30
2014 - 10	12.4	8.6	9.4	10.1	31
2014 - 11	5.2	2.4	3.0	3.6	30
2014 - 12	1.7	−1.4	−1.5	−0.4	31
2015 - 1	−0.6	−1	0.5	−0.3	31
2015 - 2	−0.8	2.6	2.8	1.4	28
2015 - 3	1.6	5.1	7.8	4.9	31
2015 - 4	6.5	9.5	8.4	8.1	30

（续）

年-月	地表地温日平均值上旬平均/℃	地表地温日平均值中旬平均/℃	地表地温日平均值下旬平均/℃	地表地温日平均值月平均/℃	有效数据/条
2015 - 5	11.3	12.4	12.6	12.1	31
2015 - 6	12.6	13.5	18.1	14.8	30
2015 - 7	15.2	15.0	14.6	14.9	31
2015 - 8	15.8	15.5	13.8	15.0	31
2015 - 9	13.9	10.5	11.4	11.9	30
2015 - 10	10.4	9.9	9.5	9.9	31
2015 - 11	7.8	5.2	3.4	5.5	30
2015 - 12	1.3	−0.6	−2.2	−0.6	31
2016 - 1	−2.1	−2.1	−6.2	−3.6	31
2016 - 2	−2.4	−1.9	−2.3	−2.2	29
2016 - 3	4.6	4.5	4.2	4.4	31
2016 - 4	9.5	10.4	6.6	8.8	30
2016 - 5	13.6	11.7	13.5	12.9	31
2016 - 6	15.3	16.6	15.5	15.8	30
2016 - 7	16.4	18.2	17.7	17.4	31
2016 - 8	17.9	19.8	17.6	18.4	31
2016 - 9	12.2	12.4	12.1	12.2	30
2016 - 10	12.2	10.7	10.2	11.0	31
2016 - 11	5.1	3.9	1.4	3.5	30
2016 - 12	0.7	0.4	0.6	0.6	31
2017 - 1	0.7	−3.2	1.6	−0.3	31
2017 - 2	1.0	3.7	−0.7	1.5	28
2017 - 3	0.3	1.6	3.6	1.8	31
2017 - 4	9.1	7.5	5.9	7.5	30
2017 - 5	11.0	12.3	11.2	11.5	31
2017 - 6	14.9	13.8	13.2	14.0	30
2017 - 7	14.0	16.6	16.8	15.8	31
2017 - 8	16.8	16.7	17.1	16.9	31
2017 - 9	14.0	12.7	13.9	13.5	30
2017 - 10	14.9	8.2	6.1	9.6	31
2017 - 11	6.4	5.5	−2.4	3.2	30
2017 - 12	−0.6	−1.3	−0.5	−0.8	31

3.4.6　气象人工观测要素——降水数据集

3.4.6.1　概述

本数据集为贡嘎山站 3 000 m 综合气象观测场（25 m×25 m，29°34′34″N，101°59′54″E）人工观测要素——降水数据，利用雨（雪）量器每天 8：00 和 20：00 观测前 12 h 的累积降水量，包括了 2007—2017 年 20：00—8：00 降水量月合计值、8：00—20：00 降水量月合计值、20：00—20：00

降水量月合计值等指标。

3.4.6.2　数据采集和处理方法

原始数据观测频率为每日 2 次（北京时间 8：00，20：00）；数据产品频率为次/月；数据单位为 mm；小数位数 1 位；数据产品观测层次为距地面高度 70 cm，冬季积雪超过 30 cm 时距地面高度 1.0～1.2 m。

数据产品处理方法：①降水量的日总量由该日各时降水量值累加获得。每日定时记录缺测 1 次，另一定时记录未缺测时，按实有记录做日合计，全天缺测时不做日合计。②月累计降水量由日总量累加而得。每月降水量缺测 7 d 或以上时，该月不做月合计，按缺测处理。

3.4.6.3　数据质量控制和评估

本数据集采取四级控制：同气象人工观测要素——气压数据集（3.4.1.3）。根据 CERN《生态系统大气环境观测规范》，降水数据具体质量控制和评估方法为：降水量大于 0.0 mm 或者微量时，应有降水或者雪暴天气现象。

3.4.6.4　数据

见表 3-53。

表 3-53　3 000 m 气象场 2007—2017 年人工观测气象要素——降水

年-月	20：00—8：00 降水量月合计值/mm	8：00—20：00 降水量月合计值/mm	20：00—20：00 降水量月合计值/mm	有效数据/条
2007-1	19.7	9.8	29.5	31
2007-2	48.3	14.9	63.2	28
2007-3	27.4	3.9	31.3	31
2007-4	149.3	51.3	200.6	30
2007-5	152.6	110.0	262.6	31
2007-6	245.8	87.8	333.6	30
2007-7	154.4	146.8	301.2	31
2007-8	198.6	88.4	287.0	31
2007-9	173.3	82.5	255.8	30
2007-10	88.5	43.2	131.7	31
2007-11	43.1	15.7	58.8	30
2007-12	16.7	1.9	18.6	31
2008-1	12.5	4.9	17.4	31
2008-2	54.2	4.2	58.4	29
2008-3	89.5	33.1	122.6	31
2008-4	119.0	58.2	177.2	30
2008-5	267.8	71.6	339.4	31
2008-6	139.7	80.7	220.4	30
2008-7	179.8	58.3	238.1	31
2008-8	269.0	119.1	388.1	31
2008-9	121.2	57.8	179.0	30
2008-10	159.4	23.6	183.0	31
2008-11	25.4	9.1	34.5	30
2008-12	3.8	1.1	4.9	31
2009-1	13.1	5.3	18.4	31

（续）

年-月	20：00—8：00 降水量月合计值/mm	8：00—20：00 降水量月合计值/mm	20：00—20：00 降水量月合计值/mm	有效数据/条
2009 - 2	4.9	0.3	5.2	28
2009 - 3	42.2	17.6	59.8	31
2009 - 4	122.6	52.2	174.8	30
2009 - 5	177.3	53.0	230.3	31
2009 - 6	127.4	92.7	220.1	30
2009 - 7	153.4	65.0	218.4	31
2009 - 8	197.5	91.2	288.7	31
2009 - 9	112.2	45.4	157.6	30
2009 - 10	96.8	30.7	127.5	31
2009 - 11	34.6	7.7	42.3	30
2009 - 12	37.9	4.5	42.4	31
2010 - 1	4.9	4.7	9.6	31
2010 - 2	12.4	4.4	16.8	28
2010 - 3	83.9	39.6	123.5	31
2010 - 4	108.4	57.0	165.4	30
2010 - 5	145.6	88.1	233.7	31
2010 - 6	209.1	104.0	313.1	30
2010 - 7	231.8	114.7	346.5	31
2010 - 8	163.2	123.3	286.5	31
2010 - 9	122.4	70.0	192.4	30
2010 - 10	123.7	48.5	172.2	31
2010 - 11	67.0	16.6	83.6	30
2010 - 12	21.5	3.7	25.2	31
2011 - 1	29.5	12.7	42.2	31
2011 - 2	6.2	1.1	7.3	28
2011 - 3	61.5	54.1	115.6	31
2011 - 4	125.1	40.5	165.6	30
2011 - 5	170.5	91.6	262.1	31
2011 - 6	153.3	91.1	244.4	30
2011 - 7	184.0	104.1	288.1	31
2011 - 8	63.2	48.8	112.0	31
2011 - 9	140.5	50.2	190.7	30
2011 - 10	83.7	20.9	104.6	31
2011 - 11	36.2	11.7	47.9	30
2011 - 12	23.9	9.1	33.0	31
2012 - 1	13.6	7.1	20.7	31
2012 - 2	12.0	4.3	16.3	29
2012 - 3	88.5	27.5	116.0	31

（续）

年-月	20：00—8：00 降水量月合计值/mm	8：00—20：00 降水量月合计值/mm	20：00—20：00 降水量月合计值/mm	有效数据/条
2012 - 4	101.4	55.0	156.4	30
2012 - 5	153.8	58.7	212.5	31
2012 - 6	227.0	143.0	370.0	30
2012 - 7	280.1	130.1	410.2	31
2012 - 8	224.1	67.3	291.4	31
2012 - 9	195.1	72.4	267.5	30
2012 - 10	119.7	27.4	147.1	31
2012 - 11	14.9	11.8	26.7	30
2012 - 12	7.6	3.3	10.9	31
2013 - 1	8.9	0.0	8.9	31
2013 - 2	1.0	7.3	8.3	28
2013 - 3	118.6	16.1	134.7	31
2013 - 4	152.7	66.8	219.5	30
2013 - 5	173.9	105.4	279.3	31
2013 - 6	166.7	90.6	257.3	30
2013 - 7	339.3	150.8	490.1	31
2013 - 9	230.4	114.7	345.1	30
2013 - 10	163.8	50.2	214.0	31
2013 - 11	42.7	5.0	47.7	30
2013 - 12	18.1	4.4	22.5	31
2014 - 1	18.8	1.2	20.0	31
2014 - 2	4.5	1.6	6.1	28
2014 - 3	54.0	21.1	75.1	31
2014 - 4	87.1	41.5	128.6	30
2014 - 5	169.6	35.7	205.3	31
2014 - 6	235.6	113.7	349.3	30
2014 - 7	192.1	99.2	291.3	31
2014 - 8	224.3	139.6	363.9	31
2014 - 9	179.7	55.8	235.5	30
2014 - 10	106.6	43.4	150.0	31
2014 - 11	36.4	5.9	42.3	30
2014 - 12	30.2	6.6	36.8	31
2015 - 1	18.1	6.6	24.7	31
2015 - 2	9.9	1.6	11.5	28
2015 - 3	40.3	3.2	43.5	31
2015 - 4	129.1	75.9	205.0	30
2015 - 5	111.1	65.1	176.2	31
2015 - 6	234.0	98.6	332.6	30

（续）

年-月	20：00—8：00 降水量月合计值/mm	8：00—20：00 降水量月合计值/mm	20：00—20：00 降水量月合计值/mm	有效数据/条
2015 - 7	123.4	134.2	257.6	31
2015 - 8	189.5	143.1	332.6	31
2015 - 9	179.6	69.9	249.5	30
2015 - 10	97.6	25.4	123.0	31
2015 - 11	31.7	2.4	34.1	30
2015 - 12	39.6	15.4	55.0	31
2016 - 1	29.4	0.2	29.6	31
2016 - 2	67.2	5.8	73.0	29
2016 - 3	89.1	10.0	99.1	31
2016 - 4	186.6	81.4	268.0	30
2016 - 5	124.8	42.6	167.4	31
2016 - 6	255.7	74.6	330.3	30
2016 - 7	268.8	89.3	358.1	31
2016 - 8	162.5	40.5	203.0	31
2016 - 9	267.9	80.9	348.8	30
2016 - 10	74.4	39.9	114.3	31
2016 - 11	30.9	12.1	43.0	30
2016 - 12	26.8	1.1	27.9	31
2017 - 1	6.6	0.2	6.8	31
2017 - 2	38.0	15.0	53.0	28
2017 - 3	71.3	4.2	75.5	31
2017 - 4	185.4	63.2	248.6	30
2017 - 5	206.4	77.4	283.8	31
2017 - 6	223.2	98.8	322.0	30
2017 - 7	125.1	85.4	210.5	31
2017 - 8	322.2	69.3	391.5	31
2017 - 9	178.8	36.0	214.8	30
2017 - 10	111.3	68.6	179.9	31
2017 - 11	52.9	3.0	55.9	30
2017 - 12	16.2	0.8	17.0	31

3.4.7　气象自动观测要素——气压数据集

3.4.7.1　概述

本数据集为贡嘎山站 3 000 m 综合气象观测场（25 m×25 m，29°34′34″N，101°59′54″E）自动观测要素——气压数据，使用 DPA501 数字气压表观测，包括了 2007—2017 年日平均值月平均、日最大值月平均、日最小值月平均、月极大值、极大值日期、月极小值和极小值日期等指标。

3.4.7.2　数据采集和处理方法

数据获取方法：DPA501 数字气压表观测，每 10 s 采测 1 个气压值，每分钟采测 6 个气压值，去除一个最大值和一个最小值后取平均值，作为每分钟的气压值，正点时采测 00 min 的气压值作为正点数据存储。极大、极小气压的月极值及出现日期，分别从逐日最高（大）、最低（小）值中挑取，并记录其相应的出现日期。原始数据观测频率：日/次；数据产品频率：月/次；数据单位为 hPa；小数位数 1 位；数据产品观测层次为距地面小于 1 m。

数据产品处理方法：用质控后的日均值合计值除以日数获得月平均值。日平均值缺测 6 次或者以上时，不做月统计。

3.4.7.3　数据质量控制和评估

本数据集采取四级控制：同气象人工观测要素——气压数据集（3.4.1.3）。根据 CERN《生态系统大气环境观测规范》，气压数据具体质量控制和评估方法为：① 超出气候学界限值域 300～1 100 hPa 的数据为错误数据；② 所观测的气压不小于日最低气压且不大于日最高气压，海拔高度大于 0 m 时，台站气压小于海平面气压，海拔高度等于 0 m 时，台站气压等于海平面气压，海拔高度小于 0 m 时，台站气压大于海平面气压；③ 24 h 变压的绝对值小于 50 hPa；④ 1 min 内允许的最大变化值为 1.0 hPa，1 h 内变化幅度的最小值为 0.1 hPa；⑤ 某一定时气压缺测时，用前、后两定时数据内插求得，按正常数据统计，若连续两个或以上定时数据缺测时，不能内插，仍按缺测处理；⑥ 一日中若 24 次定时观测记录有缺测时，该日按照 2：00、8：00、14：00、20：00 4 次定时记录做日平均，若 4 次定时记录缺测 1 次或以上，但该日各定时记录缺测 5 次或以下时，按实有记录做日统计，缺测 6 次或以上时，不做日平均。

3.4.7.4　数据

见表 3 - 54。

表 3 - 54　3 000 m 气象场 2007—2017 年自动观测气象要素——气压

年-月	日平均值月平均/hPa	日最大值月平均/hPa	日最小值月平均/hPa	月极大值/hPa	极大值日期	月极小值/hPa	极小值日期	有效数据/条
2007 - 1	710.8	713.2	708.2	721.6	31	703.4	19	31
2007 - 2	708.3	710.5	705.7	722.7	1	698.9	15	28
2007 - 3	707.9	710.1	705.0	715.8	20	699.0	15	31
2007 - 4	711.9	713.9	709.4	716.3	10	704.1	16	30
2007 - 5	712.5	714.7	710.1	722.2	12	703.2	21	31
2007 - 6	710.9	712.4	709.2	717.2	24	705.3	17	30
2007 - 7	710.3	711.7	708.9	714.8	30	704.4	17	31
2007 - 8	712.9	714.2	711.5	718.0	25	708.6	12	31
2007 - 9	714.2	715.9	712.4	719.9	20	706.9	7	30
2007 - 10	714.1	716.0	712.7	721.7	19	709.6	27	31
2007 - 11	714.0	716.0	712.3	719.6	26	707.5	30	30
2007 - 12	709.1	711.3	706.5	717.9	6	702.1	11	31
2008 - 1	706.3	708.8	703.1	713.8	16	697.7	27	31
2008 - 2	708.4	710.5	705.8	715.5	19	700.6	4	29
2008 - 3	710.1	712.0	707.5	716.0	13	702.7	28	31
2008 - 4	710.2	712.4	707.4	719.0	23	702.1	7	30
2008 - 5	711.5	713.4	709.2	718.1	30	704.9	1	31
2008 - 6	711.3	712.8	709.7	717.2	2	705.3	18	30
2008 - 7	711.2	712.5	709.6	714.4	29	705.8	21	31

（续）

年-月	日平均值 月平均/hPa	日最大值 月平均/hPa	日最小值 月平均/hPa	月极大值/ hPa	极大值 日期	月极小值/ hPa	极小值日期	有效数 据/条
2008 - 8	712.8	714.2	711.3	719.5	31	707.5	15	31
2008 - 9	714.1	715.5	712.4	718.3	11	709.5	21	30
2008 - 10	715.3	717.2	713.2	719.6	13	709.0	7	31
2008 - 11	713.7	715.8	711.3	721.5	27	706.9	14	30
2008 - 12	711.0	713.6	708.0	718.2	11	703.3	27	31
2009 - 1	710.1	712.6	707.0	718.2	9	702.1	19	31
2009 - 2	706.7	709.1	703.6	714.9	9	691.6	12	28
2009 - 3	—	—	—	715.0	25	699.2	4	20
2009 - 4	710.0	711.7	707.8	717.0	25	703.2	16	30
2009 - 5	711.7	713.6	709.4	720.2	2	704.5	27	31
2009 - 6	710.6	712.2	709.1	715.2	22	702.8	7	30
2009 - 7	—	—	—	—	—	—	—	—
2009 - 8	—	—	—	—	—	—	—	—
2009 - 9	714.3	715.8	712.5	720.1	21	708.5	5	30
2009 - 10	714.5	716.4	712.4	720.7	4	709.0	8	31
2009 - 11	712.3	714.6	709.4	724.9	2	702.6	10	30
2009 - 12	709.1	711.5	706.2	718.0	2	700.6	26	31
2010 - 1	709.6	712.1	706.6	718.1	17	701.5	4	31
2010 - 2	706.0	708.3	703.0	713.0	19	696.5	10	28
2010 - 3	709.5	712.3	706.3	720.7	17	698.7	5	31
2010 - 4	710.7	713.1	707.6	719.0	23	701.6	20	30
2010 - 5	709.9	711.9	707.8	717.0	1	704.9	3	31
2010 - 6	711.4	713.0	709.9	717.1	20	705.2	7	30
2010 - 7	712.0	713.3	710.8	716.5	18	708.7	1	31
2010 - 8	713.8	715.2	712.1	718.7	22	709.9	9	31
2010 - 9	714.2	715.7	712.4	719.5	22	709.0	24	30
2010 - 10	714.8	716.7	712.8	721.1	30	704.5	10	31
2010 - 11	713.5	715.9	710.8	720.9	9	704.3	20	30
2010 - 12	708.7	710.9	705.9	717.5	7	699.4	12	31
2011 - 1	706.6	709.0	703.8	713.6	15	699.3	12	31
2011 - 2	706.6	708.7	703.3	712.9	23	696.9	8	28
2011 - 3	709.2	711.5	705.9	718.1	15	697.6	20	31
2011 - 4	711.7	713.7	709.2	717.2	18	703.2	5	30
2011 - 5	711.4	713.3	709.1	721.7	16	702.1	9	31
2011 - 6	710.4	712.0	708.8	715.5	1	705.7	16	30
2011 - 7	711.2	712.5	709.7	715.8	7	705.5	2	31
2011 - 8	712.9	714.1	711.5	717.2	27	708.2	4	31
2011 - 9	713.0	714.7	711.2	718.9	30	707.4	6	30

（续）

年-月	日平均值月平均/hPa	日最大值月平均/hPa	日最小值月平均/hPa	月极大值/hPa	极大值日期	月极小值/hPa	极小值日期	有效数据/条
2011 - 10	714.7	716.4	712.6	719.0	3	707.1	22	31
2011 - 11	712.5	714.3	710.4	719.7	23	706.0	28	30
2011 - 12	—	—	—	716.5	1	702.9	3	22
2012 - 1	706.2	708.3	703.6	713.1	11	698.7	17	31
2012 - 2	705.2	707.5	702.2	712.1	3	697.1	28	29
2012 - 3	707.5	710.1	705.3	720.9	31	699.2	5	31
2012 - 4	709.5	711.5	706.9	716.2	1	699.3	23	30
2012 - 5	711.2	712.9	708.8	717.8	30	704.0	13	31
2012 - 6	709.8	711.2	708.4	714.8	15	705.6	25	30
2012 - 7	710.5	711.8	709.2	714.4	25	706.2	6	31
2012 - 8	713.2	714.5	711.8	719.2	22	709.8	13	31
2012 - 9	714.5	716.3	712.8	720.4	28	709.2	20	30
2012 - 10	714.2	716.0	712.0	720.2	17	707.7	25	31
2012 - 11	709.9	712.5	706.8	718.2	16	699.2	24	30
2012 - 12	708.7	711.2	705.5	716.1	23	698.2	19	31
2013 - 1	708.3	710.8	705.6	716.4	17	699.2	19	31
2013 - 2	709.1	710.9	706.0	717.0	22	700.4	28	28
2013 - 3	710.6	713.1	707.8	721.1	7	701.8	19	31
2013 - 4	710.1	712.3	707.7	717.0	14	701.6	4	30
2013 - 5	710.9	712.6	709.0	717.2	10	705.5	13	31
2013 - 6	710.6	712.1	709.1	715.4	2	705.9	19	30
2013 - 7	—	—	—	—		—		
2013 - 9	714.6	716.0	712.9	718.8	13	709.5	16	30
2013 - 10	—	—	—	722.2	7	711.5	31	22
2013 - 11	713.1	715.1	710.6	719.0	16	704.0	26	30
2013 - 12	710.5	712.8	707.9	717.6	1	704.7	10	31
2014 - 1	710.0	712.3	707.2	719.3	20	699.8	6	31
2014 - 2	705.9	708.1	703.0	713.1	19	696.3	8	28
2014 - 3	709.6	711.7	707.1	716.4	20	701.9	3	31
2014 - 4	711.0	713.0	708.6	716.5	27	705.2	23	30
2014 - 5	711.1	713.0	708.8	718.7	26	703.6	9	31
2014 - 6	711.1	712.5	709.5	715.0	30	704.5	24	30
2014 - 7	712.4	713.7	711.0	717.1	27	707.8	8	31
2014 - 8	713.2	714.6	711.8	718.2	28	708.4	8	31
2014 - 9	713.5	715.0	711.8	718.5	2	709.2	11	30
2014 - 10	715.2	717.0	713.3	722.4	5	710.0	18	31
2014 - 11	711.9	714.0	709.3	719.4	2	702.2	26	30
2014 - 12	711.8	714.4	708.6	719.4	28	702.8	22	31

（续）

年-月	日平均值 月平均/hPa	日最大值 月平均/hPa	日最小值 月平均/hPa	月极大值/ hPa	极大值 日期	月极小值/ hPa	极小值日期	有效数 据/条
2015 - 1	710.1	712.4	707.6	717.6	9	700.7	4	31
2015 - 2	708.5	710.8	705.8	715.0	8	701.0	26	28
2015 - 3	710.0	712.4	706.9	717.8	24	699.6	4	31
2015 - 4	711.4	713.4	708.8	721.0	12	699.5	3	30
2015 - 5	711.1	713.1	708.9	717.8	15	706.1	13	31
2015 - 6	710.8	712.3	709.0	716.3	11	704.4	26	30
2015 - 7	—	—	—	717.0	10	709.7	14	20
2015 - 8	—	—	—	—	—	—	—	—
2015 - 9	714.3	715.9	712.4	722.5	12	707.1	23	30
2015 - 10	716.0	717.8	713.9	723.1	1	710.2	27	31
2015 - 11	—	—	—	—	—	—	—	—
2015 - 12	711.2	713.2	708.8	717.3	31	703.8	12	31
2016 - 1	708.4	710.7	705.8	717.0	24	700.2	16	31
2016 - 2	711.2	713.6	708.4	720.6	29	699.6	12	29
2016 - 3	710.0	712.2	707.6	717.8	25	702.0	12	31
2016 - 4	709.8	711.8	707.3	715.1	29	703.4	13	30
2016 - 5	711.0	712.9	708.6	720.1	15	706.0	25	31
2016 - 6	712.1	713.5	710.5	716.2	5	707.6	1	30
2016 - 7	711.6	713.1	710.4	716.8	27	706.7	18	31
2016 - 8	713.8	715.2	712.2	719.0	28	708.5	17	31
2016 - 9	714.7	716.2	713.3	720.1	21	710.0	2	30
2016 - 10	713.9	715.4	711.5	720.0	31	704.9	25	31
2016 - 11	712.6	714.5	710.1	719.8	30	704.5	24	30
2016 - 12	711.5	714.2	709.3	722.0	6	702.8	11	31
2017 - 1	709.4	711.7	706.5	717.5	25	699.6	28	31
2017 - 2	710.0	712.1	707.5	717.4	14	699.6	6	28
2017 - 3	708.8	711.0	706.0	718.0	1	701.2	12	31
2017 - 4	710.7	712.6	708.2	717.8	17	703.5	7	30
2017 - 5	713.1	714.9	710.9	719.5	12	705.7	2	31
2017 - 6	711.4	713.0	709.8	715.6	7	706.2	4	30
2017 - 7	712.9	714.4	711.4	716.9	23	709.0	1	31
2017 - 8	713.1	714.1	711.4	717.4	24	709.5	7	31
2017 - 9	714.2	715.8	712.4	718.5	10	709.4	1	30
2017 - 10	715.0	716.8	713.2	720.6	29	710.3	13	31
2017 - 11	713.4	715.2	710.9	722.1	3	705.8	27	30
2017 - 12	712.3	714.9	709.5	722.4	20	704.6	12	31

3.4.8　气象自动观测要素——10 min 平均风速数据集

3.4.8.1　概述

本数据集为贡嘎山站 3 000 m 综合气象观测场（25 m×25 m，29°34′34″N，101°59′54″E）自动观测要素——10 min 平均风速数据，使用 WAA151 或者 WAC151 风速传感器观测，包括了 2007—2017 年月平均风速、月最多风向、最大风速、最大风风向、最大风出现日期、最大风出现时间等指标。

3.4.8.2　数据采集和处理方法

数据获取方法：WAA151 或者 WAC151 风速传感器观测，每秒采测 1 次风速数据，以 1 s 为步长求 3 s 滑动平均风速，以 3 s 为步长求 1 min 滑动平均风速，然后以 1 min 为步长求 10 min 滑动平均风速。正点时存储 00 min 的 10 min 平均风速值。最大风速和极大风速的月极值及其风向、出现日期和时间，分别从逐日的日极值中挑取，并记录其相应的出现日期和时间。原始数据观测频率：日/次；数据产品频率：月/次；数据单位为 m/s；小数位数 1 位；数据产品观测层次为 10 m 风杆。

数据产品处理方法：用质控后的日均值合计值除以日数获得月平均值。日平均值缺测 6 次或者以上时，不做月统计。

3.4.8.3　数据质量控制和评估

本数据集采取四级控制：同气象人工观测要素——气压数据集（3.4.1.3）。根据 CERN《生态系统大气环境观测规范》，10 min 平均风速数据具体质量控制和评估方法为：①超出气候学界限值域 0～75 m/s 的数据为错误数据；②10 min 平均风速小于最大风速；③一日中若 24 次定时观测记录有缺测时，该日按照 2：00、8：00、14：00、20：00 4 次定时记录做日平均，若 4 次定时记录缺测 1 次或以上，但该日各定时记录缺测 5 次或以下时，按实有记录做日统计，缺测 6 次或以上时，不做日平均。

3.4.8.4　数据

见表 3-55。

表 3-55　3 000 m 气象场 2007—2017 年自动观测气象要素——平均风速

年-月	月平均风速/（m/s）	月最多风向	最大风速/（m/s）	最大风风向	最大风出现日期	最大风出现时间	有效数据/条
2007-1	0.4	NE	2.2	315	31	12：00	31
2007-2	0.5	NE	2.6	164	27	19：00	28
2007-3	0.5	C	2.9	328	2	12：00	31
2007-4	0.5	C	3.3	318	11	12：00	30
2007-5	0.6	C	3.4	347	3	10：00	31
2007-6	0.4	C	2.8	324	30	13：00	30
2007-7	0.3	C	2.5	314	24	12：00	31
2007-8	0.4	NE	3.2	326	9	14：00	31
2007-9	0.3	C	2.6	298	19	12：00	30
2007-10	0.3	C	2.9	317	6	14：00	31
2007-11	0.5	NE	2.5	169	15	0：00	30
2007-12	0.4	NE	2.3	327	10	15：00	31
2008-1	0.4	C	3.5	160	9	5：00	31
2008-2	0.5	NNW	2.3	333	12	15：00	29
2008-3	0.4	C	3.0	329	18	13：00	31

（续）

年-月	月平均风速/（m/s）	月最多风向	最大风速/（m/s）	最大风风向	最大风出现日期	最大风出现时间	有效数据/条
2008 - 4	0.6	C	3.1	321	19	14：00	30
2008 - 5	0.5	C	3.0	334	15	14：00	31
2008 - 6	0.4	C	3.2	169	1	10：00	30
2008 - 7	0.4	C	2.7	318	7	12：00	31
2008 - 8	0.2	C	2.4	324	19	15：00	31
2008 - 9	0.3	C	2.4	337	20	12：00	30
2008 - 10	0.4	C	2.5	67	15	15：00	31
2008 - 11	0.4	C	2.5	60	10	13：00	30
2008 - 12	0.5	WSW	2.0	77	10	13：00	31
2009 - 1	0.3	C	2.0	70	18	14：00	31
2009 - 2	0.7	WSW	3.0	256	24	15：00	28
2009 - 3	—	—	—	—	—	—	—
2009 - 4	0.6	C	3.8	275	28	15：00	30
2009 - 5	0.5	C	3.0	68	4	13：00	31
2009 - 6	0.4	C	2.5	79	18	13：00	30
2009 - 7	0.3	C	2.4	52	8	16：00	31
2009 - 8	0.3	C	2.9	266	30	16：00	31
2009 - 9	0.4	C	2.6	68	12	14：00	30
2009 - 10	0.3	C	2.1	51	30	13：00	31
2009 - 11	0.4	C	2.5	61	4	14：00	30
2009 - 12	0.4	C	1.9	71	4	14：00	31
2010 - 1	0.5	WSW	2.7	50	26	13：00	31
2010 - 2	0.5	C	3.7	241	8	1：00	28
2010 - 3	0.4	C	3.2	59	1	12：00	31
2010 - 4	0.5	C	4.5	266	5	18：00	30
2010 - 5	0.4	C	3.0	75	2	14：00	31
2010 - 6	0.3	C	2.2	57	21	14：00	30
2010 - 7	0.3	C	2.5	66	28	13：00	31
2010 - 8	0.2	C	2.3	45	7	16：00	31
2010 - 9	0.3	C	2.9	261	22	22：00	30
2010 - 10	0.3	C	2.5	46	12	13：00	31
2010 - 11	0.3	C	2.0	227	20	18：00	30
2010 - 12	0.5	WSW	2.1	47	28	13：00	31
2011 - 1	0.4	ENE	2.0	61	6	15：00	31
2011 - 2	0.5	C	3.1	86	27	14：00	28
2011 - 3	0.3	ENE	2.3	64	31	13：00	25
2011 - 4	0.5	C	3.0	262	27	16：00	30
2011 - 5	0.5	C	3.0	75	5	16：00	31

（续）

年-月	月平均 风速/（m/s）	月最多 风向	最大风速/ （m/s）	最大风 风向	最大风 出现日期	最大风 出现时间	有效数 据/条
2011－6	0.3	C	3.3	264	12	23：00	30
2011－7	0.3	C	2.7	67	19	14：00	31
2011－8	0.4	C	3.5	69	25	13：00	31
2011－9	0.3	C	2.4	66	5	12：00	30
2011－10	0.3	C	2.3	76	30	14：00	31
2011－11	0.4	C	2.3	80	28	12：00	30
2011－12	—	C	1.5	49	3	12：00	22
2012－1	0.2	C	1.5	76	1	13：00	31
2012－2	0.4	C	3.0	268	22	23：00	29
2012－3	0.4	C	2.6	80	20	12：00	31
2012－4	0.4	C	3.3	77	21	15：00	30
2012－5	0.4	C	3.1	75	7	13：00	31
2012－6	0.2	C	2.1	50	13	12：00	30
2012－7	0.2	C	2.2	60	6	14：00	31
2012－8	0.3	C	2.3	60	26	12：00	31
2012－9	0.2	C	2.2	62	7	14：00	30
2012－10	0.3	C	2.5	51	21	13：00	31
2012－11	0.5	C	2.5	265	10	23：00	30
2012－12	0.5	WSW	2.9	75	8	14：00	31
2013－1	0.5	C	2.2	52	30	15：00	31
2013－2	0.7	WSW	3.6	225	3	5：00	28
2013－3	0.5	C	2.9	78	8	14：00	31
2013－4	0.5	C	3.1	289	18	17：00	30
2013－5	0.5	C	2.8	69	21	14：00	31
2013－6	0.3	C	2.4	49	11	15：00	30
2013－7	—	—	—	—	—	—	—
2013－9	0.3	C	2.6	56	18	14：00	30
2013－10	—	C	3.0	271	7	12：00	22
2013－11	0.4	C	2.5	71	13	12：00	30
2013－12	0.4	C	1.8	64	3	13：00	31
2014－1	0.4	C	2.6	229	31	8：00	31
2014－2	0.4	C	2.0	46	2	14：00	28
2014－3	0.4	C	2.5	64	19	13：00	31
2014－4	0.4	C	3.1	67	19	12：00	30
2014－5	0.4	C	2.4	70	1	15：00	31
2014－6	0.3	C	2.4	83	1	12：00	30
2014－7	0.3	C	2.9	275	15	12：00	31
2014－8	0.2	C	2.3	25	8	13：00	31

（续）

年-月	月平均风速/（m/s）	月最多风向	最大风速/（m/s）	最大风风向	最大风出现日期	最大风出现时间	有效数据/条
2014 - 9	0.3	C	2.1	48	5	12：00	30
2014 - 10	0.3	C	2.5	77	4	14：00	31
2014 - 11	0.3	C	3.3	268	4	17：00	30
2014 - 12	0.3	C	1.6	89	24	14：00	31
2015 - 1	0.4	C	2.0	67	15	14：00	31
2015 - 2	0.4	C	2.6	225	27	11：00	28
2015 - 3	0.4	C	2.4	68	16	14：00	31
2015 - 4	0.5	C	3.3	246	21	21：00	30
2015 - 5	0.4	C	3.5	264	10	23：00	31
2015 - 6	0.3	C	3.5	272	10	21：00	30
2015 - 7	—	C	2.8	69	18	12：00	21
2015 - 8	—	—	—	—	—	—	—
2015 - 9	0.1	C	1.7	71	4	12：00	30
2015 - 10	0.2	C	2.8	268	14	17：00	31
2015 - 11	—	—	—	—	—	—	—
2015 - 12	0.4	C	2.4	275	7	18：00	31
2016 - 1	0.3	C	2.0	71	1	15：00	31
2016 - 2	0.4	C	2.2	70	29	12：00	29
2016 - 3	0.5	C	2.7	62	18	15：00	31
2016 - 4	0.5	C	2.6	258	1	17：00	30
2016 - 5	0.5	C	3.4	85	6	13：00	31
2016 - 6	0.4	C	2.7	81	14	12：00	30
2016 - 7	0.3	C	2.7	66	20	13：00	31
2016 - 8	0.4	C	2.9	71	24	14：00	31
2016 - 9	0.2	C	1.8	78	26	11：00	30
2016 - 10	0.4	C	2.1	86	2	15：00	31
2016 - 11	0.4	C	2.3	83	19	14：00	30
2016 - 12	0.4	C	1.8	87	19	15：00	31
2017 - 1	0.3	C	1.9	97	29	15：00	31
2017 - 2	0.4	C	2.5	78	18	13：00	28
2017 - 3	0.4	C	2.3	71	29	15：00	31
2017 - 4	0.4	C	2.5	67	15	12：00	30
2017 - 5	0.4	C	2.6	58	9	14：00	31
2017 - 6	0.3	C	2.8	65	7	14：00	30
2017 - 7	0.4	C	2.7	85	15	15：00	31
2017 - 8	0.3	C	2.3	64	19	12：00	31
2017 - 9	0.2	C	2.3	63	29	13：00	30
2017 - 10	0.3	C	2.4	76	9	14：00	31

（续）

年-月	月平均 风速/（m/s）	月最多 风向	最大风速/ （m/s）	最大风 风向	最大风 出现日期	最大风 出现时间	有效数 据/条
2017 - 11	0.4	C	2.3	268	2	5：00	30
2017 - 12	0.4	C	1.8	74	12	13：00	31

注：月最多风向列中的 NE、C、NNW、ENE、WSW 分别表示风向为东北、静风、北西北、东东北、西西南。最大风风向列中的数字表示风向，按 360 表示，如南风是 180，东风是 90。

3.4.9　气象自动观测要素——气温数据集

3.4.9.1　概述

本数据集为贡嘎山站 3 000 m 综合气象观测场（25 m×25 m，29°34′34″N，101°59′54″E）自动观测要素——气温数据，使用 HMP45D 温度传感器观测，包括了 2007—2017 年日平均值月平均、日最大值月平均、日最小值月平均、月极大值、极大值日期、月极小值、极小值日期等指标。

3.4.9.2　数据采集和处理方法

数据获取方法：HMP45D 温度传感器观测。每 10 s 采测 1 个温度值，每分钟采测 6 个温度值，去除一个最大值和一个最小值后取平均值，作为每分钟的温度值存储。正点时采测 00 min 的温度值作为正点数据存储。极大、极小气温的月极值及出现日期，分别从逐日最高（大）、最低（小）值中挑取，并记录其相应的出现日期。原始数据观测频率：日/次；数据产品频率：月/次；数据单位为℃；小数位数 1 位；数据产品观测层次为 1.5 m 高度。

数据产品处理方法：用质控后的日均值合计值除以日数获得月平均值。日平均值缺测 6 次或者以上时，不做月统计。

3.4.9.3　数据质量控制和评估

本数据集采取四级控制：同气象人工观测要素——气压数据集（3.4.1.3）。根据 CERN《生态系统大气环境观测规范》，气温数据具体质量控制和评估方法：同气象人工观测要素-温数据集（3.4.3.3）。还包括①1 min 内允许的最大变化值为 3 ℃，1 h 内变化幅度的最小值为 0.1 ℃；②定时气温大于等于日最低地温且小于等于日最高气温；③某一定时气温缺测时，用前、后两定时数据内插求得，按正常数据统计，若连续两个或以上定时数据缺测时，不能内插，仍按缺测处理；④一日中若 24 次定时观测记录有缺测时，该日按照 2：00、8：00、14：00、20：00 4 次定时记录做日平均，若 4 次定时记录缺测 1 次或以上，但该日各定时记录缺测 5 次或以下时，按实有记录做日统计，缺测 6 次或以上时，不做日平均。

3.4.9.4　数据

同表 3 - 56。

表 3 - 56　3 000 m 气象场 2007—2017 年自动观测气象要素——气温

年-月	日平均值 月平均/℃	日最大值月 平均/℃	日最小值 月平均/℃	月极 大值/℃	极大值 日期	月极 小值/℃	极小值 日期	有效数 据/条
2007 - 1	−5.6	0.0	−8.9	7.5	29	−14.1	8	31
2007 - 2	−0.6	6.2	−4.5	14.8	28	−9.8	2	28
2007 - 3	1.2	7.8	−2.3	25.8	30	−6.4	8	31
2007 - 4	4.0	11.5	−0.1	24.3	19.0	−4.9	4	30
2007 - 5	9.3	16.3	4.3	24.0	2	−0.5	5	31

（续）

年-月	日平均值月平均/℃	日最大值月平均/℃	日最小值月平均/℃	月极大值/℃	极大值日期	月极小值/℃	极小值日期	有效数据/条
2007 - 6	10.8	16.2	7.3	23.6	30	3.4	13	30
2007 - 7	12.9	18.5	9.7	24.0	8	5.9	29	31
2007 - 8	13.1	19.0	9.6	23.6	6	5.5	3	31
2007 - 9	9.5	14.4	6.6	20.6	29	1.7	18	30
2007 - 10	6.3	10.0	3.9	21.0	5	−1.3	21	31
2007 - 11	1.4	6.0	−1.0	12.9	13	−5.0	28	30
2007 - 12	−2.4	2.2	−4.6	10.8	20	−8.0	31	31
2008 - 1	−5.8	−0.8	−8.4	14.1	9	−14.1	28	31
2008 - 2	−6.2	0.6	−10.2	12.0	23	−16.4	13	29
2008 - 3	1.4	7.2	−1.9	15.2	20	−6.9	8	31
2008 - 4	5.7	12.6	1.3	24.0	8	−2.3	3	30
2008 - 5	8.9	15.1	4.7	22.9	24	0.9	10	31
2008 - 6	11.1	17.1	7.5	22.0	27	3.1	5	30
2008 - 7	12.8	18.9	9.4	24.7	18	4.5	7	31
2008 - 8	11.3	15.3	8.9	23.1	20	2.1	31	31
2008 - 9	11.0	16.7	8.1	23.5	21	4.2	4	30
2008 - 10	6.9	12.4	4.2	17.1	2	0.2	23	31
2008 - 11	0.7	5.1	−1.6	13.8	2	−6.8	30	30
2008 - 12	−1.9	4.3	−4.8	14.3	19	−8.7	31	31
2009 - 1	−4.0	1.3	−6.8	11.0	17	−9.8	11	31
2009 - 2	0.5	7.8	−2.9	18.0	11	−6.2	28	28
2009 - 3	—	—	—	20.3	21	−6.9	2	20
2009 - 4	5.6	12.4	1.7	20.9	16	−5.8	2	30
2009 - 5	7.8	13.2	4.7	23.1	20	0.2	2	31
2009 - 6	10.3	15.5	7.3	23.9	18	0.2	2	30
2009 - 7	13.0	18.0	10.1	24.0	21	6.9	2	31
2009 - 8	12.7	18.2	9.6	22.8	14	5.4	31	31
2009 - 9	11.9	17.9	8.8	23.6	7	3.2	27	30
2009 - 10	5.9	9.8	4.0	15.6	5	0.6	14	31
2009 - 11	0.2	6.4	−3.1	17.0	9	−9.5	21	30
2009 - 12	−2.8	2.7	−5.9	12.6	10	−10.2	28	31
2010 - 1	−2.0	6.4	−5.9	14.6	17	−12.9	12	31
2010 - 2	−1.0	6.5	−5.1	18.0	28	−11.2	18	28
2010 - 3	1.9	9.2	−2.4	23.0	21	−7.1	26	31
2010 - 4	4.8	12.2	0.2	23.2	12	−3.5	2	30
2010 - 5	8.9	15.2	5.3	23.7	24	1.0	10	31
2010 - 6	9.8	14.7	7.2	20.5	18	1.8	2	30
2010 - 7	13.8	19.6	10.7	27.0	29	7.1	11	31

（续）

年-月	日平均值月平均/℃	日最大值月平均/℃	日最小值月平均/℃	月极大值/℃	极大值日期	月极小值/℃	极小值日期	有效数据/条
2010-8	13.2	18.7	10.0	25.0	11	6.8	22	31
2010-9	10.7	16.3	7.9	23.9	20	2.7	26	30
2010-10	5.8	10.8	3.2	17.4	10	−1.4	29	31
2010-11	1.1	6.0	−1.4	14.9	6	−3.8	22	30
2010-12	−2.6	4.1	−6.1	12.3	5	−13.8	16	31
2011-1	−7.7	−2.1	−10.7	9.7	4	−15.2	18	31
2011-2	−0.7	6.7	−4.8	16.0	7	−10.6	1	28
2011-3	−2.0	3.0	−4.3	12.0	1	−8.7	22	31
2011-4	4.7	12.3	0.4	24.0	30	−1.5	8	30
2011-5	8.8	15.4	4.1	25.5	9	0.2	16	31
2011-6	11.4	17.5	8.0	24.5	28	2.5	1	30
2011-7	12.6	18.6	9.1	25.1	22	5.4	19	31
2011-8	13.0	20.4	8.3	26.1	14	3.8	27	31
2011-9	10.0	14.3	7.3	23.6	1	2.6	30	30
2011-10	5.4	11.3	2.5	20.4	7	−3.1	28	31
2011-11	2.2	9.6	−1.2	14.8	10	−3.7	10	30
2011-12	—	—	—	8.7	2	−13.3	25	22
2012-1	−6.6	−1.2	−9.5	7.4	16	−13.6	22	31
2012-2	−3.9	1.6	−7.2	12.5	22	−12.2	10	29
2012-3	0.2	5.4	−3.6	16.7	21	−10.6	10	31
2012-4	4.2	10.9	0.4	19.0	21	−4.7	1	30
2012-5	8.9	14.3	5.6	23.3	7	−0.2	15	31
2012-6	9.9	14.0	7.6	19.6	22	4.9	4	30
2012-7	13.0	18.0	10.3	23.8	29	7.8	29	31
2012-8	13.2	19.1	9.8	24.9	10	5.0	22	31
2012-9	9.3	13.6	7.2	22.5	10	3.0	16	30
2012-10	5.5	10.4	3.0	15.4	15	−0.8	26	31
2012-11	1.0	7.4	−2.2	13.9	18	−6.5	26	30
2012-12	−3.2	2.9	−6.0	12.3	16	−13.5	30	31
2013-1	−4.5	2.0	−8.4	12.4	19	−14.6	9	31
2013-2	−0.3	7.9	−4.6	18.5	28	−8.5	9	28
2013-3	3.0	10.1	−0.9	20.2	9	−5.0	3	31
2013-4	5.0	11.5	1.1	23.4	22	−4.6	7	30
2013-5	8.3	13.4	4.2	24.3	26	−0.1	10	31
2013-6	12.7	18.9	9.5	24.8	17	2.6	11	30
2013-7	—	—	—	—				
2013-9	9.6	15.2	6.2	22.8	13	0.3	5	30
2013-10	—	—	—	22.0	9	−0.4	20	22

（续）

年-月	日平均值月平均/℃	日最大值月平均/℃	日最小值月平均/℃	月极大值/℃	极大值日期	月极小值/℃	极小值日期	有效数据/条
2013 - 11	1.5	7.3	−1.4	16.0	8	−5.9	27	30
2013 - 12	−4.5	2.6	−8.2	12.0	2	−14.5	21	31
2014 - 1	−3.3	4.2	−7.4	15.8	31	−12.8	13	31
2014 - 2	−2.7	3.9	−6.2	16.4	3	−12.6	13	28
2014 - 3	0.7	6.9	−2.8	20.2	17	−6.4	8	31
2014 - 4	6.1	12.7	1.8	22.2	18	−2.7	1	30
2014 - 5	7.8	13.3	4.7	22.4	31	−3.1	5	31
2014 - 6	10.4	14.9	8.0	23.9	1	5.9	18	30
2014 - 7	13.0	18.7	9.8	23.6	16	6.4	16	31
2014 - 8	11.6	16.3	9.4	23.2	8	5.9	28	31
2014 - 9	11.2	16.6	8.4	22.8	11	3.4	24	30
2014 - 10	6.9	12.5	3.8	18.4	1	−0.7	25	31
2014 - 11	0.8	4.9	−1.3	11.5	26	−3.6	26	30
2014 - 12	−3.9	0.9	−6.6	9.8	30	−12.1	17	31
2015 - 1	−2.8	3.4	−6.0	13.9	4	−10.3	12	31
2015 - 2	−1.3	5.8	−5.2	16.4	24	−9.8	8	28
2015 - 3	2.6	9.6	−1.4	22.5	31	−6.6	1	31
2015 - 4	5.4	12.4	1.0	22.7	1	−2.6	11	30
2015 - 5	9.1	15.1	5.5	23.8	13	1.9	4	31
2015 - 6	11.6	16.8	8.7	26.4	28	3.6	9	30
2015 - 7	—	—	—	22.6	11	5.5	16	21
2015 - 8	—	—	—	—	—	—	—	—
2015 - 9	9.5	13.5	7.4	21.4	4	3	13	30
2015 - 10	6.8	12.6	3.3	19.1	25	−0.5	20	31
2015 - 11	—	—	—	—	—	—	—	—
2015 - 12	−3.6	1.6	−6.4	9.2	1	−14.5	16	31
2016 - 1	−5.0	−0.2	−7.8	7.8	5	−16.8	24	31
2016 - 2	−3.8	1.3	−7.1	11.5	29	−11.5	2	29
2016 - 3	1.6	8.1	−2.3	16.6	6	−5.6	11	31
2016 - 4	5.2	10.7	1.7	18.8	4	−0.9	18	30
2016 - 5	9.4	15.4	5.2	24.0	31	−0.1	15	31
2016 - 6	12.0	17.3	8.7	21.5	5	3.8	11	30
2016 - 7	13.6	18.6	10.4	23.8	11	6.6	3	31
2016 - 8	14.0	20.4	10.0	25.1	23	6.5	9	31
2016 - 9	9.4	13.1	7.3	17.9	6	4.1	20	30
2016 - 10	7.4	13.1	4.6	21.6	3	−0.9	31	31
2016 - 11	1.9	7.8	−1.1	16.8	5	−5.8	26	30
2016 - 12	−1.4	3.1	−3.9	16.3	9	−7.9	16	31

（续）

年-月	日平均值月平均/℃	日最大值月平均/℃	日最小值月平均/℃	月极大值/℃	极大值日期	月极小值/℃	极小值日期	有效数据/条
2017 - 1	−3.2	2.2	−5.8	14.2	26	−12.2	13	31
2017 - 2	−1.8	5.0	−5.2	18.7	5	−10.4	27	28
2017 - 3	−0.5	4.0	−3.2	17.9	28	−8.2	2	31
2017 - 4	4.7	11.1	0.7	20.1	14	−1.8	12	30
2017 - 5	7.9	13.1	4.6	20.7	2	−0.1	6	31
2017 - 6	10.1	15.1	7.2	21.9	9	3.8	5	30
2017 - 7	—	—	—	—	—	—	—	—
2017 - 8	—	—	—	—	—	—	—	—
2017 - 9	—	—	—	—	—	—	—	—
2017 - 10	6.7	11.0	4.4	20.5	6	−0.1	28	31
2017 - 11	1.3	6.8	−1.9	14.3	6	−8.2	24	30
2017 - 12	−2.7	1.2	−5.1	11.7	28	−9.8	31	31

3.4.10　气象自动观测要素——相对湿度数据集

3.4.10.1　概述

本数据集为贡嘎山站 3 000 m 综合气象观测场（25 m×25 m，29°34′34″N，101°59′54″E）自动观测要素——相对湿度数据，使用 HMP45D 湿度传感器观测，包括了 2007—2017 年日平均值月平均、日最小值月平均、月极小值、极小值日期等指标。

3.4.10.2　数据采集和处理方法

数据获取方法：HMP45D 湿度传感器观测。每 10 s 采测 1 个湿度值，每分钟采测 6 个湿度值，去除 1 个最大值和 1 个最小值后取平均值，作为每分钟的湿度值存储。正点时采测 00 min 的湿度值作为正点数据存储。极小相对湿度的月极值及出现日期，分别从逐日的最小值中挑取，并记录其相应的出现日期。原始数据观测频率：日/次；数据产品频率：月/次；数据单位为％；小数位数 0 位数据产品观测层次为 1.5 m 高度。

数据产品处理方法：用质控后的日均值合计值除以日数获得月平均值。日平均值缺测 6 次或者以上时，不做月统计。

3.4.10.3　数据质量控制和评估

本数据集采取四级控制：同气象人工观测要素——气压数据集（3.4.1.3）。根据 CERN《生态系统大气环境观测规范》，相对湿度数据具体质量控制和评估方法为：①相对湿度介于 0％～100％之间；②定时相对湿度大于等于日最小相对湿度；③干球温度大于等于湿球温度（结冰期除外）④某一定时相对湿度缺测时，用前、后两定时数据内插求得，按正常数据统计，若连续两个或以上定时数据缺测时，不能内插，仍按缺测处理；⑤一日中若 24 次定时观测记录有缺测时，该日按照 2：00、8：00、14：00、20：00 4 次定时记录做日平均，若 4 次定时记录缺测 1 次或以上，但该日各定时记录缺测 5 次或以下时，按实有记录做日统计，缺测 6 次或以上时，不做日平均。

3.4.10.4　数据

见表 3 - 57。

表 3 - 57　3 000 m 气象场 2007—2017 年自动观测气象要素——相对湿度

年-月	日平均值月平均/%	日最小值月平均/%	月极小值/%	极小值日期	有效数据/条
2007 - 1	88	70	20	27	31
2007 - 2	87	60	20	28	28
2007 - 3	87	67	14	29	31
2007 - 4	86	60	12	18	30
2007 - 5	82	57	20	18	31
2007 - 6	90	71	40	26	30
2007 - 7	90	72	51	11	31
2007 - 8	90	68	39	3	31
2007 - 9	91	75	43	20	30
2007 - 10	94	81	56	4	31
2007 - 11	93	76	37	25	30
2007 - 12	93	74	22	10	31
2008 - 1	90	76	15	9	31
2008 - 2	88	64	16	22	29
2008 - 3	92	69	31	10	31
2008 - 4	87	62	13	8	30
2008 - 5	89	65	30	1	31
2008 - 6	91	67	22	3	30
2008 - 7	93	70	36	18	31
2008 - 8	97	82	58	19	31
2008 - 9	94	74	48	4	30
2008 - 10	94	74	41	13	31
2008 - 11	95	78	42	7	30
2008 - 12	90	67	15	19	31
2009 - 1	94	79	33	16	31
2009 - 2	86	59	17	5	28
2009 - 3	—	—	17	21	20
2009 - 4	91	68	28	14	30
2009 - 5	93	73	27	20	31
2009 - 6	92	72	23	3	30
2009 - 7	94	75	51	24	31
2009 - 8	93	74	31	14	31
2009 - 9	92	71	47	8	30
2009 - 10	97	84	58	5	31
2009 - 11	91	68	26	25	30
2009 - 12	94	75	26	10	31
2010 - 1	82	47	11	3	31
2010 - 2	81	56	13	10	28

（续）

年-月	日平均值月平均/%	日最小值月平均/%	月极小值/%	极小值日期	有效数据/条
2010 – 3	86	63	8	19	31
2010 – 4	86	60	18	12	30
2010 – 5	92	67	35	5	31
2010 – 6	95	71	35	15	30
2010 – 7	93	67	29	29	31
2010 – 8	93	68	47	9	31
2010 – 9	94	67	37	11	30
2010 – 10	95	74	43	16	31
2010 – 11	96	74	28	10	30
2010 – 12	90	60	17	5	31
2011 – 1	92	69	29	4	31
2011 – 2	84	54	12	7	28
2011 – 3	95	74	29	1	31
2011 – 4	86	55	14	27	30
2011 – 5	83	57	11	18	31
2011 – 6	87	59	22	28	30
2011 – 7	88	62	34	19	31
2011 – 8	85	53	30	29	31
2011 – 9	90	73	32	1	30
2011 – 10	90	67	36	7	31
2011 – 11	87	54	18	19	30
2011 – 12	—	—	50	17	22
2012 – 1	90	72	26	31	31
2012 – 2	88	67	14	4	29
2012 – 3	86	64	19	18	31
2012 – 4	87	58	14	21	30
2012 – 5	87	62	27	7	31
2012 – 6	92	75	44	15	30
2012 – 7	91	68	37	29	31
2012 – 8	89	62	40	10	31
2012 – 9	92	72	48	4	30
2012 – 10	93	70	45	27	31
2012 – 11	90	61	12	17	30
2012 – 12	91	66	16	16	31
2013 – 1	87	58	17	31	31
2013 – 2	83	52	13	24	28
2013 – 3	87	55	9	9	31
2013 – 4	89	62	24	22	30

（续）

年-月	日平均值月平均/%	日最小值月平均/%	月极小值/%	极小值日期	有效数据/条
2013 - 5	90	66	23	21	31
2013 - 6	92	64	45	2	30
2013 - 7	—	—	48	6	10
2013 - 9	94	72	35	28	30
2013 - 10	—	—	21	9	22
2013 - 11	93	66	32	6	30
2013 - 12	88	57	14	2	31
2014 - 1	86	54	12	30	31
2014 - 2	88	64	12	2	28
2014 - 3	92	69	15	17	31
2014 - 4	87	59	25	18	30
2014 - 5	91	68	27	28	31
2014 - 6	95	75	30	1	30
2014 - 7	93	68	34	25	31
2014 - 8	96	74	46	27	31
2014 - 9	95	72	56	20	30
2014 - 10	94	70	33	25	31
2014 - 11	97	82	29	26	30
2014 - 12	95	76	32	30	31
2015 - 1	91	64	21	23	31
2015 - 2	88	59	12	20	28
2015 - 3	89	61	24	30	31
2015 - 4	87	58	12	1	30
2015 - 5	91	65	30	10	31
2015 - 6	94	71	35	13	30
2015 - 7	—	—	43	6	21
2015 - 8	—	—	—	—	—
2015 - 9	97	79	62	4	30
2015 - 10	92	65	30	20	31
2015 - 11	—	—	—	—	—
2015 - 12	91	68	36	10	31
2016 - 1	90	72	25	5	31
2016 - 2	89	69	15	29	29
2016 - 3	87	60	13	6	31
2016 - 4	92	70	44	1	30
2016 - 5	89	62	19	11	31
2016 - 6	92	67	36	3	30
2016 - 7	94	69	46	27	31

（续）

年-月	日平均值月平均/%	日最小值月平均/%	月极小值/%	极小值日期	有效数据/条
2016 - 8	91	62	41	20	31
2016 - 9	96	78	57	1	30
2016 - 10	94	71	37	3	31
2016 - 11	91	67	18	18	30
2016 - 12	93	75	12	9	31
2017 - 1	91	72	23	26	31
2017 - 2	86	59	11	4	28
2017 - 3	94	75	23	28	31
2017 - 4	90	65	22	18	30
2017 - 5	92	68	32	12	31
2017 - 6	94	72	32	5	30
2017 - 7	—	—	—	—	—
2017 - 8	—	—	—	—	—
2017 - 9	—	—	—	—	—
2017 - 10	97	77	45	27	31
2017 - 11	93	69	30	5	30
2017 - 12	94	78	19	28	31

3.4.11　气象自动观测要素——地表温度数据集

3.4.11.1　概述

本数据集为贡嘎山站 3 000 m 综合气象观测场（25 m×25 m，29°34′34″N，101°59′54″E）自动观测要素——地表温度数据，使用 QMT110 地温传感器观测，包括了 2007—2017 年日平均值月平均、日最大值月平均、日最小值月平均、月极大值、极大值日期、月极小值、极小值日期等指标。

3.4.11.2　数据采集和处理方法

数据获取方法：QMT110 地温传感器。每 10 s 采测 1 次地表温度值，每分钟采测 6 次，去除 1 个最大值和 1 个最小值后取平均值，作为每分钟的地表温度值存储。正点时采测 00 min 的地表温度值作为正点数据存储，小时正点数据最高最低地表温度和出现时间。极大、极小地表温度的月极值及出现日期，分别从逐日最高（大）、最低（小）值中挑取，并记录其相应的出现日期。原始数据观测频率：日/次；数据产品频率：月/次；数据单位为℃；小数位数 1 位；数据产品观测层次为地表面 0 cm 处。

数据产品处理方法：用质控后的日均值合计值除以日数获得月平均值。日平均值缺测 6 次或者以上时，不做月统计。

3.4.11.3　数据质量控制和评估

本数据集采取四级控制：同气象人工观测要素——气压数据集（3.4.1.3）。根据 CERN《生态系统大气环境观测规范》，地表温度数据具体质量控制和评估方法为：①超出气候学界限值域－90～90℃的数据为错误数据；②1 min 内允许的最大变化值为 5 ℃，1 h 内变化幅度的最小值为 0.1 ℃；③定时观测地表温度大于等于日地表最低温度且小于等于日地表最高温度；④地表温度 24 h 变化范围小于 60 ℃；⑤某一定时地表温度缺测时，用前、后两定时数据内插求得，按正常数据统计，若连续两个或以上定时数据缺测时，不能内插，仍按缺测处理；⑥一日中若24次定时观测记录有缺测时，该日按照4次定时记录做日平均，若4次定时记录缺测1次或以上，但该日各定时记录缺测5次或以下时，按实有记录做日统计，缺测6次或以上时，不做日平均。

3.4.11.4　数据

见表3-58。

表3-58　3 000 m气象场2007—2017年自动观测气象要素——地表温度

年-月	日平均值 月平均/℃	日最大值 月平均/℃	日最小值 月平均/℃	月极 大值/℃	极大值 日期	月极 小值/℃	极小值 日期	有效数 据/条
2007-1	0.1	1.0	−0.2	14.0	30	−1.3	31	31
2007-2	1.9	8.1	−0.1	28.6	28	−1.8	4	28
2007-3	3.8	17.0	−1.9	39.6	30	−4.6	20	31
2007-4	6.3	18.5	0.6	47.6	19	−3.0	18	30
2007-5	13.1	26.4	6.2	39.6	23	−0.1	5	31
2007-6	13.2	19.8	9.6	41.2	30	6.0	13	30
2007-7	16.8	27.5	11.9	40.9	14	7.4	29	31
2007-8	17.2	29.4	11.7	44.3	8	6.8	3	31
2007-9	13.3	23.0	9.2	36.9	18	4.5	18	30
2007-10	9.8	15.4	7.2	36.4	3	3.5	21	31
2007-11	4.6	9.5	2.3	17.6	13	−0.2	9	30
2007-12	1.7	6.3	0.3	14.4	20	−0.5	24	31
2008-1	0.2	2.3	−0.4	10.9	10	−1.0	21	31
2008-2	0.1	0.1	0.0	0.2	9	−0.5	1	29
2008-3	3.0	7.7	0.9	24.2	17	0.0	1	31
2008-4	8.8	21.5	2.5	38.1	30	−3.6	25	30
2008-5	13.0	27.0	6.6	44.5	15	−0.1	1	31
2008-6	13.2	19.7	9.7	29.7	13	4.9	5	30
2008-7	15.4	23.5	11.5	59.4	19	7.5	30	31
2008-8	14.6	22.1	11.1	44.2	20	7.0	16	31
2008-9	14.6	24.1	10.7	39.3	9	8.0	4	30
2008-10	11.3	23.0	6.9	33.1	17	2.6	14	31
2008-11	5.0	13.7	1.8	27.0	2	−2.7	30	30
2008-12	1.4	10.2	−1.5	19.9	16	−3.5	8	31
2009-1	0.1	3.0	−1.1	16.6	19	−3.0	15	31
2009-2	3.2	13.6	−0.5	27.8	24	−1.9	4	28
2009-3	—	—	—	49.3	24	−1.5	16	20
2009-4	9.6	22.8	3.9	47.3	16	−0.5	3	30
2009-5	11.9	21.8	7.5	38.7	19	1.8	2	31
2009-6	13.6	23.3	9.3	46.3	17	0.9	2	30
2009-7	17.1	28	12.7	45.9	6	9.9	2	31
2009-8	16.7	26.9	12.4	42.8	14	8.9	31	31
2009-9	17.2	30.5	12.3	47.5	5	6.5	27	30

（续）

年-月	日平均值 月平均/℃	日最大值 月平均/℃	日最小值 月平均/℃	月极 大值/℃	极大值 日期	月极 小值/℃	极小值 日期	有效数 据/条
2009－10	10.7	17.5	8.1	27.1	28	5.5	30	31
2009－11	5.1	12.5	2.2	26.7	8	−0.3	25	30
2009－12	1.9	5.1	0.8	18.3	1	−0.8	10	31
2010－1	1.0	3.1	0.2	17.9	29	−1.5	26	31
2010－2	2.3	10.6	−0.2	26.3	28	−1.1	1	28
2010－3	4.2	13.1	0.8	31.3	20	−0.4	17	31
2010－4	7.0	16.6	2.5	33.1	17	0.0	27	30
2010－5	13.6	24.5	8.5	38.1	24	3.8	2	31
2010－6	13.0	19.1	10.2	31.0	21	6.8	2	30
2010－7	17.8	29.5	13.3	48.5	19	11.0	19	31
2010－8	17.7	28.8	12.7	41.2	4	9.9	29	31
2010－9	14.9	25.5	11.0	42.8	17	8.0	26	30
2010－10	10.1	19.3	6.2	30.9	10	1.0	30	31
2010－11	4.5	12.1	1.3	24.5	6	−0.8	23	30
2010－12	1.0	7.1	−1.0	17.6	28	−6.3	27	31
2011－1	0.1	3.5	−1.1	16.4	4	−5.2	8	31
2011－2	1.9	8.7	−0.5	24.8	23	−2.2	7	28
2011－3	1.6	6.2	0.2	24.7	2	−0.6	2	31
2011－4	7.3	20.0	1.5	43.7	27	0.1	10	30
2011－5	12.6	23.8	6.5	35.0	9	2.0	3	31
2011－6	14.8	24.7	10.3	40.6	14	6.1	1	30
2011－7	16.0	25.2	11.3	37.6	26	6.6	19	31
2011－8	17.1	29.7	10.5	37.8	25	6.2	27	31
2011－9	14.2	22.6	10.1	39.2	6	5.5	30	30
2011－10	9.7	19.2	5.5	34.0	9	0.2	29	31
2011－11	5.3	18.5	0.7	27.2	16	−2.1	24	30
2011－12	—	—	—	20.5	3	−1.9	2	22
2012－1	0.2	0.3	0.1	0.4	12	−0.5	1	31
2012－2	0.4	1.7	−0.1	19.5	24	−1.1	22	29
2012－3	2.7	9.7	−0.2	29.4	21	−2.5	18	31
2012－4	7.5	18.9	1.9	34.4	10	−0.5	14	30
2012－5	12.6	22.7	8.1	36.0	7	1.2	15	31
2012－6	12.9	19.9	9.5	34.5	22	7.0	4	30
2012－7	16.7	25.3	12.7	39.8	25	9.5	29	31
2012－8	18.1	29.1	13.0	45.3	5	9.4	8	31
2012－9	14.0	21.9	10.8	41.7	6	8.0	16	30
2012－10	10.6	19.2	7.0	30.5	21	2.2	30	31
2012－11	5.5	15.6	1.6	23.4	3	−0.3	29	30

（续）

年-月	日平均值月平均/℃	日最大值月平均/℃	日最小值月平均/℃	月极大值/℃	极大值日期	月极小值/℃	极小值日期	有效数据/条
2012-12	1.4	7.5	-0.4	16.2	5	-2.4	24	31
2013-1	0.6	3.6	-0.5	17.7	30	-1.5	19	31
2013-2	3.9	15.9	-0.2	29.6	28	-0.9	1	28
2013-3	6.4	19.0	1.5	30.9	16	-0.7	5	31
2013-4	8.1	17.6	3.4	43.6	22	0.6	14	30
2013-5	13.1	22.7	7.3	38.3	27	1.5	9	31
2013-6	17.2	27.6	12.8	40.4	17	7.7	11	30
2013-7	—	—	—	—	—	—	—	—
2013-9	14.1	24.7	9.7	38.7	18	2.5	5	30
2013-10	—	—	—	32.9	9	2.9	23	22
2013-11	6.4	17.2	2.4	26.6	8	0.3	17	30
2013-12	1.5	6.5	0.2	22.8	5	-1.4	7	31
2014-1	1.0	1.3	0.8	4.5	31	0.5	1	31
2014-2	3.0	12.8	0.1	26.5	25	-1.2	20	28
2014-3	5.0	17.2	0.1	38.6	17	-4.7	10	31
2014-4	10.2	24.8	3.6	41.5	19	-0.3	16	30
2014-5	11.9	22.5	7.4	40.2	31	1.0	5	31
2014-6	14.2	23.5	10.3	44.0	18	6.5	18	30
2014-7	15.4	21.5	12.1	35.0	2	7.7	2	31
2014-8	15.5	23.0	12.4	40.5	8	8.5	19	31
2014-9	14.9	23.0	12.2	38.1	1	8.2	4	30
2014-10	10.6	16.4	8.0	23.5	9	3.7	26	31
2014-11	5.5	10.3	3.5	17.1	25	0.2	26	30
2014-12	1.7	4.3	0.8	11.4	1	-0.7	30	31
2015-1	0.9	3.5	0.2	15.1	26	-1.1	13	31
2015-2	2.6	9.4	0.3	21.0	20	-0.7	17	28
2015-3	6.7	19.2	1.8	34.4	30	-1.2	12	31
2015-4	8.9	23.1	2.5	42.0	17	-1.4	13	30
2015-5	13.5	27.5	7.6	46.9	14	3.1	10	31
2015-6	15.5	25.9	11.1	38.8	23	5.5	9	30
2015-7	—	—	—	38.1	6	7.3	16	19
2015-8	—	—	—	—	—	—	—	—
2015-9	13.0	21.0	9.4	34.8	4	5.6	13	30
2015-10	10.8	22.6	5.3	31.4	2	0.0	20	31
2015-11	—	—	—	—	—	—	—	—
2015-12	0.6	4.0	-0.7	20.2	1	-2.0	7	31
2016-1	-0.3	1.8	-1.1	10.0	18	-3.6	18	31
2016-2	0.0	2.4	-0.9	18.2	12	-3.0	8	29

（续）

年-月	日平均值 月平均/℃	日最大值 月平均/℃	日最小值 月平均/℃	月极 大值/℃	极大值 日期	月极 小值/℃	极小值 日期	有效数 据/条
2016 - 3	3.6	12.4	0.0	30.5	31	−1.5	18	31
2016 - 4	9.4	22.0	3.2	34.4	3	−0.1	18	30
2016 - 5	13.6	26.2	7.4	39.2	31	1.2	15	31
2016 - 6	15.5	25.9	10.9	42.8	28	7.3	11	30
2016 - 7	17.8	29.6	12.1	45.3	3	7.6	3	31
2016 - 8	19.3	36.3	11.9	49.1	24	7.8	9	31
2016 - 9	12.9	21.2	9.3	35.5	9	6.1	21	30
2016 - 10	12.0	25.4	6.5	42.4	15	0.3	31	31
2016 - 11	5.3	17.9	0.6	32.8	5	−1.8	27	30
2016 - 12	1.2	7.3	−0.9	23.7	13	−2.3	10	31
2017 - 1	0.8	8.1	−1.5	26.8	29	−3.2	25	31
2017 - 2	2.6	13.4	−0.9	32.8	19	−2.9	4	28
2017 - 3	1.3	3.9	0.3	33.6	29	−1.0	28	31
2017 - 4	8.5	22.1	2.3	40.8	15	−0.1	19	30
2017 - 5	12.4	24.4	7.2	42.8	2	2.1	25	31
2017 - 6	13.9	24.2	9.6	44.0	9	5.4	5	30
2017 - 7	15.7	26.4	10.9	42.0	15	6.9	11	31
2017 - 8	18.5	31.0	13.3	48.9	19	10.2	11	31
2017 - 9	15.7	27.3	11.5	44.1	7	7.1	11	30
2017 - 10	11.7	21.9	7.5	39.7	1	1.6	27	31
2017 - 11	6.5	17.7	2.0	27.9	18	−0.8	26	30
2017 - 12	1.2	6.8	−0.5	19.6	11	−1.6	28	31

3.4.12 气象自动观测要素——土壤温度数据集

3.4.12.1 概述

本数据集为贡嘎山站 3 000 m 综合气象观测场（25 m×25 m，29°34′34″N，101°59′54″E）自动观测要素——土壤温度（5 cm、10 cm、15 cm、20 cm、40 cm、60 cm、100 cm）数据，使用 QMT110 地温传感器观测，包括了 2007—2017 年日平均值月平均、日最大值月平均、日最小值月平均、月极大值、极大值日期、月极小值、极小值日期等指标。

3.4.12.2 数据采集和处理方法

数据获取方法：QMT110 地温传感器。每 10 s 采测 1 次 5 cm 地温值，每分钟采测 6 次，去除 1 个最大值和 1 个最小值后取平均值，作为每分钟的 5 cm 地温值存储。正点时采测 00 min 的 5 cm 地温值作为正点数据存储，小时 5 cm 土壤温度最高最低值。极大、极小地温的月极值及出现日期，分别从逐日最高（大）、最低（小）值中挑取，并记录其相应的出现日期。原始数据观测频率：日/次；数据产品频率：月/次；数据单位为℃；小数位数 1 位；数据产品观测层次为地面以下 5 cm 处。10 cm、15 cm、20 cm、40 cm、60 cm、100 cm 数据获取方法同 5 cm，只是观测层次分别为地面以下各深度。

数据产品处理方法：用质控后的日均值合计值除以日数获得月平均值。日平均值缺测 6 次或者以上时，不做月统计。

3.4.12.3　数据质量控制和评估

本数据集采取四级控制：同气象人工观测要素——气压数据集（3.4.1.3）根据 CERN《生态系统大气环境观测规范》，土壤温度数据具体质量控制和评估方法为：①土壤 5 cm、10 cm、15 cm、20 cm、40 cm、60 cm、100 cm 处温度分别超出气候学界限值域 $-80\sim80$ ℃、$-70\sim70$ ℃、$-60\sim60$ ℃、$-50\sim50$ ℃、$-45\sim45$ ℃、$-40\sim40$ ℃、$-40\sim40$ ℃的数据为错误数据；②土壤 5 cm、10 cm、15 cm、20 cm、40 cm、60 cm、100 cm 处温度 1 min 内允许的最大变化值分别为 1 ℃、1 ℃、1 ℃、0.1 ℃；0.5 ℃、0.1 ℃、0.1 ℃，2 h 内变化幅度的最小值为 0.1 ℃、0.1 ℃、0.1 ℃、0.1 ℃、0.1 ℃、0.05 ℃、0.05 ℃；③5 cm、10 cm、15 cm、20 cm、40 cm、60 cm、100 cm 地温 24 h 变化范围分别小于 40 ℃、40 ℃、40 ℃、30 ℃、30 ℃、20 ℃、20 ℃；④某一定时土壤温度（5 cm）缺测时，用前、后两定时数据内插求得，按正常数据统计，若连续两个或以上定时数据缺测时，不能内插，仍按缺测处理；⑤一日中若 24 次定时观测记录有缺测时，该日按照 2：00、8：00、14：00、20：00 4 次定时记录做日平均，若 4 次定时记录缺测 1 次或以上，但该日各定时记录缺测 5 次或以下时，按实有记录做日统计，缺测 6 次或以上时，不做日平均。

3.4.12.4　数据

见表 3-59 到表 3-65。

表 3-59　3 000 m 气象场 2007—2017 年自动观测气象要素——土壤温度（5 cm）

年-月	日平均值月平均/℃	日最大值月平均/℃	日最小值月平均/℃	月极大值/℃	极大值日期	月极小值/℃	极小值日期	有效数据/条
2007-1	0.3	0.3	0.2	0.4	1	0.1	25	31
2007-2	0.9	1.5	0.6	6.3	23	0.1	1	28
2007-3	4.0	5.8	2.8	10.5	30	1.1	12	31
2007-4	5.7	7.4	4.5	12.2	18	1.5	12	30
2007-5	11.1	13.2	9.5	16.8	22	4.6	4	31
2007-6	12.3	13.3	11.4	19.8	30	9.4	13	30
2007-7	15.3	16.8	14.1	19.8	14	12.1	29	31
2007-8	15.1	16.1	14.2	18.4	9	11.6	3	31
2007-9	12.4	13.2	11.7	15.1	30	9.7	18	30
2007-10	10.2	10.8	9.7	15.9	6	5.7	22	31
2007-11	5.1	5.8	4.7	7.5	12	2.7	30	30
2007-12	2.2	2.8	1.8	4.2	1	1.0	11	31
2008-1	0.6	0.8	0.4	2.1	11	0.1	27	31
2008-2	0.1	0.1	0.0	0.1	1	0.0	1	29
2008-3	2.3	3.1	1.8	7.3	20	0.1	1	31
2008-4	7.8	9.5	6.7	12.2	10	3.3	3	30
2008-5	11.0	12.4	10.0	15.2	25	7.7	1	31
2008-6	12.3	13.1	11.6	14.2	9	10.2	1	30
2008-7	14.4	16.0	13.2	21.7	23	11.1	7	31
2008-8	13.9	15.3	12.8	20.2	20	10.0	31	31
2008-9	13.3	14.7	12.2	17.9	22	9.7	4	30
2008-10	10.7	11.9	9.7	14.2	17	7.5	27	31
2008-11	5.8	6.7	5.1	10.5	2	1.3	30	30

（续）

年-月	日平均值月平均/℃	日最大值月平均/℃	日最小值月平均/℃	月极大值/℃	极大值日期	月极小值/℃	极小值日期	有效数据/条
2008 - 12	1.6	2.5	1.1	4.8	15	0.5	24	31
2009 - 1	0.2	0.3	0.2	1.2	19	0.0	27	31
2009 - 2	2.8	4.8	1.6	8.1	14	0.1	1	28
2009 - 3	—	—	—	13.5	26	0.6	3	20
2009 - 4	7.8	10.0	5.9	15.6	29	1.4	7	30
2009 - 5	10.8	13.1	9.3	18.6	21	5.0	2	31
2009 - 6	11.8	13.5	10.7	19.7	18	6.3	2	30
2009 - 7	14.2	15.3	13.3	19.0	21	11.0	3	31
2009 - 8	14.0	14.9	13.3	16.5	25	11.6	31	31
2009 - 9	14.4	15.5	13.5	18.9	12	10.1	27	30
2009 - 10	10.1	10.9	9.6	13.6	1	7.9	21	31
2009 - 11	5.4	6.3	4.6	10.0	4	1.5	26	30
2009 - 12	2.3	2.7	2.1	4.2	5	1.3	11	31
2010 - 1	0.6	0.6	0.5	1.6	1	0.1	21	31
2010 - 2	1.5	2.6	0.8	6.2	28	0.1	1	28
2010 - 3	3.6	4.9	2.6	9.7	20	1.2	17	31
2010 - 4	5.5	7.2	4.4	12.2	19	0.9	5	30
2010 - 5	11.4	13.1	10.1	16.5	5	7.1	2	31
2010 - 6	11.3	12.0	10.7	13.9	30	8.7	2	30
2010 - 7	14.7	15.7	13.9	18.0	29	12.8	19	31
2010 - 8	15.9	17.1	14.9	20.0	11	12.6	27	31
2010 - 9	13.6	14.2	12.9	16.8	19	9.9	12	30
2010 - 10	9.7	10.3	9.2	11.8	1	6.2	30	31
2010 - 11	5.2	5.8	4.8	9.4	1	2.7	23	30
2010 - 12	1.5	1.8	1.3	3.5	1	0.3	31	31
2011 - 1	0.2	0.3	0.2	0.6	1	0.0	16	31
2011 - 2	0.6	1.0	0.3	5.8	28	0.0	1	28
2011 - 3	2.0	2.3	1.7	6.1	1	0.7	31	31
2011 - 4	5.0	6.5	3.9	13.0	30	0.6	4	30
2011 - 5	10.5	12.1	9.4	15.7	9	6.6	3	31
2011 - 6	12.4	13.4	11.6	16.5	29	8.2	1	30
2011 - 7	13.8	14.7	13.1	16.8	22	10.9	13	31
2011 - 8	14.8	16.0	13.7	18.7	17	11.9	8	31
2011 - 9	13.5	14.1	12.7	18.2	6	9.7	30	30
2011 - 10	9.5	10.4	8.8	14.0	11	5.8	30	31
2011 - 11	5.7	6.8	5.0	9.2	4	3.2	25	30
2011 - 12	—	—	—	5.1	1	0.8	31	22
2012 - 1	0.4	0.5	0.4	0.9	1	0.1	30	31

（续）

年-月	日平均值 月平均/℃	日最大值 月平均/℃	日最小值 月平均/℃	月极 大值/℃	极大值 日期	月极 小值/℃	极小值 日期	有效数 据/条
2012 - 2	0.0	0.1	0.0	0.2	1	−0.1	16	29
2012 - 3	1.6	2.3	1.1	7.1	21	0.0	1	31
2012 - 4	5.8	7.3	4.7	12.5	30	0.7	1	30
2012 - 5	11.3	12.5	10.4	15.7	10	8.1	15	31
2012 - 6	11.1	11.7	10.6	13.7	30	9.1	4	30
2012 - 7	14.1	15.2	13.3	17.2	13	12.5	23	31
2012 - 8	15.3	16.7	14.2	19.5	13	12.4	22	31
2012 - 9	12.7	14	11.9	20.1	7	9.6	16	30
2012 - 10	9.6	10.8	8.7	12.8	15	6.2	31	31
2012 - 11	5.4	6.8	4.4	9.6	4	1.6	29	30
2012 - 12	1.5	2.2	1.1	4.2	8	0.2	26	31
2013 - 1	0.0	0.1	0.0	0.4	30	−0.1	14	31
2013 - 2	2.5	4.4	1.2	9.3	27	0.1	1	28
2013 - 3	5.2	7.0	3.7	9.7	13	1.2	5	31
2013 - 4	6.2	8.1	4.9	16.3	27	0.8	17	30
2013 - 5	10.8	12.5	9.1	17.4	27	5.6	12	31
2013 - 6	14.1	15.7	13.1	19.8	17	9.6	1	30
2013 - 7	—	—	—	—	—	—	—	—
2013 - 9	11.5	12.4	10.8	14.7	18	7.5	5	30
2013 - 10	—	—	—	12.7	13	5.9	23	22
2013 - 11	5.8	6.8	5.0	8.4	13	2.8	30	30
2013 - 12	1.5	1.8	1.2	4.2	1	0.8	19	31
2014 - 1	0.8	0.8	0.7	1.1	1	0.3	30	31
2014 - 2	1.6	2.7	1.0	5.6	25	0.2	1	28
2014 - 3	3.4	4.8	2.4	9.3	28	1.0	3	31
2014 - 4	7.8	9.4	6.7	13.6	19	2.1	6	30
2014 - 5	9.8	11.4	8.8	15.2	31	4.3	6	31
2014 - 6	11.8	12.4	11.2	14.8	18	10.1	16	30
2014 - 7	13.2	14.1	12.6	15.5	29	10.3	1	31
2014 - 8	13.0	13.5	12.5	15.5	8	10.5	27	31
2014 - 9	13.0	13.7	12.4	16.2	11	10.3	24	30
2014 - 10	9.8	10.5	9.2	12.4	1	6.6	26	31
2014 - 11	5.4	6.0	5.0	9.3	1	2.5	26	30
2014 - 12	1.9	2.2	1.7	5.3	2	0.4	30	31
2015 - 1	0.3	0.3	0.2	0.6	28	0.1	13	31
2015 - 2	1.3	2.0	0.8	4.8	20	0.2	1	28
2015 - 3	4.7	6.4	3.6	11.6	31	1.3	1	31
2015 - 4	7.1	8.7	5.9	12.2	27	2.3	13	30

（续）

年-月	日平均值 月平均/℃	日最大值 月平均/℃	日最小值 月平均/℃	月极 大值/℃	极大值 日期	月极 小值/℃	极小值 日期	有效数 据/条
2015-5	11.1	12.6	9.9	16.1	13	7.6	1	31
2015-6	12.9	14.0	11.9	18.2	28	9.2	9	30
2015-7	—	—	—	—	—	—	—	—
2015-8	—	—	—	—	—	—	—	—
2015-9	12.4	14.2	11.0	19.3	4	8.7	13	30
2015-10	10.4	13.5	8.4	18.0	6	5.6	20	31
2015-11	—	—	—	—	—	—	—	—
2015-12	1.6	2.2	1.2	7.5	2	0.3	27	31
2016-1	0.2	0.2	0.2	0.8	4	−0.1	31	31
2016-2	0.0	0.0	−0.1	0.1	21	−0.6	8	29
2016-3	2.7	4.8	1.5	13.5	31	0.1	1	31
2016-4	8.4	11.8	5.8	18.0	30	3.3	29	30
2016-5	12.3	16.1	9.6	22.1	11	6.2	15	31
2016-6	14.2	16.8	12.3	21.0	28	9.6	11	30
2016-7	15.9	18.4	14.0	22.7	11	11.2	3	31
2016-8	17.2	20.8	14.8	25.6	24	12.1	9	31
2016-9	12.3	13.8	11.3	15.7	6	9.5	20	30
2016-10	11.1	13.5	9.6	18.7	2	6.1	31	31
2016-11	5.9	8.0	4.6	12.1	5	1.8	27	30
2016-12	2.1	2.9	1.6	5.3	19	0.7	31	31
2017-1	0.9	1.6	0.7	5.5	29	0.2	23	31
2017-2	2.2	3.9	1.3	8.2	19	0.6	11	28
2017-3	1.4	1.9	1.2	11.4	29	0.6	23	31
2017-4	7.2	10.4	5.4	15.9	7	2.5	30	30
2017-5	11.0	13.4	9.3	17.9	2	6.2	6	31
2017-6	12.4	14.1	11.2	18.2	9	9.1	5	30
2017-7	13.9	15.5	12.8	18.2	28	10.8	11	31
2017-8	16.9	18.9	15.3	23.8	22	13.0	11	31
2017-9	14.9	16.7	13.7	19.7	7	12.0	11	30
2017-10	11.9	13.6	10.6	20.1	7	6.3	27	31
2017-11	7.0	8.5	5.8	11.4	11	2.5	27	30
2017-12	2.3	3.1	1.7	5.8	3	0.8	24	31

表 3 - 60　3 000 m 气象场 2007—2017 年自动观测气象要素——土壤温度（10 cm）

年-月	日平均值月平均/℃	日最大值月平均/℃	日最小值月平均/℃	月极大值/℃	极大值日期	月极小值/℃	极小值日期	有效数据/条
2007 - 1	0.5	0.6	0.5	0.7	1	0.3	29	31
2007 - 2	1.0	1.4	0.8	5.1	28	0.3	1	28
2007 - 3	3.9	5.2	3.1	8.8	30	1.6	12	31
2007 - 4	5.7	6.8	4.9	10.9	19	1.8	11	30
2007 - 5	10.8	12.3	9.8	15.3	22	5.9	4	31
2007 - 6	12.2	12.9	11.6	18.0	30	9.8	13	30
2007 - 7	15.1	16.2	14.3	18.1	14	12.7	29	31
2007 - 8	15.0	15.8	14.4	17.6	9	12.2	3	31
2007 - 9	12.4	13.0	12.0	15.0	1	10.4	18	30
2007 - 10	10.4	10.9	10.0	15.3	6	6.1	22	31
2007 - 11	5.4	5.9	5.1	7.4	1	3.3	30	30
2007 - 12	2.5	2.9	2.2	4.3	1	1.5	11	31
2008 - 1	0.8	1.0	0.7	1.9	11	0.3	29	31
2008 - 2	0.3	0.3	0.2	0.4	12	0.2	4	29
2008 - 3	2.3	2.9	1.9	6.4	20	0.3	1	31
2008 - 4	7.7	8.9	6.9	11.4	20	3.5	3	30
2008 - 5	10.9	11.9	10.2	14.4	25	8.0	1	31
2008 - 6	12.2	12.8	11.8	13.5	10	10.5	1	30
2008 - 7	14.3	15.4	13.4	19.9	23	11.5	7	31
2008 - 8	13.9	15.0	13.1	18.3	20	10.6	31	31
2008 - 9	13.2	14.2	12.6	16.8	22	10.3	4	30
2008 - 10	10.9	11.7	10.1	13.6	1	8.0	27	31
2008 - 11	6.1	6.7	5.7	9.9	2	2.0	30	30
2008 - 12	2.0	2.6	1.6	4.1	15	0.9	31	31
2009 - 1	0.5	0.6	0.5	1.0	1	0.2	29	31
2009 - 2	2.8	4.1	2.0	6.4	14	0.3	1	28
2009 - 3	—	—	—	11.2	26	1.0	3	20
2009 - 4	7.6	9.0	6.3	13.3	22	1.7	9	30
2009 - 5	10.6	12.2	9.6	15.8	21	5.9	2	31
2009 - 6	11.6	12.7	11.0	16.8	18	7.0	2	30
2009 - 7	14.1	14.8	13.5	17.9	21	11.3	3	31
2009 - 8	14.1	14.7	13.5	15.9	25	12.3	31	31
2009 - 9	14.5	15.3	13.8	17.8	12	10.8	27	30
2009 - 10	10.4	10.9	9.9	13.6	1	8.3	22	31
2009 - 11	5.8	6.4	5.2	9.8	1	2.1	26	30
2009 - 12	2.6	2.9	2.5	4.1	5	1.7	30	31
2010 - 1	0.9	0.9	0.8	1.8	1	0.3	28	31
2010 - 2	1.6	2.3	1.1	5.0	28	0.4	1	28

(续)

年-月	日平均值 月平均/℃	日最大值 月平均/℃	日最小值 月平均/℃	月极大值/℃	极大值日期	月极小值/℃	极小值日期	有效数据/条
2010 - 3	3.7	4.6	3.0	8.0	21	1.6	12	31
2010 - 4	5.5	6.7	4.7	10.6	19	1.2	8	30
2010 - 5	11.2	12.3	10.3	14.6	5	7.4	1	31
2010 - 6	11.2	11.7	10.9	13.5	30	9.2	2	30
2010 - 7	14.6	15.3	14.0	17.1	30	13.1	11	31
2010 - 8	15.8	16.8	15.1	19.1	12	12.9	27	31
2010 - 9	13.7	14.2	13.1	16.2	19	10.0	12	30
2010 - 10	9.9	10.4	9.6	11.9	1	6.8	30	31
2010 - 11	5.5	6.0	5.2	9.9	1	3.5	23	30
2010 - 12	1.8	2.1	1.7	3.8	1	0.6	31	31
2011 - 1	0.5	0.5	0.5	0.9	1	0.2	16	31
2011 - 2	0.7	0.9	0.5	4.8	28	0.2	1	28
2011 - 3	2.1	2.3	1.9	5.2	1	0.8	31	31
2011 - 4	4.9	5.9	4.1	11.4	30	0.7	5	30
2011 - 5	10.4	11.6	9.6	14.3	9	7.1	3	31
2011 - 6	12.2	13.0	11.7	15.5	29	8.5	1	30
2011 - 7	13.8	14.4	13.3	15.9	22	11.3	13	31
2011 - 8	14.7	15.6	14.0	17.8	18	12.3	8	31
2011 - 9	13.5	14.0	13.0	17.5	6	10.1	30	30
2011 - 10	9.6	10.3	9.2	13.5	11	6.5	30	31
2011 - 11	6.0	6.7	5.5	8.9	4	3.9	25	30
2011 - 12	—	—	—	5.4	1	1.1	31	22
2012 - 1	0.7	0.7	0.7	1.2	1	0.4	28	31
2012 - 2	0.2	0.3	0.2	0.4	1	0.1	19	29
2012 - 3	1.7	2.1	1.4	6.1	21	0.2	1	31
2012 - 4	5.7	6.8	4.9	11.2	30	1.0	1	30
2012 - 5	11.1	12.0	10.5	14.6	10	8.6	15	31
2012 - 6	11.0	11.5	10.7	13.4	30	9.4	4	30
2012 - 7	14.0	14.8	13.5	16.1	29	12.7	1	31
2012 - 8	15.3	16.2	14.5	18.5	16	13.2	22	31
2012 - 9	12.8	13.7	12.2	18.3	7	10.3	16	30
2012 - 10	9.7	10.6	9.1	12.0	15	6.8	31	31
2012 - 11	5.7	6.6	5.0	9.0	4	2.3	29	30
2012 - 12	1.9	2.3	1.6	3.8	1	0.5	28	31
2013 - 1	0.3	0.3	0.3	0.6	1	0.2	14	31
2013 - 2	2.5	3.6	1.6	7.9	28	0.3	1	28

（续）

年-月	日平均值月平均/℃	日最大值月平均/℃	日最小值月平均/℃	月极大值/℃	极大值日期	月极小值/℃	极小值日期	有效数据/条
2013 - 3	5.1	6.4	4.1	8.6	15	1.8	5	31
2013 - 4	6.1	7.4	5.2	13.9	27	1.1	17	30
2013 - 5	10.7	11.9	9.5	15.9	27	6.3	10	31
2013 - 6	14.0	15.0	13.2	18.0	17	10.0	1	30
2013 - 7	—	—	—	—	—	—	—	—
2013 - 9	11.6	12.4	11.2	14.3	18	8.2	5	30
2013 - 10	—	—	—	12.3	13	6.4	23	22
2013 - 11	6.1	6.8	5.5	8.1	11	3.3	30	30
2013 - 12	1.8	2.1	1.6	4.5	1	1.2	19	31
2014 - 1	1.0	1.0	0.9	1.4	18	0.5	31	31
2014 - 2	1.7	2.5	1.3	4.7	25	0.4	19	28
2014 - 3	3.4	4.4	2.7	7.9	28	1.3	3	31
2014 - 4	7.8	8.9	6.9	12.6	19	2.4	6	30
2014 - 5	9.7	10.9	9.0	14.0	31	4.7	6	31
2014 - 6	11.7	12.3	11.3	14.0	1	10.3	16	30
2014 - 7	13.2	13.8	12.7	14.9	29	10.5	1	31
2014 - 8	13.0	13.4	12.7	15.2	8	10.9	27	31
2014 - 9	13.0	13.6	12.6	15.6	12	10.8	4	30
2014 - 10	10.0	10.5	9.6	12.3	1	7.3	26	31
2014 - 11	5.7	6.2	5.4	9.5	1	3.2	26	30
2014 - 12	2.2	2.4	2.0	5.1	2	0.7	30	31
2015 - 1	0.5	0.5	0.5	0.7	1	0.3	22	31
2015 - 2	1.4	1.8	1.0	4.0	22	0.4	1	28
2015 - 3	4.7	5.9	3.8	10.5	31	1.6	6	31
2015 - 4	7.1	8.4	6.2	12.3	27	2.6	13	30
2015 - 5	11.0	12.2	10.1	14.8	13	7.8	4	31
2015 - 6	12.7	13.6	12.1	17.2	28	9.7	9	30
2015 - 7	—	—	—	—	—	—	—	—
2015 - 8	—	—	—	—	—	—	—	—
2015 - 9	12.4	13.7	11.4	17.1	4	9.6	13	30
2015 - 10	10.6	12.6	9.1	15.6	6	6.9	20	31
2015 - 11	—	—	—	—	—	—	—	—
2015 - 12	1.9	2.4	1.6	6.7	2	0.6	27	31

（续）

年-月	日平均值月平均/℃	日最大值月平均/℃	日最小值月平均/℃	月极大值/℃	极大值日期	月极小值/℃	极小值日期	有效数据/条
2016-1	0.4	0.4	0.4	0.8	4	0.2	28	31
2016-2	0.1	0.1	0.1	0.2	1	0.0	6	29
2016-3	2.7	4.3	1.8	9.5	31	0.2	1	31
2016-4	8.2	10.2	6.5	13.7	30	4.2	29	30
2016-5	12.0	14.3	10.3	18.2	11	7.6	15	31
2016-6	13.9	15.6	12.7	18.1	28	10.4	11	30
2016-7	15.7	17.3	14.4	19.9	11	12.1	3	31
2016-8	16.9	19.1	15.3	22.6	24	13.1	31	31
2016-9	12.4	13.3	11.7	14.5	6	10.2	20	30
2016-10	11.2	12.6	10.2	15.9	2	7.4	31	31
2016-11	6.3	7.5	5.5	10.7	3	2.8	27	30
2016-12	2.5	3.1	2.2	4.6	2	1.2	31	31
2017-1	1.2	1.7	1.1	4.0	29	0.6	22	31
2017-2	2.4	3.4	1.7	6.1	19	0.9	12	28
2017-3	1.5	1.9	1.3	8.8	29	0.7	23	31
2017-4	7.1	9.4	5.7	13.3	7	2.9	30	30
2017-5	10.8	12.6	9.5	15.2	2	6.7	6	31
2017-6	12.3	13.6	11.4	16.8	9	9.6	5	30
2017-7	13.7	15.0	13.0	17.2	28	11.2	11	31
2017-8	16.8	18.2	15.5	21.7	22	13.3	11	31
2017-9	14.9	16.2	13.9	18.2	7	12.6	11	30
2017-10	12.0	13.2	11.0	18.5	7	6.9	27	31
2017-11	7.2	8.3	6.3	10.7	1	3.2	27	30
2017-12	2.6	3.2	2.1	5.3	3	1.0	30	31

表 3-61　3 000 m 气象场 2007—2017 年自动观测气象要素——土壤温度 （15 cm）

年-月	日平均值月平均/℃	日最大值月平均/℃	日最小值月平均/℃	月极大值/℃	极大值日期	月极小值/℃	极小值日期	有效数据/条
2007-1	0.8	0.8	0.8	1.0	1	0.5	30	31
2007-2	1.1	1.3	0.9	4.0	28	0.5	2	28
2007-3	3.8	4.5	3.3	7.4	31	2.0	12	31
2007-4	5.6	6.3	5.1	9.3	19	2.0	12	30
2007-5	10.4	11.3	9.9	14.1	23	6.5	4	31
2007-6	12.0	12.4	11.6	16.2	30	10.0	13	30
2007-7	14.8	15.5	14.4	16.6	15	13.2	29	31

（续）

年-月	日平均值 月平均/℃	日最大值 月平均/℃	日最小值 月平均/℃	月极 大值/℃	极大值 日期	月极 小值/℃	极小值 日期	有效数 据/条
2007 - 8	14.9	15.3	14.5	16.8	9	12.6	3	31
2007 - 9	12.5	12.8	12.2	15.1	1	10.8	18	30
2007 - 10	10.5	10.9	10.3	14.8	6	6.6	22	31
2007 - 11	5.6	6.0	5.5	7.6	1	3.8	30	30
2007 - 12	2.8	3.0	2.6	4.4	1	1.8	31	31
2008 - 1	1.1	1.2	1.0	1.9	1	0.5	30	31
2008 - 2	0.5	0.5	0.4	0.6	12	0.4	4	29
2008 - 3	2.2	2.6	2.0	5.5	21	0.3	10	31
2008 - 4	7.5	8.2	7.0	10.7	21	3.6	3	30
2008 - 5	10.7	11.3	10.3	13.5	26	8.2	1	31
2008 - 6	12.1	12.4	11.8	13.0	10	10.6	1	30
2008 - 7	14.0	14.7	13.5	18.2	23	11.7	7	31
2008 - 8	13.9	14.5	13.4	17.0	1	11.1	31	31
2008 - 9	13.1	13.7	12.7	15.8	22	10.7	4	30
2008 - 10	10.9	11.5	10.5	13.3	1	8.4	27	31
2008 - 11	6.4	6.8	6.1	9.5	2	2.7	30	30
2008 - 12	2.3	2.6	2.1	3.6	3	1.3	31	31
2009 - 1	0.7	0.8	0.7	1.3	1	0.4	29	31
2009 - 2	2.8	3.5	2.3	5.1	14	0.5	1	28
2009 - 3	—	—	—	9.6	26	1.3	3	20
2009 - 4	7.3	8.1	6.5	11.8	22	2.0	9	30
2009 - 5	10.4	11.3	9.7	13.6	21	6.3	3	31
2009 - 6	11.3	12.1	11.0	14.8	18	7.5	2	30
2009 - 7	13.9	14.4	13.5	17.0	21	11.4	4	31
2009 - 8	14.0	14.4	13.6	15.4	26	12.7	13	31
2009 - 9	14.4	15.0	14.0	17.0	12	11.3	27	30
2009 - 10	10.5	10.9	10.2	13.5	1	8.7	22	31
2009 - 11	6.2	6.5	5.7	10.0	1	2.7	26	30
2009 - 12	2.9	3.0	2.8	4.0	5	2.0	30	31
2010 - 1	1.1	1.1	1.0	2.0	1	0.5	28	31
2010 - 2	1.6	2.0	1.3	4.3	28	0.6	1	28
2010 - 3	3.7	4.3	3.2	7.0	22	1.9	12	31
2010 - 4	5.3	6.2	4.8	9.6	19	1.4	8	30
2010 - 5	10.9	11.7	10.3	13.3	25	7.4	1	31

（续）

年-月	日平均值 月平均/℃	日最大值 月平均/℃	日最小值 月平均/℃	月极 大值/℃	极大值 日期	月极 小值/℃	极小值 日期	有效数 据/条
2010 - 6	11.1	11.5	10.9	13.1	30	9.5	2	30
2010 - 7	14.4	14.9	14.0	16.4	31	13.0	1	31
2010 - 8	15.7	16.3	15.2	18.3	12	13.2	27	31
2010 - 9	13.7	14.0	13.2	15.8	20	10.0	12	30
2010 - 10	10.0	10.4	9.8	12.0	1	7.2	30	31
2010 - 11	5.8	6.1	5.5	10.2	1	4.1	23	30
2010 - 12	2.1	2.3	2.0	4.1	1	0.8	31	31
2011 - 1	0.7	0.7	0.7	1.1	1	0.4	16	31
2011 - 2	0.7	0.9	0.6	4.0	28	0.3	4	28
2011 - 3	2.2	2.3	2.0	4.4	1	0.9	31	31
2011 - 4	4.7	5.4	4.2	10.0	30	0.8	4	30
2011 - 5	10.2	11.0	9.7	13.1	9	7.3	4	31
2011 - 6	12.0	12.6	11.7	14.7	30	8.7	1	30
2011 - 7	13.6	14.1	13.3	15.4	7	11.5	13	31
2011 - 8	14.6	15.1	14.1	17.1	18	12.5	5	31
2011 - 9	13.5	13.9	13.2	16.9	6	10.4	30	30
2011 - 10	9.7	10.2	9.4	13.0	11	6.9	30	31
2011 - 11	6.2	6.7	5.8	8.6	4	4.4	26	30
2011 - 12	—	—	—	5.5	1	1.4	31	22
2012 - 1	0.9	1.0	0.9	1.4	1	0.6	26	31
2012 - 2	0.4	0.4	0.4	0.6	1	0.2	22	29
2012 - 3	1.6	2.0	1.5	5.2	21	0.3	1	31
2012 - 4	5.5	6.2	5.0	10.3	30	1.2	1	30
2012 - 5	10.9	11.5	10.5	13.7	11	8.9	15	31
2012 - 6	10.9	11.2	10.7	13.1	30	9.5	4	30
2012 - 7	13.8	14.3	13.5	15.3	29	12.7	1	31
2012 - 8	15.1	15.8	14.6	17.7	16	13.5	2	31
2012 - 9	12.8	13.4	12.5	17.0	7	10.7	17	30
2012 - 10	9.8	10.4	9.4	11.5	1	7.2	31	31
2012 - 11	6.0	6.5	5.5	8.7	4	2.8	29	30
2012 - 12	2.1	2.4	1.9	4.0	1	0.8	28	31
2013 - 1	0.5	0.5	0.5	0.8	1	0.3	19	31
2013 - 2	2.4	3.1	1.8	6.4	28	0.5	1	28
2013 - 3	5.1	5.9	4.4	7.6	15	2.3	5	31

（续）

年-月	日平均值月平均/℃	日最大值月平均/℃	日最小值月平均/℃	月极大值/℃	极大值日期	月极小值/℃	极小值日期	有效数据/条
2013 - 4	6.0	6.9	5.3	12.1	27	1.3	17	30
2013 - 5	10.5	11.3	9.7	14.5	27	6.6	11	31
2013 - 6	13.7	14.4	13.2	16.6	17	10.2	1	30
2013 - 7	—	—	—	—	—	—	—	—
2013 - 9	11.7	12.2	11.3	13.9	19	8.9	5	30
2013 - 10	—	—	—	12.0	14	6.8	23	22
2013 - 11	6.3	6.7	5.9	7.9	11	3.7	30	30
2013 - 12	2.1	2.3	1.9	4.6	1	1.5	19	31
2014 - 1	1.2	1.2	1.1	1.7	18	0.7	30	31
2014 - 2	1.8	2.3	1.5	3.9	25	0.6	20	28
2014 - 3	3.4	4.0	2.9	7.2	31	1.5	3	31
2014 - 4	7.6	8.4	7.0	11.6	19	2.6	6	30
2014 - 5	9.5	10.4	9.1	13.1	31	5.0	6	31
2014 - 6	11.6	12.0	11.3	13.3	3	10.4	16	30
2014 - 7	13.0	13.4	12.7	14.5	30	10.6	1	31
2014 - 8	13.0	13.3	12.8	14.9	8	11.1	27	31
2014 - 9	13.0	13.4	12.7	15.2	12	11.1	4	30
2014 - 10	10.1	10.5	9.8	12.2	1	7.8	26	31
2014 - 11	5.9	6.3	5.7	9.5	1	3.7	26	30
2014 - 12	2.4	2.6	2.3	5.0	2	0.9	31	31
2015 - 1	0.7	0.7	0.7	0.9	1	0.5	17	31
2015 - 2	1.4	1.7	1.2	3.6	22	0.5	2	28
2015 - 3	4.5	5.2	4.0	9.0	31	1.8	6	31
2015 - 4	7.0	7.8	6.5	12.2	27	3.1	13	30
2015 - 5	10.7	11.3	10.2	12.9	14	8.0	5	31
2015 - 6	12.5	13.0	12.1	16	29	10.2	9	30
2015 - 7	—	—	—	—	—	—	—	—
2015 - 8	—	—	—	—	—	—	—	—
2015 - 9	12.4	13.1	11.9	15.2	4	10.5	14	30
2015 - 10	10.7	11.8	9.9	13.7	1	8.3	31	31
2015 - 11	—	—	—	—	—	—	—	—
2015 - 12	2.4	2.7	2.2	6.0	2	0.9	31	31
2016 - 1	0.7	0.8	0.7	1.0	1	0.5	28	31
2016 - 2	0.4	0.4	0.4	0.5	1	0.3	7	29

(续)

年-月	日平均值 月平均/℃	日最大值 月平均/℃	日最小值 月平均/℃	月极 大值/℃	极大值 日期	月极 小值/℃	极小值 日期	有效数 据/条
2016 - 3	2.7	3.5	2.2	6.7	20	0.4	1	31
2016 - 4	7.9	9.1	7.0	10.9	20	4.7	1	30
2016 - 5	11.6	12.8	10.7	15.4	31	8.7	1	31
2016 - 6	13.6	14.5	12.9	15.8	28	11.0	11	30
2016 - 7	15.3	16.2	14.6	17.5	11	12.6	2	31
2016 - 8	16.6	17.7	15.7	19.9	24	13.7	31	31
2016 - 9	12.4	12.9	12.1	14.0	1	10.9	20	30
2016 - 10	11.2	12.0	10.7	14.0	2	8.5	31	31
2016 - 11	6.6	7.3	6.1	9.8	1	3.7	30	30
2016 - 12	2.9	3.3	2.8	4.6	2	1.7	31	31
2017 - 1	1.5	1.8	1.5	3.2	4	0.9	23	31
2017 - 2	2.5	3.0	2.1	4.8	20	1.3	11	28
2017 - 3	1.7	1.9	1.6	6.2	29	1.0	23	31
2017 - 4	6.9	8.2	6.1	10.6	7	3.5	30	30
2017 - 5	10.5	11.5	9.7	12.7	19	6.9	1	31
2017 - 6	12.0	12.8	11.5	14.6	9	10.1	5	30
2017 - 7	13.4	14.2	13.1	15.9	29	11.7	1	31
2017 - 8	16.5	17.3	15.7	19.6	23	13.9	11	31
2017 - 9	14.8	15.6	14.3	16.5	7	13.2	21	30
2017 - 10	12.2	12.8	11.5	16.7	7	7.9	27	31
2017 - 11	7.6	8.2	7.0	10.1	1	4.2	27	30
2017 - 12	3.0	3.3	2.7	5.1	3	1.5	30	31

表 3 - 62 3 000 m 气象场 2007—2017 年自动观测气象要素——土壤温度（20 cm）

年-月	日平均值 月平均/℃	日最大值 月平均/℃	日最小值月 平均/℃	月极大值/℃	极大值日期	月极小值/℃	极小值日期	有效数据/条
2007 - 1	1.0	1.0	1.0	1.3	1	0.8	26	31
2007 - 2	1.2	1.3	1.1	3.5	28	0.7	1	28
2007 - 3	3.8	4.2	3.5	6.8	31	2.2	20	31
2007 - 4	5.5	6.0	5.2	8.6	20	2.2	12	30
2007 - 5	10.2	10.8	9.9	13.6	24	6.8	4	31
2007 - 6	11.9	12.2	11.7	15.3	30	10.2	13	30
2007 - 7	14.7	15.1	14.3	15.9	15	13.4	29	31

（续）

年-月	日平均值月平均/℃	日最大值月平均/℃	日最小值月平均/℃	月极大值/℃	极大值日期	月极小值/℃	极小值日期	有效数据/条
2007 - 8	14.8	15.1	14.5	16.4	10	12.9	3	31
2007 - 9	12.5	12.8	12.3	15.1	1	11.1	18	30
2007 - 10	10.7	10.9	10.5	14.6	7	7.0	22	31
2007 - 11	5.8	6.1	5.7	7.8	1	4.1	30	30
2007 - 12	3.0	3.2	2.9	4.6	1	2.1	31	31
2008 - 1	1.3	1.4	1.2	2.1	1	0.7	30	31
2008 - 2	0.6	0.6	0.6	0.8	1	0.5	24	29
2008 - 3	2.3	2.5	2.1	5.1	21	0.5	10	31
2008 - 4	7.4	7.9	7.0	10.3	21	3.7	3	30
2008 - 5	10.6	11.0	10.3	13.1	26	8.2	1	31
2008 - 6	12.0	12.2	11.8	12.8	19	10.7	1	30
2008 - 7	13.9	14.3	13.6	17.3	24	11.9	6	31
2008 - 8	13.8	14.3	13.5	16.4	1	11.4	31	31
2008 - 9	13.1	13.5	12.8	15.3	22	11.0	4	30
2008 - 10	11.1	11.4	10.7	13.1	1	8.7	28	31
2008 - 11	6.7	7.0	6.5	9.4	1	3.2	30	30
2008 - 12	2.6	2.8	2.4	3.7	4	1.6	31	31
2009 - 1	1.0	1.0	1.0	1.6	1	0.6	30	31
2009 - 2	2.8	3.2	2.5	4.7	15	0.7	1	28
2009 - 3	—	—	—	8.9	27	1.6	3	20
2009 - 4	7.2	7.7	6.6	11.1	23	2.2	9	30
2009 - 5	10.2	10.9	9.8	12.7	22	6.6	3	31
2009 - 6	11.2	11.7	11.0	13.9	19	8.0	2	30
2009 - 7	13.8	14.1	13.5	16.4	22	11.5	4	31
2009 - 8	13.9	14.2	13.7	15.1	26	12.8	13	31
2009 - 9	14.4	14.8	14.1	16.5	13	11.7	27	30
2009 - 10	10.6	10.9	10.4	13.4	1	8.9	22	31
2009 - 11	6.4	6.7	6.1	10.1	1	3.2	26	30
2009 - 12	3.1	3.2	3.0	4.2	7	2.2	31	31
2010 - 1	1.3	1.3	1.3	2.3	1	0.7	28	31
2010 - 2	1.7	2.0	1.5	3.8	28	0.8	1	28
2010 - 3	3.7	4.1	3.4	6.5	20	2.1	12	31
2010 - 4	5.3	5.9	4.9	9.2	21	1.6	8	30
2010 - 5	10.7	11.2	10.3	12.7	25	7.4	1	31
2010 - 6	11.1	11.3	10.9	12.8	30	9.7	2	30
2010 - 7	14.2	14.5	14.0	15.9	31	12.9	1	31
2010 - 8	15.6	16.0	15.3	17.8	12	13.3	27	31
2010 - 9	13.7	14.0	13.4	15.5	20	10.1	12	30

（续）

年-月	日平均值 月平均/℃	日最大值 月平均/℃	日最小值月 平均/℃	月极大值/℃	极大值日期	月极小值/℃	极小值日期	有效数据/条
2010 - 10	10.2	10.4	10.0	12.1	1	7.6	30	31
2010 - 11	6.0	6.3	5.9	10.5	1	4.4	30	30
2010 - 12	2.4	2.5	2.3	4.4	1	1.1	31	31
2011 - 1	0.9	1.0	0.9	1.4	2	0.6	16	31
2011 - 2	0.9	1.0	0.8	3.5	28	0.6	1	28
2011 - 3	2.3	2.4	2.1	4.0	2	1.1	31	31
2011 - 4	4.6	5.1	4.3	9.0	30	0.9	5	30
2011 - 5	10.1	10.6	9.7	12.5	10	7.4	4	31
2011 - 6	11.9	12.3	11.7	14.2	30	8.9	1	30
2011 - 7	13.5	13.8	13.3	15.1	7	11.6	16	31
2011 - 8	14.5	14.8	14.2	16.7	18	12.6	5	31
2011 - 9	13.6	13.8	13.3	16.5	7	10.6	30	30
2011 - 10	9.9	10.2	9.6	12.8	12	7.3	30	31
2011 - 11	6.4	6.7	6.1	8.6	5	4.8	26	30
2011 - 12	—	—	—	5.6	1	1.7	31	22
2012 - 1	1.2	1.2	1.1	1.7	1	0.8	28	31
2012 - 2	0.6	0.6	0.6	0.8	1	0.4	20	29
2012 - 3	1.7	1.9	1.6	4.8	22	0.5	1	31
2012 - 4	5.4	5.9	5.0	9.6	30	1.4	1	30
2012 - 5	10.8	11.2	10.5	13.1	11	9.0	3	31
2012 - 6	10.8	11.0	10.7	12.9	30	9.6	4	30
2012 - 7	13.7	14.0	13.5	14.8	30	12.6	1	31
2012 - 8	15.1	15.5	14.7	17.2	17	13.6	2	31
2012 - 9	12.9	13.3	12.6	16.3	8	10.9	28	30
2012 - 10	10.0	10.3	9.7	11.5	1	7.6	31	31
2012 - 11	6.2	6.6	5.9	8.6	5	3.4	29	30
2012 - 12	2.5	2.6	2.3	4.1	1	1.1	28	31
2013 - 1	0.8	0.8	0.7	1.1	1	0.6	17	31
2013 - 2	2.5	2.8	2.1	5.5	28	0.7	1	28
2013 - 3	5.1	5.6	4.6	7.1	16	2.6	5	31
2013 - 4	5.9	6.5	5.5	11.1	28	1.7	17	30
2013 - 5	10.4	10.8	9.8	13.7	28	6.9	11	31
2013 - 6	13.5	13.9	13.2	15.8	18	10.4	1	30
2013 - 7	—	—	—	—	—	—	—	—
2013 - 9	11.8	12.2	11.5	13.8	21	9.5	5	30
2013 - 10	—	—	—	11.9	1	7.2	23	22
2013 - 11	6.5	6.8	6.2	7.9	13	4.1	30	30
2013 - 12	2.4	2.5	2.2	4.7	1	1.8	20	31

（续）

年-月	日平均值月平均/℃	日最大值月平均/℃	日最小值月平均/℃	月极大值/℃	极大值日期	月极小值/℃	极小值日期	有效数据/条
2014 - 1	1.4	1.4	1.3	1.9	18	0.9	30	31
2014 - 2	1.9	2.2	1.7	3.6	9	0.8	20	28
2014 - 3	3.4	3.8	3.1	6.8	31	1.8	3	31
2014 - 4	7.5	8.1	7.1	11.1	19	2.9	5	30
2014 - 5	9.4	10.0	9.1	12.3	31	5.4	6	31
2014 - 6	11.5	11.8	11.3	12.9	3	10.4	16	30
2014 - 7	12.9	13.2	12.7	14.2	30	10.8	1	31
2014 - 8	13.0	13.2	12.9	14.7	9	11.3	27	31
2014 - 9	13.0	13.3	12.8	14.9	12	11.4	4	30
2014 - 10	10.2	10.5	10.0	12.1	1	8.3	26	31
2014 - 11	6.2	6.4	6.0	9.6	1	4.2	26	30
2014 - 12	2.7	2.8	2.6	5.0	2	1.2	30	31
2015 - 1	0.9	0.9	0.9	1.2	1	0.7	22	31
2015 - 2	1.5	1.7	1.3	3.4	23	0.7	2	28
2015 - 3	4.5	4.9	4.2	8.4	31	2.0	6	31
2015 - 4	7.0	7.7	6.6	12.2	27	3.3	13	30
2015 - 5	10.5	11.0	10.2	12.6	31	8.1	1	31
2015 - 6	12.4	12.8	12.1	15.6	29	10.3	9	30
2015 - 7	—	—	—	—	—	—	—	—
2015 - 8	—	—	—	—	—	—	—	—
2015 - 9	12.4	12.9	12.0	14.7	4	10.8	14	30
2015 - 10	10.7	11.5	10.1	13.3	1	8.6	31	31
2015 - 11	—	—	—	—	—	—	—	—
2015 - 12	2.7	2.9	2.5	5.9	2	1.2	29	31
2016 - 1	0.9	0.9	0.9	1.2	1	0.7	27	31
2016 - 2	0.6	0.6	0.6	0.7	1	0.5	6	29
2016 - 3	2.7	3.3	2.3	6.3	22	0.5	2	31
2016 - 4	7.8	8.6	7.2	10.3	20	4.7	1	30
2016 - 5	11.4	12.2	10.7	14.3	31	8.6	1	31
2016 - 6	13.4	14.0	12.9	15.0	29	11.2	11	30
2016 - 7	15.1	15.7	14.6	16.8	12	12.7	2	31
2016 - 8	16.4	17.1	15.7	19.0	24	13.9	31	31
2016 - 9	12.5	12.8	12.2	14.1	1	11.2	20	30
2016 - 10	11.2	11.8	10.9	13.5	3	8.9	31	31
2016 - 11	6.8	7.3	6.5	9.7	1	4.1	30	30
2016 - 12	3.1	3.4	3.0	4.7	3	2.0	31	31
2017 - 1	1.7	1.9	1.7	3.1	5	1.1	23	31
2017 - 2	2.6	2.9	2.3	4.4	20	1.4	12	28

（续）

年-月	日平均值月平均/℃	日最大值月平均/℃	日最小值月平均/℃	月极大值/℃	极大值日期	月极小值/℃	极小值日期	有效数据/条
2017 - 3	1.7	1.9	1.7	5.4	30	1.1	23	31
2017 - 4	6.7	7.7	6.2	9.9	9	3.7	30	30
2017 - 5	10.2	11.0	9.7	12.3	22	6.7	1	31
2017 - 6	11.9	12.4	11.5	13.9	10	10.2	2	30
2017 - 7	13.3	13.8	13.0	15.4	29	11.7	1	31
2017 - 8	16.3	16.8	15.8	18.9	24	14.1	11	31
2017 - 9	14.8	15.3	14.4	16.2	1	13.4	22	30
2017 - 10	12.3	12.7	11.8	16.3	10	8.3	27	31
2017 - 11	7.7	8.2	7.3	10.0	2	4.6	29	30
2017 - 12	3.3	3.4	3.0	5.1	4	1.7	30	31

表 3 - 63　3 000 m 气象场 2007—2017 年自动观测气象要素——土壤温度（40 cm）

年-月	日平均值月平均/℃	日最大值月平均/℃	日最小值月平均/℃	月极大值/℃	极大值日期	月极小值/℃	极小值日期	有效数据/条
2007 - 1	2.2	2.2	2.1	2.6	1	1.8	28	31
2007 - 2	1.8	1.9	1.8	3.0	28	1.6	12	28
2007 - 3	3.9	4.0	3.7	5.6	31	3.0	1	31
2007 - 4	5.5	5.6	5.3	7.5	24	3.1	12	30
2007 - 5	9.5	9.6	9.2	11.7	24	6.2	1	31
2007 - 6	11.5	11.6	11.4	13.0	30	10.6	13	30
2007 - 7	14.0	14.0	13.8	14.7	19	13.0	1	31
2007 - 8	14.4	14.5	14.3	15.2	11	13.3	3	31
2007 - 9	12.8	12.9	12.7	14.9	1	12.0	19	30
2007 - 10	11.3	11.4	11.2	14.0	7	8.6	22	31
2007 - 11	6.9	7.1	6.9	8.8	1	5.5	30	30
2007 - 12	4.3	4.3	4.2	5.6	1	3.4	31	31
2008 - 1	2.5	2.5	2.4	3.4	1	1.8	29	31
2008 - 2	1.6	1.6	1.5	1.8	1	1.3	26	29
2008 - 3	2.5	2.6	2.5	4.3	21	1.2	10	31
2008 - 4	6.9	7.0	6.7	9.2	22	4.1	1	30
2008 - 5	10.0	10.1	9.8	11.9	27	7.4	1	31
2008 - 6	11.6	11.7	11.6	12.2	20	10.8	2	30
2008 - 7	13.3	13.4	13.2	15.4	25	12.0	7	31
2008 - 8	13.7	13.8	13.6	15.1	1	12.4	31	31
2008 - 9	12.9	13.0	12.9	14.1	23	11.9	4	30
2008 - 10	11.5	11.6	11.4	13.0	1	9.8	28	31
2008 - 11	7.9	7.9	7.7	9.8	1	5.0	30	30

（续）

年-月	日平均值 月平均/℃	日最大值 月平均/℃	日最小值 月平均/℃	月极 大值/℃	极大值 日期	月极 小值/℃	极小值 日期	有效数 据/条
2008 - 12	3.9	4.0	3.8	5.0	1	2.9	31	31
2009 - 1	2.1	2.2	2.1	2.9	1	1.6	30	31
2009 - 2	3.2	3.2	3.0	4.1	19	1.6	1	28
2009 - 3	—	—	—	7.2	27	2.6	3	20
2009 - 4	6.7	6.8	6.4	9.2	23	3.2	9	30
2009 - 5	9.7	9.8	9.5	10.9	28	7.5	3	31
2009 - 6	10.6	10.9	10.7	12.6	29	9.0	3	30
2009 - 7	13.2	13.3	13.0	15.0	23	11.5	5	31
2009 - 8	13.7	13.8	13.7	14.4	26	13.1	12	31
2009 - 9	14.3	14.4	14.2	15.5	14	12.7	27	30
2009 - 10	11.3	11.3	11.1	13.3	1	9.9	26	31
2009 - 11	7.7	7.8	7.5	10.4	1	5.1	26	30
2009 - 12	4.3	4.4	4.3	5.1	1	3.4	31	31
2010 - 1	2.5	2.5	2.4	3.4	1	1.8	27	31
2010 - 2	2.3	2.4	2.3	3.4	28	1.8	1	28
2010 - 3	4.0	4.1	3.9	5.4	22	3.1	12	31
2010 - 4	5.1	5.3	4.9	7.9	21	2.4	8	30
2010 - 5	9.9	10.0	9.7	11.2	26	6.7	1	31
2010 - 6	10.8	10.9	10.7	11.9	30	10.1	5	30
2010 - 7	13.6	13.7	13.5	14.7	31	11.9	1	31
2010 - 8	15.2	15.3	15.1	16.4	14	14.0	27	31
2010 - 9	13.9	14.0	13.6	14.9	21	11.0	12	30
2010 - 10	11.0	11.0	10.9	12.6	1	9.1	31	31
2010 - 11	7.3	7.3	7.2	9.3	1	5.7	30	30
2010 - 12	3.8	3.9	3.7	5.7	1	2.3	31	31
2011 - 1	2.1	2.1	2.0	2.6	1	1.5	16	31
2011 - 2	1.6	1.7	1.6	2.9	28	1.4	19	28
2011 - 3	2.8	2.8	2.7	3.7	3	1.8	31	31
2011 - 4	4.4	4.6	4.2	7.0	30	1.6	4	30
2011 - 5	9.4	9.6	9.2	10.6	11	7.0	1	31
2011 - 6	11.3	11.4	11.2	13.0	30	9.5	1	30
2011 - 7	13.1	13.2	13.0	14.3	30	11.9	16	31
2011 - 8	14.1	14.2	14.0	15.5	20	12.8	7	31
2011 - 9	13.7	13.7	13.5	15.4	7	11.3	30	30
2011 - 10	10.5	10.6	10.4	12.3	13	8.7	30	31
2011 - 11	7.3	7.4	7.3	8.9	1	6.2	27	30
2011 - 12	—	—	—	6.3	1	3.0	31	22
2012 - 1	2.3	2.3	2.3	3.0	1	1.8	29	31

（续）

年-月	日平均值 月平均/℃	日最大值 月平均/℃	日最小值 月平均/℃	月极 大值/℃	极大值 日期	月极 小值/℃	极小值 日期	有效数 据/条
2012 - 2	1.5	1.5	1.5	1.8	1	1.3	20	29
2012 - 3	2.1	2.2	2.1	4.0	22	1.2	3	31
2012 - 4	5.0	5.1	4.7	8.1	29	2.2	1	30
2012 - 5	10.1	10.2	9.9	11.4	12	8.0	1	31
2012 - 6	10.5	10.5	10.4	12.2	30	9.7	5	30
2012 - 7	13.2	13.3	13.1	14.0	31	12.2	1	31
2012 - 8	14.7	14.7	14.5	16.1	19	13.6	3	31
2012 - 9	13.2	13.3	13.1	15.1	11	11.7	28	30
2012 - 10	10.6	10.7	10.5	11.8	1	9.1	31	31
2012 - 11	7.4	7.5	7.3	9.1	1	5.2	29	30
2012 - 12	3.8	3.9	3.7	5.3	1	2.4	31	31
2013 - 1	1.9	1.9	1.9	2.4	1	1.6	25	31
2013 - 2	2.8	2.8	2.7	4.6	28	1.7	1	28
2013 - 3	5.1	5.2	4.9	6.4	17	3.7	5	31
2013 - 4	5.8	5.9	5.5	9.0	29	2.7	17	30
2013 - 5	9.8	9.8	9.4	12.1	29	7.7	4	31
2013 - 6	12.7	12.8	12.6	14.1	21	10.7	1	30
2013 - 7	—	—	—	—	—	—	—	—
2013 - 9	12.3	12.4	12.1	13.5	3	10.7	14	30
2013 - 10	—	—	—	12.0	1	8.1	31	22
2013 - 11	7.5	7.6	7.4	8.3	1	5.8	30	30
2013 - 12	3.9	3.9	3.8	5.8	1	3.1	27	31
2014 - 1	2.5	2.5	2.4	3.1	1	1.9	31	31
2014 - 2	2.5	2.6	2.4	3.4	9	1.9	1	28
2014 - 3	3.6	3.7	3.5	5.7	31	2.7	3	31
2014 - 4	7.1	7.2	6.9	9.3	20	3.8	6	30
2014 - 5	9.0	9.1	8.8	10.6	23	6.7	6	31
2014 - 6	11.2	11.2	11.1	11.8	5	10.6	1	30
2014 - 7	12.5	12.5	12.4	13.5	30	11.1	1	31
2014 - 8	13.1	13.1	13.0	14.2	10	11.9	27	31
2014 - 9	13.0	13.1	12.9	14.2	14	12.1	4	30
2014 - 10	10.8	10.9	10.7	12.2	1	9.6	28	31
2014 - 11	7.4	7.4	7.3	9.9	1	5.7	27	30
2014 - 12	4.1	4.1	4.0	5.7	1	2.6	30	31
2015 - 1	2.1	2.1	2.1	2.6	1	1.7	26	31
2015 - 2	2.1	2.1	2.1	3.2	28	1.6	10	28
2015 - 3	4.4	4.5	4.2	6.8	31	2.8	6	31
2015 - 4	6.9	7.2	6.6	11.5	27	4.6	13	30

（续）

年-月	日平均值月平均/℃	日最大值月平均/℃	日最小值月平均/℃	月极大值/℃	极大值日期	月极小值/℃	极小值日期	有效数据/条
2015 - 5	9.8	9.9	9.7	11.4	31	7.6	1	31
2015 - 6	11.8	11.8	11.6	13.9	30	10.8	9	30
2015 - 7	—	—	—	—		—		—
2015 - 8	—	—	—	—		—		—
2015 - 9	12.4	12.5	12.2	13.7	6	11.4	26	30
2015 - 10	10.8	11.0	10.6	12.4	1	9.4	31	31
2015 - 11	—	—	—	—		—		—
2015 - 12	3.6	3.7	3.5	6.1	3	2.0	30	31
2016 - 1	1.6	1.6	1.6	2.0	1	1.2	31	31
2016 - 2	1.0	1.0	1.0	1.2	1	1.0	9	29
2016 - 3	2.7	2.8	2.5	5.4	23	0.9	3	31
2016 - 4	7.3	7.4	7.0	9.0	17	3.0	1	30
2016 - 5	10.6	10.8	10.3	12.1	12	6.7	1	31
2016 - 6	12.7	12.8	12.5	13.8	30	11.6	11	30
2016 - 7	14.4	14.6	14.3	15.6	12	12.8	2	31
2016 - 8	15.6	15.8	15.4	17.2	25	14.3	31	31
2016 - 9	12.5	12.6	12.4	14.3	1	11.7	21	30
2016 - 10	11.3	11.4	11.2	12.5	3	9.8	31	31
2016 - 11	7.5	7.6	7.4	9.8	1	5.1	30	30
2016 - 12	3.9	4.0	3.8	5.2	3	2.9	31	31
2017 - 1	2.3	2.4	2.3	3.2	5	1.7	24	31
2017 - 2	2.8	2.9	2.7	3.6	20	2.0	12	28
2017 - 3	2.0	2.1	2.0	4.0	31	1.5	23	31
2017 - 4	6.4	6.6	6.1	8.0	9	4.1	1	30
2017 - 5	9.5	9.7	9.2	11.3	23	4.9	1	31
2017 - 6	11.4	11.5	11.2	12.4	10	10.2	2	30
2017 - 7	12.7	12.8	12.6	14.2	29	11.5	1	31
2017 - 8	15.6	15.7	15.4	17.1	24	14.0	1	31
2017 - 9	14.6	14.7	14.5	15.9	1	13.7	22	30
2017 - 10	12.5	12.5	12.2	15.2	10	9.4	27	31
2017 - 11	8.3	8.4	8.1	9.9	1	5.5	30	30
2017 - 12	4.1	4.1	3.9	5.5	1	2.5	31	31

表 3-64　3 000 m 气象场 2007—2017 年自动观测气象要素——土壤温度（60 cm）

年-月	日平均值月平均/℃	日最大值月平均/℃	日最小值月平均/℃	月极大值/℃	极大值日期	月极小值/℃	极小值日期	有效数据/条
2007-1	2.6	2.6	2.6	3.2	1	2.1	31	31
2007-2	2.1	2.1	2.0	2.8	28	1.9	13	28
2007-3	3.7	3.8	3.6	5.0	31	2.8	1	31
2007-4	5.2	5.3	5.1	6.9	25	3.3	12	30
2007-5	8.7	8.8	8.6	10.6	24	5.9	1	31
2007-6	10.9	11.0	10.9	12.0	30	10.3	13	30
2007-7	13.2	13.3	13.2	13.9	19	12.0	1	31
2007-8	13.8	13.9	13.8	14.4	11	12.9	4	31
2007-9	12.6	12.7	12.6	14.4	1	11.9	23	30
2007-10	11.3	11.4	11.2	13.5	7	9.1	23	31
2007-11	7.2	7.4	7.3	9.1	1	6.0	30	30
2007-12	4.7	4.8	4.7	6.0	1	3.9	31	31
2008-1	2.9	2.9	2.9	3.9	1	2.2	30	31
2008-2	1.9	1.9	1.9	2.2	1	1.6	25	29
2008-3	2.5	2.5	2.4	3.9	31	1.4	10	31
2008-4	6.3	6.4	6.2	8.4	22	3.9	1	30
2008-5	9.3	9.4	9.2	11.1	28	6.9	1	31
2008-6	11.1	11.1	11.0	11.6	21	10.3	4	30
2008-7	12.7	12.7	12.6	14.4	25	11.6	1	31
2008-8	13.3	13.4	13.2	14.3	1	12.5	31	31
2008-9	12.5	12.6	12.5	13.4	25	11.9	4	30
2008-10	11.5	11.5	11.4	12.8	1	9.9	29	31
2008-11	2.9	2.9	2.9	3.9	1	2.2	30	30
2008-12	1.9	1.9	1.9	2.2	1	1.6	25	31
2009-1	2.6	2.6	2.5	3.4	1	2.0	30	31
2009-2	3.2	3.2	3.1	3.9	19	2.0	1	28
2009-3	—	—	—	6.4	28	2.9	3	20
2009-4	6.2	6.3	6.0	8.3	24	3.4	9	30
2009-5	9.0	9.1	8.9	10.1	28	7.4	3	31
2009-6	10.0	10.3	10.1	11.9	29	8.9	3	30
2009-7	12.5	12.6	12.4	14.0	23	11.1	5	31
2009-8	13.3	13.3	13.2	13.8	27	12.8	12	31
2009-9	13.9	13.9	13.8	14.8	14	12.8	27	30
2009-10	11.3	11.4	11.2	13.0	1	10.1	26	31
2009-11	8.2	8.2	8.0	10.4	1	5.7	30	30
2009-12	4.8	4.9	4.8	5.7	1	3.9	30	31
2010-1	2.9	2.9	2.9	3.9	1	2.2	27	31
2010-2	2.5	2.6	2.5	3.3	28	2.1	1	28

（续）

年-月	日平均值 月平均/℃	日最大值 月平均/℃	日最小值 月平均/℃	月极 大值/℃	极大值 日期	月极 小值/℃	极小值 日期	有效数 据/条
2010 - 3	3.9	4.0	3.8	5.0	24	3.3	1	31
2010 - 4	4.8	5.0	4.7	7.1	22	2.5	9	30
2010 - 5	9.1	9.2	9.0	10.5	28	6.1	1	31
2010 - 6	10.3	10.4	10.3	11.3	30	9.7	6	30
2010 - 7	12.9	13.0	12.8	13.9	31	11.3	1	31
2010 - 8	14.6	14.7	14.5	15.5	14	13.8	28	31
2010 - 9	13.6	13.7	13.5	14.3	21	11.3	12	30
2010 - 10	11.1	11.2	11.0	12.7	1	9.5	31	31
2010 - 11	7.7	7.8	7.6	9.5	1	6.2	30	30
2010 - 12	4.4	4.4	4.3	6.2	1	2.8	31	31
2011 - 1	2.5	2.6	2.5	3.2	1	1.9	16	31
2011 - 2	1.9	1.9	1.9	2.7	28	1.7	19	28
2011 - 3	2.9	2.9	2.8	3.5	5	2.0	31	31
2011 - 4	4.0	4.2	3.9	6.2	30	1.7	5	30
2011 - 5	8.7	8.8	8.6	9.8	31	6.2	1	31
2011 - 6	10.7	10.8	10.6	12.2	30	9.2	2	30
2011 - 7	12.5	12.6	12.4	13.6	30	11.6	17	31
2011 - 8	13.5	13.6	13.5	14.6	20	12.5	6	31
2011 - 9	13.4	13.4	13.3	14.6	7	11.4	30	30
2011 - 10	10.6	10.6	10.5	11.9	14	9.0	31	31
2011 - 11	7.6	7.7	7.6	9.0	1	6.5	28	30
2011 - 12	—	—	—	6.6	1	3.5	31	22
2012 - 1	2.7	2.7	2.7	3.5	1	2.2	29	31
2012 - 2	1.8	1.8	1.8	2.2	1	1.5	27	29
2012 - 3	2.2	2.2	2.1	3.5	22	1.5	1	31
2012 - 4	4.5	4.6	4.3	7.3	29	2.3	1	30
2012 - 5	9.3	9.4	9.2	10.3	12	7.3	1	31
2012 - 6	10.0	10.0	9.9	11.5	30	9.4	4	30
2012 - 7	12.6	12.6	12.5	13.3	31	11.5	1	31
2012 - 8	14.1	14.2	14.0	15.3	19	13.2	2	31
2012 - 9	13.0	13.1	13.0	14.4	11	11.7	28	30
2012 - 10	10.6	10.7	10.6	11.7	1	9.5	31	31
2012 - 11	7.8	7.8	7.7	9.5	1	5.8	30	30
2012 - 12	4.4	4.4	4.3	5.8	1	3.0	31	31
2013 - 1	2.4	2.4	2.4	3.0	1	2.0	26	31
2013 - 2	2.9	2.9	2.8	4.2	28	2.0	1	28
2013 - 3	4.9	5.0	4.8	5.8	17	3.8	6	31
2013 - 4	5.4	5.5	5.2	8.1	30	3.1	17	30

（续）

年-月	日平均值 月平均/℃	日最大值 月平均/℃	日最小值 月平均/℃	月极 大值/℃	极大值 日期	月极 小值/℃	极小值 日期	有效数 据/条
2013 - 5	9.1	9.1	8.9	11.1	30	7.4	5	31
2013 - 6	12.0	12.0	11.9	13.2	22	10.3	2	30
2013 - 7	—	—	—	—	—	—	—	—
2013 - 9	12.2	12.4	12.1	13.6	3	10.8	14	30
2013 - 10	—	—	—	11.9	1	8.5	31	22
2013 - 11	7.8	7.8	7.8	8.5	1	6.3	30	30
2013 - 12	4.5	4.5	4.4	6.3	1	3.5	31	31
2014 - 1	2.9	2.9	2.9	3.6	1	2.3	31	31
2014 - 2	2.7	2.8	2.6	3.3	9	2.2	1	28
2014 - 3	3.5	3.6	3.4	5.2	31	2.9	3	31
2014 - 4	6.5	6.6	6.4	8.4	21	3.9	6	30
2014 - 5	8.4	8.5	8.3	10.2	23	6.7	7	31
2014 - 6	10.6	10.7	10.5	11.1	20	9.8	1	30
2014 - 7	11.9	12.0	11.9	12.9	31	10.7	2	31
2014 - 8	12.7	12.8	12.7	13.7	10	11.9	27	31
2014 - 9	12.7	12.7	12.6	13.6	14	12.0	4	30
2014 - 10	10.8	10.9	10.8	12.0	1	9.7	29	31
2014 - 11	7.7	7.8	7.7	9.9	1	6.1	30	30
2014 - 12	4.6	4.6	4.5	6.1	1	3.1	31	31
2015 - 1	2.5	2.5	2.5	3.1	1	2.1	26	31
2015 - 2	2.3	2.3	2.2	3.1	28	1.9	10	28
2015 - 3	4.1	4.2	4.0	6.1	31	2.9	6	31
2015 - 4	6.5	6.7	6.3	10.8	27	4.9	13	30
2015 - 5	9.1	9.1	9.0	10.6	31	7.0	1	31
2015 - 6	11.1	11.2	11.0	13.0	30	10.5	9	30
2015 - 7	—	—	—	—	—	—	—	—
2015 - 8	—	—	—	—	—	—	—	—
2015 - 9	12.4	12.5	12.3	13.4	11	11.7	27	30
2015 - 10	11.1	11.1	11.0	12.2	2	10.2	31	31
2015 - 11	—	—	—	—	—	—	—	—
2015 - 12	4.7	4.8	4.7	6.8	1	3.1	30	31
2016 - 1	2.5	2.5	2.5	3.0	1	2.0	31	31
2016 - 2	1.8	1.8	1.8	2.0	1	1.6	26	29
2016 - 3	2.9	3.0	2.8	4.9	23	1.4	5	31
2016 - 4	6.8	6.9	6.6	8.2	21	2.9	1	30
2016 - 5	9.9	10.0	9.7	10.8	12	6.4	1	31
2016 - 6	12.1	12.2	12.0	13.0	30	10.8	1	30
2016 - 7	13.9	14.0	13.8	14.6	13	12.6	3	31

（续）

年-月	日平均值月平均/℃	日最大值月平均/℃	日最小值月平均/℃	月极大值/℃	极大值日期	月极小值/℃	极小值日期	有效数据/条
2016 - 8	15.1	15.1	15.0	16.1	26	14.3	1	31
2016 - 9	12.7	12.7	12.6	14.5	1	11.9	24	30
2016 - 10	11.5	11.5	11.4	12.3	4	10.6	31	31
2016 - 11	8.2	8.3	8.2	10.6	1	6.2	30	30
2016 - 12	4.8	4.9	4.8	6.2	1	3.9	31	31
2017 - 1	3.1	3.2	3.1	3.9	1	2.5	26	31
2017 - 2	3.2	3.3	3.2	3.7	21	2.8	12	28
2017 - 3	2.5	2.5	2.4	3.6	31	2.0	23	31
2017 - 4	6.0	6.2	5.9	7.2	25	3.7	1	30
2017 - 5	8.9	9.0	8.7	10.5	23	5.2	1	31
2017 - 6	10.9	11.0	10.8	11.6	25	9.9	3	30
2017 - 7	12.2	12.3	12.2	13.4	29	11.2	1	31
2017 - 8	15.0	15.0	14.8	16.1	30	13.4	1	31
2017 - 9	14.5	14.6	14.4	15.7	1	13.9	23	30
2017 - 10	12.8	12.8	12.6	14.6	10	10.2	29	31
2017 - 11	9.0	9.0	8.9	10.3	1	6.6	30	30
2017 - 12	5.1	5.0	5.0	6.6	1	3.5	31	31

表 3 - 65　3 000 m 气象场 2007—2017 年自动观测气象要素——土壤温度（100 cm）

年-月	日平均值月平均/℃	日最大值月平均/℃	日最小值月平均/℃	月极大值/℃	极大值日期	月极小值/℃	极小值日期	有效数据/条
2007 - 1	4.4	4.4	4.4	5.2	1	3.7	31	31
2007 - 2	3.4	3.4	3.3	3.7	1	3.1	22	28
2007 - 3	3.9	4.0	3.9	4.4	31	3.3	1	31
2007 - 4	4.9	5.0	4.9	5.9	26	4.2	13	30
2007 - 5	7.4	7.5	7.4	9.0	31	5.8	1	31
2007 - 6	9.8	9.9	9.8	10.5	30	9.0	1	30
2007 - 7	11.7	11.8	11.7	12.3	21	10.5	1	31
2007 - 8	12.7	12.8	12.7	13.2	30	12.1	6	31
2007 - 9	12.6	12.6	12.5	13.3	1	12.0	26	30
2007 - 10	11.6	11.7	11.7	12.7	9	10.2	31	31
2007 - 11	8.6	8.8	8.7	10.2	1	7.7	30	30
2007 - 12	6.4	6.5	6.4	7.7	1	5.5	30	31
2008 - 1	4.6	4.6	4.6	5.5	1	3.8	31	31
2008 - 2	3.4	3.4	3.3	3.9	1	2.8	26	29
2008 - 3	3.1	3.1	3.0	3.8	31	2.6	11	31

（续）

年-月	日平均值月平均/℃	日最大值月平均/℃	日最小值月平均/℃	月极大值/℃	极大值日期	月极小值/℃	极小值日期	有效数据/条
2008-4	5.4	5.4	5.3	6.8	23	3.8	1	30
2008-5	8.0	8.1	8.0	9.6	31	6.4	1	31
2008-6	10.0	10.0	10.0	10.5	23	9.4	2	30
2008-7	11.3	11.3	11.3	12.4	29	10.5	1	31
2008-8	12.5	12.5	12.4	12.7	3	12.2	18	31
2008-9	12.0	12.1	12.0	12.4	1	11.8	7	30
2008-10	11.6	11.7	11.6	12.4	1	10.6	31	31
2008-11	9.4	9.5	9.4	10.6	1	7.7	30	30
2008-12	6.3	6.4	6.3	7.8	1	5.2	31	31
2009-1	4.3	4.3	4.3	5.2	1	3.6	30	31
2009-2	3.9	3.9	3.8	4.2	20	3.4	6	28
2009-3	—	—	—	5.4	31	3.8	14	20
2009-4	5.6	5.6	5.5	6.8	26	4.4	10	30
2009-5	7.8	7.9	7.8	8.8	30	6.8	1	31
2009-6	9.0	9.2	9.1	10.4	29	8.6	4	30
2009-7	11.1	11.2	11.1	12.1	27	10.3	6	31
2009-8	12.3	12.4	12.3	12.9	29	12.0	1	31
2009-9	13.1	13.1	13.1	13.4	15	12.7	3	30
2009-10	11.8	11.8	11.7	12.8	1	10.8	27	31
2009-11	9.5	9.6	9.5	10.8	1	7.7	30	30
2009-12	6.6	6.6	6.6	7.7	1	5.6	30	31
2010-1	4.7	4.7	4.6	5.6	1	3.8	30	31
2010-2	3.7	3.7	3.6	3.8	1	3.5	22	28
2010-3	4.3	4.3	4.2	4.7	25	3.7	1	31
2010-4	4.7	4.8	4.7	5.9	23	3.6	10	30
2010-5	7.6	7.7	7.6	9.2	26	5.5	1	31
2010-6	9.5	9.5	9.5	10.2	30	9.1	1	30
2010-7	11.6	11.6	11.6	12.5	25	10.2	1	31
2010-8	13.4	13.4	13.4	14.2	22	12.5	1	31
2010-9	13.3	13.3	13.2	13.5	1	12.2	12	30
2010-10	11.8	11.8	11.7	13.0	1	10.8	31	31
2010-11	9.2	9.3	9.2	10.8	1	7.9	30	30
2010-12	6.4	6.4	6.3	7.9	1	4.7	31	31
2011-1	4.3	4.3	4.3	5.1	1	3.4	16	31
2011-2	3.3	3.3	3.2	3.7	1	3.0	22	28
2011-3	3.6	3.6	3.5	3.8	7	3.1	31	31
2011-4	3.9	4.0	3.8	5.1	30	2.7	5	30
2011-5	7.2	7.3	7.2	8.6	31	5.1	1	31

（续）

年-月	日平均值月平均/℃	日最大值月平均/℃	日最小值月平均/℃	月极大值/℃	极大值日期	月极小值/℃	极小值日期	有效数据/条
2011 - 6	9.4	9.5	9.3	10.5	27	8.4	4	30
2011 - 7	11.3	11.4	11.3	12.2	31	10.6	1	31
2011 - 8	12.4	12.5	12.4	13.0	23	11.9	7	31
2011 - 9	12.9	12.9	12.9	13.3	8	12.0	30	30
2011 - 10	11.1	11.2	11.1	12.0	1	10.1	31	31
2011 - 11	8.9	9.0	8.9	10.1	1	7.8	30	30
2011 - 12	—	—	—	7.8	1	5.3	31	22
2012 - 1	4.4	4.5	4.4	5.3	1	3.7	30	31
2012 - 2	3.2	3.2	3.2	3.7	1	2.8	27	29
2012 - 3	2.9	3.0	2.9	3.5	25	2.6	10	31
2012 - 4	4.1	4.1	4.0	5.8	30	3.0	3	30
2012 - 5	7.8	7.8	7.6	8.7	31	5.8	1	31
2012 - 6	9.1	9.1	9.1	10.2	30	8.6	1	30
2012 - 7	11.3	11.4	11.3	12.2	31	10.2	1	31
2012 - 8	12.9	13.0	12.9	13.7	21	12.1	1	31
2012 - 9	12.9	12.9	12.9	13.5	12	12.0	28	30
2012 - 10	11.2	11.2	11.1	12.0	1	10.4	31	31
2012 - 11	9.1	9.2	9.1	10.4	1	7.7	30	30
2012 - 12	6.3	6.3	6.3	7.7	1	5.1	30	31
2013 - 1	4.2	4.2	4.2	5.0	1	3.5	31	31
2013 - 2	3.7	3.7	3.7	4.1	28	3.5	1	28
2013 - 3	4.8	4.9	4.8	5.3	19	4.1	1	31
2013 - 4	5.2	5.3	5.1	6.6	30	4.3	18	30
2013 - 5	7.8	7.9	7.7	9.3	17	6.6	1	31
2013 - 6	10.4	10.4	10.3	11.5	25	9.2	2	30
2013 - 7	—	—	—	—	—	—	—	—
2013 - 9	12.5	12.6	12.5	13.6	3	11.5	14	30
2013 - 10	—	—	—	12.2	1	9.7	31	22
2013 - 11	9.0	9.0	8.9	9.7	1	8.0	30	30
2013 - 12	6.4	6.4	6.3	8.0	1	5.2	31	31
2014 - 1	4.5	4.5	4.5	5.2	1	3.8	31	31
2014 - 2	3.7	3.8	3.7	4.0	3	3.5	21	28
2014 - 3	3.9	4.0	3.9	4.5	31	3.7	1	31
2014 - 4	5.7	5.8	5.7	7.1	26	4.5	1	30
2014 - 5	7.6	7.7	7.5	9.6	23	6.8	9	31
2014 - 6	9.6	9.6	9.6	10.1	30	8.7	1	30
2014 - 7	11.0	11.0	10.9	11.7	29	10.1	1	31
2014 - 8	12.1	12.2	12.1	12.5	10	11.7	1	31

（续）

年-月	日平均值 月平均/℃	日最大值 月平均/℃	日最小值 月平均/℃	月极 大值/℃	极大值 日期	月极 小值/℃	极小值 日期	有效数 据/条
2014 - 9	12.2	12.3	12.2	12.6	16	11.8	1	30
2014 - 10	11.2	11.3	11.2	12.0	1	10.3	31	31
2014 - 11	9.0	9.0	9.0	10.3	1	7.6	29	30
2014 - 12	6.3	6.4	6.3	7.6	1	5.0	30	31
2015 - 1	4.2	4.2	4.2	5.0	1	3.6	28	31
2015 - 2	3.4	3.4	3.3	3.6	1	3.2	12	28
2015 - 3	4.1	4.2	4.1	5.1	31	3.6	1	31
2015 - 4	6.0	6.1	5.9	9.4	27	5.1	1	30
2015 - 5	7.8	7.9	7.8	9.1	31	6.3	1	31
2015 - 6	10.0	10.0	9.9	11.0	30	9.1	1	30
2015 - 7	—	—	—	—		—		—
2015 - 8	—	—	—	—		—		—
2015 - 9	12.3	12.3	12.3	12.7	1	11.7	30	30
2015 - 10	11.2	11.2	11.2	11.8	1	10.8	22	31
2015 - 11	—	—	—	—		—		—
2015 - 12	6.6	6.7	6.6	8.3	1	5.1	30	31
2016 - 1	4.2	4.2	4.2	5.1	1	3.6	30	31
2016 - 2	3.2	3.2	3.1	3.6	1	2.8	29	29
2016 - 3	3.3	3.4	3.3	4.2	24	2.6	4	31
2016 - 4	5.8	5.9	5.8	6.9	22	3.6	1	30
2016 - 5	8.4	8.5	8.4	9.3	31	6.5	1	31
2016 - 6	10.7	10.7	10.6	11.5	30	9.3	1	30
2016 - 7	12.5	12.6	12.6	13.2	27	11.5	1	31
2016 - 8	13.7	13.7	13.7	14.3	27	13.2	1	31
2016 - 9	12.8	12.8	12.7	14.0	1	12.0	30	30
2016 - 10	11.6	11.6	11.6	12.1	6	11.2	18	31
2016 - 11	9.4	9.5	9.4	11.1	1	8.0	30	30
2016 - 12	6.5	6.6	6.5	8.0	1	5.6	31	31
2017 - 1	4.7	4.7	4.7	5.6	1	4.0	28	31
2017 - 2	4.1	4.1	4.1	4.2	9	3.9	14	28
2017 - 3	3.4	3.5	3.4	4.0	1	2.9	29	31
2017 - 4	5.3	5.4	5.3	6.4	26	3.3	1	30
2017 - 5	7.7	7.7	7.6	9.0	25	5.8	1	31
2017 - 6	9.8	9.9	9.8	10.5	25	8.9	1	30

（续）

年-月	日平均值 月平均/℃	日最大值 月平均/℃	日最小值 月平均/℃	月极 大值/℃	极大值 日期	月极 小值/℃	极小值 日期	有效数 据/条
2017 - 7	11.1	11.1	11.1	12.0	31	10.4	1	31
2017 - 8	13.6	13.5	13.4	14.9	30	12.0	1	31
2017 - 9	14.0	14.0	14.0	14.7	1	13.7	23	30
2017 - 10	13.0	13.0	12.9	13.8	1	11.2	30	31
2017 - 11	10.0	10.1	10.0	11.1	1	8.4	30	30
2017 - 12	6.9	6.9	6.8	8.4	1	5.3	31	31

第4章

台站特色研究数据

4.1 贡嘎山东坡苔藓植物观测数据集

4.1.1 概述

苔藓植物是一种形体微小、结构简单的高等植物，是水生向陆生的一种过渡形式，是高等植物中最原始的类群。同时，作为生态系统结构和功能的重要组成部分，苔藓在森林生态系统养分循环、水源涵养、种子萌发、幼苗生长甚至是森林的演替过程中均起着重要作用。然而，过去关于生态系统的研究中，苔藓植物由于本身形体微小，加上物种鉴定困难以及大部分研究者对苔藓植物缺乏了解，苔藓植物资源及其功能往往被忽视。苔藓植物作为森林生态系统重要的地被植物之一，虽然其在生态系统碳循环中的作用近年来逐渐引起关注，但目前相关研究仍不足，特别是位于中国西南和青藏高原东缘的贡嘎山地区，苔藓植物资源状况及其对高山—亚高山生态系统功能的影响还知之甚少。

本数据集整理了近年来，贡嘎山站围绕高山生态系统苔藓植物分布特征观测数据。

4.1.2 数据采集与处理方法

于 2009 - 6—2010 - 6 分 2 次对贡嘎山东坡海拔 1 640～3 650 m 的藓类植物进行了野外调查（表 4 - 1）。同时记录了海拔、地理位置、植被类型、采集编号等方面的数据，共采集近 1 004 份。

表 4 - 1 2009 - 6 贡嘎山东坡苔藓植物标本采集信息

样点编号	海拔/m	地理位置	植被类型	标本数目/份
1	1 640			16
2	1 680	29°41′38″N，102°06′50″E	落叶阔叶林	32
3	1 830	29°31′22″N，102°05′36″E	落叶阔叶林	63
4	1 980	29°40′51″N，102°05′40″E	落叶阔叶林	39
5	2 359	29°35′43″N，102°02′40″E	常绿-落叶阔叶林	113
6	2 600	29°35′22″N，102°01′46″E	针阔混交林	73
7	2 750	29°35′15″N，102°01′40″E	针阔混交林	132
8	2 790	29°34′50″N，102°00′59″E	针阔混交林	37
9	2 972	29°34′30″N，102°00′14″E	暗针叶林	77
10	3 000	29°35′40″N，102°00′20″E	暗针叶林	59
11	3 010		暗针叶林	85
12	3 065	29°33′04″N，101°58′11″E	暗针叶林	106
13	3 083	29°34′26″N，101°59′32″E	暗针叶林	67
14	3 563	29°32′55″N，101°58′19″E	高山灌丛	79
15	3 650	29°33′12″N，102°58′11″E	高山灌丛	26

标本采集后带回实验室，阴干、装袋、信息录入后进行实体镜、显微镜下鉴定、显微拍照工作。苔藓植物的鉴定主要参照苔藓植物分类的相关工具书和文献（Gao and Crosby，1999，2003；Hu et al.，2008；Li and Crosby，2001，2007；Wu and Crosby，2002，2005）。

4.1.3　数据质量控制与评估

本数据集来源于野外样地的实测调查。从调查前期准备、调查过程中、调查完成后、整理过程对数据质量进行控制，以确保数据相对准确可靠。

调查前的数据质量控制：根据统一的调查规范方案，对所有参与调查人员进行集中技术培训，尽可能地减少人为误差。

调查过程中的数据质量控制：调查过程中涉及的物种均采集了相关凭证标本，并在室内进行鉴定。调查人和记录人完成小样方调查时，立即对原始记录表进行核查，发现有误的数据及时纠正。

调查完成后的数据质量控制：调查完成后，调查人和记录人完成对样方数据的进一步核查，并补充相关信息；纸质版数据录入电脑过程中，采用2人同时输入数据的方式，自查并相互检查，以确保数据输入的准确性。

4.1.4　数据价值

本数据集一方面能为自然保护区的野生植物资源保护及合理开发利用提供基础资料。另一方面，由于苔藓植物在元素生物地球化学循环、生态系统水文循环、植物幼苗生长和植被演替等方面起着重要作用；苔藓植物群落组成和结构的改变将导致生态系统过程的变化并最终影响生态系统对气候变化的适应能力的改变。因此，本数据集中苔藓植物对气候变化的响应方面的数据对于揭示亚高山生态系统对气候变化的早期响应，同时对于提高亚高山生态系统对气候变化的响应预测的精度、促进区域气候变化预测模型的改进等具有重要意义。

4.1.5　贡嘎山东坡苔藓植物观测数据集

4.1.5.1　贡嘎山亚高山生态系统藓类物种组成数据

贡嘎山东坡海拔1 640~3 650 m藓类植物有40科144属355种（表4-2），其中包含四川省新纪录种10科12属12种。贡嘎山藓类植物数占四川省藓类植物总科数的68%，总属数的49%，总种数的32%。各科的大小和组成相差较大，包含10个属以上的科仅4科，却含有49属107种，占到总属数1/3（表4-2）。

表4-2　贡嘎山藓类植物物种组成

科	属	种
柳叶藓科（Amblystegiaceae）	7	11
牛舌藓科（Anomodontaceae）	1	2
皱蒴藓科（Aulacomniaceae）	1	1
珠藓科（Bartramiaceae）	2	7
青藓科（Brachytheciaceae）	9	47
真藓科（Bryaceae）	5	21
万年藓科（Climaciaceae）	2	2
隐蒴藓科（Cryphaeaceae）	1	1

（续）

科	属	种
曲尾藓科（Dicranaceae）	10	35
牛毛藓科（Ditrichaceae）	3	4
绢藓科（Entodontaceae）	2	6
碎米藓科（Fabroniaceae）	2	2
凤尾藓科（Fissidentaceae）	1	7
紫萼藓科（Grimmiaceae）	3	15
虎尾藓科（Hedwigiaceae）	1	1
油藓科（Hookeriaceae）	1	1
塔藓科（Hylocomiaceae）	8	9
灰藓科（Hypnaceae）	11	29
孔雀藓科（Hypopterygiaceae）	2	7
薄罗藓科（Leskeaceae）	2	3
白齿藓科（Leucodontaceae）	2	5
蔓藓科（Meteoriaceae）	12	14
提灯藓科（Mniaceae）	5	28
平藓科（Neckeraceae）	3	7
木灵藓科（Orthotrichaceae）	4	8
棉藓科（Plagiotheciaceae）	1	7
金发藓科（Polytrichaceae）	3	11
丛藓科（Pottiaceae）	16	29
蕨藓科（Pterobryaceae）	2	2
缩叶藓科（Ptychomitriaceae）	1	1
桧藓科（Rhizogoniaceae）	1	1
锦藓科（Sematophyllaceae）	5	8
泥炭藓科（Sphagnaceae）	1	3
壶藓科（Splachnaceae）	1	1
硬叶藓科（Stereophyllaceae）	1	2
四齿藓科（Tetraphidaceae）	1	1
木藓科（Thamnobryaceae）	2	3
鳞藓科（Theliaceae）	2	3
羽藓科（Thuidiaceae）	6	9
扭叶藓科（Trachypodaceae）	1	1

4.1.5.2　贡嘎山藓类植物生态群落数据

　　植物群落是环境和植物群体的矛盾统一体，植物群落是环境因子的综合反映结果，反过来，植物群落类型也体现着其周围生态环境的特点。苔藓植物也不例外，虽然其个体微小，但对其生存环境却有着十分敏感的反应，要求的条件在种与种之间也有差异。群落的形成不仅与藓类植物本身的生长特点有关，而且与其所处的外界条件和生态环境有着极为密切的关联。因此藓类植物的群落类型能够恰当地体现出其所处生存环境的特征。见表 4 - 3。

表 4 - 3　贡嘎山藓类植物生态群落数据

群落名称	群落组成	群落分类	群落代表
水生群落	12 科 20 属 27 种	固着群落、沼泽群落	砂藓群落、三洋藓群落、三洋藓-褶叶藓-小金发藓-曲尾藓-砂藓群落、镰刀藓-曲尾藓群落、泥炭藓群落、泥炭藓-塔藓群落
石生群落	29 科 85 属 188 种	湿润石生群落、高山石生群落和岩石薄土群落	珠藓-合叶苔所组成的群落、大叶藓组成的群落、孔雀藓-青藓-羽藓组成的群落、砂藓-真藓群落、真藓-丛藓-连轴藓群落、砂藓-曲柄藓群落、单一真藓群落、单一砂藓群落、真藓群落、青藓群落、提灯藓群落
土生群落	21 科 46 属 83 种	短命土生群落和林地群落	真藓群落、凤尾藓小型种群落、丛藓小型藓群落、青藓-羽藓群落、提灯藓属和匐灯藓属以及金发藓科等藓类植物群落、塔藓-锦丝藓-星塔藓群落
树生群落	33 科 11 属 251 种	紧贴树生群落、浮蔽树生群落、悬垂树生群落、基干树生群落、腐木群落	木灵藓群落、木灵藓-白齿藓群落、碎米藓群落、扁枝藓群落、平藓群落、曲尾藓群落、较大型的白齿藓群落、扭叶藓群落、各种苔类群落、以小蔓藓-剪叶苔群落、多疣悬藓-丝带藓群落、丝带藓-扭叶藓-灰藓群落、小蔓藓-鞭枝新丝藓群落、青藓-提灯藓群落、南木藓为主的混生群落、羽藓-树藓-塔藓群落、金发藓群落、绒苔-赤茎藓群落、塔藓-星塔藓-苔多种群落、青藓-灰藓-曲尾藓-羽藓混生群落、提灯藓-青藓-羽苔-赤茎藓群落、曲尾藓-苔多种组成的群落、青毛藓群落、四齿藓群落、曲尾藓-毛灯藓-指叶苔-合叶苔群落、曲背藓-赤茎藓-提灯藓-苔类群落

4.1.5.3　不同植被带间藓类物种分布规律数据

　　见表 4 - 4。

表 4 - 4　不同植被带间藓类物种分布规律数据

植被带	海拔/m	气候	藓类组成	藓类科类代表	藓类属类代表
常绿-落叶阔叶混交林带	1 600～2 600	山地亚热带湿润半湿润气候	32 科 81 属 169 种	提灯藓科、丛藓科、凤尾藓科、真藓科、青藓科、羽藓科、蔓藓科、孔雀藓科、灰藓科、曲尾藓科、平藓科、白齿藓科	湿地藓属、毛口藓属、对齿藓属、砂藓属、凤尾藓属、提灯藓属、匐灯藓属、青藓属、羽藓属、美喙藓属、雉尾藓属、新丝藓属（多疣悬藓属）、平藓属、白齿藓属
针阔混交林带	＞2 600～2 900	山地暖温带湿润气候	30 科 90 属 191 种	曲尾藓科、提灯藓科、青藓科、灰藓科、塔藓科、棉藓科、羽藓科、丛藓科、真藓科、金发藓科、蕨藓科、蔓藓科、白齿藓科、平藓科	曲尾藓属、棉藓属、灰藓属、毛灯藓属、青毛藓属、羽藓属、提灯藓属、星塔藓属、泥炭藓属、青藓属、小蔓藓属、白齿藓属、曲背藓属、四齿藓属、赤茎藓属

（续）

植被带	海拔/m	气候	藓类组成	藓类科类代表	藓类属类代表
暗针叶林带	>2 900~3 500	山地潮湿寒温带	18 科 50 属 94 种	曲尾藓科、提灯藓科、塔藓科、青藓科、蕨藓科、灰藓科、羽藓科、棉藓科、蔓藓科	小蔓藓属、青毛藓属、曲尾藓属、灰藓属、毛灯藓属、提灯藓属、青藓属、棉藓属
高山草甸带	>3 500	亚寒带地区	21 科 49 属 90 种	曲尾藓科、紫萼藓科、真藓科、青藓科、塔藓科、灰藓科、金发藓科、丛藓科	砂藓属、真藓属、青藓属、拟白发藓属、对齿藓属、曲背藓属、三洋藓属、牛角藓属

4.1.5.4　贡嘎山药用苔藓植物资源数据

贡嘎山东坡有药用苔藓植物 16 科 18 属 21 种（表 4-5），占我国已知药用苔藓总数的 60%。

表 4-5　贡嘎山药用苔藓植物资源

科	属	种
蛇苔科（Conocephalaceae）	蛇苔属（Conocephalum）	蛇苔（Conocephalum conicum）
地钱科（Marchantiaceae	地钱属（Marchantia）	地钱（Marchantia polymorpha）
疣冠苔科（Aytoniaceae）	紫背苔属（Plagiochasma）	紫背苔（Plagiochasma rupestre）
泥炭藓科（Sphagnaceae）	泥炭藓属（Sphagnum）	泥炭藓（Sphagnum palustre）
泥炭藓科（Sphagnaceae）	泥炭藓属（Sphagnum）	粗叶泥炭藓（Sphagnum squarrosum）
真藓科（Bryaceae）	真藓属（Bryum）	真藓（Bryum argenteum）
真藓科（Bryaceae）	大叶藓属（Rhodobryum）	大叶藓（Rhodobryum roseum）
珠藓科（Bartramiacea）	珠藓属（Bartramia）	珠藓（Bartramia halleriana）
珠藓科（Bartramiacea）	珠藓属（Bartramia）	直叶珠藓（Bartamia ithphylla）
蔓藓科（Meteriaceae）	小蔓藓属（Meteoriella）	小蔓藓（Meteoriella solute）
蔓藓科（Meteoriaceae）	毛扭藓属（Aerobryidium）	毛扭藓（Aerobryidium filamentosum）
羽藓科（Thuidiaceae）	羽藓属（Thuidium）	大羽藓（Thuidium cymbifolium）
柳叶藓科（Amblystegiaceae）	牛角藓属（Cratoneuron）	牛角藓（Cratoneuron filicinum）
灰藓科（Hypnaceae）	鳞叶藓属（Taxiphyllum）	鳞叶藓（Taxiphyllum taxirameum）
金发藓科（Polytrichaceae）	小金发藓属（Pogonatum）	疣小金发藓（Pogonatum urnigerum）
凤尾藓科（Fissidentaceae）	凤尾藓属（Fissidens）	卷叶凤尾藓（Fissidens dubius）
凤尾藓科（Fissidentaceae）	凤尾藓属（Fissidens）	鳞叶凤尾藓（Fissidens taxifolius）
提灯藓科（Mniaceae）	匐灯藓属（Plagiomnium）	尖叶匐灯藓（Plagiomnium acutum）
白齿藓科（Leucodontaceae）	白齿藓属（Leucodon）	偏叶白齿藓（Leucodon secundus）
紫萼藓（Grimmiaceae）	紫萼藓属（Grimmia）	毛尖紫萼藓（Grimmia pilifera）
万年藓科（Climaciaceae）	万年藓属（Climacium）	万年藓（Climacium dendroides）

4.1.5.5　地面苔藓植物物种组成及分布数据

经调查发现地面苔藓 30 科 54 属 165 种，包括苔类 42 种，藓类 123 种（表 4-6）。说明贡嘎山地面苔藓植物非常丰富，对本地区甚至是中国西南地区的植物物种多样性具有重要贡献。各海拔森林类型与优势苔藓属见表 4-7。

表 4 - 6　各海拔梯度上地面苔藓物种数

编号	海拔/m	物种数	藓类种数	苔类种数
1	2 001	7	7	0
2	2 001	12	12	0
3	2 023	7	7	0
4	2 301	21	19	2
5	2 301	19	18	1
6	2 359	25	24	1
7	2 760	19	14	5
8	2 760	20	17	3
9	2 784	23	16	7
10	2 964	26	19	7
11	2 964	27	16	11
12	2 964	19	14	5
13	3 044	20	13	7
14	3 060	21	13	8
15	3 060	22	13	9
16	3 103	14	13	1
17	3 106	11	10	1
18	3 106	7	7	0
19	3 174	11	9	2
20	3 174	7	7	0
21	3 174	11	11	0
22	3 247	19	14	5
23	3 247	18	13	5
24	3 247	18	15	3
25	3 650	11	11	0
26	3 650	14	14	0
27	3 650	11	10	1
28	3 725	7	7	0
29	3 758	14	13	1
30	3 758	24	17	7
31	3 817	13	12	1
32	3 817	8	7	1
33	3 817	11	8	3
34	3 987	9	9	0
35	3 987	8	7	1
36	3 987	11	9	2
37	4 107	13	11	2
38	4 111	15	12	3
39	4 111	18	13	5

（续）

编号	海拔/m	物种数	藓类种数	苔类种数
40	4 206	21	19	2
41	4 221	15	14	1
42	4 221	20	19	2

表 4-7 森林类型与地面优势苔藓植物

海拔/m	优势苔藓属	森林类型
2 001	羽藓属（Thuidium）、青藓属（Brachythecium）、美喙藓属（Eurhynchium）	常绿阔叶林
2 301	羽藓属（Thuidium）、青藓属（Brachythecium）、美喙藓属（Eurhynchium）	常绿-落叶阔叶林
2 760	羽藓属（Thuidium）、青藓属（Brachythecium）	针阔混交林
2 964	锦丝藓属（Actinothuidium）、塔藓属（Hylocomium）、赤茎藓属（Pleurozium）、毛灯藓属（Rhizomnium）	暗针叶林
3 060	锦丝藓属（Actinothuidium）、塔藓属（Hylocomium）、赤茎藓属（Pleurozium）、毛灯藓属（Rhizomnium）	暗针叶林
3 106	青藓属（Brachythecium）、美喙藓属（Eurhynchium）	暗针叶林
3 174	青藓属（Brachythecium）、美喙藓属（Eurhynchium）	暗针叶林
3 247	青藓属（Brachythecium）、美喙藓属（Eurhynchium）	暗针叶林
3 650	镰刀藓属（Drepanocladus）、砂藓属（Racomitrium）、三洋藓属（Sanionia）	高山灌丛
3 758	镰刀藓属（Drepanocladus）、砂藓属（Racomitrium）、三洋藓属（Sanionia）	高山灌丛
3 817	青藓属（Brachythecium）	高山灌丛
3 987	青藓属（Brachythecium）、镰刀藓属（Drepanocladus）、三洋藓属（Sanionia）	高山灌丛
4 111	青藓属（Brachythecium）、镰刀藓属（Drepanocladus）、三洋藓属（Sanionia）	高山灌丛
4 221	青藓属（Brachythecium）、镰刀藓属（Drepanocladus）、三洋藓属（Sanionia）	高山灌丛

4.2 1930—2017 年贡嘎山东坡海螺沟流域冰川变化数据集

4.2.1 概述

贡嘎山位于青藏高原东南缘，位于四川盆地向青藏高原过渡的大雪山中段，是横断山地区最高峰。由于其气候受海洋型季风影响，高海拔区降雨量充沛，加之其有利的冰川发育地形，使之成为我国西部地区除藏东南念青唐古拉山中东部之外最大的海洋型冰川群发育中心，也是横断山地区最大的冰川作用中心。本数据集整理了自观测（包括野外考察、定位监测、遥感反演等）以来贡嘎山东坡海螺沟流域的冰川变化数据。

4.2.2 数据采集与处理方法

贡嘎山海螺沟冰川最早的考察记录可追溯到 20 世纪 30 年代奥地利学者 Heim 等开展的冰川第四纪调查（Heim，1936），因此 1930 年的海螺沟冰川末端位置（海螺沟冰川退缩迹地大岩窝附近）可根据 Heim 的文献描述大致勾勒出。随后，1966 年对该地区进行了航空摄影地形图测绘，可据地形图勾绘对应时期的冰川边界。自 20 世纪 70 年代以来，得益于美国陆地卫星（Landsat 系列）的成功发射与运行实现了对地表关键要素的长期连续遥感监测，以及近年来陆续发布的欧洲航天局哨兵

（Sentinel）卫星影像等，为冰川变化的连续监测提供了可能。本数据集 1975 年以来的冰川边界数据主要是基于 Landsat 1 - 3（MMS，1975）、Landsat 5（TM，1994、2005）、Landsat 7（ETM＋，2002、2005）、Landsat 8（OLC，2014）以及 Sentinel 2（2016、2017）数据勾绘提取的（刘巧等，2011；刘巧和张勇，2017）。

　　数据处理包括两部分：地形图数字化和遥感数据处理。1966 年地形图经扫描后在 ArcGIS 软件中进行地理空间配准，然后对冰川边界进行手工数字化。遥感影像一般选取消融期末（10—11 月）的数据，但由于贡嘎山地区位于季风区，且沟谷陡峭东西走向地形阴影遮蔽影像严重，很多年份无法获取较好质量的遥感影像。对应年份的冰川边界数据源见表 4 - 8。

表 4 - 8　冰川边界提取数据源信息

年	shp 文件名	数据源类型	数据源编号/文件名	比例尺/空间分辨率
1930	glaciers _ 1930. shp	文献（Heim，1936）	无	
1966	glaciers _ 1966. shp	航测地形图	图幅号 8 - 47 - 96	1：100 000
1975	glaciers _ 1975. shp	Landsat MMS	LM21410391975278AAA02	60 m
1994	glaciers _ 1994. shp	Landsat TM5	LT51310391994248BJC00	30 m
2002	glaciers _ 2002. shp	Landsat ETM＋	L71131039 _ 03920021224	15 m
2005	glaciers _ 2005. shp	Landsat TM5	LT51310392005246BJC00	30 m
2007	glaciers _ 2007. shp	Landsat TM5	L5130040 _ 04020070918	30 m
2014	glaciers _ 2014. shp	Landsat OLC	LC81310392014287LGN00	15 m
2016	glaciers _ 2016. shp	Sentinel 2B	20161121T091909	10 m
2017	glaciers _ 2017. shp	Sentinel 2B	20171221T035139	10 m

4.2.3　数据质量控制与评估

　　冰川变化遥感监测的不确定性因素可分两类：一类是来自内部的，如原始资料、雪、阴影、冰川有表碛覆盖和遥感影像空间分辨率等；另一类是来自外部的，即处理过程中带来的不确定性，如地形图扫描过程、矢量化过程、几何校正和分类等。影像空间分辨率的差异对冰川的解译结果有着十分重要的影响。研究表明（Paul et al.，2002），在标准偏差为 3％情况下，分辨率为 5 m、10 m、15 m、20 m、25 m、30 m 和 60 m 的遥感影像分别适用于监测＞0.01 km²、＞0.03 km²、＞0.05 km²、＞0.1 km²、＞0.2 km² 和＞0.5 km² 的冰川。积雪对冰川边界解译的影响可以通过选择冰川消融期末的遥感影像消除，同时与不同时间的遥感影像对比加以区分。阴影对冰川边界提取的影响可以通过波段比值阈值法消除。以自动分类为基准，人工解译及分类后样条函数插值与自动分类冰川边界的比较表明，冰川边界人工解译的范围总体要大于计算机自动分类，不同规模的冰川误差在 0.48％～0.8％；而计算机自动分类后，进行样条插值的结果误差不足 0.01％，可以忽略不计。

　　遥感影像校正等过程中产生的误差可以通过公式计算获得。冰川长度变化的精度计算公式通常采用均方根误差，其公式为：

$$(1)\ E=\sqrt{\lambda^2+\xi^2}$$

　　其中 E 是长度变化误差，λ 为前一期遥感影像的分辨率，ξ 为后一期遥感影像的分辨率。冰川面积变化的误差计算（Hall et al.，2003）公式为：

$$(2)\ a=A\times(2\,d/x)$$

其中 a 是面积变化误差，$A=x^2$，而 x 为遥感影像的分辨率，d 为公式（1）中的长度误差 E。

另外，对遥感解译结果的检验可通过两种途径达到：地面实况调查或用更高空间分辨率的遥感影像分类结果作为参考数据。地面验证资料的获取受到地面地形的复杂程度、空间分布、采样单元大小以及人为主观判断的影响。由于冰川分布的连续性，使得冰川与非冰川之间的边界明显，易于区分。但表碛覆盖区与非冰川则存在类别逐渐过渡，因此实地考察中，应尽量选取表碛覆盖区与非冰川区的边界进行实测和判断。

4.2.4　数据价值

贡嘎山地区冰川不仅是重要的水资源，同时也是旅游资源的核心景观，本数据集的冰川变化信息不仅可为气候变化、水资源和灾害影响评估研究提供基础数据，同时也可为当地旅游管理部门设计冰川旅游规划提供决策参考。

4.2.5　数据样本、使用方法和建议

1930—2017 年冰川变化数据存储为标准空间数据开放格式 shapefile，文件后缀名为" ∗.shp"，数据对象类型为多边形（图 4-1），数据属性包括冰川编号（采用中国冰川编目标准）（刘时银等，2015）和冰川面积（平方千米）。可使用 Arcgis、Arcview、Mapinfo 以及 QGIS 等地理信息系统专业软件浏览查看或进一步编辑修订。

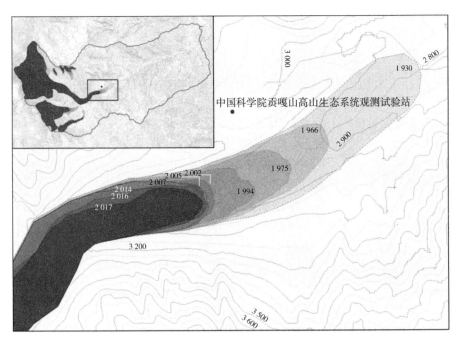

图 4-1　贡嘎山海螺沟流域冰川分布及海螺沟冰川边界矢量图

4.3　2005—2015 年青藏高原东南部贡嘎山峨眉冷杉林土壤物理性质和元素数据集

4.3.1　概述

土壤是森林生态系统最基本的自然资源，是植物营养元素的主要供应源，是植物生长发育的重要

载体和机械支撑。土壤结构和土壤元素直接反映土壤环境质量变化情况（刘占锋等，2006；赵娜等，2014；杨宁等，2013），而土壤质量影响着植物的生长发育状况、动物生存发展、土壤环境保护能力（Doran et al，1994，2000）。土壤元素是植物生长必需的养分元素，由于自然过程和人类活动的影响以及大气长距离传输会导致土壤元素亏损或富集（祝贺等，2017）。因此，本站对土壤物理性质和元素展开了研究，不仅为森林土壤质量管理提供科学数据，而且为生物地球化学研究和生态环境保护提供理论依据。

贡嘎山是青藏高原东南缘的典型高山生态系统，而峨眉冷杉林是青藏高原东缘亚高山暗针叶林的重要组成部分，其自然更新对全球变化非常敏感，是研究气候变化对陆地生态系统影响的代表性森林类型（杨阳等，2013）。因此，本研究选择峨眉冷杉中龄林和成熟林作为长期监测样地。本数据集整理了峨眉冷杉中龄林和成熟林 0～10 cm、10～20 cm、20～40 cm、40～60 cm、60～100 cm 土层土壤的容重、机械组成、土壤养分全量（有机质、全氮、全磷、全钾）、土壤矿质全量（二氧化硅、三氧化二铁、三氧化二铝、二氧化钛、氧化锰、氧化钙、氧化镁、氧化钾、氧化钠、五氧化二磷、烧失量、硫）、微量元素全量（硼、钼、锰、锌、铜、铁）、重金属全量（硒、镉、铅、铬、镍、汞、砷），还整理了土壤环境调查表、采样和样品保存记录、分析方法记录。本数据集为揭示暗针叶林峨眉冷杉土壤质量变化规律提供长期的、系统的观测数据，对大气-水-土壤-植物-微生物系统中的生物地球化学循环过程以及多元素的耦合模型具有重要意义。

4.3.2　数据采集和处理方法

4.3.2.1　样地介绍

贡嘎山位于青藏高原的东南缘，横断山脉中部，主峰海拔 7 556 m，属于亚热带温暖湿润季风区与青藏高原东部高原温带半湿润区的过渡带上，年平均气温 4 ℃，年平均降水量 1 861 mm，年均空气相对湿度 90% 左右，每年 5—10 月为雨季和生长季。贡嘎山高山生态系统植被垂直分布明显，从低海拔到高海拔分布有阔叶林、针叶阔叶混交林、亚高山针叶林、高山灌丛及草甸等多种植被类型。该地区的土壤较为疏松、粗糙，土中多含石砾、砾质等新生体；黏粒含量低，硅铝和硅铝铁率较高，母质中矿物风化度浅；土壤垂直分带十分明显（刘光照等，1985）。依据 CERN 陆地生态系统土壤观测规范，贡嘎山站建立了观景台综合观测场长期观测样地（GGFZH01）和干河坝站区长期观测样地（GGFZQ01），详见图 4-2。观景台综合观测场长期观测样地设置面积为 110 m×50 m，经纬度为 29°34′23″N，101°59′19″E，海拔 3 160 m，坡度为 30°～35°，群落特征为峨眉冷杉成熟林，土类为棕色针叶林土，亚类为灰化棕色针叶林土。干河坝站区长期观测样地面积为 70 m×30 m，经纬度为 29°34′33″N，101°59′42″E，海拔 3 010 m，坡度为 7°～10°，群落特征为峨眉冷杉中龄林，土类为粗骨土，亚类为泥石流粗骨土。

4.3.2.2　样品采集

在长期观测样地布设永久性样地和破坏性样地，破坏样地在永久性样地两侧，面对长期观测样地，按从左至右从上到下顺序排列，设置 3 个二级样方分布在坡上、坡中、坡下，土壤样地设计见图 4-3。观景台综合观测场破坏样地的二级样方规格为 30 m×16.67 m，干河坝站区破坏样地的二级样方规格为 15 m×10 m。本数据集样品都采集于破坏样地的 3 个二级样方（ABC_02-01、ABC_02-02、ABC_02-03）。在每个二级样方随机布设土壤剖面采样点，在剖面用土铲挖取 0～10 cm、10～20 cm、20～40 cm、40～60 cm、60～100 cm 土层土壤样品，同一个土层随机取 3 个样品。将同一层的 3 个土样均匀混合，按照四分法取 1 kg 土壤带回实验室，去除植物根系和大于 2 cm 的石砾等杂质，经过自然风干，按照各项指标需求进行过筛处理。在采样点剖面，用 100 cm³ 环刀在同一个土层上中下取得 3 个重复原状土壤，测定土壤容重。

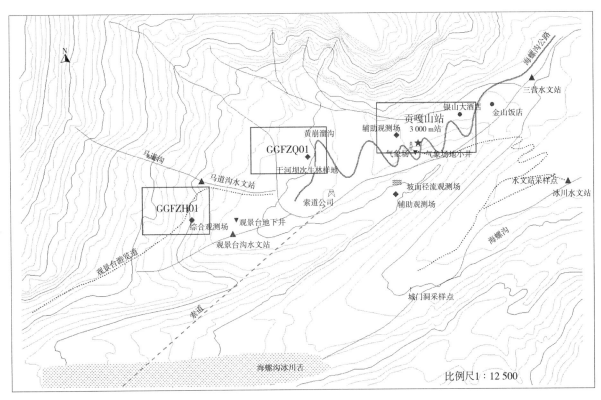

图 4-2　样地地理位置

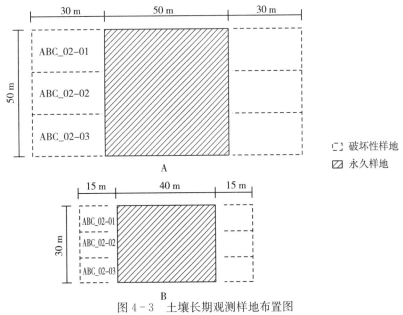

图 4-3　土壤长期观测样地布置图

A. 观察台综合观测场长期观测样地布置图　B. 干河坝站区长期观测样地布置图

4.3.2.3　样品测试与处理

野外初步处理后的土壤样品带回实验室进行详细的测试分析，按照国家、林业部或农业农村部等标准进行分析，分析内容主要包括：土壤养分全量、土壤矿质全量、微量元素全量、重金属全量、机械组成、容重。分析人员及时、详细地记录每个样品的测试值，并将所有数据录入计算机。数据录入完成后，监测人员对数据进行核实，以保证电子版数据和纸质原始记录数据完全一致。

4.3.3 数据质量控制和评估

在观测数据的采集、分析测试、录入和质量检查过程，严格按照 CERN 统一制定的土壤观测规范（中国生态系统研究网络科学委员会，2007）和土壤观测质量控制规范（施建平、杨林章，2012）来开展相关工作。本数据集采用四级控制：第一级要求数据采集人（监测、分析人员）严格按操作规程获取数据；数据采集人提交上来的数据经专业负责人（CERN 土壤分中心质量控制）审核，此为第二级控制；CERN 土壤分中心采用土壤监测数据质量控制软件校验数据后，反馈报告给专家（台站负责人）最终审核和修订，此为第三级控制；数据入库前由质量总控制人审核，此为第四级控制。

本数据集测定项目重复测定数不少于 6 个，剖面数据不少于 3 个，以保证数据的代表性和有效性。数据的缺失率不大于 70%（刘光崧，1996）。本数据集采用了标准样品质控，根据农业土壤成分分析标准物质〔GBW（E）070041 - GBW（E）070046〕、土壤有效态成分分析标准物质（GBW07412 - GBW07417）和环境土壤标准物品（ESS - 3）（标样）（GSBZ 50013—88）进行土壤质量指标的量值标准和测试的质量控制。

4.3.4 数据使用方法和建议

贡嘎山作为横断山地区的典型代表和长江上游的重要生态屏障，生态地位极其重要，该区域是研究土壤发育和植被演替的绝佳场所，元素供给是关键因子。因此，本数据集给出了贡嘎山土壤 29 个元素指标，可为科研人员对该区域元素地球化学循环的研究提供数据支撑，对维持生态系统服务与功能具有一定意义。本数据集可链接 Science Data Bank 在线服务网址（http://www.sciencedb.cn/dataSet/handle/941）获取数据服务。也可以通过四川贡嘎山森林生态系统国家野外科学观测研究站网络（http://ggf.cern.ac.cn/meta/metaData）获取数据服务，登录首页后点"资源服务"下的数据服务，进入响应页面下载数据。

4.3.5 青藏高原东南部贡嘎山峨眉冷杉林土壤结构和元素数据集

本数据集包括了 6 张数据表，分别是土壤元素表、土壤化学性质指标表、土壤剖面特征调查表、采样和样品保存记录表、分析方法记录表、采样频率记录表。

4.3.5.1 土壤元素表

2005—2015 年贡嘎山暗针叶林峨眉冷杉中龄林和成熟林长期观测样地的土壤监测数据。表格包括采样时间（年-月-日）、样地代码、样地名称、采样分区编号、土壤类型、母质、植被类型、采样深度（cm）、样品号、有机质、全氮、全磷、全钾、二氧化硅、三氧化二铁、三氧化二铝、二氧化钛、氧化锰、氧化钙、氧化镁、氧化钾、氧化钠、五氧化二磷、烧失量、硫、全硼、全钼、全锰、全锌、全铜、全铁、硒、镉、铅、铬、镍、汞、砷和备注，共计 41 个字段。以 2015 年土壤元素中的土壤氧化钙数据为例（表 4 - 9），展示本数据集的结构和组成，以便于数据使用者溯源定位、理解数据集内涵。

表 4 - 9   "土壤元素指标表"中贡嘎山站 2015 年土壤氧化钙数据

年-月-日	样地代码	样地名称	采样分区编号	土壤类型	母质	植被类型	采样深度/cm	样品号	氧化钙/%
2015 - 9 - 27	GGFZH01 ABC_02	贡嘎山峨眉冷杉成熟林观景台综合观测场破坏性采样地	BⅠ1	棕色针叶林土	坡积物	峨眉冷杉成熟林	0~10	GGFZH01ABC_02_BⅠ 1_1_2015_9_03	1.55

4.3.5.2　土壤化学性质指标表

表格包括采样时间（年-月-日）、样地代码、样地名称、采样分区编号、土壤类型、母质、植被类型、采样深度（cm）、样品号、土壤容重、机械组成监测数据、备注，共计 17 个字段。以 2015 年土壤物理性质中的土壤容重数据为例展示（表 4-10）。

表 4-10　"土壤化学性质指标表"中 2015 年土壤容重数据

年-月-日	样地代码	样地名称	采样分区编号	土壤类型	母质	植被类型	采样深度/cm	样品号	土壤容重/(g/cm³)
2015-9-27	GGFZH01ABC_02	贡嘎山峨眉冷杉成熟林观景台综合观测场破坏性采样地	BⅠ1	棕色针叶林土	坡积物	峨眉冷杉成熟林	0～10	GGFZH01ABC_02_BⅠ2_1_2015_9_03	0.80

4.3.5.3　土壤剖面特征调查表

本表对贡嘎山暗针叶林峨眉冷杉中龄林和成熟林长期观测样地剖面的信息进行了说明，包括年份、样地代码、样地名称、剖面地点、剖面点经度、剖面点纬度、土类、亚类、母质、植被类型、样品号、层次名称、土层深度（cm）、土层间过渡明显程度、土层间过渡形式和形态描述，共计 16 个字段。本土壤剖面特征调查信息是 2004 年在长期观测采样地确定后测定一次（表 4-11），作为今后采样深度划分的依据。

表 4-11　土壤剖面特征调查信息

样地名称	剖面地点	剖面点经度	剖面点纬度	土类	亚类	母质	植被类型	样品号	层次名称
贡嘎山峨眉冷杉成熟林观景台综合观测场破坏性采样地	四川省甘孜州磨西贡嘎山峨眉冷杉成熟林观景台综合观测场破坏性采样地	101°59′19″E	29°34′23″N	冷凉常湿雏形土	灰化棕色针叶林土	坡积物	亚高山暗针叶林峨眉冷杉成熟林	GG0402-1	A1

4.3.5.4　采样和样品保存记录表

本表记录了贡嘎山暗针叶林峨眉冷杉中龄林和成熟林土壤观测样地的样品采集时间、天气状况、采样方式、样品保存、前处理方法以及采样人等信息，共计 9 个字段。以 2015 年土壤采样和样品保存记录为例（表 4-12）。

表 4-12　2015 年土壤样品采集信息

年	样地代码	采样时间和天气状况	采样方式	样品保存个数/个	原始样品号	样品前处理	样品保存记录	采样人
2015	GGFZH01ABC_02	9-27，阴天	铁锹挖坑取剖面样，采集 0～10 cm、10～20 cm、20～40 cm、40～60 cm、60～100 cm 土层土壤样品	15	GGFZH01ABC_02_BⅠ1_1_2015_9_03～GGFZH01ABC_02_BⅢ1_5_2015_9_21	挑除大于 2 cm 的石砾和较大根系，原样土	棕色瓶装样放于柜内	刘发明、李伟

4.3.5.5　分析方法记录表

各项土壤物理性质和元素的分析方法信息，包括分析年份、分析项目名称、分析方法名称、分析方法引用标准和参考文献，共计 5 个字段。分析方法引用标准是分析方法的标准编号，以 GB 开头的为国家标准，以 LY 开头的为林业部标准等，参考文献是分析中所参考的权威书籍，包括书籍名称和页码。以 2015 年土壤全磷的分析方法及引用标准和文献为例（表 4-13）。

表 4 - 13　2015 年土壤全磷分析方法信息

分析年份	分析项目名称	分析方法名称	参考文献
2010	全磷	氢氧化钠碱熔-钼锑抗比色法	《土壤理化分析与剖面描述》第 154～156 页

4.3.5.6　采样频率记录表

　　各项指标的采样频率信息，包括样地代码、样地名称、土壤类型、母质、植被类型、采样指标、采样频率，共计 7 个字段。以土壤有机质的采样频率为例（表 4 - 14）。

表 4 - 14　土壤有机质采样频率记录信息

样地名称	土壤类型	母质	植被类型	采样指标	采样频率
贡嘎山峨眉冷杉成熟林观景台综合观测场破坏性采样地	棕色针叶林土	坡积物	峨眉冷杉成熟林	有机质	5 年/次

参 考 文 献

刘光崧，1996. 土壤理化分析与剖面描述 [M]. 北京：中国标准出版社.

刘巧，刘时银，张勇，等，2011. 贡嘎山海螺沟冰川消融区表面消融特征及其近期变化分析 [J]. 冰川冻土，33 (2)：227-236.

刘巧，张勇，2017. 贡嘎山海洋型冰川监测与研究：历史、现状与展望 [J]. 山地学报，35 (5)：717-726.

刘时银，姚晓军，郭万钦，等，2015. 基于第二次冰川编目的中国冰川现状 [J]. 地理学报，70 (1)：3-16.

刘占锋，傅伯杰，刘国华，等，2006. 土壤质量与土壤质量指标及其评价 [J]. 生态学报，26 (3)：901-913.

刘照光，印开蒲，杨启修，等，1985. 贡嘎山植被 [M]. 成都：四川科学技术出版社.

鲁如坤，1999. 土壤农业化学分析方法 [M]. 北京：中国农业科技出版社.

施建平，杨林章，2012. 陆地生态系统土壤观测质量保证与质量控制 [M]. 北京：中国环境科学出版社.

杨宁，邹冬生，杨满元，等，2013. 衡阳紫色土丘陵坡地不同恢复阶段植被特征与土壤性质的关系 [J]. 应用生态学报，24 (1)：90-96.

杨阳，杨燕，王根绪，等，2013. 凋落物和增温联合作用对峨眉冷杉幼苗抗氧化特征的影响 [J]. 生态学报，33 (1)：53-61.

赵娜，孟平，张劲松，等，2014. 华北低丘山地不同退耕年限刺槐人工林土壤质量评价 [J]. 应用生态学报，25 (2)：351-358.

中国生态系统研究网络科学委员会，2007. 陆地生态系统土壤观测规范 [M]. 北京：中国环境科学出版社.

祝贺，吴艳宏，邴海健，等，2017. 贡嘎山营养元素和重金属的生物地球化学研究现状与展望 [J]. 山地学报，35 (5)：686-697.

Bing H J, Wu Y H, Zhou J, et al., 2016. Biomonitoring trace metal contamination by seven sympatric alpine species in Eastern Tibetan Plateau [J]. Chemosphere, 165: 388-398.

Chang R Y, Wang G X, Fei R, et al., 2015. Altitudinal change in distribution of soil carbon and nitrogen in Tibetan Montane Forests [J]. Soil Science Society of America Journal, 79 (5): 1455-1469.

Doran J W, Coleman D C, Bezdicek D F, et al., 1994. Defining soil quality for a sustainable environment [M]. Madison: SSSA Special Publication.

Doran J W, Zeiss M R, 2000. Soil health and sustain ability: managing the biotic component of soil quality [J]. Applied Soil Ecology, 15 (1): 3-11.

Hall D K, Bayr K J, Schöner W, et al., 2003. Consideration of the errors inherent in mapping historical glacier positions in austria from the ground and space (1893—2001) [J]. Remote Sensing of Environment, 86 (4): 566-577.

Heim A, 1936. The glaciation and solifluction of Minya Gongkar [J]. The Geographical Journal, 87 (5): 444-450.

Lei Y B, Zhou J, Xiao H F, et al., 2015. Soil nematode assemblages as bioindicators of primary succession along a 120-year-old chronosequence on the Hailuogou Glacier forefield, SW China [J]. Soil Biology and Biochemistry, 88: 362-371.

Paul F, Kääb A, Maisch M, et al., 2002. The new remote-sensing-derived Swiss glacier inventory: I. Methods [J]. Annals of Glaciology, 34: 355-361.

Wang G X, Ran F, Chang R Y, et al., 2014. Variations in the live biomass and carbon pools of *Abies georgei* along an elevation gradient on the Tibetan Plateau, China [J]. Forest Ecology and Management, 329: 255-263.

Wu Y H, Jörg P, Zhou J, et al., 2014. Soil phosphorus bioavailability assessed by XANES and Hedley sequential fractionation technique in a glacier foreland chronosequence in Gongga Mountain, Southwestern China [J]. Science China Earth Sciences, 57 (8): 1860-1868.

Yang Y，Wang G X，Shen H H，et al.，2014. Dynamics of carbon and nitrogen accumulation and C：N stoichiometry in a deciduous broadleaf forest of deglaciated terrain in the eastern Tibetan Plateau [J]. Forest Ecology and Management，312：10‐18.

图书在版编目（CIP）数据

中国生态系统定位观测与研究数据集．森林生态系统
卷．四川贡嘎山站：2007～2017 / 陈宜瑜总主编；常瑞
英，杨阳，王根绪主编 .—北京：中国农业出版社，
2021.12
　　ISBN 978-7-109-28578-1

　　Ⅰ.①中…　Ⅱ.①陈…　②常…　③杨…　④王…　Ⅲ.
①生态系－统计数据－中国②贡嘎山－森林生态系统－统
计数据－2007 - 2017　Ⅳ.①Q147②S718.55

中国版本图书馆 CIP 数据核字（2021）第 148509 号

ZHONGGUO SHENGTAI XITONG DINGWEI GUANCE YU YANJIU SHUJUJI

中国农业出版社出版
地址：北京市朝阳区麦子店街 18 号楼
邮编：100125
责任编辑：刁乾超　　文字编辑：李瑞婷
版式设计：李　文　责任校对：沙凯霖
印刷：中农印务有限公司
版次：2021 年 12 月第 1 版
印次：2021 年 12 月北京第 1 次印刷
发行：新华书店北京发行所
开本：889mm×1194mm　1/16
印张：20
字数：560 千字
定价：98.00 元